盈科全国业务指导委员会系列丛书·2024

# 企业 ESG 合规<br>体系构建及法律风险防控

盈科律师事务所 / 编
温云云 等 / 著

法律出版社 LAW PRESS · CHINA
北京

**图书在版编目（CIP）数据**

企业ESG合规体系构建及法律风险防控 / 盈科律师事务所编 ; 温云云等著. -- 北京 : 法律出版社, 2025.
ISBN 978-7-5197-9981-6

Ⅰ. X322.2;D922.291.914

中国国家版本馆CIP数据核字第20251EB314号

**企业ESG合规体系构建及法律风险防控**
**QIYE ESG HEGUI TIXI GOUJIAN JI FALÜ FENGXIAN FANGKONG**

盈科律师事务所　编
温云云　等著

策划编辑　朱海波　杨雨晴
责任编辑　朱海波　杨雨晴
装帧设计　汪奇峰　臧晓飞

**出版发行**　法律出版社
**编辑统筹**　法律应用出版分社
**责任校对**　蒋　橙
**责任印制**　刘晓伟
**经　　销**　新华书店

**开本**　710毫米×1000毫米　1/16
**印张**　27.75　**字数**　300千
**版本**　2025年2月第1版
**印次**　2025年2月第1次印刷
**印刷**　三河市兴达印务有限公司

地址:北京市丰台区莲花池西里7号(100073)
网址:www.lawpress.com.cn
投稿邮箱:info@lawpress.com.cn
举报盗版邮箱:jbwq@lawpress.com.cn

销售电话:010-83938349
客服电话:010-83938350
咨询电话:010-63939796



**书号**:ISBN 978-7-5197-9981-6
**定价**:108.00元

凡购买本社图书,如有印装错误,我社负责退换。电话:010-83938349

# 本书著者


温云云 徐 琴 刘 萍

范 嘉 苏 军 王锦霞

魏 磊 季轩樑 徐星星

# 前言

ESG即Environmental（环境）、Social（社会）、Governance（治理）的首字母缩写，是用来衡量企业环境、社会、治理绩效的投资理念和企业评价标准。其关系到国家经济的平稳发展，关系到企业的长治久安，具有较为深远的意义。企业按照一定的披露标准对ESG信息进行披露，具有可持续发展潜力的企业更容易获得投资者的青睐。用ESG对企业在促进经济可持续发展、履行社会责任等方面所做出的贡献进行评估，能够有效推动企业从追逐自身利益最大化到追逐社会利益最大化的转变。目前在对外贸易中，ESG已经成为域外国家及地区的硬性考核标准，而域内的很多地方也在推动ESG体系的构建及评估。对企业而言，首先，重视ESG是企业内部管理规范化的体现，它能让企业从只重视财务报告的传统商业利益中脱离出来，通过改善企业内部的管理模式，推动企业形成商业层面与社会层面上的可持续发展；其次，ESG能够有利于企业的风险评估与管理。在此之际，本书结合团队实际办理案件，较为系统地梳理了企业经营可能面临的法律风险进而探索设立企业合规制度的必要性，并积极探寻合规制度的起源与发展的过程，结合我国目前的理论与实践探索状况分析利弊，最终为企业构建有效的风险防范体系提供较强的指引，助力企业完成ESG的有效评估，本书就实践指引而言，从11个领域进行分析梳理，其中包括商业贿赂领域、建筑工程领域、医疗领域、财税领域等，全面系统地分析了企业运营中的高频风险，以供各位读者参考。

是结束更是开始，希望本书能得到更多读者的观摩，也希望通过本书真的能够帮助一些企业成功地构建合规治理体系，提升企业依法治企的能力，维护在岗人员的就业机会，留住企业，创造更好的营商环境，增强企业的市场竞争力，真正实现处理与治理的有机结合，也希望我们合规团队能在合规领域有更多的突破和贡献。

本书能够顺利出版，首先，特别感谢梅向荣主任的鼓励与支持，梅向荣主任作为领导,积极鼓励所里的同人将理论与实践相结合,激励了我们 ESG 团队创作的决心。其次,感谢韩笑主任为我们合规团队提供了较好的科研平台与实践机会;同时,也感谢无锡市人民检察院范嘉检察官,范嘉检察官对专业的热爱与坚持给我们提供了更多元化、更有效的实质性合规思路;感谢深圳盈科徐琴律师的智力支持。再次,感谢我的团队夜以继日地陪着我创作,让我倍感温暖。最后,也谢谢各位同人阅读本书,还请您在阅读的过程中不吝赐教,多提宝贵意见。

# 目录

PART

# 总论

2 PART

分论

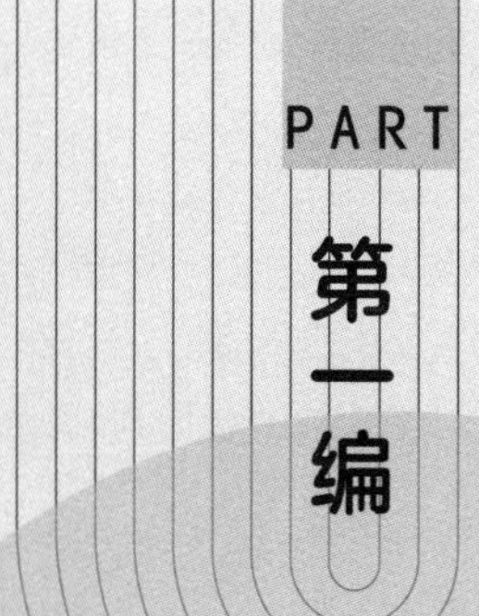

PART

第一编

# 总 论

# 第一章

# ESG 的历史与现状

## 第一节　ESG 概述

### 一、ESG 是什么

ESG 即 Environmental（环境）、Social（社会）、Governance（治理）的首字母缩写，是用来衡量**企业环境、社会、治理绩效的投资理念和企业评价标准**。企业按照一定的披露标准对 ESG 信息进行披露，具有**可持续发展**潜力的企业更容易获得投资者的青睐。用 ESG 对企业在促进经济可持续发展、履行社会责任等方面所做出的贡献进行评估，能够有效推动企业从追逐自身利益最大化到追逐社会利益最大化的转变。

ESG 的“E”关注作为自然或物理环境管理者的企业，对自然资源的使用和其经营对环境的影响。对“E”所考量的具体要素，各企业并不统一。例如，标普全球作为一家独立的 ESG 基准和评级提供商，对“E”只评估温室气体排放、用水、废物和污染、土地利用和生物多样性四个要素，以确定公司对环境的影响。但是，诸如能源使用、气候变化风险、监管风险、供应链来源、绿色债券的使用和漂绿策略等，通常也被看作 ESG 的“E”的因素。

ESG 的“S”涉及一个企业如何管理其与员工、当地社区和政治环境的关系。它关注如何定位企业长期的声誉价值或其产品获得商誉、劳动力的稳定性和长期效率、劳动力冲突的潜在成本、与社区冲突的政治风险，企业供应链中的就业实践或社区抗议的潜在问题所带来的法律、声誉风险，以及多样性、人权、工会关系及劳工健康和安全。

ESG 的“G”包括决策因素和对股东的响应性。它关注公司如何运作,如公司董事会的结构、多样性和规则,以及高级管理人员(以下简称高管)薪酬。努力在高管薪酬与员工薪酬之间创造更平等的标准,或确保董事会中性别、种族和民族的多样性,都属于 ESG 的“G”的组成部分。此外,贿赂和腐败、股东和选民的权利、问责制和透明度也被看作重要的治理因素。

ESG 对投资者与企业都具有重要价值。对投资者而言,ESG 评价报告能让其不仅关注企业的财务表现,还关注企业的社会责任与永续发展,能够更有效率地决定其投资与否;此外,投资者能用更加科学和全面的指标去发现投资企业可能蕴藏的风险,从而对风险提前进行规避。对企业而言,首先,重视 ESG 是企业内部管理规范化的体现,它能让企业从只重视财务报告的传统商业利益中脱离出来,通过改善企业内部的管理模式,推动企业形成商业层面与社会层面的可持续发展;其次,ESG 有利于企业的风险评估与管理,ESG 能从一定层面反映出企业的潜在风险,企业可以据此提前作出应对;最后,重视 ESG 能够让企业在市场中更具竞争力,一是更容易获得投资者的青睐,二是消费者更加偏爱可持续生产的商品,且积极承担社会责任的企业也更容易成为消费者的选择。

## 二、ESG 的起源与发展

ESG 概念起源于 1987 年的可持续发展理论,强调的是企业在环境、社会责任方面要与其短期或长期财务绩效相匹配,追求的是**商业价值与社会价值的“双赢”**。企业做 ESG 是在外部 ESG 金融机构的正向引导下,**将 ESG 融入公司战略,变为其内生的发展动力,这强调了企业的积极主动性**。它要求企业在事前战略部署时就坚定选择能够同时实现商业价值和社会价值的投资项目,并将对社会的贡献包含在盈利中,而非先收益后贡献。并且,**ESG 要求企业在风险发生前就将风险因子内化到企业财务决策中,为投资者提前规避风险**。

值得注意的是,具有社会意识的投资并不是一个新概念。它与禁酒和慈善等宗教运动有早期的联系,甚至与伊斯兰教法和伊斯兰教法下的财富应有利于整个社会的概念密切相关。20 世纪 60 年代,随着民权运动和其他社会运动的兴起,包括反对越南战争和种族隔离的抗议活动,人们对社会意识投资的兴趣有所增强。这也引发了关于社会责任投资的财务可行性的争论。主流经济学家认为,社会责任会对公司的财务业绩产生不利影响,并违反了他们对投资者负有的受托责任。20 世纪 90 年代出现了另一种理论,即社会资本在评估投资底线时的价值,并假设良好的公司治理可以推动生产力和效率,可以在社区内创造商誉并推动利润。这就衍生出"ESG"作为一个评估投资的框架的概念。这一概念首次出现于 2004 年,与联合国旨在鼓励可持续投资和发展的倡议有关。此后,联合国支持成立了负责任投资原则组织(Principles for Responsible Investment),推动将 ESG 纳入投资决策。联合国负责任投资原则发布,鼓励将 ESG 因素纳入投资决策。据中证指数公司统计,截至 2020 年全球 ESG 投资规模已将近 40 万亿美元,占全球整个资产管理规模的 30% 左右。

国内的 ESG 起步较晚,但在"双碳"背景(2020 年中国在第 75 届联合国大会上提出 2030 年"碳达峰"与 2060 年"碳中和"的目标)的推动下,ESG 在中国呈现出爆发式的发展。不仅从 ESG 理念到 ESG 实践的探讨此起彼伏,有关 ESG 的研究报告、榜单在不断更新和发布,而且区域 ESG 政策也在上海、北京、苏州三地落地,北京证券交易所成立了首只 ESG 股权投资主题基金,纯 ESG 主题银行理财产品数量也在不断增加。因此,无论是出于走向国际市场的需求,还是应对本国市场越发明显的可持续发展趋势,ESG 都应当获得中国企业的重视。

## 三、可持续发展、企业社会责任与 ESG 有何差异

可持续发展(sustainable development)、企业社会责任(corporate social responsibility)和 ESG,均没有精确、权威的定义,经常被互换使用。细究起来,这三者既有联系,也有差别。

关于可持续发展,有许多不同的认识。目前,被广泛认可的是 1987 年世界环境与发展委员会(布伦特兰委员会)对"可持续发展"的定义,即"在不损害子孙后代满足自身需求的能力的情况下,满足当前的需求"。这个定义利用了代际公平,

在时间维度平衡资源的使用和供应。可持续发展目标假定生态过程的平稳性，以及人类保持使社会生态系统处于正常或将其恢复到先前和更好的存在状态的能力。从企业的角度看，平衡经济、社会和环境利益是其可持续发展目标的三层底线。因此，可持续发展目标不仅涉及企业的经济部分，而且涉及维护工人的权利、保护人权、追求环境目标和打击腐败。

企业社会责任，是指企业负有满足利益相关者需求的责任，以及利益相关者为自己的行为向企业承担责任。企业社会责任关注企业运行过程，以及它为响应利益相关者的集体需求所采取的行动。从股东至上的视角看，企业社会责任关注企业基于股东利益选择采取或不采取行动。从超出法律所要求的自愿努力视角看，企业社会责任是企业在环境或社会领域进行的自愿活动，或企业明确的道德或社会义务。

相较于可持续发展的代际公平，企业社会责任的重点是平衡当前的利益相关者的利益。所谓的企业负责任与可持续往往不能兼得。例如，企业的慈善捐赠通常被看作其负责任的表现，但如果不能解决根本问题，它们就不可持续。再如，许多企业的社会责任计划都善于平衡股东和其他利益相关者提出的相互竞争的要求。为了做到这一点，许多所谓负责任的企业却借用未来的资源和资本，这又可能会放大短期和长期之间资源分配的不平衡。

一些组织和学者经常批评企业仅将企业社会责任作为一种公共关系工具，而不是用其实际解决非金融问题。ESG 是一种基于指标的方法，旨在增加企业责任。运用这种方法收集到的数据可以用于改进企业绩效管理和外部报告。外部报告可以被投资者和其他利益相关者使用，以要求公司对其行为负责。

企业社会责任是一种自我监管形式，代表企业积极对消费者、员工、环境等产生影响；ESG 是专注于评估企业行为的指标，并提供一个系统来确保问责制。企业社会责任和 ESG 在环境和社会努力方面存在明显的差异。例如，为了企业社会责任，一家公司可能会宣布一项环境倡议，减少其碳足迹，增加积极的社会影响；ESG 则将衡量这些目标的进展。

ESG 的基本前提是主要的数据驱动的指标可以帮助投资者更好地就 ESG 的

风险和特定公司的价值作出更好的决定。企业社会责任则要求企业关注公共利益,而不仅仅是利润的最大化。在此意义上,ESG 又是企业社会责任的一个子类别。

## 四、关于 ESG 投资

ESG 投资是 ESG 理念和实践的缘起和动因。对于什么是 ESG 投资,没有一个商定的定义。目前,主要有以下两种理解:

第一种是将 ESG 投资描述成出于道德或伦理原因的投资。以这种方式使用 ESG 的人通常会表达出一种意识形态的偏好,将 ESG 投资称为"可持续的"投资,或将其称为"觉醒的资本主义"。

第二种是将 ESG 投资看作一种寻求盈利的、积极的投资策略。该策略使用 ESG 标准来识别可能影响公司财务业绩的因素,主要包括传统投资、可持续投资和投资管理三种方式。传统投资中的 ESG 整合,是在传统财务分析中引入 ESG 因素,以考虑可能降低公司长期估值的风险。例如,由于违反环境规定而采取的监管行动。可持续投资,是指将 ESG 目标明确纳入投资产品和战略,包括最大限度地接触 ESG 高评级的公司,以提高基金的平均 ESG 得分。更具体一点,这可能发掘出专注于低碳排放的公司,或者筛选出严重违反劳动规定的公司。投资管理几乎等同于公司治理,通常涉及主要的代理咨询公司作为股东与公司接触,试图提高投资的价值,或者更多地推广他们认为正确的公共政策。

ESG 投资,目前占主导的是第二种。这一概念下的 ESG 投资,追求以更低的风险获得更高的回报。积极投资是一种主动投资,投资者利用 ESG 因素来识别定价错误的公司,然后通过投资支持或反对这些股票来获利。例如,对一家化石燃料公司进行的风险回报 ESG 分析,可能会识别出没有反映在该公司当前股价中的诉讼和监管风险,因此投资者避免这些投资而提高了风险调整后的回报。与此相对的是被动投资,其不涉及独立的选股,投资者选择投资于标准普尔 500 指数这样的市场指数。

ESG 投资管理通常又被称为"主动持股"。在上市公司举行的年度股东会等会议上,股东们通常通过代理权对公司的各种决策进行投票。例如,股东们会对修改公司章程、通过非约束性决议以及向公司董事会增加董事等问题进行投票。现有股东利用他们的投票权,就公司面临的 ESG 问题与公司进行接触。其目标是改善企业的政策或至少防止错误决策,从而提高风险调整后的回报。

## 五、ESG 评级问题

ESG 的评级和披露是 ESG 的核心部分。所谓 ESG 评级,是指第三方评估者使用其专有的方法,包括数百种不同的指标和关键的绩效指标,来评估一家公司的 ESG 绩效,然后对这些指标进行权衡,得出"E(环境)"评级、"S(社会)"评级、"治理(G)"评级,最终得出 ESG 评分。每个评级机构从碳排放、董事会多样性到管理政策等角度,使用自己的算法来处理信息并产生 ESG 评级。ESG 中的 Environmental 因素大致包括气候变化、生物多样性、水资源管理、污染与消耗等;Social 因素大致包括员工的安全与工作环境、人力资源的发展与管理、企业对人权政策的遵守、企业福利、女性管理者占比、性别多样性等;Governance 因素大致包括管理层薪资政策、反贿赂与反腐败、董事会结构多元化、信息披露与透明度等。

ESG 评级第三方机构,在使用方法、范围和覆盖面等方面存在较大差异。但是,它们都从被评公司自己的披露信息中收集信息来制定 ESG 分数。目前,四家评级机构,即 MSCI、RepRisk、Sustainalytics 和 Institutional Shareholder Services (ISS),主导着全球市场。这四家机构通过企业社会责任或可持续发展报告、年度报告、网站以及政府数据库和非政府组织数据库等其他公共来源收集公司披露的公共 ESG 信息。大多数第三方提供商在发布其 ESG 报告之前,都会邀请被评级公司参与正式的数据验证过程。各机构一旦综合了一家公司的指标,就会衡量这些指标,从而产生一个全球 ESG 评级。

国内目前较有影响力的 ESG 评级机构主要有社会价值投资联盟、商道融绿、中诚信绿金、中央财经大学绿金、润灵、和讯及华证指数等。以评安国蕴为例,2021 年 6 月 8 日评安国蕴正式发布评安国蕴中国企业 ESG 评价体系

(V1.0),该体系包含了两大项主要内容:评安国蕴中国企业ESG评价方法和评安国蕴中国企业ESG综合评级。评安国蕴中国企业ESG评价方法深入考察所评估公司在环境、社会责任和公司治理3个一级指标下的30个二级指标方面的表现,每个二级指标项下又包含多个定性或定量的考察点(三级指标),测评项目总数超过150项。该体系以量化绩效考核为重点,全面涵盖了企业对ESG各方面指标的风险管理策略、应对机制以及治理绩效等,并根据不同行业的特点进行权重调节。

值得注意的是,ESG最终的评级并不能衡量一家公司对环境和社会的影响。相反,它衡量的是**世界对公司及其股东的潜在影响**。换言之,ESG评级高的公司不一定对世界做出了积极贡献,而只是因为它比评级低的公司在财务方面以及ESG的相关风险较少。例如,假设一个药物制造商的"水压力"评分的评级升级了,这个升级不是考虑衡量该公司对其所在社区供水的影响。相反,该评级将考虑该公司所在社区本身是否有足够的水来维持该公司的制造和运营。因此,正如ESG评级提供商MSCI所说,ESG评级可以说是ESG表现出的最与财务相关的指标,可直接表明ESG与企业财务风险之间的关系。评级的高低目前直接影响了企业的竞争力。2021年,贵州茅台酒股份有限公司遭MSCI下调其ESG评级,从B级下调至CCC,导致其成为全球市值Top 20的公司中获得最低MSCI ESG评级的企业。而这带来的直接后果就是贵州茅台酒股份有限公司的股票随即遭到海外基金抛售。

### 附 MSCI ESG 指数

该公司评断ESG之因素包括"环境、社会、公司治理"三大要素,10个主题,总结为35个ESG的议题,具体展示如下:

<table>
<tr><th>三大要素</th><th>10 个主题</th><th>35 个议题</th></tr>
<tr><td rowspan="4">(一)环境<br>Environmental</td><td>1. 气候变迁</td><td>(1)碳排放<br>(2)碳足迹<br>(3)融资对于环境之影响<br>(4)气候变迁的影响</td></tr>
<tr><td>2. 自然资源</td><td>(1)水压<br>(2)生物多样性<br>(3)采购原料</td></tr>
<tr><td>3. 废弃物与污染源</td><td>(1)有毒排放物<br>(2)包装材料<br>(3)电子类废弃物</td></tr>
<tr><td>4. 环境之机会</td><td>(1)干净技术<br>(2)绿能建筑<br>(3)再生能源</td></tr>
<tr><td rowspan="4">(二)社会<br>Social</td><td>1. 人力资源</td><td>(1)劳动管理<br>(2)健康<br>(3)人力资源<br>(4)供应链的标准</td></tr>
<tr><td>2. 产品应负之责任</td><td>(1)产品安全<br>(2)化学品之安全<br>(3)金融消费者保护<br>(4)消费者隐私<br>(5)责任投资</td></tr>
<tr><td>3. 利益相关者之关系</td><td>(1)争议性采购<br>(2)社区关系</td></tr>
<tr><td>4. 社交机会</td><td>(1)访问通信<br>(2)获得融资<br>(3)获得医疗之机会<br>(4)健康方面之机会</td></tr>
<tr><td rowspan="2">(三)公司治理<br>Corporate Governance</td><td>1. 公司治理</td><td>(1)所有权和控制权<br>(2)董事会<br>(3)工资<br>(4)会计</td></tr>
<tr><td>2. 企业行为</td><td>(1)商业道德<br>(2)税收透明度</td></tr>
</table>

该指数关注企业的核心业务,以及可能给公司带来的风险与机会等问题,并根据风险或机会的影响与时间范围为 ESG 分数进行加权,所有受评鉴公司都接受关于内部公司治理以及外部公司行为方面的评价,最后会将所有公司分为七个不同等级,具体展示如下:

| 等级 | AAA | AA | A | BBB | BB | B | CCC |
|---|---|---|---|---|---|---|---|
| 地位 | 领军 | | 一般 | | | 落后 | |
| 核心要素 | 在管理重大 ESG 风险和机会方面处于该行业领先地位的公司 | | 与同行业相比,在管理重大 ESG 风险和机会方面为一般表现的公司 | | | 因高度暴露或未能管理重大 ESG 风险而落后于其他同业的公司 | |

注:该指数强调的是同行业之间的对比才更具有价值。

## 第二节　我国关于 ESG 的发展及态度

我国在不同的领域出台了相关的 ESG 政策,指引国内的企业发展,匹配国际的要求,提升企业的竞争力。下面笔者简单梳理几个关键领域的 ESG 政策。

### 一、交易所关于 ESG 政策的发展与变迁

#### (一)2006 年深圳证券交易所发布《上市公司社会责任指引》(已失效)

其核心内容为:要求上市公司积极履行社会责任,自愿披露企业社会责任报告。其中第二条提到了**社会责任**问题,即“本指引所称的上市公司社会责任是指上市公司对国家和社会的全面发展、自然环境和资源,以及股东、债权人、职工、客户、消费者、供应商、社区等利益相关方所应承担的责任”。

其中第三条提到了对于**社会利益**的追求,即“上市公司(以下简称‘公司’)应在追求经济效益、保护股东利益的同时,积极保护债权人和职工的合法权益,诚信对待供应商、客户和消费者,积极从事环境保护、社区建设等公益事业,从而促进公司本身与全社会的协调、和谐发展”。

其中第四条提到了诚实信用的原则及禁止性行为:“公司在经营活动中,应遵循自愿、公平、等价有偿、诚实信用的原则,遵守社会公德、商业道德,接受政府和社会公众的监督。**不得通过贿赂、走私等非法活动谋取不正当利益,不得侵犯他人的商标、专利和著作权等知识产权,不得从事不正当竞争行为**。”

其中第五条提到了自愿披露规则:“公司应按照本指引要求,积极履行社会责任,定期评估公司社会责任的履行情况,自愿披露公司社会责任报告。”

其中第二十八条专门对环境问题提出了要求:“公司的环境保护政策通常应包括以下内容:(一)符合所有相关环境保护的法律、法规、规章的要求;(二)减少包括原料、燃料在内的各种资源的消耗;(三)减少废料的产生,并尽可能对废料进行回收和循环利用;(四)尽量避免产生污染环境的废料;(五)采用环保的材料和可以节约能源、减少废料的设计、技术和原料;(六)尽量减少由于公司的发展对环境造成的负面影响;(七)为职工提供有关保护环境的培训;(八)创造一个可持续发展的环境。”

### (二)2008年上海证券交易所发布《关于加强上市公司社会责任承担工作暨发布〈上海证券交易所上市公司环境信息披露指引〉的通知》(已失效)

其核心内容为:要求上市公司加强社会责任承担工作,提出“员工安全、产品责任、环境保护等”具体披露要求。其核心出发点为:“为倡导各上市积极承担社会责任,落实可持续发展及科学发展观,促进公司在关注自身及全体股东经济利益的同时,充分关注包括公司员工、债权人、客户、消费者及社区在内的利益相关者的共同利益,促进社会经济的可持续发展,现就本所上市公司社会责任承担工作做出如下要求。一、各上市公司应增强作为社会成员的责任意识,在追求自身经济效益、保护股东利益的同时,重视公司对利益相关者、社会、环境保护、资源利用等方面的非商业贡献。公司应自觉将短期利益与长期利益相结合,将自身发展与社会全面均衡发展相结合,努力超越自我商业目标。二、公司应根据所处行业及自身经营特点,形成符合本公司实际的社会责任战略规划及工作机制。公司的社会责任战略规划至少应当包括公司的商业伦理准则、员工保障计划及职业发展支持计划、合理利用资源及有效保护环境的技术投入及研发计划、社会发展资助计划以及对社会责任规划进行落实管理及监督的机制安排等内容。”

关于披露其提出了以下要求:“三、本所鼓励公司根据《证券法》、《上市公司信息披露管理办法》的相关规定,及时披露公司在承担社会责任方面的特色做法及取得的成绩,并在披露公司年度报告的同时在本所网站上披露公司的年度社会责任报告。四、公司可以在年度社会责任报告中披露每股社会贡献值,即在公司为股东创造的基本每股收益的基础上,增加公司年内为国家创造的税收、向员工支付的工资、向银行等债权人给付的借款利息、公司对外捐赠额等为其他利益相关者创造的价值额,并扣除公司因环境污染等造成的其他社会成本,计算形成的公司为社会创造的每股增值额,从而帮助社会公众更全面地了解公司为其股东、员工、客户、债权人、社区以及整个社会所创造的真正价值。五、公司可以根据自身特点拟定年度社会责任报告的具体内容,**但报告至少应当包括如下方面:(一)公司在促进社会可持续发展方面的工作,例如对员工健康及安全的保护、对所在社区的保护及支持、对产品质量的把关等;(二)公司在促进环境及生态可持续发展方面的工作,例如如何防止并减少污染环境、如何保护水资源及能源、如何保证所在区域的适合居住性、以及如何保护并提高所在区域的生物多样性等;(三)公司在促进经济可持续发展方面的工作,例如如何通过其产品及服务为客户创造价值、如何为员工创造更好的工作机会及未来发展、如何为其股东带来给高的经济回报等。**六、公司申请披露年度社会责任报告的,应向本所提交以下文件:(一)公告文稿;(二)公司董事会关于审议通过年度社会责任报告的决议;(三)公司监事会关于审核同意年度社会责任报告的决议;(四)本所认为必要的其他文件。七、对重视社会责任承担工作,并能积极披露社会责任报告的公司,**本所将优先考虑其入选上证公司治理板块,**并相应简化对其临时公告的审核工作。”

### (三)2010年深圳证券交易所发布《关于做好上市公司2010年年度报告披露工作的通知》

其核心内容为:要求纳入深圳100指数的上市公司披露社会责任报告。具体而言,其规定了披露报告的时间,即“二、上市公司应在2011年4月30日前披露2010年度报告,且披露时间不得晚于2011年第一季度报告的披露时间。2011年

1月1日至4月30日期间新上市的公司,在招股说明书中未披露经审计的2010年度财务会计资料的,应于2011年4月30日前披露2010年度报告。三、上市公司预计在2011年4月30日前无法披露2010年度报告的,应在2011年4月15日前向本所提交书面报告,说明不能按期披露的原因、解决方案及延期披露的最后期限并予以公告。根据本所《股票上市规则》的有关规定,对于未在法定期限内披露2010年度报告的主板公司和中小企业板公司,本所自2011年5月第一个交易日起对公司股票及其衍生品种实施停牌,并对公司及相关人员予以公开谴责。根据本所《创业板股票上市规则》的有关规定,对于未在法定期限内披露2010年度报告的创业板公司,本所于2011年5月第一个交易日对公司股票及其衍生品种实施停牌一天予以警示后复牌。自复牌之日起,本所对公司股票交易实行退市风险警示,并对公司及相关人员予以公开谴责。……六、年报预约披露时间在2011年3月和4月的中小企业板上市公司和创业板上市公司,应在2011年2月28日前按照本所有关规定编制并披露2010年度业绩快报。本所鼓励其他公司在年报披露前发布2010年度业绩快报"。

其中的强制性要求为:"十七、纳入'深圳100指数'的上市公司应按照本所《上市公司规范运作指引》等相关规定披露社会责任报告。本所鼓励其他公司披露社会责任报告。社会责任报告应经公司董事会审议通过,并以单独报告的形式在披露年度报告的同时在指定网站对外披露。"

### (四)2012年上海证券交易所发布《〈公司履行社会责任的报告〉编制指引》

其核心内容为:"明确上市公司应披露在促进环境及生态可持续发展方面的工作,例如防止并减少污染、保护水资源及能源、提高生物多样性等。"

该规定对报告提出了较为详细的要求,例如报告内容方面:"二、公司可根据自身实际情况及编制相关报告的工作实践,决定上述报告的内容及标题,包括但不限于:社会责任报告、可持续发展报告、环境责任报告、企业公民报告等。三、报告标题下方应提示:本公司董事会及全体董事保证本报告内容不存在任何虚假记载、误导性陈述或重大遗漏,并对其内容的真实性、准确性和完整性承担个别及连带责任。”报告需要重点关注的层面有：“四、公司在编制社会责任报告时，应至少关注如下问题：1. 公司在促进社会可持续发展方面的工作，**例如对员工健康及安全的保护**、对所在社区的保护及支持、**对产品质量的把关等**；2. 公司在促进环境及生态可持续发展方面的工作，**例如如何防止并减少污染、如何保护水资源及能源、如何保证所在区域的适合居住性，以及如何保护并提高所在区域的生物多样性等**；3. 公司在促进经济可持续发展方面的工作，例如如何通过其产品及服务为客户创造价值、如何为员工创造更好的工作机会及未来发展、如何为其股东带来更高的经济回报等。”

**（五）2013 年深圳证券交易所发布修订后的《上市公司信息披露工作考核办法》（2020 年又进行了修订）**

需要注意的是该规定已经经过修订，为了便于读者阅读，笔者特将修改前后的相关情况分别作出梳理。

2013 年其核心内容为：第一，考核的时间问题，“考核期间为上年 5 月 1 日至当年 4 月 30 日”。第二，等级问题，“上市公司信息披露工作考核结果依据上市公司信息披露质量从高到低划分为 A、B、C、D 四个等级”。第三，考核问题，“第六条　本所在考核上市公司以下情形的基础上，结合本办法第十七条、第十八条和第十九条的规定，对上市公司信息披露工作进行综合考核：（一）上市公司信息披露的真实性、准确性、完整性、及时性、合法合规性和公平性；（二）上市公司被处罚、处分及采取其他监管措施情况；（三）上市公司与本所配合情况；（四）上市公司信息披露事务管理情况；（五）本所认定的其他情况”。

于 2020 年修订后，其中第十四条对于披露情况的考核作了重点指引：“本所对上市公司自愿性披露情况进行考核，重点关注以下方面：（一）自愿披露的信息是否遵守公平披露原则，是否保持信息披露的完整性、持续性和一致性，是否与依法披露的信息相冲突，是否不存在选择性信息披露、误导投资者的情形；（二）自愿披露预测性信息时，是否以明确的警示文字，具体列明相关的风险因素，提示可能出现的不确定性和风险。”

其中第十六条对“社会责任”问题作出了重点提示：“本所对上市公司履行社

会责任的披露情况进行考核,重点关注以下方面:(一)是否主动披露社会责任报告,报告内容是否充实、完整;(二)是否主动披露环境、社会责任和公司治理(ESG)履行情况,报告内容是否充实、完整;**(三)是否主动披露公司积极参与符合国家重大战略方针等事项的信息。**”

其中第二十一条对评分评级提出了较为明确的要求:“上市公司考核基准分为100分。本所按照本办法规定的考核标准,对上市公司信息披露工作开展考核,对照本办法第二十四条、第二十五条、第二十六条负面清单指标,在基准分基础上予以加分或者减分,确定考核期内上市公司评级,从高到低划分为A、B、C、D四个等级。公司信息披露评级为A的家数占考核总家数比例不超过25%。”

其中第三十一条提到了对于评级较高的企业提供相应的支持及便利:“本所在职责范围内对上市公司再融资、并购重组等事项出具持续监管意见时,将上市公司最近一年的考核结果一并报送中国证监会。对于最近一年考核结果为A的公司,本所给予以下支持和便利:(一)应上市公司要求提供定向培训;(二)在承担的审核职责范围内,依法依规对其进行股权、债券融资等业务提供便捷服务;(三)邀请公司董事长、董事会秘书等担任培训讲师,向市场推广规范运作经验;(四)优先推荐公司董事会秘书等高级管理人员为本所上市委员会、纪律处分委员会委员或其他专业委员会委员人选。”

**(六)2015年深圳证券交易所发布修订后的《中小企业板上市公司规范运作指引》**

其规定上市公司出现重大环境污染问题时,应当及时披露环境污染产生的原因、对公司业绩的影响、环境污染的影响情况、公司拟采取的整改措施等。

**(七)2019年上海证券交易所发布《上海证券交易所科创板股票上市规则》等10份配套规则与指引(2019年3月实施,2019年4月第一次修订,2020年12月第二次修订,2023年8月第三次修订,2024年4月第四次修订,目前适用2024年版本)**

1. 2019年版本(现已修改):其对ESG相关信息作出强制披露要求,要求**科创板上市公司披露保护环境、保障产品安全、维护员工**与其他利益相关者合法权益等履行社会责任的情况。

2. 2020 年修订版(现已失效):其中提到了社会责任及信息披露要求。

3. 2023 年修订版:依然强调社会责任及信息披露。

4. 2024 年修订版:也强调社会责任及信息披露。

从修订的轨迹来看,关于社会责任及信息披露的规定呈现出细化的特点,就 2024 年修订版而言,主要规定如下:

**首先,就社会责任角度而言:**

4.4.1　上市公司应当积极承担社会责任,维护社会公共利益,并披露**保护环境**、**保障产品安全**、**维护员工**与其他利益相关者合法权益等履行社会责任的情况。

上市公司应当在年度报告中披露履行社会责任的情况,并视情况编制和披露社会责任报告、可持续发展报告、环境责任报告等文件。出现违背社会责任重大事项时应当充分评估潜在影响并及时披露,说明原因和解决方案。

4.4.2　上市公司应当将生态环保要求融入发展战略和公司治理过程,并根据自身生产经营特点和实际情况,**履行下列环境保护责任:**(一)遵守环境保护法律法规与行业标准;(二)制订执行公司环境保护计划;(三)高效使用能源、水资源、原材料等自然资源;(四)合规处置污染物;(五)建设运行有效的污染防治设施;(六)足额缴纳环境保护相关税费;(七)保障供应链环境安全;(八)其他应当履行的环境保护责任事项。

4.4.3　上市公司应当根据自身生产经营模式,**履行下列生产及产品安全保障责任:**(一)遵守产品安全法律法规与行业标准;(二)建立安全可靠的生产环境和生产流程;(三)建立产品质量安全保障机制与产品安全事故应急方案;(四)其他应当履行的生产与产品安全责任。

4.4.4　上市公司应当根据员工构成情况,**履行下列员工权益保障责任:**(一)建立员工聘用解雇、薪酬福利、社会保险、工作时间等管理制度及违规处理措施;(二)建立防范职业性危害的工作环境与配套安全措施;(三)开展必要的员工知识和职业技能培训;(四)其他应当履行的员工权益保护责任。

4.4.5　上市公司应当严格遵守科学伦理规范,尊重科学精神,恪守应有的价值观念、社会责任和行为规范,发挥科学技术的正面效应。

上市公司应当避免研究、开发和使用危害自然环境、生命健康、公共安全、伦理道德的科学技术,不得从事侵犯个人基本权利或者损害社会公共利益的研发和经营活动。

上市公司在生命科学、人工智能、信息技术、生态环境、新材料等科技创新领域开发或者使用创新技术的,应当遵循审慎和稳健原则,充分评估其潜在影响及可靠性。

**其次,就社会披露角度而言:**

5.2.1 上市公司应当披露能够充分反映公司业务、技术、财务、**公司治理**、竞争优势、行业趋势、产业政策等方面的重大信息,**充分揭示上市公司的风险因素和投资价值**,便于投资者合理决策。

5.2.2 上市公司应当对业绩波动、行业风险、公司治理等相关事项进行针对性信息披露,并持续披露科研水平、科研人员、科研资金投入、募集资金重点投向领域等重大信息。

5.2.3 上市公司筹划重大事项,持续时间较长的,应当按照重大性原则,分阶段披露进展情况,及时提示相关风险,不得仅以相关事项结果尚不确定为由不予披露。

5.2.4 上市公司和相关信息披露义务人认为相关信息可能影响公司股票交易价格或者有助于投资者决策,但不属于本规则要求披露的信息,可以自愿披露。

上市公司和相关信息披露义务人自愿披露信息,应当审慎、客观,不得利用该等信息不当影响公司股票交易价格、从事内幕交易或者其他违法违规行为。

上市公司和相关信息披露义务人按照本条披露信息的,在发生类似事件时,应当按照同一标准予以披露,避免选择性信息披露。

**(八)2022 年上海证券交易所发布《上海证券交易所上市公司自律监管指引第 2 号——信息披露事务管理》**

1. 披露的适用主体

(1)适用的对象

第二条 在上海证券交易所(以下简称本所)**主板上市的股票及其衍生品种**

的信息披露及相关工作(以下简称信息披露工作)适用本指引,本所另有规定的除外。

第三条 上市公司应当按照《上市公司信息披露管理办法》《股票上市规则》和本指引的规定制定信息披露事务管理制度,保证信息披露事务管理制度内容的完整性与实施的有效性。

(2)内部设置

第四条 上市公司应当明确负责本公司信息披露的常设机构,即**信息披露事务管理部门**。信息披露事务管理制度由信息披露事务管理部门制定和修改,并应当经公司董事会审议通过并披露。公司控股股东、实际控制人等有关信息披露义务人应当规范与上市公司有关的信息发布行为。

(3)各相关人员的职能划分

第十条 上市公司信息披露事务管理制度应当明确规定董事会秘书和信息披露事务管理部门在信息披露事务中的责任和义务,明确董事长对公司信息披露事务管理承担首要责任。董事会秘书负责**协调**执行信息披露事务管理制度,组织和管理信息披露事务管理部门具体承担公司信息披露工作。董事会秘书需了解重大事件的情况和进展时,相关部门(包括公司控股子公司、参股公司)及人员应当予以积极配合和协助,及时、准确、完整地进行回复,并根据要求提供相关资料。

第十一条 上市公司信息披露事务管理制度应当明确,董事和董事会、监事和监事会、高级管理人员应当配合董事会秘书信息披露相关工作,并为董事会秘书和信息披露事务管理部门履行职责提供工作便利,**财务负责人**应当配合董事会秘书在财务信息披露方面的相关工作,董事会、监事会和管理层**应当建立有效机制,确保董事会秘书和公司信息披露事务管理部门能够及时获悉公司重大信息**。公司财务部门、对外投资部门等应当对信息披露事务管理部门履行配合义务。董事会应当定期对公司信息披露管理制度的实施情况进行自查,发现问题的,应当及时改正。独立董事和监事会负责对信息披露事务管理制度的实施情况进行监督。独立董事和监事会应当对信息披露事务管理制度的。实施情况进行检查,对发现的重大缺陷及时督促公司董事会进行改正,并根据需要要求董事会对制度予以修订。董事会不予改正的,监事会应当向本所报告。

2. 披露的方式:直通披露及非直通披露

根据其第五条的规定:"上市公司信息披露采用**直通信息披露和非直通信息披露**两种方式。公司及相关信息披露义务人应当通过本所上市公司信息披露电子化系统或者本所认可的其他方式提交信息披露文件,并通过本所网站和符合中国证监会规定条件的媒体(以下统称符合条件的媒体)对外披露。"直通披露或直通公告,是指上市公司通过本所上市公司信息披露电子化系统上传信息披露文件,并直接提交至符合条件的媒体进行披露的方式。

**(九)2022 年上海证券交易所发布《关于做好科创板上市公司 2021 年年度报告披露工作的通知》**

该通知要求科创板公司应当披露 ESG 信息,科创 50 指数成份公司应当在年报披露的同时披露社会责任报告或 ESG 报告。

**(十)2024 年上海证券交易所、深圳证券交易所、北京证券交易所分别发布"上市公司自律监管指引——可持续发展报告(试行)(征求意见稿)"**

报告期内持续被纳入上证 180、科创 50、深证 100、创业板指数的样本公司以及境内外同时上市的公司,必须披露 ESG 报告,其余上市公司自愿披露。

**"上市公司自律监管指引——可持续发展报告(试行)(征求意见稿)"——核心观点提炼**

1. "指引"发布的时间与机构

2024 年 4 月 12 日,上海证券交易所、深圳证券交易所和北京证券交易所分别发布《上市公司自律监管指引第 14 号——可持续发展报告(试行)(征求意见稿)》《上市公司自律监管指引第 17 号——可持续发展报告(试行)(征求意见稿)》《上市公司持续监管指引第 11 号——可持续发展报告(试行)(征求意见稿)》(以下统一简称"指引"),向市场公开征集意见。

2. "指引"发布的目的与意义

"指引"旨在通过加强可持续发展信息披露,推动提高上市公司质量、投资价值和投资者回报水平,引导各类要素向可持续发展领域聚集,促进"双碳"目标实现和经济、社会、环境的可持续发展。“指引”的发布，对 A 股上市公司《上市公司可持续发展报告》或《上市公司环境、社会和公司治理报告》即《上市公司 ESG 报告》(以下统称《可持续发展报告》)的框架、内容提出了更为具体的要求，此项举措将对我国资本市场和上市公司的 ESG 发展的进一步深化和发展产生重大的推动作用。

同时，“指引”正式从监管层面明确了《可持续发展报告》的提法，使 ESG 从概念到信息披露都摆脱了以往的模糊地位。ESG 报告的内容涵盖了以往常见的社会责任报告、环境信息披露报告等的内容，实现了上市公司从社会责任报告到可持续发展报告(ESG 报告)的全面升级转型，对中国 ESG 市场的发展具有重大的推动作用。

3. “指引”内容概要

“指引”均由第一章总则，第二章可持续发展信息披露框架的一般要求，第三章到第五章环境、社会、公司治理(ESG)信息披露的具体要求，第六章附则和释义组成。三个交易所发布的“指引”的内容，除第三条规定的适用对象，以及第五十八条规定的过渡期安排有所差异外，其他内容基本一致。

4. “指引”要点概括

(1)明确强制披露与自愿披露相结合；

(2)强调双重重要性原则；

(3)明确可持续发展信息披露框架；

(4)明确 ESG 相关信息披露要求；

(5)明确过渡期的安排。

5. “指引”亮点

此次新发布的“指引”不但在内容和结构上逻辑清晰，而且在适用性和包容性方面也特别突出。除了关注本国国情的内容，如强调减排目标、碳排放、中国核证减排量(CCER)、中小企业保护、乡村振兴和扶贫攻坚等内容，还汲取和融合了在国际上比较主流的信息披露框架和标准。如全球报告倡议(GRI)及欧洲可持续报告标准(ESRS)提倡的“双重重要性”原则。

6.关于"指引"的思考

截至目前,已有相当数量的上市公司拥有发布可持续发展报告的经验,随着"指引"的发布,可持续发展报告的展开趋势将更加确定,覆盖范围也将更广。建议其他有条件但尚未开启报告编制工作的公司,积极参照"指引"要求,开展编制工作,同时提高ESG理念在公司战略体系中的整合程度,强化对相关数据的收集、统计和定性定量分析能力。

最后提到,上市公司在披露《可持续发展报告》时,需注意信息的准确性和相关风险提示,避免潜在的虚假陈述风险。

## 二、证监会关于ESG政策的发展与变迁

### (一)2012年《公开发行证券的公司信息披露内容与格式准则第30号——创业板上市公司年度报告的内容与格式》

其中第三十条规定:"**公司应披露重大诉讼、仲裁事项**。包括发生**在本年度涉及公司的重大诉讼、仲裁事项,应陈述该事项基本情况、涉及金额,是否存在预计负债。已在上年度年报中披露,但尚未结案的重大诉讼、仲裁事项,应陈述其进展情况或审理结果及影响。对已经结案的重大诉讼、仲裁事项,还应说明其执行情况。如以上诉讼、仲裁事项已在临时报告披露且无后续进展的,则可只披露事项概述,并提供临时报告相关披露索引**。

如报告期内公司无重大诉讼、仲裁事项,应明确陈述'本年度公司无重大诉讼、仲裁事项'。"

第三十九条规定:"**公司及其董事、监事、高级管理人员、公司控股股东、实际控制人、收购人**如在报告期内存在**受有权机关调查、司法纪检部门采取强制措施、被移送司法机关或追究刑事责任、中国证监会稽查、中国证监会行政处罚、证券市场禁入、认定为不适当人选或被其他行政管理部门处罚及证券交易所公开谴责的情形,应当说明原因及结论**。如中国证监会及其派出机构对公司检查后提出整改意见的,应简单说明整改情况,披露整改报告书的信息披露报纸、网站及日期。

**列入省级以上**环保部门公布的**污染严重企业名单的或存在其他重大社会安**

**全问题**的公司及其子公司，应披露公司存在的问题、整改情况。如报告期内被行政处罚，应披露处罚事项、处罚措施及整改情况。”

同时根据该报告第三十五条、第三十六条的规定，需要对“报告期内发生的重大关联交易事项”“重大合同及其履行情况”进行披露。

2012年修订后的该报告的第四十四条规定：“公司**应当披露公司治理**的基本状况，列示公司报告期内建立的各项公司治理制度，说明公司治理与《公司法》和中国证监会相关规定的要求是否存在差异；如有差异，应当说明原因。公司治理专项活动开展情况以及内幕信息知情人登记管理制度的制定、实施情况已通过临时公告或专项报告披露的，公司应当提供指定披露网站的相关查询索引。”

**（二）2017年发布【第17号公告】《公开发行证券的公司信息披露内容与格式准则第2号——年度报告的内容与格式》（2017年修订）（已失效）**

关于披露原则：“第三条　本准则的规定是对公司年度报告信息披露的最低要求；对投资者投资决策有重大影响的信息，不论本准则是否有明确规定，公司均应当披露。**鼓励公司结合自身特点，**以简明易懂的方式披露对投资者特别是中小投资者决策有用的信息，但披露的信息应当保持持续性，不得选择性披露。”

关于内外交叉的披露规则：“第八条　同时在境内和境外证券市场上市的公司，如果境外证券市场对年度报告的编制和披露要求与本准则不同，**应当遵循报告内容从多不从少、报告要求从严不从宽的原则**，并应当在同一日公布年度报告。发行境内上市外资股及其衍生证券并在证券交易所上市的公司，应当同时编制年度报告的外文译本。”

关于公司治理情况披露：“第五十七条　公司应当**披露公司治理的基本状况**，说明公司治理的实际状况与中国证监会发布的有关上市公司治理的规范性文件是否存在重大差异，如有重大差异，应当说明具体情况及原因。

公司应当就其与控股股东在业务、人员、资产、机构、财务等方面存在不能保证独立性、不能保持自主经营能力的情况进行说明。存在同业竞争的，公司应当披露相应的解决措施、工作进度及后续工作计划。”

**（三）2018年修订《上市公司治理准则》**

其中第八章提到了：“利益相关者、环境保护与社会责任。”

**关于利益相关者：**“第八十三条　上市公司应当尊重银行及其他债权人、员工、客户、供应商、社区等利益相关者的合法权利，与利益相关者进行有效的交流与合作，共同推动公司持续健康发展。第八十四条　上市公司应当为维护利益相关者的权益提供必要的条件，当其合法权益受到侵害时，利益相关者应当有机会和途径依法获得救济。第八十五条　上市公司应当加强员工权益保护，支持职工代表大会、工会组织依法行使职权。董事会、监事会和管理层应当建立与员工多元化的沟通交流渠道，听取员工对公司经营、财务状况以及涉及员工利益的重大事项的意见。”

**关于环境保护层面：**“第八十六条　上市公司应当积极践行绿色发展理念，将生态环保要求融入发展战略和公司治理过程，主动参与生态文明建设，在污染防治、资源节约、生态保护等方面发挥示范引领作用。”

**关于社会责任层面：**“第八十七条　上市公司在保持公司持续发展、提升经营业绩、保障股东利益的同时，应当在社区福利、救灾助困、公益事业等方面，积极履行社会责任。鼓励上市公司结对帮扶贫困县或者贫困村，主动对接、积极支持贫困地区发展产业、培养人才、促进就业。”

### （四）2021年修订“上市公司年度报告和半年度报告格式准则”

将与环境保护、社会责任有关的内容统一整合至相关文件的第五节“环境和社会责任”中，鼓励披露碳减排的措施与成效。

### （五）2022年发布《上市公司投资者关系管理工作指引》（2005年发布《上市公司与投资者关系工作指引》）

《上市公司投资者关系管理工作指引》第四条第一项对“合规性”提出了基本要求：“上市公司投资者关系管理应当在依法履行信息披露义务的基础上开展，符合法律、法规、规章及规范性文件、行业规范和自律规则、公司内部规章制度，以及行业普遍遵守的道德规范和行为准则。”

同时，该指引要求加强与投资者的沟通，例如其第八条第二款规定：“鼓励上市公司在遵守信息披露规则的前提下，建立与投资者的重大事件沟通机制，在制定涉及股东权益的重大方案时，通过多种方式与投资者进行充分沟通和协商。”又如其第十四条规定："上市公司应当充分考虑股东大会召开的时间、地点和方式，为股东特别是中小股东参加股东大会提供便利，为投资者发言、提问以及与公司董事、监事和高级管理人员等交流提供必要的时间。股东大会应当提供网络投票的方式。上市公司可以在按照信息披露规则作出公告后至股东大会召开前，与投资者充分沟通，广泛征询意见。"

其中第十五条还对企业的高管参加相应的活动提出了要求："除依法履行信息披露义务外，上市公司应当按照中国证监会、证券交易所的规定积极召开投资者说明会，向投资者介绍情况、回答问题、听取建议。投资者说明会包括业绩说明会、现金分红说明会、重大事项说明会等情形。一般情况下董事长或者总经理应当出席投资者说明会，不能出席的应当公开说明原因。上市公司召开投资者说明会应当事先公告，事后及时披露说明会情况，具体由各证券交易所规定。投资者说明会应当采取便于投资者参与的方式进行，现场召开的鼓励通过网络等渠道进行直播。"

## 三、环境领域关于 ESG 政策的发展与变迁

ESG 的各个机构的评级标准目前并不统一，但是环境因素在各个机构的评级中都占据了非常重要的地位，如 MSCI 关于环境因素的设置见表 1－1－1：

**表 1－1－1　MSCI 评级标准中的环境因素**

| 三大支柱之一 | 主题 | ESG 关键议题 |
| --- | --- | --- |
| 环境 | 气候变化 | 1. 碳排放<br>2. 气候变化脆弱性<br>3. 影响环境的融资<br>4. 产品碳足迹 |
| | 自然成本 | 1. 生物多样性和土地利用<br>2. 原材料采购<br>3. 水资源短缺 |
| | 污染和废弃物 | 1. 电子废弃物<br>2. 包装材料和废弃物<br>3. 有毒排放和废弃物 |
| | 环境机遇 | 1. 清洁技术机遇<br>2. 绿色建筑机遇<br>3. 可再生能源机遇 |

在我国关于 ESG 政策的发展中，环境领域发展较早，效果也是非常明显的。具体发展过程如下。

**（一）2003 年原国家环境保护总局（2018 年更新为生态环境部，下同）发布了《关于企业环境信息公开的公告》**

其要求污染超标企业强制披露相关环境信息，具体环境信息公开的范围为："一、环境信息公开的范围：各省、自治区、直辖市环保部门应按照《清洁生产促进法》的规定，在当地主要媒体上定期公布超标准排放污染物或者超过污染物排放总量规定限额的污染严重企业名单；列入名单的企业，应当按照本公告要求，于 2003 年 10 月底以前公布 2003 年上半年的环境信息，2004 年开始在每年 3 月 31 日以前公布上一年的环境信息。**没有列入名单的企业可以自愿参照本规定进行环境信息公开**。"

就公开的内容而言，该公告提出了较为明确的规定，同时采取必须公开与自愿公开相结合的原则，就必须公开而言："二、必须公开的环境信息公开的环境信息内容必须如实、准确，有关数据应有**3 年连续性**。（一）企业环境保护方针。（二）污染物排放总量，包括：1. 废水排放总量和废水中主要污染物排放量；2. 废气排放总量和废气中主要污染物排放量；3. 固体废物产生量、处置量。（三）企业环境污染治理，包括：1. 企业主要污染治理工程投资；2. 污染物排放是否达到国家或地方规定的排放标准；3. 污染物排放是否符合国家规定的排放总量指标；4. 固体废物处置利用量；5. 危险废物安全处置量。**（四）环保守法，包括：1. 环境违法行为记录；2. 行政处罚决定的文件；3. 是否发生过污染事故以及事故造成的损失；4. 有无环境信访案件。**（五）环境管理，包括：1. 依法应当缴纳排污费金额；2. 实际缴纳排污费金额；3. 是否依法进行排污申报；4. 是否依法申领排污许可证；5. 排污口整治是否符合规范化要求；6. 主要排污口是否按规定安装了主要污染物自动监控装置，其运行是否正常；7. 污染防治设施正常运转率；8. '三同时'执行率。"就自愿公开而言："三、自愿公开的环境信息：（一）企业资源消耗，包括能源总消耗量和单位产品能源消耗量，新水取用总量和单位产品新水消耗量，工业用水重复利用率，原材料消耗量，包装材料消耗量。（二）企业污染物排放强度（指生产单位产品或单位产值的主要污染物排放量),包括烟尘、粉尘、二氧化硫、二氧化碳等大气污染物和化学需氧量、氨氮、重金属等水污染物。(三)企业环境的关注程度。(四)下一年度的环境保护目标。(五)当年致力于社区环境改善的主要活动。(六)获得的环境保护荣誉。(七)减少污染物排放并提高资源利用效率的自觉行动和实际效果。(八)对全球气候变暖、臭氧层消耗、生物多样性减少、酸雨和富营养化等方面的潜在环境影响。"

**(二)2008 年原国家环境保护总局发布《关于加强上市公司环境保护监督管理工作的指导意见》(已失效)**

发布该规定的出发点为:"引导上市公司积极履行保护环境的社会责任,促进上市公司持续改进环境表现,争做资源节约型和环境友好型的表率。"其提出**积极探索建立上市公司环境信息披露机制,**同时加强了与中国证券监督管理委员会(以下简称证监会)的衔接,即"为促进上市公司特别是重污染行业的上市公司真实、准确、完整、及时地披露相关环境信息,增强企业的社会责任感,国家环保总局将与中国证监会建立和完善上市公司环境监管的协调与信息通报机制。……国家环保总局将按照上市公司环境信息通报机制,对未按规定公开环境信息的上市公司名单,及时、准确地通报中国证监会。由中国证监会按照《上市公司信息披露办法》的规定予以处理"。

**(三)2010 年原环境保护部发布《上市公司环境信息披露指南(征求意见稿)》**

该指南对于披露环境报告提出了较为详细的要求:火电、钢铁、水泥、电解铝等 16 类重污染行业的上市公司应当发布年度环境报告,**定期披露污染物排放情况、环境守法、环境管理等方面的环境信息;**发生突发环境事件的上市公司,应当在事件发生 1 天内发布临时环境报告,披露环境事件的发生时间、地点、主要污染物质和数量、事件对环境影响情况和人员伤害情况(如有),及已采取的应急处理措施等;因环境违法被省级以上环保部门通报批评、挂牌督办、环评限批,被处以高额罚款,被责令限期治理或停产整治,被责令拆除、关闭等重大环保处罚的上市公司,应当在得知处罚决定后 1 天内发布临时环境报告,披露违法情形、违反的法律条款、处罚时间、处罚具体内容、整改方案及进度。

### （四）2021 年生态环境部发布《企业环境信息依法披露管理办法》（2022 年正式适用）

其对不合规情况提出了强制性的要求。其中第八条规定："上一年度有下列情形之一的上市公司和发债企业，应当按照本办法的规定披露环境信息：**（一）因生态环境违法行为被追究刑事责任的；（二）因生态环境违法行为被依法处以十万元以上罚款的；**（三）因生态环境违法行为被依法实施按日连续处罚的；（四）因生态环境违法行为被依法实施限制生产、停产整治的；（五）因生态环境违法行为被依法吊销生态环境相关许可证件的；（六）因生态环境违法行为，其法定代表人、主要负责人、直接负责的主管人员或者其他直接责任人员被依法处以行政拘留的。"

### （五）2022 年生态环境部发布《企业环境信息依法披露格式准则》

为了进一步细化企业环境信息的依法披露内容，规范环境信息的依法披露格式，指导和帮助企业依法披露环境信息，全面反映企业遵守生态环境法律法规和环境治理情况，生态环境部发布了该准则。

《企业环境信息依法披露格式准则》包含四章三十一条，对年度环境信息依法披露报告（以下简称年度报告）和临时环境信息依法披露报告（以下简称临时报告）的内容与格式进行了规定。年度报告规定了关键环境信息提要，企业基本信息，企业环境管理信息，污染物产生、治理与排放信息，碳排放信息等应当披露的具体内容。临时报告规定了企业产生生态环境行政许可变更的情况、生态环境行政处罚的情况、生态环境损害赔偿的情况等应当披露的环境信息。同时规定，对已披露的环境信息进行变更时，应当披露变更内容、主要依据。《企业环境信息依法披露格式准则》强化了环境信息披露的规范性，要求信息应当真实、准确、客观，使用的语言、表述应通俗易懂、便于公众理解。

生态环境部将会同中央和国家机关有关部门抓好《企业环境信息依法披露格式准则》实施，做好《企业环境信息依法披露格式准则》与上市公司和发债企业相关信息披露规定的衔接，及时总结实践经验，遴选典型并宣传推广，加大对相关企业的培训和指导，推动管理部门、市场主体落实好、运用好《企业环境信息依法披露格式准则》,引导社会公众和组织加强监督。①

**(六)2022 年生态环境部等 17 部门联合印发《国家适应气候变化战略 2035》**

生态环境部、国家发展和改革委员会、科学技术部、财政部、自然资源部、住房和城乡建设部、交通运输部、水利部、农业农村部、文化和旅游部、国家卫生健康委员会、应急管理部、中国人民银行、中国科学院、中国气象局、国家能源局、国家林业和草原局 17 部门联合印发《国家适应气候变化战略 2035》(以下简称《适应战略 2035》),对当前至 2035 年适应气候变化工作作出统筹谋划与部署。

《适应战略 2035》以习近平生态文明思想为指导,全面贯彻党的十九大和十九届历次全会精神,完整、准确、全面贯彻新发展理念,统筹发展与安全,实施积极应对气候变化国家战略,坚持减缓和适应并重,把握扎实开展碳达峰碳中和工作的契机,将适应气候变化全面融入经济社会发展大局,推进适应气候变化治理体系和治理能力现代化,强化自然生态系统和经济社会系统气候韧性,构建适应气候变化区域格局,有效应对气候变化不利影响和风险,降低和减少极端天气气候事件灾害损失,助力生态文明建设、美丽中国建设和经济高质量发展。

《适应战略 2035》在深入评估气候变化影响风险和适应气候变化的工作基础及挑战机遇的基础上,提出新阶段下我国适应气候变化工作的指导思想、基本原则和主要目标,进一步明确我国适应气候变化工作的重点领域、区域格局和保障措施。《适应战略 2035》明确当前至 2035 年,适应气候变化应坚持"主动适应、预防为主,科学适应、顺应自然,系统适应、突出重点,协同适应、联动共治"的基本原则,提出"到 2035 年,气候变化监测预警能力达到同期国际先进水平,气候风险管理和防范体系基本成熟,重特大气候相关灾害风险得到有效防控,适应气候变化技术体系和标准体系更加完善,全社会适应气候变化能力显著提升,气候适应型社会基本建成"的目标。

与 2013 年发布的《国家适应气候变化战略》相比,《适应战略 2035》具有四个

---

① 源于生态环境部网站,《关于印发〈企业环境信息依法披露格式准则〉的通知》。

特征:一是更加突出气候变化监测预警和风险管理,提出完善气候变化观测网络、强化气候变化监测预测预警、加强气候变化影响和风险评估、强化综合防灾减灾等任务举措;二是划分自然生态系统和经济社会系统两个维度,分别明确了水资源、陆地生态系统、海洋与海岸带、农业与粮食安全、健康与公共卫生、基础设施与重大工程、城市与人居环境、敏感二三产业等重点领域适应任务;三是多层面构建适应气候变化区域格局,将适应气候变化与国土空间规划结合,并考虑气候变化及其影响和风险的区域差异,提出覆盖全国八大区域和京津冀、长江经济带、粤港澳大湾区、长三角、黄河流域等重大战略区域适应气候变化任务;四是更加注重机制建设和部门协调,进一步强化组织实施、财政金融支撑、科技支撑、能力建设、国际合作等保障措施。[①]

### (七)2024 年生态环境部提出:6 方面发力以高水平保护支撑高质量发展

一是更加注重源头预防,形成高水平的调控体系,从根源上降低碳排放和污染物排放;二是更加注重精准管控,形成高水平的治理体系,精准识别生态环境问题成因,靶向治疗、精准施策;三是更加注重规范倒逼,形成高水平的标准体系,推动行业技术进步,引领绿色转型;四是更加注重市场引导,形成高水平的政策体系,激发保护生态环境的内生动力;五是更加注重科技赋能,形成高水平的技术体系,提升美丽中国建设科技支撑能力;六是更加注重开放共赢,形成高水平的合作体系,共谋发展与保护协同的全球合作新路径。

综上,我国对于环境领域的 ESG 提出要求较早,规定也较为详细,尤其是习近平总书记强调:"实现碳达峰碳中和,是贯彻新发展理念、构建新发展格局、推动高质量发展的内在要求,是党中央统筹国内国际两个大局作出的重大战略决策。""十四五"是碳达峰的关键期、窗口期。各地区各部门锚定目标,坚定不移走生态优先、绿色发展之路,统筹产业结构调整、污染治理、生态保护、应对气候变化,协同推进降碳、减污、扩绿、增长,推动绿色低碳发展不断取得新进展。2020 年 9 月 22 日,在第 75 届联合国大会一般性辩论上,习近平主席郑重宣布:"中国将提高国家自主贡献力度,采取更加有力的政策和措施,二氧化碳排放力争于 2030 年前达到

---

① 源于生态环境部网站,《关于印发〈国家适应气候变化战略 2035〉的通知》。

峰值,努力争取2060年前实现碳中和。”为落实碳达峰碳中和目标,我国将应对气候变化作为国家战略,纳入生态文明建设整体布局和经济社会发展全局,加强顶层设计。碳达峰碳中和“1+N”政策体系构建实施。中共中央、国务院印发《关于完整准确全面贯彻新发展理念做好碳达峰碳中和工作的意见》,国务院印发《2030年前碳达峰行动方案》,明确时间表、路线图。有关部门出台能源、工业、建筑等重点领域、重点行业实施方案,以及科技支撑、财政支持、统计核算、生态碳汇等支撑保障方案,31个省份制定碳达峰实施方案。因而在此背景下,企业更应该做好环保类的合规。

## 四、国资委关于ESG政策的发展与变迁

为指导推动国资中央企业(以下简称央企)更好地履行社会责任,2022年,国务院国有资产监督管理委员会(以下简称国资委)决定成立社会责任局,主要职责是督促指导央企抓好安全生产、应急管理、绿色低碳、能源节约、生态环境保护、乡村振兴、援疆援藏援青、品牌质量等工作。

### (一)2007年国务院国资委发布《关于中央企业履行社会责任的指导意见》

该指导意见提出了央企建立社会责任报告制度,其出发点为:“为了全面贯彻党的十七大精神,深入落实科学发展观,推动中央企业在建设中国特色社会主义事业中,认真履行好社会责任,实现企业与社会、环境的全面协调可持续发展,提出以下指导意见。一、充分认识中央企业履行社会责任的重要意义(一)履行社会责任是中央企业深入贯彻落实科学发展观的实际行动。履行社会责任要求中央企业必须坚持以人为本、科学发展,在追求经济效益的同时,**对利益相关者和环境负责,实现企业发展与社会、环境的协调统一**。这既是促进社会主义和谐社会建设的重要举措,也是中央企业深入贯彻落实科学发展观的实际行动。(二)履行社会责任是全社会对中央企业的广泛要求。中央企业是国有经济的骨干力量,大多集中在关系国家安全和国民经济命脉的重要行业和关键领域,其生产经营活动涉及整个社会经济活动和人民生活的各个方面。积极履行社会责任,不仅是中央企

业的使命和责任,也是全社会对中央企业的殷切期望和广泛要求。"

央企履行社会责任的主要内容在该指导意见中呈现以下几个层面:(1)坚持依法经营诚实守信。(2)不断提高持续盈利能力,其中第三部分第八项第四句重点提到了"强化企业管理,提高管控能力,降低经营成本,加强风险防范,提高投入产出水平,增强市场竞争能力"。(3)切实提高产品质量和服务水平。(4)加强资源节约和环境保护。(5)推进自主创新和技术进步。(6)保障生产安全。其中第三部分第十三项第三句重点提到了"建立健全应急管理体系,不断提高应急管理水平和应对突发事件能力"。(7)维护职工合法权益。(8)参与社会公益事业。

央企履行社会责任的主要措施为:"……(十七)建立和完善履行社会责任的体制机制。把履行社会责任纳入公司治理,融入企业发展战略,落实到生产经营各个环节。明确归口管理部门,建立健全工作体系,逐步建立和完善企业社会责任指标统计和考核体系,有条件的企业要建立履行社会责任的评价机制。(十八)建立社会责任报告制度。有条件的企业要定期发布社会责任报告或可持续发展报告,公布企业履行社会责任的现状、规划和措施,完善社会责任沟通方式和对话机制,及时了解和回应利益相关者的意见建议,主动接受利益相关者和社会的监督。(十九)加强企业间交流与国际合作。研究学习国内外企业履行社会责任的先进理念和成功经验,开展与履行社会责任先进企业的对标,总结经验,找出差距,改进工作。加强与有关国际组织的对话与交流,积极参与社会责任国际标准的制定……"

### (二)2016年发布《关于国有企业更好履行社会责任的指导意见》

制定该指导意见的出发点为:"企业积极履行社会责任,以遵循法律和道德的透明行为,在运营全过程对利益相关方、社会和环境负责,最大限度地创造经济、社会和环境的综合价值,促进可持续发展,是深入贯彻落实党的十八大和十八届三中、四中、五中全会精神,深化国有企业改革的重要举措,也是适应经济社会可持续发展要求,提升企业核心竞争力的必然选择。为推动国有企业更好地履行社会责任,现提出以下意见。"

该指导意见提出将**社会责任融入企业运营**,具体包括:"(八)融入企业战略和重大决策。在战略和决策的制订、实施、评估全流程中,不仅要考虑企业自身发展,还要综合考虑利益相关方诉求,全面分析对社会和环境的影响,实现综合价值最大化。(九)融入日常经营管理。**将社会责任融入企业的研发、设计、采购、生产、销售和服务等各业务环节**,融入人力资源管理、财务管理、物资管理、信息管理、风险管理等各职能体系,对现有各环节、各职能进行全面优化,实现负责任的经营管理。(十)融入供应链管理。把企业社会责任理念传导到供应链,对供应商、分销商、合作伙伴的守法合规、安全环保、员工权益、透明运营等方面实施系统管理,实现共同履责。(十一)融入国际化经营。**遵循有关国际规范,遵守所在国家和地区法律法规**,尊重当地民族文化和宗教习俗,保护生态环境,促进当地就业,维护员工合法权益,支持社区发展,参与公益事业,为当地经济社会发展作出积极贡献。(十二)探索建立社会责任指标体系。参照国内外标准,结合行业特征和企业实际,建立完善涵盖经济、社会、环境的社会责任指标体系。加强与国内外先进企业的责任指标对标,查找弱项和短板,不断加以改进。探索社会责任绩效评价,引导企业不断提升社会责任绩效水平。"

### (三)2022年发布《提高央企控股上市公司质量工作方案》

该工作方案提出要**促进上市公司完善治理和规范运作**,其核心内容为:"1. 完善中国特色现代企业制度,健全国有控股上市公司治理机制。全面贯彻'两个一以贯之',充分发挥党委(党组)把方向、管大局、促落实领导作用,建立完善党委(党组)前置研究讨论事项清单,科学界定上市公司治理相关方的权责;强化章程在公司治理中的基础性作用,进一步厘清国有股东对上市公司的管理边界,切实维护上市公司独立性。到2024年底前,原则上央企控股上市公司要在董事会规范运作的前提下全面依法落实董事会各项权利;依规设立董事会审计委员会,鼓励根据实际情况设立其他专门委员会,积极履行建议、监督等职责;优化独立董事资格条件,拓宽选聘来源,强化独立董事履职支撑,促进其诚信勤勉履职,更好发挥作用,鼓励让独立董事提前参与重大复杂项目研究论证等环节。

2. 调整优化股权结构,引入积极股东完善治理。中央企业集团公司要结合上市公司功能定位,对其股权结构和治理状况进行评估,根据评估结果提出动态优化股权结构、促进治理结构相互制衡和提升效率的举措。鼓励通过出让存量、引进增量、换股等多种方式,引入高匹配度、高认同感、高协同性的战略投资者作为积极股东,达到一定持股比例、在股权结构中具有重要地位的,支持其依法合规提名董事人选,促进治理结构改善、经营机制转换;鼓励积极股东与上市公司建立互利共赢的长期战略合作关系,在科研、生产、销售、资本运营等各方面发挥协同作用,促进上市公司核心竞争力提升。

3. 持续提高信息披露质量,提升上市公司透明度。中央企业集团公司要优化完善与上市公司的沟通传导机制,支持、配合上市公司依法依规履行信息披露义务,督促上市公司健全信息披露制度,以投资者需求为导向,优化披露内容,真实、准确、完整、及时、公平披露信息,做到简明清晰、通俗易懂,力争'接地气',避免'炒概念''蹭热点';同时,处理好信息披露与保守国家秘密、保护商业秘密的关系,将保密管理有效纳入信息披露体系,提高依法治密水平,严防失泄密事件。到2024年底前,中央企业要将证券交易所年度信息披露工作考核结果纳入上市公司绩效评价体系。

4. 贯彻落实新发展理念,探索建立健全ESG体系。中央企业集团公司要统筹推动上市公司完整、准确、全面贯彻新发展理念,进一步完善环境、社会责任和公司治理(ESG)工作机制,提升ESG绩效,在资本市场中发挥带头示范作用;立足国有企业实际,积极参与构建具有中国特色的ESG信息披露规则、ESG绩效评级和ESG投资指引,为中国ESG发展贡献力量。推动央企控股上市公司ESG专业治理能力、风险管理能力不断提高;推动更多央企控股上市公司披露ESG专项报告,力争到2023年相关专项报告披露'全覆盖'。

5. 坚持依法合规经营,防范化解重大风险。中央企业集团公司要指导上市公司以证监会上市公司治理专项行动排查出的问题为基础,重点围绕关联交易、对外并购、重大投资、重大担保、财务管理、内幕信息管理、债务风险、子公司管控、依法纳税及内部监督等上市公司治理的关键环节,列出治理问题清单,制定整改方案,严格推进落实,2022年底前完成对账销号,促进上市公司审计、内控、合规和风控体系规范完善。涉及集团财务公司与所控股上市公司开展业务的中央企业,要按照'依法合规、公允定价'的原则运作,在实现集团资金集中管理和高效使用目标的同时,确保符合上市公司独立性、关联交易、信息披露等方面要求。督促上市公司强化合规管理和内部监督,严格遵守国资监管政策和证券监管规则,持续提升诚信经营的能力和水平,确保会计信息真实可靠,严禁财务造假,严禁违规运作,严禁内幕交易。加强风险管控,增强风险识别、分析和处置能力,抓好境外合规风险防范;对于未能履行资本市场公开承诺、存在持续亏损、出现违规事项或可能面临退市等风险的上市公司,中央企业集团公司要紧密跟踪,提前谋划,指导上市公司多措并举扭亏增盈、妥善应对、化解风险。对违反规定、未履行或未正确履行职责造成国有资产损失、损害投资者合法权益或其他严重不良后果的,严肃追究责任。"

### (四)2022 年正式启动《央企控股上市公司 ESG 专项报告编制研究》项目

《央企控股上市公司 ESG 专项报告参考指标体系》(以下简称《指标体系》)列明了 14 类一级指标、45 项二级指标、132 个三级指标,从环境、社会、治理三大维度来全面衡量央企控股上市公司在绿色运营、践行社会责任、可持续发展方面的情况。《指标体系》涵盖了央企控股上市公司在环境、社会、治理三大领域的重点实践,将指标内容细化拆解到具体的制度、架构、管理与实践,三级指标以定量和定性指标相结合的形式进行呈现。

在环境议题下,有 5 类一级指标、18 项二级指标和 56 个三级指标,涵盖资源消耗、污染防治、资源与环境管理制度措施等方面的信息。

在社会议题下,有 4 类一级指标、14 项二级指标和 43 个三级指标,涵盖员工权益、产品与服务管理、社会贡献等方面的信息。由于国资央企具有调和国民经济的功能,且普遍具有实业属性强、体量规模大、涉及行业广、业务板块多、利益相关方链条长的特征,因此《指标体系》在社会维度指标的制定中不仅充分考虑了基于自己国情的中国特色,也在其中融入了国资央企特点。一方面,员工是企业最重要的利益相关者之一,也是企业需要承担的最为紧要的社会责任。因为企业的资本及各种生产要素,只有和员工的劳动相结合,才能产生最终的产品和服务。另一方面,《指标体系》在社会贡献议题下设置了多个建议披露指标,包括缴纳税费情况以及国家战略响应等。

在治理议题下，有 5 类一级指标、13 项二级指标和 33 个三级指标，涵盖了上市**公司在治理策略与组织架构**、信息披露透明度、**合规经营与风险管理**等方面的信息。《指标体系》要求上市公司对风险管理中的**风险识别、控制、追踪等内容进行披露**。为了有效地管理风险，上市公司需要识别和分析风险因素，制定相应的措施来降低风险发生概率以及减少风险发生带来的负面影响。上市公司还可以根据风险危害识别建立风险分级管控管理制度，并根据风险级别，确定落实管控措施的责任部门，以确保风险管控措施切实合理、有效落地实施。

### （五）2023 年发布《关于转发〈央企控股上市公司 ESG 专项报告编制研究〉的通知》

《关于转发〈央企控股上市公司 ESG 专项报告编制研究〉的通知》为央企控股上市公司编制 ESG 报告提供了建议与参考：一是《中央企业控股上市公司 ESG 专项报告编制研究课题相关情况报告》作为总纲，介绍了课题研究背景、过程、成果、特点及预评估等内容。二是《指标体系》为上市公司提供了最基础的指标参考。三是《央企控股上市公司 ESG 专项报告参考模板》提供了 ESG 专项报告的最基础格式参考。尤其是其提供了 ESG 专项报告的最基础格式参考。参考模板由 10 个一级标题、26 个二级标题以及 2 个参考索引表组成，既界定了 ESG 专项报告的基本内容，标准化设定了 ESG 专项报告框架，便于监管机构、投资者、社会公众等主体查阅，又明确反映了 ESG 专项报告编制的主要环节和基本流程，便于报告编制机构搜集和整理 ESG 信息、第三方专业机构审验报告以及发布传播 ESG 报告，鼓励央企控股上市公司在自身可靠性承诺的基础上，引入第三方专业机构，对 ESG 专项报告进行验证、评价，并且出具评价报告，规范央企控股上市公司 ESG 专项报告的编制内容和流程，提高央企控股上市公司 ESG 专项报告的编制质量。

### （六）2024 年发布《关于新时代中央企业高标准履行社会责任的指导意见》

该指导意见提出了总体要求："到 2025 年，中央企业社会责任工作体系更加规范成熟，社会责任理念与企业经营管理进一步深化融合，涌现一批优秀履责典范，形成若干典型履责模式。中央企业高质量发展的根基更加坚实，科技创新、产业引领、安全支撑作用发挥更加突出，在国家现代化建设全局中的功能价值更加凸显。到 2030 年，中央企业的功能价值进一步提升，服务经济社会发展更加有力有效，服务人民美好生活需要更加全面充分，在全面建设社会主义现代化国家、实现第二个百年奋斗目标进程中实现更好发展、发挥更大作用。"

## 第三节　ESG 存在的问题及拟解决思路

### 一、ESG 目前存在的普遍问题

尽管 ESG 在世界范围内不断发展且 ESG 对投资者越来越重要，但 ESG 自身也存在诸多问题，使其未能发挥全部潜力。目前，被普遍论及的问题主要有以下几个方面。

#### （一）ESG 缺乏清晰的定义和指南

在理想状态下，ESG 体系必须能给予企业和投资经理关于如何作出决策的明确指导，即需要清楚地说明何时需要考虑 ESG，哪些 ESG 的目标应该被优先考虑，以及如何在 ESG 的考量与利润之间进行权衡。但是，目前 ESG 的范围边界却不清晰，几乎任何业务决策都可以被描述为具有 ESG 的维度，而且这些 ESG 的考虑因素的重要性和方向还可以随着时间的推移而改变。不仅如此，ESG 每个维度的定义几乎都不明确，这就很难确定 ESG 各个维度的优先级。例如，假设一家企业可以用一个污染物排放量大幅减少但雇用更少的新工厂来取代一个污染严重的老工厂，排放量的减少显然代表着更好的环境表现，但就业人数的减少可能代表着社会表现的下降。这该如何进行取舍？

对企业而言，不仅需要一个有序的 ESG 排名，也需要 ESG 和利润最大化如何相互作用的指示。例如，每个人都会认为减少一吨碳排放会更好。但如果为此要以减少 10 亿美元的利润为代价，则很少有人会认为它实际上代表着进步。尽管可能有更明智的方法来实现这样的减排，但由于目前缺乏明确的指示，企业不知道如何权衡追求利润和 ESG 的优先级。

### （二）难以达成共识

ESG 破坏了股东至上的一个显著利益：同质性。企业民主可能难以处理不同的偏好。至少，在偏好不同的情况下，管理者可能拥有巨大的能力来操纵结果。与工人、债权人、客户、环保主义者和周边社区的成员不同，股东至少在公司中拥有同样类型的直接经济利益。如果公司不是太大，金融市场也相对完整，股东应该有类似的偏好，或者至少应该能够进入市场交易，以抵消他们可能存在的任何差异。然后，合同可以基于股东一致希望经理最大化股东利润的假设来编写。当市场不完整或公司的行为产生了有意义的外部性时，股东即使是为了个人经济利益，也可能不会团结一致。此外，ESG 的股东们不是告诉经理们要实现利润最大化，而是让他们要平衡利润和其他目标。不同股东群体的经理可以为几乎任何决定或投资辩护，声称 ESG 的利益大于损失的利润，反之亦然。如果没有任何解决这一冲突的框架，ESG 就会导致股东治理无效。

### （三）"漂绿"难以避免

在目前的环境下，ESG 的索赔很难得到监管。如果无法确定与 ESG 相关的声明的含义，则不可能对那些作出未经证实的 ESG 声明的公司和投资者提出索赔。有这么多的资金在追逐 ESG，这种情况可能会鼓励坏人参与"漂绿"，即对热点话题作出流行的声明，但却没有采取有意义的行动。在实践中存在的比较多的现象就是很多企业只公布自己想披露的信息，对于很多其他信息进行隐藏，尤其是很多企业面临行政处罚，甚至刑事处罚时会故意规避。而不同的监管机构出具的报告可信度也是不同的。这对于追求被动策略的机构投资者来说是一个特别的问题，因为他们渴望使用 ESG 标签来区分和推销自己。虽然 ESG 基金可能会提供差异化的发行，但目前尚不清楚它们是否在为追求亲社会的目标而做出真正的财务牺牲。这使得信任变得困难：公司无法可靠地确定 ESG 努力的基准，因为其他公司可能正在利用 ESG 的模糊性。出于同样的原因，机构投资者和个人投资者不能安全地分配资金或根据 ESG 问题作出治理决策，因为他们投资的公司可能在撒谎，而个人不能将资金投入 ESG 基金，因为这些基金可能在撒谎。如果没有可靠的指标和问责制，ESG 就无法运行。如果没有人相信非货币目标实际上会得到实现,就没有人愿意以非货币目标的名义牺牲货币目标。

## 二、国内 ESG 要长远发展拟完善思路

### (一)政府层面

1. 完善信息披露制度

目前,我国的披露制度主要分为强制披露制度、半强制披露制度以及自愿披露制度。强制披露制度针对重点排污单位及其子公司,强制要求其披露相关环境信息;半强制披露制度主要针对重点排污单位之外的上市公司,对其放宽信息披露标准,要求其遵守相关标准或在不遵守相关标准时给予一定的解释;自愿信息披露制度对上市公司的信息披露主要采取鼓励方式。不统一的信息披露制度使不同企业在进行信息披露时水平参差不齐。国外在强制披露方面,通常要求企业按照法律法规和监管要求,定期发布 ESG 报告,披露公司在环境、社会和治理方面的关键绩效指标。为了鼓励企业自愿披露更多的 ESG 信息,国外政府、监管机构和社会组织通常会提供一系列的激励机制。例如,政府可以提供税收减免、财政补贴等政策支持。这些激励机制有助于激发企业主动披露 ESG 信息的积极性。

2. 加强对 ESG 整体信息披露框架的指引

ESG 涉及的信息内容广泛,而我国在政府层面对 ESG 中单一方面的指引较多,主要涉及环境维度,与国际相比仍有较大差距。此外,目前我国企业披露 ESG 信息主要以描述性披露为主,缺乏定量指标来对 ESG 等级进行评级量化。因此,我国政府不能仅停留在宏观决策层面进行指引,还要加强对 ESG 指标和体系等微观层面的整体披露框架的指引。

3. 建立我国标志性的评鉴标准,吸引高质量企业及评鉴机构入驻

在制定 ESG 评鉴标准时,应充分考虑我国的产业结构和发展战略,确保 ESG 评鉴标准既具有国际先进性,又贴合我国的实际需求。通过与国际知名的 ESG 评级、认证、咨询机构建立合作关系,提升我国 ESG 评鉴标准的认可度和影响力,吸引高质量企业和评鉴机构入驻。

4. 构建经典案例库，制定本土化的ESG政策

围绕环保合规及ESG应用实践，打造具有参考价值的经典案例库。经典案例库应当包含企业在ESG实践中遇到的挑战、解决方案及其实施效果，同时定期更新，以反映最新的ESG发展趋势。

结合我国的实际情况，包括产业结构、企业发展水平和地方特色等，制定符合本土需求的ESG政策，如财政补贴、税收优惠、绿色信贷等措施，鼓励企业积极落实ESG政策，鼓励政府、企业、投资者、社会组织等多方参与政策制定和执行过程，通过合作共治，形成合力，提高政策的有效性。

**(二)企业层面**

1. 施行全流程的ESG

将ESG理念贯彻到研发、采购、生产、物流、营销等每一个阶段。例如，关注创新技术和绿色产品的解决方案；注重使用节能、可再生、可回收的环保材料及工艺；使用智能化、电动化的运输工具；努力唤醒消费者的环保意识和低碳生活方式；等等。

2. 完善信息披露的体系化思路

不断提高ESG理念在公司战略体系中的整合程度，并逐步强化相关数据的收集、统计和定性定量分析能力，以满足未来不断细化的ESG报告信息披露需求。

3. 建立和完善内部环境管理体系

优化公司治理结构，如加强董事会对运营事务的监督，提高决策透明度，加强责任追究，以应对ESG的内在要求。随着绿色金融的发展，金融机构越来越重视企业的ESG表现。

4. 提升企业合规意识与能力，培育ESG企业文化

良好的合规计划要有具备道德规范内容、发挥道德规范作用的政策和程序。企业的发展应当着眼于长期成功而非短期利益，应当注重维护企业声誉和公众信任，使合道德地行事成为企业文化核心价值观的组成部分。

第二章

# 企业经营面临的法律风险探析与ESG的要求

基于ESG评价，投资者可以通过观测企业ESG绩效，评估其投资行为和其在促进经济可持续发展、履行社会责任等方面的贡献，核心是希望能够探索出一条可持续的发展路径，在商业价值和社会责任之间取得平衡。因而重视ESG是促进企业内部管理规范化的内在要求，它能够通过有效的法律风险防控，推动企业实现商业价值及社会价值的有效统一，实现可持续发展。

ESG评价体系的构建是一种企业治理模式的创新。企业为了应对发展中面临的法律风险，需要采取一系列措施，以期避免相应的法律处罚及赔偿风险，谋求企业长期而稳定的发展。企业在正常的发展、经营的过程中会受到不同的法律法规规制，因而当其违反相关规定时会面临不同的法律风险，对于企业而言这往往会造成不可弥补的损失。

国际社会和各国政府都致力于建立和维护开放、透明、公平的社会秩序，与此同时，我国推进全面依法治国，在这样的背景下，我们越来越多地关注企业面临的合规风险以及如何实现合规。若不合规，企业可能遭受法律制裁、监管处罚、重大财产损失和声誉损失，由此造成的风险，即为合规风险。

ESG评价体系一般由三层或更多层指标体系构成，一级指标一般指环境、社会和公司治理三个维度。二级指标一般为各维度下的主题或议题，例如能耗、员工发展、决策层独立性等。三级指标一般是各主题下的更具体、可衡量对比的考察点，例如总耗电量、可再生能源生产量、人均培训小时数、独立董事比例等。相较于发达国家,我国 ESG 投资起步较晚,初期规模较小。但是在公司治理及风险防范方面的发展相对较早,除了涉及基本的部门法,例如《公司法》《证券法》等,还涉及关于企业的合规治理等的专项文件,早在 2015 年,国资委就通过发问提出"加快提升合规管理能力,建立由总法律顾问领导,法律事务机构作为牵头部门,相关部门共同参与、齐抓共管的合规管理工作体系"。2016 年 4 月,国资委印发《关于在部分中央企业开展合规管理体系建设试点工作的通知》,确定五家央企为试点企业,探索开展合规管理体系建设。2022 年,国资委还出台了《中央企业合规管理办法》,引导国有企业构建自己的合规体系。合规管理作为深化企业法治工作的新要求,是提升依法治企能力的新抓手。

企业在正常的经营发展中可能面临的风险是多种多样的,目前从实践呈现出的状况来看,主要可以分为以下领域的风险:刑事风险、行政风险、民事风险、国际制裁风险。

## 第一节 刑事风险探析

刑事风险之所以被称为法律风险中最为严重的风险,是因为刑事风险的前提是企业本身涉嫌刑事犯罪,需要被科以最为严格的刑事责任。在我国现行刑法的规定下,单位犯罪原则上采取"双罚制",包括对单位的处罚和对单位相关责任人员的处罚,在刑事法律领域,企业及其员工之间存在行为及责任的转化和牵连。基于我国刑事责任制度的特点,企业的刑事风险存在以下四个维度。

### 一、公司、企业经营活动涉嫌刑事犯罪

造成该类刑事犯罪的原因往往是企业对特定经营活动所涉及的刑事法律法规、前置性民商事或行政法律法规、政策制度及规范性要求缺乏认识,从而在经营决策上误入雷区。例如,随着互联网的发展,一些企业开发了线上棋牌室业务模式,研发了各式各样的网络棋牌游戏 App,但该类 App 的业务性质存在极大的涉

刑风险。具体而言,企业在开发线上棋牌业务的过程中主要可能涉及以下罪名:

第一,开设赌场罪。例如(2020)闽0924刑初165号判决书记载:2018年间,被告人张某杰与韦某斌、张某鹏商议决定在网络上架设游戏平台赚钱。三人通过58同城联系到深圳盈游科技有限公司(以下简称盈游公司)并前往实地查看。经与盈游公司商谈后,张某杰作为代表与盈游公司签订《游戏软件销售合同》,约定由该公司开发具有游戏币回收功能的棋牌类游戏平台(后命名为1688游戏)及开发费用40万元、平台交付时间等事项,并支付了合同定金。之后,三人吸收被告人叶某俊、叶某椿(另案处理)入股1688游戏平台,其中张某杰、张某鹏各出资10万元,韦某斌出资14万元,叶某俊出资4万元,叶某椿出资2万元。2018年10月至2019年2月,张某杰等人支付了剩余的开发费用,并对盈游公司交付的1688游戏平台进行内测,将发现的问题反馈给盈游公司。

2019年2月,1688游戏平台正式交付,张某杰等人从网上购买了4个QQ号,加上原有的旧电脑、旧手机等设备,在寿宁县张某杰家中,正式上线运营1688游戏平台。

该平台通过游戏推广,发展了谢某文、吴某鹏、林某明(均另案处理)等几十余名游戏代理,并为网络游戏玩家提供人民币与游戏币之间的兑换服务,违反规定以人民币向游戏玩家回收游戏币,吸引众多不特定人员参与网络赌博。经统计,1688游戏平台共向58名代理上分459,510,609游戏币,价值26,258元。

最终被告人均被定为开设赌场罪并被判处有期徒刑。

第二,非法经营罪。其主要指的是企业并未获得支付业务许可证,却实施了资金支付结算业务,扰乱市场秩序,且其行为属情节特别严重,构成非法经营罪。需要注意的是,非法经营罪的最高刑比开设赌场罪的最高刑高,如果发生非法经营罪和开设赌场罪想象竞合而需从一重罪处罚的话,非法经营罪被判处的刑期更高。

第三,组织、领导传销活动罪。其主要指的是企业开发线上棋牌App,进行招揽代理推广App、发展多层级下线等操作,很容易被认定为组织、领导传销活动。

第四,侵犯公民个人信息罪。企业开发的线上棋牌App,会涉及众多用户的个人信息,如果信息保存不当或被企业有偿出售,易涉及侵犯公民个人信息罪。

经过对现有裁判文书的检索,企业在经营活动中主要涉及的罪名集中在破坏社会主义市场经济秩序罪、妨害社会管理秩序罪。

**对于破坏社会主义市场经济秩序罪而言,**企业在经营活动中主要涉及的罪名有:合同诈骗罪;串通投标罪;虚开增值税专用发票、用于骗取出口退税、抵扣税款发票罪;集资诈骗罪;骗取贷款、票据承兑、金融票证罪;贷款诈骗罪;保险诈骗罪;非法吸收公众存款罪;走私罪;生产、销售、提供假药罪;生产、销售有毒、有害食品罪;妨害清算罪;非国家工作人员受贿罪;对非国家工作人员行贿罪;侵犯知识产权罪。上述罪名中合同诈骗罪,虚开增值税专用发票、用于骗取出口退税、抵扣税款发票罪属于比较高发的罪名。

对于**妨害社会管理秩序罪而言,**企业在经营活动中主要涉及的罪名有:污染环境罪;虚假诉讼罪;掩饰、隐瞒犯罪所得、犯罪所得收益罪;妨害公务罪;伪造、变造、买卖国家机关公文、证件、印章罪;伪造公司、企业、事业单位、人民团体印章罪;非法获取计算机信息系统数据、非法控制计算机信息系统罪;开设赌场罪。上述罪名中污染环境罪属于高发罪名。

此外,处理上述犯罪时,包括**贪污贿赂罪在内的其他可以由单位构成的犯罪,**也时有发生。

## 二、个人犯罪牵连公司、企业承担责任

现实中,员工个人行为和公司、企业经营行为之间的界限模糊不清,从而导致个人涉刑的同时影响到公司的正常经营,甚至公司有承担刑事责任的风险。

由于我国刑法针对单位犯罪与自然人犯罪的入罪标准和量刑标准一直存在"同罪不同罚"的现象,对于同一犯罪而言,单位犯罪的入罪标准要明显高于自然人犯罪的入罪标准,单位犯罪中的直接责任人员所受到的刑事处罚,也明显轻于那些独立构成犯罪的自然人。如表 1-2-1、表 1-2-2 所示:

**表1-2-1　最高人民法院、最高人民检察院《关于办理走私刑事案件适用法律若干问题的解释》关于走私普通货物、物品罪的规定**

| 所属刑法章节 | 罪名 | 情节 | 自然人 | 单位 | 量刑标准 |
|---|---|---|---|---|---|
| 破坏社会主义市场经济秩序罪 | 走私普通货物、物品罪 | 偷逃应缴税额较大 | 偷逃应缴税额在10万元以上不满50万元 | 偷逃应缴税额在20万元以上不满100万元 | 处3年以下有期徒刑或者拘役,并处偷逃应缴税额1倍以上5倍以下罚金 |
| | | 偷逃应缴税额巨大/情节严重 | 偷逃应缴税额在50万元以上不满250万元 | 偷逃应缴税额在100万元以上不满500万元 | 处3年以上10年以下有期徒刑,并处偷逃应缴税额1倍以上5倍以下罚金 |
| | | 偷逃应缴税额特别巨大/情节特别严重 | 偷逃应缴税额在250万元以上 | 偷逃应缴税额在500万元以上 | 处10年以上有期徒刑或者无期徒刑,并处偷逃应缴税额1倍以上5倍以下罚金或者没收财产 |

**表1-2-2　最高人民检察院、公安部《关于公安机关管辖的刑事案件立案追诉标准的规定(二)》关于贪污贿赂罪、非法经营罪的规定**

| 所属刑法章节 | 具体罪名 | 情节 | 自然人 | 单位 |
|---|---|---|---|---|
| 贪污贿赂罪 | 对非国家工作人员行贿/对外国公职人员、国际公共组织官员行贿罪 | — | 行贿数额在3万元以上 | 行贿数额在20万元以上 |

续表

| 所属刑法章节 | 具体罪名 | 情节 | 自然人 | 单位 |
|---|---|---|---|---|
| 扰乱市场秩序罪 | 非法经营罪 | 出版、印刷、复制、发行严重危害社会秩序和扰乱市场秩序的非法出版物/以营利为目的,通过信息网络有偿提供删除信息服务,或者明知是虚假信息,通过信息网络有偿提供发布信息等服务,扰乱市场秩序 | 非法经营数额在 5 万元以上/违法所得数额在 2 万元以上 | 非法经营数额在 15 万元以上/违法所得数额在 5 万元以上 |
| | | 未经监管部门批准,或者超越经营范围,以营利为目的,以超过 36%的实际年利率经常性地向社会不特定对象发放贷款 | 非法放贷数额累计在 200 万元以上/违法所得数额累计在 80 万元以上/非法放贷对象累计在 50 人以上 | 非法放贷数额累计在 1000 万元以上/违法所得数额累计在 400 万元以上/非法放贷对象累计在 150 人以上 |

该现象导致的结果是自然人一旦受到刑事起诉,往往倾向于将责任推给单位,而将自然人犯罪替换成单位犯罪,这也成为实务中律师界普遍运用的辩护策略。因而,如何分割员工个人责任和单位责任,是企业在面对刑事风险时的重要任务。当然,刑法修改时也在不断地缩小单位犯罪与自然人犯罪之间的区别,例如“非法吸收公众存款”在 2022 年修改后对于单位犯罪及自然人犯罪的情节认定已经保持一致了。将来这个角度的差距或许会越来越小。

## 三、公司、企业被动牵涉刑事案件

该类案件主要来源于商业合作伙伴、交易对手等特定主体,企业在开展商业合作、招投标、投资并购中没有充分关注刑事风险控制,也没有做到相应的风险隔离设计和安排,导致其在经营过程中被动涉刑,进而造成经济或者商誉受损。例如企业在与第三方合作的过程中,未作充分的尽职调查导致未能发现第三方的违法犯罪行为,往往在第三方案件的处理中直接被认定为共同犯罪、牵连犯罪而被追究刑事责任；又如笔者在办理的某起案件中发现甲公司为生产企业，乙公司为销售企业，案件发生的原因在于甲公司生产假冒伪劣产品被相关部门查处，相关部门顺藤摸瓜找到了正在销售的乙公司，乙公司无法证明其不知道销售的产品有问题，最终以概括的故意被认定为犯罪，并被追究刑事责任。除此之外，在很多并购案件中也存在类似的情况，并购的企业在并购的过程中未作充分的尽职调查，进而未能发现被并购者存在犯罪行为，导致并购后并购者承担刑事责任，这不仅使并购者遭受了直接的经济损失，而且使其面临巨额的罚金，同时企业的名誉上留下了挥之不去的污点，直接影响企业的长远发展。

### 四、公司、企业可能遭受犯罪行为的直接侵害

企业除自身和员工可能有触犯刑法风险外，还可能作为被害方，遭受其他主体违法行为的侵害。例如，企业与其他主体签订合同后受骗、受骗为其他主体贷款充当担保方，企业在商业活动中遭受强迫交易、敲诈勒索甚至诈骗，企业内部员工监守自盗、窃取公司财产或者权益、为己牟利，等等。

许多企业管理者因为对法律规定不熟悉，不仅不能明确区分民事合同欺诈行为与刑事合同诈骗行为，往往还会因为举报材料未达到刑法规定的立案标准或者选择举报的罪名不恰当，无法及时挽回损失，此类刑事侵害的危害性可以说不亚于企业涉刑风险。

## 第二节　行政风险与民事风险探析

企业合规涉及企业生产经营的方方面面，如环境、知识产权保护合规，安全生产合规，反贿赂合规等。前述任何方面的不合规，都会引发相应的行政制裁风险或民事处罚风险。民事风险主要包括对受害人的损失进行赔偿，当然在这两种风险中对企业而言更重要的是行政风险。例如，就民事风险而言，典型的就是 OFAC（The Office of Foreign Assets Control of the US Department of the Treasury）给出的

一些处罚。OFAC 即美国财政部海外资产控制办公室，隶属美国财政部（Department of Treasury）。其管理和执行所有基于美国国家安全和对外政策的经济和贸易制裁，违反 OFAC 制裁的处罚分为民事处罚和刑事处罚，且经特别立法授权可对美国境内的所有外国资产进行控制和冻结。在美国，美国司法部（Department of Justice）和美国政府律师（US Attorney）负责相关的刑事调查和诉讼。但是绝大多数因经济和贸易制裁而违规的当事人都选择了与 OFAC 达成和解，此属于民事处罚。仅 2020 年，OFAC 就公布了 14 起民事处罚案例。其实在 2017 年，中兴通讯与 OFAC 达成和解协议并就其对《伊朗贸易制裁条例》规定的违反和虚假陈述、毁灭证据等刑事违法行为，缴纳了 8.92 亿美元的民事和刑事罚金。2018 年，烟台杰瑞与 OFAC 达成和解协议并就其对《伊朗贸易制裁条例》规定中的违反缴纳 2,774,972 美元罚金。而丰田汽车公司的案件也是比较典型的案件之一，美国司法部指控丰田汽车公司在大约 10 年时间里违反了美国国家环境保护局（EPA）的《联邦空气清洁法案》（Clean Air Act）的报告要求。其指控称，从 2005 年前后至少到 2015 年，丰田汽车公司旗下数家实体违反了该法案关于报告汽车尾气排放相关缺陷的要求，丰田汽车公司推迟提交了大约 78 份尾气排放缺陷信息报告，这些报告涉及数百万辆汽车。丰田汽车公司没有提交 20 份自愿排放召回报告，也没有提交超过 200 份本应更新 EPA 关于召回信息的季度报告。后丰田汽车公司同意支付 1.8 亿美元，以了结有关其推迟报告排放缺陷问题的民事调查。

就行政风险而言，行政风险主要指的是企业在运行的过程中违反行政法律法规而面临的行政处罚。行政风险的种类相对比较宽广，其往往会涉及不同的行业、不同的领域。目前我国的行政机关基本都拥有监管及处罚的权利，对于违法行政法律法规的企业而言，主要面临的行政处罚会涉及以下几种：行政罚款、没收涉案财产、责令停产停业、吊销企业的营业执照、取消继续经营的资格等。从不同的领域分析，企业违法违规行为存在较为明显的差异，但是违法违规行为一旦发生就会被科以严厉的处罚。

## 一、就规模较大企业而言会面临垄断的处罚风险

对于规模较大的常规企业而言，目前来看比较高发的风险主要集中在垄断方面。从国家市场监督管理总局（以下简称市场监管总局）发布的《中国反垄断执法年度报告(2020)》中，笔者摘取了几个典型的案例：

第一起，四川省水泥协会组织 6 家水泥经营者达成并实施垄断协议案——经调查，2016 年 10 月，四川省水泥协会组织和推动 6 家水泥经营者，在成都区域内推涨散装水泥价格，达成并实施统一散装水泥涨价时间、调价幅度的垄断协议。2020 年 12 月，四川省市场监督管理局依法作出行政处罚，责令当事人停止违法行为，没收其违法所得并处罚款共计 5981.13 万元。

第二起，山东康惠医药有限公司等 3 家公司滥用市场支配地位案——经调查，2015 年 8 月至 2017 年 12 月，山东康惠医药有限公司、潍坊普云惠医药有限公司和潍坊太阳神医药有限公司滥用在中国注射用葡萄糖酸钙原料药销售市场的支配地位，实施以不公平的高价销售商品、附加不合理交易条件的垄断行为，排除、限制了市场竞争，损害了消费者利益。2020 年 4 月，市场监管总局依法作出行政处罚，责令当事人停止违法行为，没收其违法所得并处罚款共计 3.255 亿元。

第三起，阿里巴巴投资有限公司收购银泰商业（集团）有限公司股权未依法申报经营者集中案——阿里巴巴投资有限公司通过多种方式取得银泰商业（集团）有限公司 73.79% 的股权，并于 2017 年 6 月完成交割，在此之前未向市场监管总局申报，构成未依法申报违法实施的经营者集中，但不具有排除、限制竞争的效果。2020 年 12 月，市场监管总局依法对阿里巴巴投资有限公司处以罚款 50 万元。同时，市场监管总局反垄断局于 2021 年 4 月 10 日上午 09:00 发布了《阿里巴巴集团控股有限公司在中国境内网络零售平台服务市场垄断案行政处罚决定书和行政指导书》，宣布对阿里巴巴集团控股有限公司处罚 182.28 亿元人民币。**阿里巴巴集团控股有限公司于 2022 年出具了自己的 ESG 报告，该报告覆盖了以下 7 个领域：(1) 修复绿色星球；(2) 支持员工发展；(3) 服务可持续的美好生活；(4) 助力中小微企业高质量发展；(5) 助力提升社会包容和韧性；(6) 推动人人参**

**与的公益;(7)构建信任,其中包括企业的信任,也包括社会的信任。**

## 二、就证券企业而言违规面临的处罚风险

我国《证券公司和证券投资基金管理公司合规管理办法》第二条第四款规定:“本办法所称合规风险,是指因证券基金经营机构或其工作人员的经营管理或执业行为违反法律法规和准则而使证券基金经营机构被依法追究法律责任、采取监管措施、给予纪律处分、出现财产损失或商业信誉损失的风险。”具体而言,证券基金经营机构不遵循该办法进行合规管理的,证监会可以对其采取出具警示函、责令定期报告、责令改正、监管谈话等行政监管措施。除了常规的监管措施,证监会还可以对经营机构处以警告或者罚款,同样,对于直接负责的人员也可以处以警告或者罚款。

例如,立信会计师事务所在2014年财物报表审级过程中,出具的审级报告存在虚假记载的情况,于2018年被证监会处以270万元的罚款,并没收相关的业务收入90万元。此案例也是证券领域涉及行政处罚的典型案例。

2022年11月,美国证券交易委员会对高盛资产管理公司开出了400万美元的罚单。处罚原因为高盛资产管理公司涉嫌提供ESG误导性信息,在ESG投资方面对客户进行了误导,且所涉及的两个共同资金和一个单独管理的账户未能遵守ESG投资的相关政策和程序,在未完成ESG测评工作的基础上为自己的产品贴上ESG的标签。

## 三、就银行而言违规面临的处罚风险

此处的银行根据《商业银行合规风险管理指引》第二条第二款的规定,主要包括以下范围,“在中华人民共和国境内设立的政策性银行、金融资产管理公司、城市信用合作社、农村信用合作社、信托投资公司、企业集团财务公司、金融租赁公司、汽车金融公司、货币经纪公司、邮政储蓄机构以及经银监会批准设立的其他金融机构”。而银行也存在的合规风险主要指的是:“商业银行因没有遵循法律、规则和准则可能遭受法律制裁、监管处罚、重大财务损失和声誉损失的风险。”具体

而言,我国商业银行主要的合规风险案例主要有:①银行通过洗钱、违法放贷等非法业务受到法律制裁和监管处罚;②银行工作人员利用职务便利泄露客户的个人信息资料造成银行声誉受损;③银行未能遵守有关税收的法律法规而受到处罚从而影响声誉。[①]

目前实务中发生的典型案例主要有:2017年11月,广发银行因为违规被处以72,215.16万元的罚款。广发银行当时被处罚主要是因为其存在以下违法违规事由:(1)出具与事实不符的金融票证;(2)未尽职审查保理业务贸易背景的真实性;(3)内控管理严重违反审慎经营规则;(4)劳务派遣用工管理不到位;(5)对押品评估费用管理不到位;(6)未向监管部门报告风险信息;(7)未向监管部门报告重要信息系统突发事件;(8)会计核算管理薄弱;(9)信息系统与业务流程控制未按规定执行;(10)流动资金贷款用途监督不到位,未尽职审查银行承兑汇票贸易背景真实性;(11)以流动资金贷款科目向房地产开发企业发放贷款;(12)报送监管数据不真实。

2017年12月,恒丰银行因为违规被处以16,692.21万元的罚款,当时其被处罚主要是因为存在以下违法违规事由:(1)未经原中国银行业监督管理委员会(以下简称原银监会)批准违规开展员工股权激励计划;(2)未经原银监会批准违规实施2015年配股工作;(3)安排企业代内部员工间接持有银行股份;(4)员工股权激励计划实施期间,员工自持部分和股权池部分的入股资金均为非自有资金;(5)变更持有资本总额或股份总额5%以上的股东未报原银监会批准;(6)变更持有股份总额1%以上5%以下的股东未向原银监会报告;(7)部分高管违规在其他经济组织兼职;(8)董事与监事薪酬事项未经股东会决定;(9)未按规定披露高管薪酬信息;(10)提供虚假统计报表;(11)理财资金投资非标准化债权资产余额超比例;(12)未向理财产品投资人充分披露投资非标准化债权资产信息;(13)单一集团客户授信集中度超过监管规定比例;(14)通过投资非标准化债权资产方式,非真实转让多家分行不良信贷资产;(15)违反国家规定从事投资活动;(16)内控管理存

---

① 参见李娟:《我国商业银行内部控制与操作风险、合规风险管理的关系研究》,载《金融纵横》2014年第4期。

在严重漏洞;(17)违规对非保本浮动收益理财产品出具担保函。

2018 年 1 月 18 日,浦发银行成都分行因为违规被处以 46,175.00 万元的罚款,究其缘由,主要是浦发银行成都分行内部存在以下违法违规行为:(1)内部控制严重失效,严重违反审慎经营规则;(2)未提供或未及时提供检查资料,不积极配合监管部门现场检查,对现场检查的顺利开展形成阻碍;(3)授信管理严重违规,严重违反审慎经营规则;(4)违规办理信贷业务,严重违反审慎经营规则;(5)违规办理同业投资、理财业务,严重违反审慎经营规则;(6)违规办理商业承兑汇票业务,严重违反审慎经营规则;(7)违规办理信用证业务,严重违反审慎经营规则;(8)违规办理银行承兑汇票业务,严重违反审慎经营规则;(9)违规利用保理公司进行资金空转,严重违反审慎经营规则。

处罚事由主要体现在业务方式、业务流程和监管配合三个层面。从违法违规事由来看,值得关注的点比较多,主要体现在业务方式违规、业务流程不合规、监管配合差三个方面。(1)从业务方面来看,主要包括票据业务和保理业务的贸易背景真实性、流贷资金用途违规、同业与理财业务不合规等。(2)从业务流程方面来看,主要有内控管理失效、劳务派遣管理不到位、押品评估费用管理不到位、会计核算基础薄弱、员工股权激励计划不合规、员工内部持股、高管任职和薪酬等。(3)从监管配合方面来看,主要体现在未报告风险信息和突发事件、监管数据不真实、不配合现场检查等。

## 四、网络平台通常会涉及数据合规安全而面临处罚风险

大型网络平台近几年频繁违规被处罚,以滴滴公司被处罚为例,滴滴公司成立于 2013 年 1 月,其相关境内业务线主要包括网约车、顺风车、两轮车、造车等,其相关产品包括滴滴出行 App、滴滴车主 App、滴滴顺风车 App、滴滴企业版 App 等 41 款 App。

2021 年 7 月,为防范国家数据安全风险,维护国家安全,保障公共利益,依据《国家安全法》《网络安全法》,网络安全审查办公室按照《网络安全审查办法》对滴滴公司实施网络安全审查。

根据网络安全审查结果及发现的问题和线索,国家互联网信息办公室依法对滴滴公司涉嫌的违法行为进行立案调查。经查明,滴滴公司共存在 16 项违法事实,归纳起来主要包含 8 个方面。一是违法收集用户手机相册中的截图信息 1196.39 万条;二是过度收集用户剪切板信息、应用列表信息 83.23 亿条;三是过度收集乘客人脸识别信息 1.07 亿条、年龄段信息 5350.92 万条、职业信息 1633.56 万条、亲情关系信息 138.29 万条、"家"和"公司"打车地址信息 1.53 亿条;四是过度收集乘客评价代驾服务时、App 后台运行时、手机连接桔视记录仪设备时的精准位置(经纬度)信息 1.67 亿条;五是过度收集司机学历信息 14.29 万条,以明文形式存储司机身份证号信息 5780.26 万条;六是在未明确告知乘客的情况下分析乘客出行意图信息 539.76 亿条、常住城市信息 15.38 亿条、异地商务/异地旅游信息 3.04 亿条;七是在乘客使用顺风车服务时频繁索取无关的"电话权限";八是未准确、清晰说明用户设备信息等 19 项个人信息处理目的。

据有关部门认定,滴滴公司的违法违规行为情节严重,结合网络安全审查情况,应当予以从严从重处罚。一是从违法行为的性质看,滴滴公司未按照相关法律法规规定和监管部门要求,履行网络安全保护义务、数据安全保护义务、个人信息保护义务,置国家网络安全、数据安全于不顾,给国家网络安全、数据安全带来严重的风险隐患,且在监管部门责令改正的情况下,仍未进行全面深入整改,性质极为恶劣。二是从违法行为的持续时间看,滴滴公司的相关违法行为最早开始于 2015 年 6 月,持续至今,持续时间长达 7 年,持续违反 2017 年 6 月施行的《网络安全法》、2021 年 9 月施行的《数据安全法》和 2021 年 11 月施行的《个人信息保护法》。三是从违法行为的危害看,滴滴公司通过违法手段收集用户剪切板信息、相册中的截图信息、亲情关系信息等个人信息,严重侵犯用户隐私,严重侵害用户个人信息权益。四是从违法处理个人信息的数量看,滴滴公司违法处理个人信息达 647.09 亿条,数量巨大,其中包括人脸识别信息、精准位置信息、身份证号等多类敏感个人信息。五是从违法处理个人信息的情形看,滴滴公司的违法行为涉及多个 App,涵盖过度收集个人信息、强制收集敏感个人信息、App 频繁索权、未尽个人信息处理告知义务、未尽网络安全数据安全保护义务等多种情形。

最终滴滴公司被处以80.26亿元的巨额罚款,滴滴公司的董事长、总裁对违法行为负主管责任,各被处以100万元罚款。

近年来,国家不断加大对网络安全、数据安全、个人信息的保护力度,先后颁布了《网络安全法》《数据安全法》《关键信息基础设施安全保护条例》《个人信息保护法》《网络安全审查办法》《数据出境安全评估办法》等法律法规,因而数据合规势在必行。

## 第三节 国际制裁风险探析

国际制裁风险主要指的是包括联合国、世界银行集团、货币基金组织在内的一些国际组织及东道主国制定的规则,对于在国际贸易中常出现的如腐败、欺诈、妨碍调查等违法违规行为进行制裁。同时,该类制裁的措施往往是非常严厉的,被制裁者所面临的可能是巨额罚款,也可能是资格取消,更可能是“严刑峻法”,最终结果是被制裁者可能丧失在国际舞台上获得的机会。例如,目前不同的组织及国家制定的多元法律法规:其中包括联合国制定的《全球契约》以及《联合国反腐败公约》,经济合作与发展组织(OECD)理事会制定并颁布的《关于进一步打击国际商业交往中贿赂外国公职人员行为的建议》,同时以西方发达国家为主的33个国家在维也纳签署的规制常规武器和两用物项的出口管制多边法律体系即《瓦森纳协定》等协议。国际制裁风险主要包括两类,一类为国际组织的制裁,另一类为东道主国的制裁。

### 一、国际组织的制裁

目前比较典型的国际组织就是大家经常看到发出制裁的世界银行集团,世界银行集团作为国际金融组织,专门制定了《世界银行集团诚信合规指南》,对企业在具体经济案件中存在的五类行为——腐败行为、欺诈行为、共谋行为、胁迫行为和妨碍调查行为进行调查并处罚。当前世界银行集团采取的程序规则主要是依据《银行程序:银行资助项目的制裁程序和解决方案》(bank procedures: sanctions proceedings and settlements in bank financed projects)而作出的。该程序文件中详细规定了世界银行集团的各种制裁行为和操作,主要包括制裁诉讼程序的临时暂停、启动制裁诉讼程序的过程、提交给制裁委员会的参考文件、听证程序的启动、证据、制裁委员会的判决、制裁的方式、制裁的发布和执行等。根据企业违规的严重程度及其配合调查的情况,世界银行集团的制裁可分为"发出惩戒信"(letter of Reprimand)、恢复原状及采取补救措施(Restitution and other Remedies)、附条件的免予取消资格(Conditional Non-Debarment)、附解除条件的取消资格(Debarment with Conditional Release)、取消资格(Debarment)以及永久取消资格(Permanent Debarment)六种。[①] 其中最为严重的制裁方式为取消资格(Debarment),这项制裁不仅意味着被制裁方在一定期限内或永久地不得中标世界银行集团资助项目合同,或从中受益,且不得成为世界银行集团资助项目的分包商、供应商、制造商、服务商、顾问,也就是被制裁方的获利权和参与权被剥夺。[②] 例如在较为早期的时候发生的案例:"菲律宾国家道路改善与管理"项目由世界银行集团负责融资兴建,其在具体的处理过程中采取了国际招标作业。然而在该项目的投标过程中,参与投标的多家公司价格非常接近,而且标价较标底而言高出了许多。世界银行集团经综合调查后认定,参与投标的数家企业存在串通投标的现象,造成了不公平竞争,构成招标规则中禁止的"欺诈行为"。因而 2009 年 1 月,世界银行集团作出公开裁定,对包括 4 家中国公司在内的 7 家公司涉嫌违标行为发出禁止令制裁,即禁止这些公司参与世界银行集团融资的其他项目。其中,中国交通建设股份有限公司被禁长达 8 年,中国武夷实业股份有限公司和中国建筑股份有限公司均被禁 6 年,中国地质工程集团公司被禁 5 年。而对于菲律宾 E. C. DE Luna 建筑公司及其母公司 Eduardode Luna 被永久禁止参与世界银行集团资助的投标活动,另一家菲律宾建筑公司被禁 4 年。其实对于企业而言,一旦被列入世界银行集团的黑名

---

① 参见陈瑞华:《湖南建工的合规体系》,载《中国律师》2019 年第 11 期。

② See World Bank Group, Bank procedures: sanctions proceedings and settlements in bank financed projects, 2011.

单,就犹如在世界市场范围内被贴上了有色标签。因为被禁期间,企业不能参加建设任何有世界银行集团出资的项目,而东南亚洲、非洲、拉丁美洲等发展中地区有大量的世界银行集团贷款项目,则企业在这些地区的发展将受到严重影响。

## 二、东道国的制裁——美国

美国作为经济较为发达的国家,是较早制定各种法律法规对海外国家实施制裁的国家。例如2010年美国出台的《多德—弗兰克法案》,从多个层面扩大了监管机构的权力,加强了对银行的风险管控,其主要措施包括:提高银行资本要求、流动性及压力测试要求,设立消费者金融保护局,采用"沃尔克规则"禁止银行从事自营交易等。除此之外,美国还颁布了《国际武器交易条例》《出口管理法案》《出口管理条例》《国际紧急经济权利法》《反海外腐败法》《境外账户纳税合规法案》等出口管制法规,只要违反上述法律法规的规定,相关企业包括直接的责任人将受到非常严厉的制裁,制裁内容包括民事罚款、出口权利之丧失以及较为严重的刑事责任,其中包括对个人处以长期监禁。2011年以来,因为不符合美国的现金分红、市值、流通性、股价等要求,在美国上市的多家公司被停牌、退市。

其中典型案例就涉及我国的中兴通讯公司。2012年,美国政府就对中兴通讯公司立案调查。2016年,美国商务部认定中兴通讯公司"违反美国出口管制法规",具体而言其作出了三项指控:第一,串谋非法出口;第二,阻挠司法;第三,向联邦调查人员作出虚假陈述。并据此科以中兴通讯公司约8.9亿美元的刑事和民事罚金,且对中兴通讯公司采取限制出口措施即美国商务部作出了禁止美国公司对中兴通讯公司出口电信零部件商品的禁令。而根据双方于2017年3月达成的和解协议以及于2018年6月达成的和解协议,美国商务部BIS对中兴通讯公司的罚款累积总额为22.9亿美元,相当于中兴通讯公司2017年净利润的3倍多。同时,美国商务部向中兴通讯公司提出了派驻为期10年的助理合规官的要求。

## 三、东道国的制裁——英国

英国于2010年7月通过了反腐力度创全球新高的英国《2010年反贿赂法》,

将与贿赂有关的罪名分为三类：一般贿赂犯罪（包括受贿罪与行贿罪）、贿赂外国公职人员罪、商业组织防止贿赂失职罪。一旦违反上述法律的规定，量刑的范围就会根据不同的程序来确定，适用简易程序的处罚较轻，往往仅处罚金；适用公诉程序的处罚较重，往往处监禁。就一般贿赂犯罪而言，经简易程序定罪的，处不超过 12 个月的监禁，同时可以并处罚金；经公诉定罪的，处不超过 10 年的监禁，同时可以并处罚金。而对于预防商业机构贿赂失职罪，该法只规定了经公诉定罪，并可处罚金。

## 第四节　ESG 中企业进行合规风险防控的价值与意义

企业及时诊断运营中存在的风险，树立有效的、体系化的风险防范体系，构建合规管理体系，可以使企业在多个层面获益，具体而言包括以下层面。

### 一、提升企业依法治企的能力，实现企业可持续发展

以"控"促"防"，实现经济效益与司法效益相结合，企业主动推行全面风险防控及合规治理，由外部监督转向企业内部合规体系的构建，推进以"控"促"防"，实现合规制度构建的常态化，提升企业的内生力，主动提升企业依法治企之能力，可以有效达到降低民事赔偿风险、行政处罚及刑事追诉风险。

同时，通过与国内外 ESG 研究机构、认证评级机构、金融投资机构的合作，建立一个支持企业环保合规和可持续发展的"生态系统"，通过改善企业内部的管理模式，推动企业形成商业层面与社会层面上的可持续发展，实现绿色低碳发展，把社会责任融入企业发展的核心要素，并通过科技和商业创新，将 ESG 目标融入战略规划、业务定位、运营策略，实现 ESG 和商业的融合。

### 二、可以有效地切割企业和个人的责任，实现企业之出罪

企业活动中出现违法犯罪时，将守法企业和违法员工的行为切割，从而达到

保全企业,惩罚个人,将企业特别是大型企业因为犯罪受罚而产生的社会震荡效果降到最低。

## 责任剥离典型案例[(2017)甘01刑终89号]

2011年至2013年9月,被告人郑某、杨某分别担任雀巢(中国)有限公司(以下简称雀巢公司)西北区婴儿营养部市务经理、兰州分公司婴儿营养部甘肃区域经理期间,为了抢占市场份额,推销雀巢奶粉,授意该公司兰州分公司婴儿营养部员工即被告人杨某某、李某某、杜某某、孙某通过拉关系、支付好处费等手段,多次从兰州大学第一附属医院、兰州军区总医院、兰州兰石医院等多家医院的医务人员手中非法获取公民个人信息。其间,被告人王某某利用担任兰州大学第一附属医院妇产科护师的便利,将在工作中收集的公民个人信息2074条非法提供给被告人杨某某、孙某,并收取好处费13,610元;被告人丁某某利用担任兰州军区总医院妇产科护师的便利,将在工作中收集的公民个人信息996条非法提供给被告人李某某,并收取好处费4250元;被告人杨某甲利用担任兰州兰石医院妇产科护师的便利,将在工作中收集的公民个人信息724条非法提供给被告人杜某某,并收取好处费6995元。

在庭审中,几名被告人企图通过辩称此行为是单位行为来逃避对自己的刑事追究,而本案正是事前合规导致企业成功保护自己。根据当庭经过质证的《雀巢公司指示》(收录于雀巢公司员工培训教材)、雀巢公司情况说明,雀巢公司不允许员工以推销婴儿配方奶粉为目的,直接或间接地与孕妇、哺乳妈妈或公众进行接触,不允许员工未经正当程序或未经公司批准而主动收集公民个人信息。为完成电访调研,需要用到消费者自愿提供的部分个人信息的,雀巢公司不允许为此向医务人员支付任何资金或者其他利益,也从不为此向员工、医务人员提供奖金。雀巢公司在《雀巢公司指示》以及《关于与保健系统关系的图文指引》等文件中明确规定,“对医务专业人员不得进行金钱、物质引诱”。对于这些规定,雀巢公司要求所有营养专员都需接受培训,并签署承诺函。

## 裁判结果

单位犯罪是为了给本单位谋取非法利益，在客观上实施了由本单位集体决定或者由负责人决定的行为。雀巢公司手册、员工行为规范等证据证实，雀巢公司禁止员工从事侵犯公民个人信息的违法犯罪行为，各上诉人违反公司管理规定，为提升个人业绩而实施的犯罪为个人行为。

## 三、在商业招投标中，有效的合规体系会成为必备条件或优势选项

从目前的商业实践看，在政府项目的招投标中，企业如果在政府作尽职调查时被发现有刑事犯罪记录则会被一票否决，不可以参与政府项目的招投标，而如果被发现的是行政处罚记录则有的政府会采取扣分的方式，有的政府要求行政处罚记录超过固定数量的也取消参与招投标的资格。同时笔者在办理一起化妆品企业的合规管理体系建设时发现，很多域外国家也会在合同中明确约定，如果在合作的过程中，企业被处以刑事处罚或行政处罚，其不仅有权解除合同，还可以获得巨额的经济赔偿。

目前，很多行业在自己的行业规范中都出台了相应的规范性文件，针对涉刑事犯罪及行政处罚的企业都规定了相对严厉的商业禁止条款，如限期内的资格剥夺。以医药领域的商业贿赂行为为例：

《江苏省医药购销领域商业贿赂不良记录管理办法》

第十一条规定：**“商业贿赂不良记录应用期限为2年，自公布之日起计算，到期自动消除，但2年内发现另有行贿行为的除外。”**

第十二条规定：“对一次列入我省商业贿赂不良记录或者5年内两次及以上列入其他省（自治区、直辖市）商业贿赂不良记录的医药生产流通企业及其代理人，**全省公立医疗卫生机构在商业贿赂不良记录名单公布后2年内不得以任何名义、任何形式购入其药品、医用耗材和医用设备，原签订的购销合同即时终止**。

对一次列入其他省（自治区、直辖市）商业贿赂不良记录的医药生产流通企业及其代理人，在不良记录名单公布后2年内在我省疫苗和医用设备招标、采购评

分时，对该企业产品作减分处理。”

在产品质量领域，国网江苏省招投标文件中即规定：“3.2.1.2 投标人不得存在下列情形之一：

……

(9)被责令停产停业、暂扣或者吊销许可证、暂扣或者吊销执照的；

(10)被暂停或取消投标资格的；

(11)进入清算程序，或被宣告破产，或其他丧失履约能力的情形；

(12)在最近三年内有骗取中标或严重违约或重大工程质量问题的，勘察设计标段的投标人发生重大勘察设计质量问题(以相关行业主管部门的行政处罚决定或司法机关出具的有关法律文书为准)；

(13)与同一标包其他投标人为同一个单位负责人或存在控股、管理关系的。”

有效合规体系的构建，在当前时代及政策背景下不仅体现在企业内部的体制机制优化上，更体现在企业参与各大招投标项目中。随着合规制度的推进，会有越来越多的企业将其纳入评分体系，因而抓住合规先机会成为以后企业发展的核心竞争力。

## 四、可以有效规避商业信誉降低，提升企业商业信誉价值，促进商业合作

目前基于大数据网络的信息交流，大多数人在与企业进行合作之前，都会依托类似于“企查查”这样的网络软件对意向合作企业进行背景尽职调查。在尽职调查中如果发现意向合作企业存在不良记录，对于后续与该企业的深入交流合作会产生极为不利的影响，因而影响该企业的长远发展。

## 五、减少甚至规避上市公司年报审查工作风险

年报审查工作一直是交易所履行一线监管职责的“重头戏”，通过年报审核对上市公司质量进行“体检”，以此推动上市公司质量提升。而交易所重点关注、聚焦的风险主要在于：(1)业绩真实性；(2)资金占用与违规担保；**(3)公司治理规范性；**(4)资金减值准备记提；(5)重组标的资产整合与业绩承诺履行情况；等等。建

立有效的合规体系亦能够有效地实现上述风险的防范与控制。

从长远角度而言,有效的合规治理体系,能够维护企业的良好形象,实现企业长久的良性发展,能够直接或间接提升企业声誉和品牌价值,因而使得企业在业务拓展和创新上能够获得更多的机会。

# 第三章

# 企业合规制度的起源与发展

## 第一节　企业合规起源国美国之合规发展史

### 一、企业合规制度的初起

企业合规的概念最早起源于美国,美国作为经济较为发达的国家,早在1890年即制定了美国《反托拉斯法》,这是美国历史上第一部授权联邦政府控制、干预经济的法案。该法因由参议员约翰·谢尔曼提出而得名,其正式名称是《保护贸易及商业免受非法限制及垄断法》。该法涉及的主要内容为:凡以托拉斯形式订立契约、实行合并或阴谋限制贸易的行为,均属违法,旨在垄断州际商业和贸易的任何一部分的垄断或试图垄断、联合或共谋犯罪。违反该法的个人或组织,将受到民事或刑事的制裁。合规管理的理念及制度也随着美国防止违反美国《反托拉斯法》的政策实施进程而得到了普及。随着因垄断而遭受起诉的企业及企业高管越来越多,美国在后期出台及修改的新法中增加了关于合规的制度。其中包括比较知名的“通用电气公司案件”,从1946年开始该通用电气公司就实施了关于美国《反托拉斯法》的合规管理制度。例如,该公司要求所有公司职员都必须在美国《反托拉斯法》的宣言书上签字,并将其作为企业成员的义务,该公司还将活动制度与方式书面化,逐渐为其他的企业所知,并且通用电气公司还以进行了必要且适当的合规管理为由进行无罪辩护。① 最终,通用电气公司没有说服任何人,法官

---

① 参见李本灿等编译:《合规与刑法:全球视野的考察》,中国政法大学出版社2018年版,第6页。

不认为其已经采取了有效的合规计划。尽管通用电气公司没能进行有效的合规抗辩,但这一系列的判决刺激了企业界实施有效的合规计划。[①]

## 二、企业合规制度的发展期

1972 年,“水门事件”爆发,其揭露了多家企业及其成员在尼克松总统竞选中向尼克松的筹款组织“总统竞选连任委员会的政治捐款和经费”进行违规的捐款。随着调查的展开,“水门事件”一共导致 69 位政府官员被起诉,48 位政府官员被定罪。其中的主要人物包括:约翰·纽顿·米歇尔,当时担任联邦司法部长,被认为成立伪证罪名,被判有期徒刑 1 年至 4 年,服刑 19 个月;理查德·克莱恩邓斯特,当时担任司法部长,因“拒绝回答问题”入狱服刑 1 个月。

而随着贿赂行为的愈演愈烈,美国司法部网站披露的资料显示,1977 年,美国证券交易委员会在一份报告中披露,400 多家公司在海外存在非法的或有问题的交易。这些公司承认自己曾经向外国政府官员、政客和政治团体支付了高达 30 亿美元的巨款。款项用途从行贿高官以达到非法目的到支付以保证基本办公的所谓“方便费用”不一。所以,美国于 1977 年出台了著名的美国《反海外腐败法》(Foreign Corrupt Practices Act,FCPA),这部法规对于合规制度而言具有里程碑式的意义。此部法规后来经过了 1988 年、1994 年、1998 年的三次修改。

美国《反海外腐败法》禁止支付、提供、承诺支付、授权第三方支付、提供金钱或任何有价值的事物,该法规针对的行为对象为外国官员、政党、党务工作者以及任何外国政府职位候选人,该法规针对任何公职人员,无论其职务的高低和立场。美国《反海外腐败法》的重点在于行贿目的,而不是具体行贿行为的内容,例如公务接待、提供或者承诺付款等。一旦企业被认定为行为违规,其可能面临处罚。针对违规行为性质的严重程度,首先,企业有可能会被追究刑事责任,即对于犯罪的企业和其他商业实体,可处以最高 200 万美元的罚金;自然人则会被处以最高 10 万美元罚金和 5 年以下监禁。而且,根据美国《选择性罚款法》的规定,罚金的

---

① See Richard A. Whiting, *Antitrust and the Corporate Executive II*, Virginia Law Review, Vol. 48, p. 3 (1962).

数额可能会高出很多。实际罚金可能会是行贿所图谋利益的 2 倍。其次,有可能承担民事处罚,美国司法部长或者美国证券交易委员会(SEC)可以对行贿者提起民事诉讼,并要求最高 1 万美元的罚款。在 SEC 提起的诉讼中,法院还可以判决追加罚款,一般是违法所得总额;如果违法情况严重,限对自然人处以 5000 ~ 10 万美元的罚款,对企业处以 5 万 ~ 50 万美元的罚款。同时,还有可能面临其他处罚,例如禁止参与与联邦的交易活动、剥夺出口权、禁止进行股票交易等处罚。

当然该法规也规定了一些抗辩的事由,其明确规定了不算违法的行为即为加速"日常政府行为"而支付"方便费用"的行为不算违法。具体的日常政府行为包括:取得许可、执照或其他官方证件;处理政府文件;提供警察保护;邮件接送;与履行合同有关的列表检查、电信服务;水电服务;装卸货物;保鲜;越境运输;等等。同时其还规定了一些法定的积极抗辩理由。这些理由包括:(1)该行为在外国是由成文法律规定为合法的。(2)该行为的产生,是为了宣传展示产品或者为了履行与该外国政府之间的合同。

其间发生的比较典型的案例有:(1)佰特公司(Baxter International Inc)案。该公司由于与以色列交易,被阿拉伯国家列入联合抵制清单,他们遂向欧洲及中东的中间人行贿,希望能将自己从该名单中剔除。最终该公司被美国司法当局判处 6500 万美元的罚款。(2)国际商业机器公司(IBM)案。国际商业机器公司在 2004 年至 2009 年向中国政法官员行贿。SEC 起诉 IBM 有现金贿赂的行为。SEC 指控称,IBM 驻中国办事处的 100 多名员工和两名高管,通过在旅行社设立秘密资金账号为中国相关政法官员的出国旅游埋单。根据 2011 年 3 月 18 日提交的法庭文件,IBM 已经同意支付 1000 万美元,以和解的方式解决对其的一项民事指控,该指控称其为了获得计算机设备合同而持续进行商业贿赂行为。

## 三、企业合规制度的成熟期

1986 年,美国发布了美国《环境审计政策声明》,将企业环保作为合规工作要点。同年,美国军火企业联合起草了《国防工业的商业伦理与企业活动精神》,将自觉履行合规管理制度作为企业自律的要求。

1988 年,美国通过了《内幕交易与证券欺诈取缔法》,用于加强在证券金融领域的合规管理。在该法案中新增了公司的合规制度,其中有一项被称为“Chinese wall”,其本意为中国长城,在这里指的是企业内部防止未公开信息遭到泄露、扩散的措施。具体包含以下几个要点:第一,存在信息传播的限制措施;第二,建立规范职员行为的规章与指南;第三,将保存重要信息的部门与其他部门物理隔离。[①]其中涉及的典型案件就是艾凡 · 博斯基等人套利投资者一案,他们在暗中操作以获取筹措企业兼并所需资金的过程中透露出企业的未公开信息,在恰当的时机通过购买并购企业的股票牟利,在此案件中除了四名被告人,还有两家证券公司也遭到了起诉,后法庭以达成合意的方式仅对起诉书中的部分事实处以大额罚金。

1991 年,美国颁布《联邦量刑指南》,该法认定合规制度是否得到正确应用,有循序渐进的以下 7 个标准:(1)制定了能降低犯罪率的工作规范与操作程序。(2)上级组织成员中有一特定成员监督工作规范与操作程序的执行,并对全体组织成员负责。(3)随时注意不将实质上的裁量权赋予被认为存在违法活动倾向的管理者。(4)将工作规范与操作程序用适当的手段有效地传达给受雇佣者或代理人(例如,开说明会、发布解释说明册)。(5)建立健全保障工作规范与操作程序实施效果的机制(例如,使用监督机制、设立举报制度)。(6)始终如一地执行包括惩戒制度在内的工作规范与操作程序。(7)发现犯罪行为时对工作规范与操作程序进行必要的修正,以预防未来的犯罪。[②]

美国司法部反垄断局于 2019 年 7 月 23 日发布的《新合规指南:对公司合规项目的评估》也强调了合规体系构建的重要性。[③]

① 参见李本灿等编译:《合规与刑法:全球视野的考察》,中国政法大学出版社 2018 年版,第 11 页。

② Id. §8A1.2 comment.3(k)(1)-(7).《联邦量刑指南》认定合规管理制度是否得到正确应用的 7 个标准的详细资料: Groskaufmanis, supra note 2, §5. 04A; Greory J. Wallance, “Corporate Compliance Programs under the Organizational Sentencing Guidelines”, in Corporate Compliance After Ca remark 171, 177-191 (Carole L. Basra et al. co-chaired 1997); Venice R. Palmer, “Initiating A Corporate Compliance Program”, in Corporate Compliance: Ca remark and the Globalization of Good Corporate Conduct 225, 227-234 (Carole L. Basra et al. co-chaired 1998)。

③ 参见赵万一:《合规制度的公司法设计及其实现路径》,载《中国法学》2020 年第 2 期。

## 第二节 其他国家及地域企业合规的发展

### 一、英国

英国于2010年颁布了《2010年反贿赂法》,该法目前被普遍认为是世界上最为严厉的反贿赂法之一。其虽然只有短短20个条款,但在立法体例上开创了一体化的贿赂犯罪治理立法模式,除涉及贿赂犯罪的一般规定外,还包含追诉程序、管辖范围、预防措施等方面的内容。从英国《2010年反贿赂法》的内容来看,其规定主要涉及一般贿赂犯罪和预防商业机构贿赂失职犯罪两个方面,其中一般贿赂犯罪项下包括行贿罪、受贿罪、贿赂外国公职人员罪三个具体罪名,而预防商业机构贿赂失职犯罪项下则只包含预防商业机构贿赂失职罪一个具体罪名。其规定的商业组织不履行预防贿赂义务罪,将合规计划规定为该罪的构成要件,即"如果商业组织能够证明本身存在防止与之相关的个人实施贿赂行为的适当程序,则构成辩护理由,免于承担不履行贿赂义务的刑事责任"。[①] 商业组织不履行预防贿赂义务罪实行的是严格责任,即原则上只要企业本身或者有关员工实施了此行为,都直接推定企业构成了这一犯罪,需要追究其刑事责任,除非企业能证明自己尽到了注意义务,也就是说其实施了企业的内部合规制度。从一定程度上讲,有效地实施"合规计划"成为刑法意义上的法定义务,不有效实施将承担刑事责任。因而也可以理解为合规成为商业组织不履行预防贿赂义务罪出罪的理由之一。正是基于该法,英国南华克刑事法庭于2016年作出了"商业组织不履行预防贿赂义务罪"的首例有罪判决。[②]

① 周振杰:《英国刑法中的商业组织不履行预防贿赂义务罪研究——兼论英国法人刑事责任的转变与发展方向》,载赵秉志主编:《刑法论丛》第31卷,法律出版社2012年版。

② 参见周振杰、赖祎婧:《合规计划有效性的具体判断:以英国SG案为例》,载《法律适用(司法案例)》2018年第14期。

## 二、法国

受英美立法的影响，法国国会通过了《关于提高透明度、反腐败以及促进经济生活现代化的2016—1691号法案》，又称为法国《萨宾第二法案》，该项法案首次确立了强制合规制度，要求符合条件的企业承担建立合规机制的义务，并对不建立合规机制的公司设置了法律责任。[①] 法国合规制度发展较晚的原因和其归责制度有密不可分的联系，之前法国对于法人的归责原则主要是"代表责任理论"，即法人中能够代表法人的高管，其意思与行为可以等同于法人的意思与行为，因而将高管的责任归责于法人。代表责任理论将自然人作为媒介，只有在能够对自然人的犯罪进行定罪的情况下，才能追究法人的刑事责任。随着其规则、原则的发展与突破，合规制度也渐渐在法国的土地上"生根发芽"。

法国《萨宾第二法案》设定合规制度的内容包括[②]：

第一，企业合规计划的要素。企业的反腐败合规计划应当包括以下要素：(1)设定一个禁止行为守则——哪些行为属于禁止行为应当作出明确规定；(2)设置内部举报系统——当违规行为出现的时候内部反应渠道应当是畅通的；(3)设置根据业务线条以及业务所在地的不同而进行风险识别的风险地图系统(Risks Mapping)；(4)设置根据风险地图评估客户、一级以及中间供应商的程序；(5)通过内部或外部方式进行财务控制，确保财务账簿没有被用以掩饰贿赂行为；(6)对于最可能暴露在贿赂风险之下的管理人员和职工进行培训；(7)设定对违反行为守则员工的惩戒措施；(8)设置对于已经实施的惩戒措施的评估和内部控制系统。

第二，适用范围。合规计划适用于以下企业：(1)拥有500名员工，或者归属于某集团公司，而该集团公司的母公司在法国注册设立且员工人数在500人以上；(2)营业额或合并营业总额超过1亿欧元。

第三，责任问题。如果符合条件的企业没有履行建构合规计划的义务，则企

---

① 参见陈瑞华：《法国〈萨宾第二法案〉与刑事合规问题》，载《中国律师》2019年第5期。

② See a Alexander Bailly & Xavier Haranger, *Sapin II: The New French Anticorruption System*, available at: https://www.lexology.com/library/detail.aspx?g=27c54ff0-f764-4bb6-a11a-9691cdc3f48f, last visited Feb. 1, 2021.

业可能被处以最高100万欧元的行政罚款(Administrative Penalties),负有责任的高管可能被处以最高20万欧元的行政罚款。如果企业内部已经发生了贿赂行为,企业可能被强制要求建立合规计划(Mandatory Compliance),并在法国反腐局(AFA)的监督之下,在5年内完成合规计划。如果企业不履行强制性的合规计划建构义务,或者阻碍该义务的履行,将构成刑事犯罪,负责的企业法定代表人或经理可能被判处最高2年监禁刑以及最高5万欧元罚金刑,企业则可能在犯罪行为所带来的利益限度内承担罚金刑。

## 第三节 国际组织关于合规的发展

2010年,亚太经济合作组织(APEC)颁布《内控、道德与合规最佳行为指南》,要求企业制定明确的政策来禁止海外贿赂,制定针对所有员工的合规执行体系、相关交流和培训机制、完善的举报制度等。

2010年,世界银行集团与亚洲开发银行等达成联合取消资格协议。同年,《世界银行集团诚信合规指南》(Summary of World Bank Group Integrity Compliance Guidelines)正式生效,其提出企业制定并实施符合要求的合规诚信体系,是有条件解除取消资格制裁、提前解除取消资格制裁的主要条件。这一文件是世界银行集团合规体系中最重要的文件,它不仅是合规的一份综合指导性指南,也是世界银行集团解除除名制裁的主要条件。受世界银行集团制裁的主体范围非常广泛,参与世界银行集团项目的公司及其代理人都会受制于其制裁体系,并非只有“承接项目的人”才会受到制裁。该文件主要分为十一部分来解释世界银行集团诚信合规体系的要求:第一部分为禁止不当行为,对在行为守则或类似文件或通讯中明文规定和明确禁止的不当行为进行禁止,这是首要条件;第二部分为责任,规定了领导层责任、个人责任和合规部门职责;第三部分为合规计划启动、风险评估和审查;第四部分为内部政策,包括对员工的尽职调查、限制前政府官员的参与、各种娱乐费用的支出、政治捐款、慈善捐助和赞助、好处费、记录保存、欺诈和串通等;

第五部分为商业伙伴,规定需鼓励对公司有影响力的商业伙伴对合规计划进行同等承诺;第六部分是内部控制,包括对企业内部的财务控制、不当行为下合同义务规定、建立决策流程;第七部分为培训与沟通,其对象是各级员工;第八部分为奖励制度,包括积极的奖励措施和纪律处分措施;第九部分为举报制度,包括报告的义务、提供咨询的义务、完善举报的渠道、定期认证;第十部分为纠正不当行为,包括不当时启动调查程序、相关的纠正措施;第十一部分为集体行动,建立完善合规计划的实体帮助有需要的其他实体制订计划。[①]

2014 年,国际标准化组织发布实施了 ISO 19600《合规管理体系　指南》,将合规管理分为建立和改进两部分,包括确定合规范围、建立合规方针、评估合规风险、制定应对计划、实施和控制、评估和报告、持续改进等阶段,为所有规模和类型的企业建立有效的合规管理体系提出了指导性建议。

同年,亚太经济合作组织通过的《北京反腐败宣言》《预防贿赂和反贿赂法律执行准则》《有效和自愿的公司合规项目基本要素》主要针对于反贿赂合规。

## 第四节　合规制度之有效合规计划的共性

从目前来看,国际组织及域外大多数国家都制定了自己的合规制度,虽然在细节上各有不同,因为基于风险制定的有效合规计划会因各种因素而异,包括企业的规模和复杂程度、产品和服务、客户和交易对手方、地理位置等。但是一个完整、有效的合规计划通常包含五大体系:一是商业行为准则;二是合规组织体系;三是防范体系;四是监控体系;五是应对体系。[②]

具体而言:

(1)**明确商业行为准则**:主要指的是必须通过法律法规等明确规定哪些行为

---

① See World Bank Group,Summary of World Bank Group Integrity Compliance Guidelines,2010.

② 参见周振杰、赖祎婧:《合规计划有效性的具体判断:以英国 SG 案为例》,载《法律适用(司法案例)》2018 年第 14 期。

属于企业运营中禁止发生的行为，让企业具有一定的可预期性。例如在反商业贿赂中需要明确是否可以送礼、送礼的价值控制在哪些范围等。

（2）**构建有效合规的组织体系**：首先，要求在企业内部设计规范的具有可操作性的组织体系、部门架构，例如规模较大的企业可以设置专门的合规部门，规模较小的企业可以设置合规专员；其次，需要明确不同部门、不同人员的职责范围。而在合规组织体系中，高级管理层往往会成为一个关键性的因素，因为高管乐意确保其合规部门具有必要的权限和自主权，并在合规负责人和高管之间建立直接的汇报关系，高管确保该合规部门获得与企业整体风险状况相称的充足资源，要想将合规组织有效地嫁接进企业的日常运营及管理，就必须明确合规部门的权限，以及与不同部门之间的衔接、监督关系。

（3）**建立有效的风险防范体系**：主要包括企业内部的风险评估机制，即在设立合规计划时就需要作充分的尽职调查，事先作重点风险的识别与评估，并针对评估状况作出可识别的风险防范体系。制裁合规中的风险是潜在的威胁因素，这些因素如果被忽略便会导致违反制裁的行为发生。这意味着有效的风险评估应当包括对以下方面的评估：①客户、供应链、中间商和交易对手方；②公司提供的产品和服务；③公司运营中本身出现的风险；④公司及其客户、供应链、中间商和交易对手方的地理位置。

（4）**建立风险监控体系**：主要指在日常的运营中需要制作常规化的审计机制，对重点领域应当做出重点防范。

**（5）构建有效的风险应对体系**：主要指建立完善的激励和报告机制，尤其是报告机制，对存在违规行为的企业内部要及时披露并进行惩戒，最大限度减轻风险可能产生的后果，并积极配合监管机关的监管工作。

# 第四章

# 我国 ESG 发展中关于企业合规的发展进程

随着我国经济的发展，如何实现企业快速、平稳发展是我们必须要考量的问题，如何应对企业在发展中遇到的刑事风险、行政风险以及国际制裁风险，我国也在积极地探寻适合我国实践状况的合规制度，本书将结合 ESG 体系的构建建立有效的企业风险防范体系，预防企业运营中可能遇到的法律风险，提升企业的内生力，实现企业"走出去"并获得可持续发展。

## 第一节　刑事领域的风险分析

### 一、刑事风险严重性分析

刑事风险是企业合规中遇到的最为严重的风险，企业在经营管理中一旦触发刑事风险，将威胁到相应刑事责任主体的财产权、参与某些社会事务的资格、人身自由乃至生命健康，这是民事风险、行政风险导致的责任后果所不可比拟的，是任何企业和个人都难以承受的。此外，业界的负面评价和社会公众的负面舆论亦将对涉案企业及其人员造成不利影响，这种影响不仅存在于其承担刑事责任的期间，甚至在刑事责任终结之后仍长久地持续下去。同时，在刑事诉讼程序中，涉案人员可能会被采取拘留、逮捕等强制措施，这意味着刑事诉讼程序一旦启动，即可能影响涉案人员的人身权利，而当被羁押的人员涉及企业的实际控制人、主要经营管理人员时,还将进一步导致该企业面临决策人员缺位的情形,这无疑将影响其正常生产经营活动。

因而,企业合规体系建设的首要任务就是要防控刑事风险的发生。

## 二、我国企业双罚制探析

在上文中笔者也提到,我国企业涉嫌犯罪时一般采取双罚制,即既要追究企业的责任,又要追究直接责任人员的刑事责任。而我国认定是否构成单位犯罪主要遵循以下标准:第一,主观上要体现单位的意志。而体现单位整体意志的方式有两种。第一种方式是由单位的决策机构形成,例如董事会的决议、股东会的决议;第二种方式是单位领导依据职权作出决策。第二,客观上要求此行为是为单位(全体成员)谋取利益而非为个人谋取利益。例如,某企业领导集体商议行贿某个官员,以便解决董事长孩子的读书择校问题,此案件属于个人犯罪而不属于单位犯罪。需要注意的是,如果单位成立时的主要目的就是犯罪或者单位成立后的主要活动就是犯罪,则应当认定为自然人犯罪[①],例如,张三与李四注册成立××洗脚公司的目的就是组织卖淫,则应当认定为单位犯罪,这也被理论界称为"刺破公司面纱",在此种情形下公司只是犯罪的一层"马甲",区分时需要把握以下关键点,即只要成立单位的目的是犯罪;主要活动也是犯罪,则应该认定为自然人之犯罪。

从主体层面需要注意的是,单位一般需要具有法人资格,因而一般的企业都可以成为单位犯罪的主体,除了母公司和子公司,分公司也可以成为犯罪的主体,只需构成以下要件即可:第一,以分公司自己的名义犯罪;第二,违法所得归分公司所有。但是需要注意的是,合伙企业一般不得成为单位犯罪的主体,因为其不具有法人资格。

为了方便实务工作者办案参考,笔者特将目前我国的单位犯罪作了总结。

---

① 参见最高人民法院《关于审理单位犯罪案件具体应用法律有关问题的解释》第二条规定,个人为进行违法犯罪活动而设立的公司、企业、事业单位实施犯罪的,或者公司、企业、事业单位设立后,以实施犯罪为主要活动的,不以单位犯罪论处。

## (一)双罚制单位犯罪罪名(刑法分则)

**表 1-4-1　双罚制单位犯罪罪名(刑法分则)**

<table>
<tr><td>【第二章　危害公共安全罪】</td><td colspan="2">第一百二十条之一　帮助恐怖活动罪;第一百二十五条　非法制造、买卖、运输、邮寄、储存枪支、弹药、爆炸物罪,非法制造、买卖、运输、储存危险物质罪;第一百二十六条　违规制造、销售枪支罪;第一百二十八条第二款　非法出租、出借枪支罪。</td></tr>
<tr><td rowspan="4">【第三章　破坏社会主义市场经济秩序罪】</td><td>【第一节　生产、销售伪劣商品罪】</td><td>第一百四十条　生产、销售伪劣产品罪;第一百四十一条　生产、销售、提供假药罪;第一百四十二条　生产、销售、提供劣药罪;第一百四十三条　生产、销售不符合安全标准的食品罪;第一百四十四条　生产、销售有毒、有害食品罪;第一百四十五条　生产、销售不符合标准的医用器材罪;第一百四十六条　生产、销售不符合安全标准的产品罪;第一百四十七条　生产、销售伪劣农药、兽药、化肥、种子罪;第一百四十八条　生产、销售不符合卫生标准的化妆品罪;第一百五十条　单位犯生产、销售伪劣商品罪的处罚规定。</td></tr>
<tr><td>【第二节　走私罪】</td><td>第一百五十一条　走私武器、弹药罪,走私核材料罪,走私假币罪,走私文物罪,走私贵重金属罪,走私珍贵动物、珍贵动物制品罪,走私国家禁止进出口的货物、物品罪;第一百五十二条　走私淫秽物品罪,走私废物罪;第一百五十三条　走私普通货物、物品罪。</td></tr>
<tr><td>【第三节　妨害对公司、企业的管理秩序罪】</td><td>第一百五十八条　虚报注册资本罪;第一百五十九条　虚假出资、抽逃出资罪;第一百六十条　欺诈发行证券罪;第一百六十二条之一　隐匿、故意销毁会计凭证、会计账簿、财务会计报告罪;第一百六十四条　对非国家工作人员行贿罪,对外国公职人员、国际公共组织官员行贿罪;第一百六十九条之一　背信损害上市公司利益罪。</td></tr>
<tr><td>【第四节　破坏金融管理秩序罪】</td><td>第一百七十四条　擅自设立金融机构罪,伪造、变造、转让金融机构经营许可证、批准文件罪;第一百七十五条　高利转贷罪;第一百七十五条之一　骗取贷款、票据承兑、金融票证罪;第一百七十六条　非法吸收公众存款罪;第一百七十七条　伪造、变造金融票证罪;第一百七十八条　伪造、变造国家有价证券罪,伪造、变造股票、公司、企业证券罪;第一百七十九条　擅自发行股票、公司、企业证券罪;第一百八十条　内幕交易、泄露内幕信息罪;第一百八十一条　编造并传播证券、期货交易虚假信息罪,诱骗投资者买卖证券、期货合约罪;第一百八十二条　操纵证券、期货市场罪;第一百八十五条之一第一款　背信运用受托资产罪;第一百八十六条　违法发放贷款罪;第一百八十七条　吸收客户资金不入账罪;第一百八十八条　违规出具金融票证罪;第一百八十九条　对违法票据承兑、付款、保证罪;第一百九十条　逃汇罪;第一百九十一条　洗钱罪。</td></tr>
</table>

续表

| | | |
|---|---|---|
| 【第三章　破坏社会主义市场经济秩序罪】 | 【第五节　金融诈骗罪】 | 第一百九十二条　集资诈骗罪；第一百九十四条　票据诈骗罪，金融凭证诈骗罪；第一百九十五条　信用证诈骗罪；第一百九十八条　保险诈骗罪；第二百条　单位犯金融诈骗罪的处罚规定。 |
| | 【第六节　危害税收征管罪】 | 第二百零一条　逃税罪；第二百零三条　逃避追缴欠税罪；第二百零四条　骗取出口退税罪；第二百零五条　虚开增值税专用发票、用于骗取出口退税、抵扣税款发票罪；第二百零五条之一　虚开发票罪；第二百零六条　伪造、出售伪造的增值税专用发票罪；第二百零七条　非法出售增值税专用发票罪；第二百零八条　非法购买增值税专用发票、购买伪造的增值税专用发票罪；第二百零九条　非法制造、出售非法制造的用于骗取出口退税、抵扣税款发票罪，非法制造、出售非法制造的发票罪，非法出售用于骗取出口退税、抵扣税款发票罪，非法出售发票罪；第二百一十条之一　持有伪造的发票罪；第二百一十一条　单位犯危害税收征管罪的处罚规定。 |
| | 【第七节　侵犯知识产权罪】 | 第二百一十三条　假冒注册商标罪；第二百一十四条　销售假冒注册商标的商品罪；第二百一十五条　非法制造、销售非法制造的注册商标标识罪；第二百一十六条　假冒专利罪；第二百一十七条　侵犯著作权罪；第二百一十八条　销售侵权复制品罪；第二百一十九条　侵犯商业秘密罪；第二百二十条　单位犯侵犯知识产权罪的处罚规定。 |
| | 【第八节　扰乱市场秩序罪】 | 第二百二十一条　损害商业信誉、商品声誉罪；第二百二十二条　虚假广告罪；第二百二十三条　串通投标罪；第二百二十四条　合同诈骗罪；第二百二十四条之一　组织、领导传销活动罪；第二百二十五条　非法经营罪；第二百二十六条　强迫交易罪；第二百二十七条　伪造、倒卖伪造的有价票证罪，倒卖车票、船票罪；第二百二十八条　非法转让、倒卖土地使用权罪；第二百二十九条　提供虚假证明文件罪，出具证明文件重大失实罪；第二百三十条　逃避商检罪；第二百三十一条　单位犯扰乱市场秩序罪的处罚规定。 |
| **【第四章　侵犯公民人身权利、民主权利罪】** | 第二百四十四条　强迫劳动罪；第二百五十三条之一　侵犯公民个人信息罪；第二百六十条之一　虐待被监护、看护人罪。 | |
| **【第五章　侵犯财产罪】** | 第二百七十六条之一　拒不支付劳动报酬罪。 | |

续表

| | | |
|---|---|---|
| **【第六章　妨害社会管理秩序罪】** | 【第一节　扰乱公共秩序罪】 | 第二百八十一条　非法生产、买卖警用装备罪；第二百八十三条　非法生产、销售专用间谍器材、窃听、窃照专用器材罪；第二百八十五条　非法侵入计算机信息系统罪，非法获取计算机信息系统数据、非法控制计算机信息系统罪，提供侵入、非法控制计算机信息系统程序、工具罪；第二百八十六条　破坏计算机信息系统罪；第二百八十六条之一　拒不履行信息网络安全管理义务罪；第二百八十七条之一　非法利用信息网络罪；第二百八十七条之二　帮助信息网络犯罪活动罪；第二百八十八条　扰乱无线电通讯管理秩序罪。 |
| | 【第二节　妨害司法罪】 | 第三百零七条之一　虚假诉讼罪；第三百零八条之一第三款　披露、报道不应公开的案件信息罪；第三百一十二条　掩饰、隐瞒犯罪所得、犯罪所得收益罪；第三百一十三条　拒不执行判决、裁定罪。 |
| | 【第三节　妨害国（边）境管理罪】 | 第三百一十九条　骗取出境证件罪。 |
| | 【第四节　妨害文物管理罪】 | 第三百二十五条　非法向外国人出售、赠送珍贵文物罪；第三百二十六条　倒卖文物罪；第三百二十七条　非法出售、私赠文物藏品罪。 |
| | 【第五节　危害公共卫生罪】 | 第三百三十条　妨害传染病防治罪；第三百三十二条　妨害国境卫生检疫罪；第三百三十四条第二款　采集、供应血液、制作、供应血液制品事故罪；第三百三十七条　妨害动植物防疫、检疫罪。 |
| | **【第六节　破坏环境资源保护罪】** | 第三百三十八条　污染环境罪；第三百三十九条　非法处置进口的固体废物罪，擅自进口固体废物罪；第三百四十条　非法捕捞水产品罪；第三百四十一条　危害珍贵、濒危野生动物罪，非法狩猎罪，非法猎捕、收购、运输、出售陆生野生动物罪；第三百四十二条　非法占用农用地罪；第三百四十三条　非法采矿罪，破坏性采矿罪；第三百四十四条　危害国家重点保护植物罪；第三百四十五条　盗伐林木罪，滥伐林木罪，非法收购、运输盗伐、滥伐的林木罪；第三百四十六条　单位犯破坏环境资源保护罪的处罚规定。 |

续表

| | | |
|---|---|---|
| 【第六章 妨害社会管理秩序罪】 | 【第七节 走私、贩卖、运输、制造毒品罪】 | 第三百四十七条 走私、贩卖、运输、制造毒品罪;第三百五十条 非法生产、买卖、运输制毒物品罪,走私制毒物品罪;第三百五十五条 非法提供麻醉药品、精神药品罪。 |
| | 【第九节 制作、贩卖、传播淫秽物品罪】 | 第三百六十三条 制作、复制、出版、贩卖、传播淫秽物品牟利罪,为他人提供书号出版淫秽书刊罪;第三百六十四条 传播淫秽物品罪,组织播放淫秽音像制品罪;第三百六十五条 组织淫秽表演罪;第三百六十六条 单位犯制作、贩卖、传播淫秽物品罪的处罚规定。 |
| 【第七章 危害国防利益罪】 | 第三百七十条 故意提供不合格武器装备、军事设施罪;第三百七十五条 非法生产、买卖武装部队制式服装罪,伪造、盗窃、买卖、非法提供、非法使用武装部队专用标志罪;第三百八十条 战时拒绝、故意延误军事订货罪。 | |
| 【第八章 贪污贿赂罪】 | 第三百八十七条 单位受贿罪;第三百九十条之一 对有影响力的人行贿罪;第三百九十一条 对单位行贿罪;第三百九十三条 单位行贿罪。 | |

### (二)注意区分其他几个看似单位犯罪的罪名(刑法分则)

看似单位犯罪的罪名实质上也是为单位谋取利益、体现单位意志的犯罪,看似符合单位犯罪的构成要件,但是法律并未规定该罪名属于单位犯罪,无法追究单位的刑事责任,只能追究相关责任人的刑事责任。

**表1-4-2 看似单位犯罪的罪名(刑法分则)**

| | |
|---|---|
| 【第一章 危害国家安全罪】 | 第一百零七条 资助危害国家安全犯罪活动罪。 |
| 【第二章 危害公共安全罪】 | 第一百三十五条 重大劳动安全事故罪;第一百三十五条之一 大型群众性活动重大安全事故罪;第一百三十七条 工程重大安全事故罪;第一百三十八条 教育设施重大安全事故罪;第一百三十九条 消防责任事故罪。 |

续表

| | |
|---|---|
| **【第三章　破坏社会主义市场经济秩序罪】** | 第三节　妨害对公司、企业的管理秩序罪：<br>第一百六十一条　违规披露、不披露重要信息罪；第一百六十二条　妨害清算罪；第一百六十二条之二　虚假破产罪。<br>第四节　破坏金融管理秩序罪：<br>第一百八十五条之一第二款　违法运用资金罪。 |
| **【第四章　侵犯公民人身权利、民主权利罪】** | 第二百四十四条之一　雇用童工从事危险劳动罪；第二百五十条　出版歧视、侮辱少数民族作品罪。 |
| **【第五章　侵犯财产罪】** | 第二百七十三条　挪用特定款物罪。 |
| **【第八章　贪污贿赂罪】** | 第三百九十六条　私分国有资产罪，私分罚没财物罪。 |
| **【第九章　渎职罪】** | 第四百零三条　滥用管理公司、证券职权罪。 |

需要注意的是关于"单位"之认定：单位犯罪的主体包括公司、企业、事业单位、机关、团体。

1. 关于单位犯罪主体中的**"公司、企业"**：包括全民所有制、集体所有制等各种所有制的公司、企业以及其他形式的公司、企业。根据《民法典》的规定，公司、企业法人主要属于营利法人。《民法典》第七十六条第二款规定，"营利法人"包括有限责任公司、股份有限公司和其他企业法人等。《企业法人登记管理条例》(已失效)第二条规定："具备法人条件的下列企业，应当依照本条例的规定办理企业法人登记：(一)全民所有制企业；(二)集体所有制企业；(三)联营企业；(四)在中华人民共和国境内设立的中外合资经营企业、中外合作经营企业和外资企业；(五)私营企业；(六)依法需要办理企业法人登记的其他企业。"这些依法登记的企业法人应属于单位犯罪主体中的"公司、企业"。

2. 关于"事业单位"：根据《事业单位登记管理暂行条例》第二条的规定，事业单位是指国家为了社会公益目的，由国家机关举办或者其他组织利用国有资产举办的，从事教育、科技、文化、卫生等活动的社会服务组织。事业单位依法举办的营利性经营组织，必须实行独立核算，依照国家有关公司、企业等经营组织的法律、法规登记管理，实质上属于前述的"公司、企业"。

3. 关于"机关"：是指各级各类国家机关和有关机关。

4.关于“团体”:主要是指为了一定宗旨组成的进行某种社会活动的合法组织,实践中主要是社会团体、基金会、专业合作社、供销合作社等单位。这里的社会团体,包括根据《民法典》第九十条的规定,经依法登记成立,取得社会团体法人资格的团体;依法不需要办理法人登记的,从成立之日起,具有社会团体法人资格的团体。此外,单位犯罪主体中的“团体”还包括农民专业合作组织、农村集体经济组织、城镇农村的合作经济组织社会服务机构等其他单位。

## 第二节　行政合规的探索与分析

### 一、行政合规的探索与发展

相较于刑事领域的合规而言,行政合规制度在我国的探索及发展应该是更早的。行政合规主要指的是为了实现企业的长远稳定发展,避免行政风险的发生,在行政监管过程中,企业建立有效合规管理体系。

针对前文提到的行政风险,以及英美法系国家对于行政合规的发展,我国也积极地建立了自己的行政合规管理体系,我国在金融、保险、证券等行政监管领域已经建立了强制合规机制。而行政合规指引主要是专门化的合规指引,即针对特定的领域,具体包括《商业银行合规风险管理指引》《保险公司合规管理办法》《证券公司和证券投资基金管理公司合规管理办法》等。

#### (一)专门化的合规指引探索

1.《商业银行合规风险管理指引》

早在2006年10月,我国便出台了《商业银行合规风险管理指引》,其主要是为加强商业银行合规风险管理,维护商业银行安全稳健运行,避免商业银行在运营的过程中可能遭受的法律制裁、监管处罚、重大财务损失和声誉损失的风险而施行。其适用的对象主要包括:在中国境内设立的中资商业银行、外资独资银行、中外合资银行和外国银行分行,以及在中国境内设立的政策性银行、金融资产管理公司、城市信用合作社、农村信用合作社、信托投资公司、企业集团财务公司、金融租赁公司、汽车金融公司、货币经纪公司、邮政储蓄机构以及经原银监会批准设立的其他金融机构。

其中第八条规定："商业银行应建立与其经营范围、组织结构和业务规模相适应的合规风险管理体系。合规风险管理体系应包括以下基本要素：(一)合规政策；(二)合规管理部门的组织结构和资源；(三)合规风险管理计划；(四)合规风险识别和管理流程；(五)合规培训与教育制度。"就组织结构而言，其划分了单位内部不同主体需要承担的不同职责：首先，董事会和高级管理层应确定合规的基调，确立全员主动合规、合规创造价值等合规理念，具体而言，董事会要审批合规政策并监督其实施，并及时审议合规风险管理报告；其次，在董事会下设风险管理委员会、审计委员会或专门设立的合规管理委员会，直接与合规负责人对接；最后，合规负责人应全面协调商业银行合规风险的识别和管理，监督合规管理部门根据合规风险管理计划履行职责，定期向高级管理层提交合规风险评估报告，且可以向合规负责人强调不得分管业务条线。而就合规风险识别和管理流程而言，商业银行发现重大违规事件应按照重大事项报告制度的规定向原银监会报告。

2.《保险公司合规管理办法》

2008 年 1 月《保险公司合规管理指引》开始施行，2017 年 7 月，中国保险监督管理委员会发布的《保险公司合规管理办法》对其作出了修订，而后 2008 年 1 月施行的《保险公司合规管理指引》被废止。

《保险公司合规管理办法》强调合规管理是保险公司通过建立合规治理机制，制定和执行合规政策，开展合规审核、合规检查、合规风险监测、合规考核及合规培训等措施，预防、识别、评估、报告和应对合规风险的行为。新修订的《保险公司合规管理办法》中增加了三道防线的概念：第一道防线主要指的是保险公司各部门和业务单位履行合规管理的第一道防线职责。保险公司各部门和业务单位对其职责范围内的合规管理负有直接和第一位的责任。其负责人应当勤勉尽职地做好合规管理，兼职合规人员协助负责人进行合规管理。第二道防线主要指的是保险公司合规管理部门履行合规管理的第二道防线职责。合规管理部门应当按照规定的职责,向公司各部门、业务单位的业务活动提供合规支持,组织、协调、监督各部门和业务单位开展合规管理各项工作。第三道防线主要指的是保险公司内部审计部门履行合规管理的第三道防线职责。审计部门对公司的合规管理情况进行定期的独立审计。三道防线应当各司其职,协调配合,有效参与合规管理,形成合规管理的合力。其中还专门提到了合规的风险评估即报告:就评估角度而言,具体的风险类型涉及:(1)保险业务行为;(2)保险资金运用行为;(3)保险机构管理行为;(4)其他可能引发合规风险的行为。就风险的报告角度而言,保险公司应当明确合规风险报告的路线,包括保险公司保险销售从业人员、公司其他部门及其工作人员、兼职合规人员向合规管理部门、合规岗位的报告路线,各级合规管理部门或者合规岗位上报的路线,公司合规管理部门、合规岗位和合规负责人向总经理、董事会授权的专业委员会、董事会的报告路线。就考核的角度而言,其将合规管理作为公司年度考核的重要指标,对各级机构及其人员的合规职责履行情况进行考核和评价,并追究违法违规事件责任人员的责任。保险公司各级机构、部门及其人员年度考核指标中的合规权重不低于10%。

3.《证券公司和证券投资基金管理公司合规管理办法》

2004年9月16日,证监会公布了《证券投资基金管理公司管理办法》(中国证券监督管理委员会令第22号),2012年9月20日,证监会将其修改后颁布了《证券投资基金管理公司管理办法》,2020年3月20日又进行了部分修正。

首先,《证券投资基金管理公司管理办法》(2012年修订)强调了证券机构需要遵守以下基本要求。(1)对于企业基本情况的把控:充分了解客户的基本信息、财务状况、投资经验、投资目标、风险偏好、诚信记录等信息并及时更新。(2)与客户关系的处理:①合理划分客户类别和产品、服务风险等级,确保将适当的产品、服务提供给适合的客户,不得欺诈客户;②持续督促客户规范证券发行行为,动态监控客户交易活动,及时报告、依法处置重大异常行为,不得为客户违规从事证券发行、交易活动提供便利;③严格规范工作人员执业行为,督促工作人员勤勉尽责,防范其利用职务便利从事违法违规、超越权限或者其他损害客户合法权益的行为;④及时识别、妥善处理公司与客户之间、不同客户之间、公司不同业务之间的利益冲突,切实维护客户利益,公平对待客户。(3)严格监管信息的安全性:有效管理内幕信息和未公开信息,防范公司及其工作人员利用该信息买卖证券、建议他人买卖证券,或者泄露该信息。(4)及时评估风险:审慎评估公司经营管理行为对证券市场的影响,采取有效措施,防止扰乱市场秩序。(5)及时披露风险:依法履行关联交易审议程序和信息披露义务,保证关联交易的公允性,防止不正当关联交易和利益输送。

其次,《证券投资基金管理公司管理办法》(2012 年修订)对不同的主体职责作出了较为详细的划分。(1)对于董事会而言,其主要承担以下职责:①审议批准合规管理的基本制度和年度合规报告;②对于合规的主要负责人员进行任免及日常沟通;③评估合规管理之有效性,督促解决合规管理中存在的问题。(2)对于监事会而言,其主要承担以下职责:①对合规管理履职情况进行监督;②对存在重大合规风险的董事及高管提出罢免建议。(3)设立专门的合规负责人,直接对董事会负责,且其不得兼任与合规管理职责相冲突的职务,不得负责管理与合规管理职责相冲突的部门。其具体承担以下职责:①对企业内部(包括分支机构)进行合规审查,出具合规审查意见书;②发现违法违规行为及时报告,提出处理意见,并督促整改;③应当及时处理证监会及其派出机构和自律组织要求调查的事项,配合证监会及其派出机构和自律组织对证券基金经营机构的检查和调查,跟踪和评估监管意见和监管要求的落实情况。

值得注意的是,选任合规负责人的要求比较高,首先,要符合以下条件:从事证券、基金工作 10 年以上,并且通过中国证券业协会或中国证券投资基金业协会组织的合规管理人员胜任能力考试;或者从事证券、基金工作 5 年以上,并且通过法律职业资格考试;或者在证券监管机构、证券基金业自律组织任职 5 年以上。其次,经证监会相关派出机构认可后方可任职。而合规负责人任期届满前,证券基金经营机构将其解聘的,应当有正当理由,并在有关董事会会议召开 10 个工作日前将解聘理由书面报告证监会相关派出机构。同时,合规负责人不能履行职务或缺位时,应当由证券基金经营机构董事长或经营管理主要负责人代行其职务,并自决定之日起 3 个工作日内向证监会相关派出机构书面报告,代行职务的时间不得超过6个月。

### (二)综合性的合规指引探索

除了上述针对专门领域发布的专门性的合规指引,我国也发布了综合性的合规文件。例如,为推动央企全面加强合规管理,加快提升央企依法合规经营管理水平,着力打造法治央企,保障央企持续健康发展,2018年国资委发布了《中央企业合规管理指引(试行)》。而除了国家层面发布了相关规定,就地方层面而言,有的城市也根据自己的经济状况制定了相应的规范,例如,我国苏州市发布的《苏州市企业行政合规指导清单》,较为全面地规定了不同的企业需要进行相对应的合规管理。

1.《中央企业合规管理指引(试行)》

《中央企业合规管理指引(试行)》所指的合规管理,是以有效防控合规风险为目的,以企业和员工经营管理行为为对象,开展包括制度制定、风险识别、合规审查、风险应对、责任追究、考核评价、合规培训等有组织、有计划的管理活动。

《中央企业合规管理指引(试行)》第四条对于国企的合规管理体系提出了四项基本原则:第一项原则为全面覆盖原则,即坚持将合规要求覆盖各业务领域、各部门、各级子企业和分支机构、全体员工,贯穿决策、执行、监督全流程。第二项原则为强化责任原则,即把加强合规管理作为企业主要负责人履行推进法治建设第一责任人职责的重要内容,建立全员合规责任制,明确管理人员和各岗位员工的合规责任并督促有效落实。第三项原则为协同联动原则,推动合规管理与法律风险防范、监察、审计、内控、风险管理等工作相统筹、相衔接,确保合规管理体系有效运行。第四项原则为客观独立原则。严格依照法律法规等规定对企业和员工的行为进行客观评价和处理。合规管理牵头部门独立履行职责,不受其他部门和人员的干涉。

《中央企业合规管理指引(试行)》第十三条、第十五条分别明确规定了合规的重点领域及重点对象。具体而言,重点领域主要包括:(1)市场交易领域。其强调要建立健全自律诚信体系,突出反商业贿赂、反垄断、反不正当竞争,规范资产交易、招投标等活动。(2)安全环保领域。严格执行国家安全生产、环境保护法律法规,完善企业生产规范和安全环保制度,加强监督检查,及时发现并整改违规问题。(3)产品质量领域。完善质量体系,加强过程控制,严把各环节质量关,提供优质产品和服务。(4)劳动用工领域。严格遵守劳动法律法规,健全完善劳动合同管理制度,规范劳动合同签订、履行、变更和解除,切实维护劳动者合法权益。(5)财务税收领域。健全完善财务内部控制体系,严格执行财务事项操作和审批流程,严守财经纪律,强化依法纳税意识,严格遵守税收法律政策。(6)知识产权领域。及时申请注册知识产权成果,规范实施许可和转让,加强对商业秘密和商标的保护,依法规范使用他人知识产权,防止侵权行为。(7)商业伙伴领域。对重要商业伙伴开展合规调查,通过签订合规协议、要求作出合规承诺等方式促进商业伙伴行为合规。(8)其他需要重点关注的领域。而重点人员主要包括以下主体:(1)管理人员。促进管理人员切实提高合规意识,带头依法依规开展经营管理活动,认真履行其承担的合规管理职责,强化考核与监督问责。(2)重要风险岗位人员。根据合规风险评估情况明确界定重要风险岗位,有针对性地加大培训力度,使重要风险岗位人员熟悉并严格遵守业务涉及的各项规定,加强监督检查和违规行为追责。(3)海外人员。将合规培训作为海外人员任职、上岗的必备条件,确保其遵守我国和所在国法律法规等相关规定。(4)其他需要重点关注的人员。

《中央企业合规管理指引(试行)》同时还规定了合规日常管理的基本流程及机制,具体而言包括以下几个方面:(1)规章制度层面:建立健全合规管理制度,制定全员普遍遵守的合规行为规范,针对重点领域制定专项合规管理制度,并根据法律法规变化和监管动态,及时将外部有关合规要求转化为内部规章制度。(2)风险识别和审查层面:建立合规风险识别预警机制,全面系统梳理经营管理活动中存在的合规风险,对风险发生的可能性、影响程度、潜在后果等进行系统分析,对于典型性、普遍性和可能产生较严重后果的风险及时发布预警。建立健全合规审查机制,将合规审查作为规章制度制定、重大事项决策、重要合同签订、重大项目运营等经营管理行为的必经程序,及时对不合规的内容提出修改建议,未经合规审查不得实施。(3)风险应对层面:加强合规风险应对,针对发现的风险制定预案,采取有效措施,及时应对处置。对于重大合规风险事件,合规委员会统筹领导,合规管理负责人牵头,相关部门协同配合,最大限度化解风险、降低损失。(4)违规的问责层面:强化违规问责,完善违规行为处罚机制,明晰违规责任范围,细化惩处标准。畅通举报渠道,针对反映的问题和线索,及时开展调查,严肃追究违规人员责任。(5)评估层面:开展合规管理评估,定期对合规管理体系的有效性进行分析,对重大或反复出现的合规风险和违规问题,深入查找根源,完善相关制度,堵塞管理漏洞,强化过程管控,持续改进提升。(6)日常培训层面:重视合规培训,结合法治宣传教育,建立制度化、常态化培训机制,确保员工理解、遵循企业合规的目标和要求。

综上,《中央企业合规管理指引(试行)》较为全面而系统地梳理了央企合规的基本理念及具体规则,具有较强的指引性及可操作性,因而从这一角度出发,2018年也被称为合规元年。

2.《苏州市企业行政合规指导清单》

考虑到不同行业、不同规模、不同性质的企业,行政违法风险点的差异较大,苏州市聚焦企业受到行政处罚的"高频"违法行为,根据违法行为出现频率、处罚程度,设定相应风险等级,最终出具了一份特殊的清单事项。该清单是由34个市级行政执法部门和10个县(市、区)一线执法部门根据实际处罚案件、执法经验编制,在表述方式上突出行政指导的实操性,每个合规事项均详细阐述了常见违法行为表现、法律依据及违法责任、风险等级、合规建议、指导部门等内容,清单共计2974条。此次发布的《苏州市企业行政合规指导清单》主要立足帮助企业解决"怎样是违法、违了什么法、怎么不违法"等问题。方便企业快速、简明、准确地了解和排查行政处罚风险点,熟悉与企业生产经营活动密切相关的法律法规规定,该清单从帮助企业预防行政处罚的角度出发,强化企业合规意识。

例如,对民办教育行业,苏州市教育局指定了以下行政合规指导清单(见表1－4－3):

**表1－4－3　苏州市教育局行政合规指导清单**

| 行政合规事项 | 常见违法行为表现 | 法律依据及违法责任 | 风险等级 | 合规建议 | 指导部门 |
| --- | --- | --- | --- | --- | --- |
| 营利性民办学校决策机构应依照章程依法进行管理,加强学校财务、资产管理,依法维护受教育者权益。 | 1. 理事会、董事会或者其他形式的决策机构怠于履行职责,未依法决策。<br>2. 财务、资产管理不规范。<br>3. 侵犯受教育者合法权益。 | 【行政法规】《民办教育促进法实施条例》(中华人民共和国国务院令第741号)<br>第二十八条第一款　民办学校校长依法独立行使教育教学和行政管理职权。<br>第六十三条　民办学校有下列情形之一的,依照民办教育促进法第六十二条规定给予处罚:<br>……<br>(十)未依法履行公示办学条件和教育质量有关材料、财务状况等信息披露义务,或者公示的材料不真实的;<br>(十一)未按照国家统一的会计制度进行会计核算、编制财务会计报告,财务、资产管理混乱,或者违反法律、法规增加收费项目、提高收费标准的;<br>……<br>法律、行政法规对前款规定情形的处罚另有规定的,从其规定。 | ★★ | 1. 理事会、董事会或者其他形式的决策机构依照章程依法履职。<br>2. 民办学校校长依法独立行使教育教学和行政管理权。<br>3. 民办学校应当依照《会计法》和国家统一的会计制度进行会计核算、编制财务会计报告。<br>4. 民办学校应当建立办学成本核算制度,合理确定收费项目和标准。<br>5. 学校收入应当全部纳入学校开设的银行结算账户,办学结余分配应当在年度财务结算后进行。 | 各级教育、发展改革、市场监督管理等部门,以及行使相对集中行政执法权的综合执法部门、镇(街道) |

续表

| 行政合规事项 | 常见违法行为表现 | 法律依据及违法责任 | 风险等级 | 合规建议 | 指导部门 |
|---|---|---|---|---|---|
| 营利性民办学校应在审批机关核定的办学规模、层次、区域招生。民办学校要定期向社会公开办学条件、教育质量等有关信息。 | 1.违反国家有关规定,超额、超范围招生。<br>2.过分夸大学校办学质量、办学实绩,发布虚假招生广告。 | 【法律】《民办教育促进法》第六十二条<br>民办学校有下列行为之一的,由县级以上人民政府教育行政部门、人力资源社会保障行政部门或者其他有关部门责令限期改正,并予以警告;有违法所得的,退还所收费用后没收违法所得;情节严重的,责令停止招生、吊销办学许可证;构成犯罪的,依法追究刑事责任:……(二)擅自改变民办学校名称、层次、类别和举办者的;(三)发布虚假招生简章或者广告,骗取钱财的;……<br>【法律】《教育法》第七十六条　学校或者其他教育机构违反国家有关规定招收学生的,由教育行政部门或者其他有关行政部门责令退回招收的学生,退还所收费用;对学校、其他教育机构给予警告,可以处违法所得五倍以下罚款;情节严重的,责令停止相关招生资格一年以上三年以下,直至撤销招生资格、吊销办学许可证;对直接负责的主管人员和其他直接责任人员,依法给予处分;构成犯罪的,依法追究刑事责任。 | ★★★ | 1.按照国家法律、法规、规章和当地招生政策要求开展办学招生工作。<br>2.招生过程应当公平、公正、公开。<br>3.学校的招生简章和广告应当报审批机关备案。<br>4.学校定期向社会公开办学条件、教育质量等有关信息。 | 各级教育行政部门(审批局或其他经赋权行使审批职能的部门),以及行使相对集中行政执法权的综合执法部门、镇(街道) |

续表

| 行政合规事项 | 常见违法行为表现 | 法律依据及违法责任 | 风险等级 | 合规建议 | 指导部门 |
| --- | --- | --- | --- | --- | --- |
| 营利性民办幼儿园需取得办园许可并到市场监督管理部门登记后方可招生,教育内容和方法要符合幼儿教育规律,有利幼儿身心健康。 | 1. 未经许可、登记擅自招收幼儿。<br>2. 幼儿园课程、教育教学内容和方法违背幼儿身心发展规律和幼儿教育规律、损害幼儿身心健康。 | 【行政法规】《幼儿园管理条例》(中华人民共和国国家教育委员会令第4号)第二十七条　违反本条例,具有下列情形之一的幼儿园,由教育行政部门视情节轻重,给予限期整顿、停止招生、停止办园的行政处罚:(1)未经登记注册,擅自招收幼儿的;(2)园舍、设施不符合国家卫生标准、安全标准,妨害幼儿身体健康或者威胁幼儿生命安全的;(3)教育内容和方法违背幼儿教育规律,损害幼儿身心健康的。<br>【地方性法规】《江苏省学前教育条例》第五十条　有关单位和个人未经批准擅自设立幼儿园的,由县级以上地方人民政府教育行政部门会同有关部门依法取缔;有违法所得的,没收违法所得;对直接负责的主管人员和其他直接责任人员,依法给予处分。 | ★★★ | 1. 到市场监督管理部门登记,并取得相应的办园许可证。<br>2. 使用的幼儿园课程、教育教学内容和方法应符合幼儿身心发展规律和幼儿教育规律。 | 各级教育行政部门、市场监督管理部门、国家发展改革委,以及行使相对集中行政执法权的综合执法部门、镇(街道) |

例如,针对政府采购活动中的供应商和采购代理机构,苏州市财政局制定的企业行政合规指导清单(见表 1 –4 –4):

**表 1 –4 –4 苏州市财政局企业行政合规指导清单**

| 序号 | 行政合规事项 | 常见违法行为表现 | 法律依据及违法责任 | 风险等级 | 合规建议 | 指导部门 |
| --- | --- | --- | --- | --- | --- | --- |
| 1 | 供应商按采购文件要求提供投标文件,并保证所提供的全部资料的真实性。 | 提供虚假材料谋取中标、成交。 | 《政府采购法》第七十七条第一款第一项 提供虚假材料谋取中标、成交的,处以采购金额 0.5% 以上 1% 以下的罚款,并列入不良行为记录名单,在一至三年内禁止参加政府采购活动,有违法所得的,并处没收违法所得,情节严重的,由工商行政管理机关吊销营业执照。构成犯罪的,依法追究刑事责任。 | ★★★ | 供应商参与政府采购活动时,对提交的相关材料应当严格把关,确保所提供材料的真实性。 | 苏州市财政局 |
| 2 | 供应商本着诚实信用、公平竞争原则参与政府采购竞争。 | 恶意串通。 | 《政府采购法》第七十七条第一款第三项;<br>《政府采购法实施条例》第七十四条 与采购人、其他供应商或者采购代理机构恶意串通的,处以采购金额 0.5% 以上 1% 以下的罚款,并列入不良行为记录名单,在一至三年内禁止参加政府采购活动,有违法所得的,并处没收违法所得,情节严重的,由工商行政管理机关吊销营业执照。构成犯罪的,依法追究刑事责任。 | ★★★ | 供应商应当本着诚实信用、公平竞争原则参与政府采购竞争,防止出现《政府采购法实施条例》第七十四条有关情形。 | 苏州市财政局 |

续表

| 序号 | 行政合规事项 | 常见违法行为表现 | 法律依据及违法责任 | 风险等级 | 合规建议 | 指导部门 |
| --- | --- | --- | --- | --- | --- | --- |
| 3 | 中标或者成交后按照采购文件确定的事项签订政府采购合同。 | 中标或者成交后无正当理由拒不与采购人签订政府采购合同。 | 《政府采购法实施条例》第七十二条第一款第二项　中标或者成交后无正当理由拒不与采购人签订政府采购合同的,处以采购金额 0.5% 以上 1% 以下的罚款,并列入不良行为记录名单,在一至三年内禁止参加政府采购活动,有违法所得的,并处没收违法所得,情节严重的,由工商行政管理机关吊销营业执照。构成犯罪的,依法追究刑事责任。 | ★★★ | 供应商在参与政府采购活动时,应当充分研究采购文件各项条款,评估参与成本和相关商业风险。中标或者成交后按照采购文件确定的事项签订政府采购合同。 | 苏州市财政局 |

## 二、实务案例探索

2019 年 4 月 23 日,证监会依法与高盛(亚洲)有限责任公司(以下简称高盛亚洲)、北京高华证券有限责任公司(以下简称高华证券)以及高盛亚洲和高华证券的相关工作人员等 9 名行政和解申请人(以下简称申请人)达成行政和解协议。这一案件的和解,在行政合规领域具有里程碑式的意义,很多学者也将其称为我国行政和解第一案。

具体而言,据证监会调查,2013 年 10 月 8 日至 2015 年 7 月 3 日,高盛亚洲自营交易员通过在高华证券开立的高盛经纪业务账户进行交易,同时向高华证券自营交易员提供业务指导。双方于 2015 年 5 月至 7 月的 4 个交易日的部分交易时段,从事了其他相关股票及股指期货合约交易。后高盛申请人主动向证监会申请和解。而证监会认为行政和解制度是适应资本市场快速发展需要,能够切实化解有限行政资源与行政效率之间的矛盾,可以保护投资者合法权益的重要制度安排。后此案达成了行政和解，鉴于申请人已履行行政和解协议规定的义务，交纳行政和解金 1.5 亿元人民币，并采取必要措施加强相关公司的内控管理，证监会依照规定终止对申请人有关行为的调查、审理程序。

其实早在 2015 年证监会就出台了《行政和解试点实施办法》，按照该实施办法第六条的规定，案件符合下列情形的，可以适用行政和解程序：(1)证监会已经正式立案，且经过了必要调查程序，但案件事实或者法律关系尚难完全明确；(2)采取行政和解方式执法有利于实现监管目的，减少争议，稳定和明确市场预期，恢复市场秩序，保护投资者合法权益；(3)行政相对人愿意采取有效措施补偿因其涉嫌违法行为受到损失的投资者；(4)以行政和解方式结案不违反法律、行政法规的禁止性规定，不损害社会公共利益和他人合法权益。证监会派出机构负责查处的案件，试点期间不适用行政和解程序。而该实施办法第七条规定以下案件则不得适用行政和解：(1)行政相对人违法行为的事实清楚，证据充分，法律适用明确，依法应当给予行政处罚的；(2)行政相对人涉嫌犯罪，依法应当移送司法机关处理的；(3)证监会基于审慎监管原则认定不适宜行政和解的。关于行政和解协议的内容，具体而言，该实施办法第二十六条规定应当包括以下内容：(1)行政和解的事由；(2)行政相对人交纳行政和解金的数额、方式；(3)行政相对人对涉嫌违法行为进行整改以及消除、减轻涉嫌违法行为所造成危害后果的其他具体措施；(4)行政相对人履行行政和解协议的期限；(5)需要载明的其他事项。

## 三、行政合规领域存在的困境

### (一)缺乏具有普适性的合规规范

从目前公布的合规规范来看，要么是针对特定的经营领域，例如保险、银行、证券等，要么是针对特定类型的企业，从上位法的角度而言，其缺乏一部具有普适性的、可操作性较强的上位法作支撑，导致试点工作很多时候于法无据，较难推行。

### (二)目前的和解与合规的关联性较弱

从目前已经达成行政和解的案件来看，更多考量的是在立案调查后，被调查主体的主观态度及赔偿情况，并没有把合规作为直接的考量对象，未要求企业必须制定合规方案并积极实施，也无对应的考察期与专门的考察主体。从一定程度上而言，考量当下的弥补性更多，而较少考量再犯的可能性及企业的长期发展。

## 第三节 国际合规的探索与分析

### 一、国际合规之法律规范的探索与分析

从上文中的风险分析可知，我国大量的企业在海外经营中被东道主国家及国际组织制裁，有的不符合上市经营要求被强制退市，有的被列入世界银行集团的黑名单，有的被处以巨额罚款。因而为了应对国际风险，我国也制定了自己相应的法律法规。目前关于 ESG 的困境是各个国家的政策要求并不相同，评级机构也分布于不同的领域，适用的标准也并不统一。

在 2018 年发布的《中央企业合规管理指引（试行）》第十六条中就强调了国际合规的部分内容，具体而言："强化海外投资经营行为的合规管理：（一）深入研究投资所在国法律法规及相关国际规则，全面掌握禁止性规定，明确海外投资经营行为的红线、底线。（二）健全海外合规经营的制度、体系、流程，重视开展项目的合规论证和尽职调查，依法加强对境外机构的管控，规范经营管理行为。（三）定期排查梳理海外投资经营业务的风险状况，重点关注重大决策、重大合同、大额资金管控和境外子企业公司治理等方面存在的合规风险，妥善处理、及时报告，防止扩大蔓延。"

同年，国家发展改革委同外交部、商务部、中国人民银行、国资委、国家外汇管理局、全国工商业联合会制定发布了《企业境外经营合规管理指引》，确立了我国企业境外合规管理制度的基本架构。该法专门针对的是"适用于开展对外贸易、境外投资、对外承包工程等'走出去'相关业务的中国境内企业及其境外子公司、分公司、代表机构等境外分支机构"。该法对四个不同的方向提出了具体的合规要求：（1）在对外贸易层面提出了以下合规要求——企业开展对外货物和服务贸

易,应确保经营活动全流程、全方位合规,全面掌握关于贸易管制、质量安全与技术标准、知识产权保护等方面的具体要求,关注业务所涉国家(地区)开展的贸易救济调查,包括反倾销、反补贴、保障措施调查等;(2)在境外投资层面提出了以下合规要求——企业开展境外投资,应确保经营活动全流程、全方位合规,全面掌握关于市场准入、贸易管制、国家安全审查、行业监管、外汇管理、反垄断、反洗钱、反恐怖融资等方面的具体要求;(3)在对外承包工程层面提出了以下合规要求——企业开展对外承包工程,应确保经营活动全流程、全方位合规,全面掌握关于投标管理、合同管理、项目履约、劳工权利保护、环境保护、连带风险管理、债务管理、捐赠与赞助、反腐败、反贿赂等方面的具体要求;(4)在境外日常经营层面提出了以下合规要求——企业开展境外日常经营,应确保经营活动全流程、全方位合规,全面掌握关于劳工权利保护、环境保护、数据和隐私保护、知识产权保护、反腐败、反贿赂、反垄断、反洗钱、反恐怖融资、贸易管制、财务税收等方面的具体要求。

该法第十一条也明确了合规的专业管理机构一般由合规委员会、合规负责人和合规管理部门组成。合规委员会主要负责战略层面的实务;合规负责人在有的单位也被称为首席合规官,其属于企业合规管理工作具体实施的负责人和日常监督者;合规管理部门负责具体合规实务的落实与推行。

就具体合规风险的角度而言,该法确定了合规风险"三部曲"即识别—评估—处置。从日常的运行角度其提出了审计—改进的"两步走"思路。同时该法还强调合规文化本身的建设,其强调企业应将合规作为企业经营理念和社会责任的重要内容,并将合规文化传递至利益相关方,这样企业可以树立积极正面的合规形象,促进行业合规文化发展,同时营造和谐健康的境外经营环境。

在出口管制合规方面,商务部于2021年发布了《关于两用物项出口经营者建立出口管制内部合规机制的指导意见》,其确立了出口管制合规的基本原则和出口管制内部合规机制的基本要素。在上述意见的指导下,商务部还发布了《两用物项出口管制内部合规指南》,确立了"良好的出口管制内部合规制度"的9个要素,包括"拟定政策声明""建立组织机构""全面风险评估""确立审查程序""制定应急措施""开展教育培训""完善合规审计""保留档案资料""编制管理手册"等,并围绕这 9 个基本要素,为出口经营者建立健全出口管制合规制度提供了一般性指引。[①]

## 二、国际合规面临的困境及对策

虽然我国已经在探索建设一套适合我国企业“走出去”的合规体系,但是在国际经济的发展中,中国企业因行为违规而被制裁的情况越来越严重,不仅影响了中国企业在国际上的声誉,在很大程度上也影响了中国政法的国际形象。究其原因不难发现,主要存在以下几个要素。

### (一)对国际法律法规缺乏深入的了解

综观目前的理论界及实务界,除了一些非常重要的、具有典型意义的法律法规已经被部分学者进行了翻译,例如世界银行集团的《世界银行集团诚信合规指南》、美国的《联邦量刑指南》等,但是从宏观层面看,目前并没有关于国际合规的法律规范及风险梳理的专业书籍与文章,这导致企业在走出国门的时候,对自己会面临哪些国际风险是不确定的,也就会出现企业“摸着石头过河”的现象,等到企业因碰壁而被处罚时才吸取教训,开始进行内部合规。然而这种代价是非常惨痛的,也是本来可以避免的。

所以,笔者建议从国家层面鼓励专家学者加大对国际合规风险及对策的研究。研究既要整合东道国的情况,例如美国的合规风险主要存在于哪些方面,应当如何事先规避,无法实现规避时应当如何最大限度减少企业的损失;又如英国通常会面临哪些合规风险,应如何规避等。又要整合国际组织的合规状况,具体到哪些主体会依据哪些法律作出哪些制裁,而这些制裁如何提前规避,或事后弥补。只有如此,企业“走出去”的时候才能找到参照,中国企业才能更好地加强国际合作,获得更大的合作空间,我国的经济才能得到更好的发展。

就像 2021 年 12 月 22 日发生的“英特尔事件”,网友在英特尔官方网站发现,在该公司向其供应商写的一封信中有这样一段表述“我们的投资者和客户已询问

---

① 参见合规与政府监管组:《正面激励引导企业合规:详解商务部出口管制合规指南》,载微信公众号“方达律师事务所”2021 年 4 月 30 日,https://mp.weixin.qq.com/s/3JQ_63sn60XNlxdZkpXQ9A。

英特尔是否从中国新疆地区采购产品或服务。多个国家与地区的政府已对来自新疆地区的产品实行限制。因此,英特尔需要确保我们的供应链不使用任何来自新疆地区的劳工、采购产品或服务”。在该事件发酵后,英特尔在 2021 年 12 月 23 日 11 时 38 分发表了公开声明,英特尔在声明中表示“信中关于新疆的段落只是出于表述合规合法的初衷,并非它意或者表达立场”。此次事件是合规事件中比较错误的展示,只不过东道国变成了中国而已。从“合规”二字中的“规”来看,现在许多在华经营的跨国公司都存在问题。对于他们而言,更为重视的“规”在于国际标准、普遍认知的商业道德准则、国际法律法规或是特定国家的法律法规,一直忽视了一个非常重要的部分,即相关国家和地区的“公序良俗”,与其他规范比起来,公序良俗更像是一个软性的规定,但是这往往是决定企业在该地区业务成败的关键。

虽然英特尔此举可能在国际通行或者资本世界通行的合规评价下是合格的合规管理规定,但是它忽视了中国的公序良俗,伤害了中国人民的感情,这会对其在华经营造成很大的影响。这个案例也警醒了我们,将合规本土化是一件非常重要的事情,一定要充分研究东道国的法律法规、惯例习俗才能充分地保障企业走得长远。

### (二)缺乏专业的国际合规团队

目前国内的合规团队正处在组建的过程中,并未发展至较为成熟的状态。而国际的合规团队目前还处于萌芽状态,究其原因不难发现,国际合规对于合规主体提出了非常高的要求与挑战,首先,其需要跨越语言的障碍。其次,其需要在特定的领域具备专业化的知识储备,例如金融、会计、法律、审计等,而这些专业知识与国内相关专业知识是存在较大差距的,不同的东道国之间的规则也不一样,所以要求合规团队既能实现精细化又能实现专业化。同时,国际合规要求国际合规主体要能“走出去”,走到国际舞台上,走至国外的行政机关、司法机关、国际组织前参与具体案件的沟通、谈判,实现企业的利益最大化。

笔者认为,国家层面可以加大宣传的力度,提升大众国际合规的意识,还可以在高校开设相应的专业,培养高质量的合规人才。同时,可以聘请具体领域的专家学者组织定期的专业培训，提升国际合规主体的知识及技能，打造高水平的国际合规团队。

**（三）企业主观认知不足**

综观目前在国际社会上合规做得比较好的企业，基本都是曾经因为违法违规而遭受过处罚的企业，例如中兴集团、湖南建工等。而大部分的企业目前还没有形成专业的合规思维，甚至很多企业认为，合规只会加重企业的负担，拖慢企业发展的脚步，因而要么拒绝进行合规管理，要么把企业的法务与合规混为一谈，流于形式。部分企业在具体的东道国实施经济行为时，当出现违规行为已经被当地有关机关约谈，甚至是立案调查时，其通常想到的不是及时披露问题、应对风险，而是采取隐瞒措施，掩盖问题，企图蒙混过关，因此这些企业本身往往会承担更为严重的后果。

对此，笔者建议我们应该加大宣传的力度，通过对特定领域典型案例的讲解宣传进行国际合规的必要性，例如通过中兴集团的案例讲国际反腐败的知识点，使企业首先认识到贿赂等行为的危险性，其次明白应该如何规避，并制定自己的反腐败合规方案，这种从上到下，从小到大的方式更能促进企业对国际合规的接受程度。

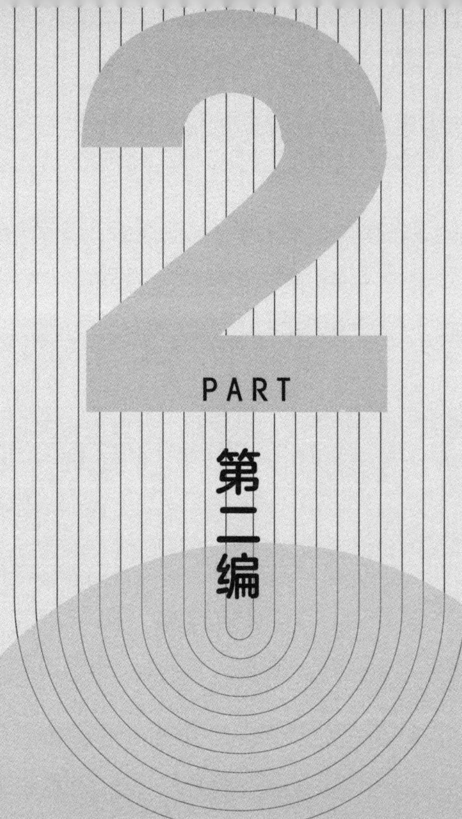


第二编

# 分论

# 第一章

# ESG与企业运营中法律风险高频领域分析

## 第一节 ESG与商业贿赂领域风险防范及合规思路分析

### 一、商业贿赂概述

商业贿赂是目前在各个行业的采购、销售甚至招投标等环节中广为存在但又屡禁不止的社会现象,商业贿赂是指经营者以排斥竞争对手,使自己在销售或购买商品,或者提供服务等业务活动中获得利益为目的,而采取的向交易相对人及其职员或其代理人提供或许诺提供某种利益,从而实现交易的不正当竞争行为。

**就实务角度而言,商业贿赂的主要表现包括以下几类:**

1. 给付或收受财物的贿赂行为;

2. 给付或收受各种各样的费用(促销费、赞助费、广告宣传费、劳务费等)、红包、礼金等贿赂行为;

3. 以其他形态给付或收受财产性利益(如减免债务、提供担保、免费娱乐、免费旅游、免费考察等)以及非财产性利益(如就学、荣誉、特殊待遇等);

4. 给予或收受回扣;

5. 给予或收受佣金但不如实入账,假借佣金之名进行商业贿赂。

**上述行为,具有以下特征:**

1. 主体层面:作为商业贿赂主体的经营者不限于法人,除法人外,还包括其他组织和个人。法人也不限于企业法人,还包括从事经营活动的事业单位法人、社会团体法人。

2. 目的层面:目的是销售商品或者购买商品,即为达到商业目的,通过贿赂手段,获取优于其他经营者的竞争地位。

3. 手段层面:手段目前主要存在两类,即财物手段和其他具有财产属性的手段。

## 二、商业贿赂行为涉及的法律风险及分析

对企业而言,以商业贿赂方式达成的交易不仅存在合约无效的法律风险,还可能使企业及员工面临行政处罚风险、民事责任风险及刑事制裁风险。行政处罚风险主要表现为企业可能因商业贿赂行为受到行政机关的处罚,包括罚款、没收违法所得等。具体处罚依据《反不正当竞争法》《公司法》等相关法律法规确定。其中的民事责任风险主要表现为因商业贿赂行为受到损害的其他企业或个人,有权向法院提起诉讼,要求赔偿损失。例如,供应商因接受不正当利益而停止供货,下游企业可能因此遭受损失,遭受损失的下游企业可以要求供应商承担赔偿责任。而其中最为严重的风险应当属于刑事风险,因而笔者将商业贿赂可能涉及的刑事风险作如下总结。

### (一)个人可能涉嫌的罪名及量刑标准

在我国现行法律框架下,个人因商业贿赂行为而涉嫌的罪名见表2-1-1:

**表2-1-1 个人因商业贿赂行为而涉嫌的罪名**

| 序号 | 罪名 | 对个人的主刑范围 | 对个人的附加刑范围 | 主要对应法条 |
| --- | --- | --- | --- | --- |
| 1 | 非国家工作人员受贿罪 | 1. 数额较大的(6万~100万元):5年以下有期徒刑或者拘役<br>2. 数额巨大的(100万元以上):5年以上有期徒刑 | 数额巨大的:可以并处没收财产 | 《刑法》第一百六十三条 |

续表

| 序号 | 罪名 | 对个人的主刑范围 | 对个人的附加刑范围 | 主要对应法条 |
| --- | --- | --- | --- | --- |
| 2 | 对非国家工作人员行贿罪 | 1.数额较大的(6万~200万元):3年以下有期徒刑或者拘役<br>2.数额巨大的(200万元以上):3年以上10年以下有期徒刑 | 犯此罪并处罚金 | 《刑法》第一百六十四条第一款 |
| 3 | 对外国公职人员、国际公共组织官员行贿罪 | 1.数额较大的(6万~200万元):3年以下有期徒刑或者拘役<br>2.数额巨大的(200万元以上):3年以上10年以下有期徒刑 | 犯此罪并处罚金 | 《刑法》第一百六十四条第二款 |
| 4 | 受贿罪 | 1.数额较大的(3万~20万元)或者有其他较重情节的:3年以下有期徒刑或者拘役<br>2.数额巨大的(20万~300万元)或者有其他严重情节的:3年以上10年以下有期徒刑<br>3.数额特别巨大的(300万元以上)或者有其他特别严重情节的:10年以上有期徒刑或者无期徒刑<br>4.数额特别巨大的(300万元以上),犯罪情节特别严重、社会影响特别恶劣,并使国家和人民利益遭受特别重大损失的:无期徒刑或者死刑 | 1.数额较大或者有其他较重情节的并处罚金<br>2.数额巨大或者有其他严重情节的并处罚金或者没收财产<br>3.数额特别巨大或者有其他特别严重情节的并处罚金或者没收财产<br>4.数额特别巨大,并使国家和人民利益遭受特别重大损失的并处没收财产 | 《刑法》第三百八十五条 |
| 5 | 利用影响力受贿罪 | 1.数额较大的(3万~20万元)或者有其他较重情节的:3年以下有期徒刑或者拘役<br>2.数额巨大的(20万~300万元)或者有其他严重情节的:3年以上7年以下有期徒刑<br>3.数额特别巨大的(300万元以上)或者有其他特别严重情节的:处7年以上有期徒刑 | 1.数额较大或者有其他较重情节的并处罚金<br>2.数额巨大或者有其他严重情节的并处罚金<br>3.数额特别巨大或者有其他特别严重情节的并处罚金或者没收财产 | 《刑法》第三百八十八条之一 |

续表

| 序号 | 罪名 | 对个人的主刑范围 | 对个人的附加刑范围 | 主要对应法条 |
|---|---|---|---|---|
| 6 | 行贿罪 | 1. 一般情况(3 万 ~ 100 万元):5 年以下有期徒刑或者拘役<br>2. 情节严重的(100 万 ~ 500 万元)或者使国家利益遭受重大损失的:5 年以上 10 年以下有期徒刑<br>3. 情节特别严重的(500 万元以上)或者使国家利益遭受特别重大损失的:10 年以上有期徒刑或者无期徒刑 | 1. 一般情况:并处罚金<br>2. 情节严重的或者使国家利益遭受重大损失的并处罚金<br>3. 情节特别严重的或者使国家利益遭受特别重大损失的并处罚金或者没收财产 | 《刑法》第三百九十条 |
| 7 | 对有影响力的人行贿罪 | 1. 一般情况(3 万 ~ 100 万元):3 年以下有期徒刑或者拘役<br>2. 情节严重的(100 万 ~ 500 万元)或者使国家利益遭受重大损失的:3 年以上 7 年以下有期徒刑<br>3. 情节特别严重的(500 万元以上)或者使国家利益遭受特别重大损失的:7 年以上 10 年以下有期徒刑 | 1. 一般情况:并处罚金<br>2. 情节严重的或者使国家利益遭受重大损失的并处罚金<br>3. 情节特别严重的或者使国家利益遭受特别重大损失的并处罚金 | 《刑法》第三百九十条之一 |
| 8 | 对单位行贿罪 | 个人行贿数额在 10 万元以上:3 年以下有期徒刑或者拘役 | 犯此罪并处罚金 | 《刑法》第三百九十一条 |
| 9 | 介绍贿赂罪 | 情节严重的(介绍个人向国家工作人员行贿,数额在 2 万元以上的;介绍单位向国家工作人员行贿,数额在 20 万元以上的):3 年以下有期徒刑或者拘役 | 犯此罪并处罚金 | 《刑法》第三百九十二条 |

### (二)单位可能涉嫌的罪名

在我国现行法律框架下,单位因商业贿赂行为而涉嫌的罪名见表 2-1-2:

**表 2-1-2　单位因商业贿赂行为而涉嫌的罪名**

| 序号 | 罪名 | 对单位的刑罚范围 | 对直接负责的主管人员、其他直接责任人员的刑罚范围 | 主要对应法条 |
| --- | --- | --- | --- | --- |
| 1 | 对非国家工作人员行贿罪 | 罚金 | 数额较大的(6 万 ~ 200 万元):3 年以下有期徒刑或者拘役,并处罚金<br>数额巨大的(200 万元以上):3 年以上 10 年以下有期徒刑,并处罚金 | 《刑法》第一百六十四条 |
| 2 | 对外国公职人员、国际公共组织官员行贿罪 | 罚金 | 数额较大的(6 万 ~ 200 万元):3 年以下有期徒刑或者拘役,并处罚金<br>数额巨大的(200 万元以上):3 年以上 10 年以下有期徒刑,并处罚金 | 《刑法》第一百六十四条 |
| 3 | 单位受贿罪 | 罚金 | 情节严重的(10 万元以上):5 年以下有期徒刑或者拘役 | 《刑法》第三百八十七条 |
| 4 | 对有影响力的人行贿罪 | 罚金 | 单位行贿数额 20 万元以上:3 年以下有期徒刑或者拘役,并处罚金 | 《刑法》第三百九十条之一 |
| 5 | 对单位行贿罪 | 罚金 | 单位行贿数额在 20 万元以上:3 年以下有期徒刑或者拘役,并处罚金 | 《刑法》第三百九十一条 |
| 6 | 单位行贿罪 | 罚金 | 情节严重的(20 万元以上):5 年以下有期徒刑或者拘役,并处罚金 | 《刑法》第三百九十三条 |

### (三)小结

根据目前的法律规定,非国家工作人员受贿罪、受贿罪、利用影响力受贿罪、行贿罪和介绍贿赂罪只涉及个人犯罪。同时,单位行为所涉及的罪名,在量刑时均采取双罚制,即同时对单位和直接负责的主管人员、其他直接责任人员进行处罚。所谓直接的责任人员主要包括实际控制人、主要负责人(一般包括董事、监事、经理和财务负责人)、法定代表人及直接积极参与的一般主体。

同时,除非国家工作人员受贿罪外,商业贿赂涉及的罪名都有关于罚金的规定，根据《刑法》第五十二条的规定，“判处罚金，应当根据犯罪情节决定罚金数额”。值得注意的是，以上罪名附加刑大多是没收财产，故会涉及合法债务清偿、财产权属争议等民事问题。

## 三、构罪核心——“财物”之认定

根据最高人民法院、最高人民检察院的认定，商业贿赂中的财物，既包括**金钱和实物**，也包括可以用金钱计算数额的财产性利益，**如提供房屋装修、含有金额的会员卡、代币卡（券）、旅游费用**等。具体数额以实际支付的资费为准。收受银行卡的，不论受贿人是否实际取出金钱或者消费，卡内的存款数额一般应全额认定为受贿数额。使用银行卡透支的，如果由给予银行卡的一方承担还款责任，透支数额也应当认定为受贿数额。

虽然商业贿赂的隐秘性使商业贿赂较难被发现，但是从实践中的刑事案件来看，该行为从刑事追诉的角度而言，通常还是会存在较多的书面证据、证人证言、电子数据甚至视听资料等等。企业必须进行事前合规体系建设，以达到规避刑事风险的目的，或者即便发生刑事案件也要割裂该事件与企业的责任，使其归责于行为人本人，实现企业的出罪。企业内部的合规性控制主要包括制度的建设、部门的设立、机制的运行。制度建设一般要求建立约束员工的“行为准则”，详细规定与商业腐败相关的行为，包括商业行贿和商业受贿。通过内部合规性控制，企业可以及时了解自身的法律风险，如果发现自身存在不合规的行为，企业应当及时制止，及时跟踪解决。

## 四、擦边行为——“礼品”的认定

客观上，主要从四点来判断礼品赠送是否构成商业贿赂。

第一，考量礼品的价值和性质是否合理。

礼品要符合正常的商业惯例，送价值100元的公司文创产品和送爱马仕在性质上就大相径庭。有些礼品不论金额大小，在性质上就非常敏感，**比如现金或者现金等价物（如京东充值卡）**，这类礼品类型也是不适宜的。

第二,权衡赠送礼品的时间点。比如在客户招投标或是其他重大合同谈判的关键节点送礼物,容易与犯罪行为建立关联性。

第三,需要综合考虑送礼的对象,了解对象所在公司有无关于反腐败或者业务招待的相关规定。

第四,考量赠送的地点及手段。

在判断某种礼品或款待是否恰当时,应着重考虑是在什么场景下(是否为业务敏感期),基于什么目的(是否存在不当的诉求),提供给谁(是否有利益冲突或政治敏感的人物),提供什么(是否为现金及现金等价物,或者奢侈的礼品或款待),怎么提供(是否需要非公开,频繁或区别地提供),同时,还需要考虑所处的商业环境(是否在风险很高的国家或地区),主动回避高风险的信号。

## 五、相关案例

### 案例1:株洲国辉建材有限责任公司、陈某犯单位行贿罪案

#### 基本案情

2013年12月至2018年9月,被告人陈某作为株洲国辉建材有限责任公司(以下简称国辉公司)法定代表人、实际控制人,为感谢先后担任株洲县县委书记、攸县县委书记的谭某某(另案处理)在国辉公司参与株洲县湘江干流王十万至空洲岛段河道砂石开采项目中缓交股本金、延长采砂期以及承揽攸县湘东水果花卉交易市场建设项目、攸县县城建成区绿化提质项目(一期)二标段项目、攸县城市夜景照明工程二标段项目、攸县改扩翻建项目等方面提供的帮助。2016年4月至2018年9月,被告人陈某先后送给谭某某或经谭某某索要而支付财物共计人民币980万元、1071万余港元(以人民币900万元兑换)、30万欧元(以人民币238.5万元兑换)及价值人民币119.94万元的奔驰GL450越野车一辆。其中,被谭某某索要的人民币980万元、30万欧元(以人民币238.5万元兑换),共计折合人民币1218.5万元。

法院认为,被告单位国辉公司为给公司谋取不正当利益而给予国家工作人员

财物，情节严重；被告人陈某作为国辉公司原法定代表人、实际控制人为给公司谋取不正当利益，给予国家工作人员财物，情节严重；被告单位国辉公司、被告人陈某的行为构成单位行贿罪，公诉机关指控的罪名成立，法院予以确认。被告人陈某到案后，如实供述自己的罪行，法院决定对其从轻处罚。被告人陈某向监察机关退缴1097.6万港元，法院酌情对被告人陈某从轻处罚。对于国辉公司的诉讼代表人周某期关于国辉公司给谭某某的钱有相当大的一部分是迫于谭某某的权力和压力的辩解意见以及被告人陈某的辩护人张某红、腾某杰关于国辉公司给予谭某某的部分财物系被索贿，被告人陈某系坦白、具有退赃的情节的辩护意见，法院予以采纳。

**法院最终判决：(1)被告单位国辉公司犯单位行贿罪，判处罚金600万元(罚金限于判决生效之日起10日内缴纳完毕)。(2)被告人陈某犯单位行贿罪，判处有期徒刑2年8个月，并处罚金300万元(刑期从判决执行之日起计算；判决执行以前先行羁押的，羁押一日折抵刑期一日，即刑期从2018年9月10日起至2021年5月9日止。罚金限于判决生效之日起10日内缴纳完毕)。(3)被告人陈某退缴的被告单位国辉公司的非法所得人民币513.40001万元，依法没收，上缴国库。**

## 案例2：南京市浦口区富才土石方工程队、李某甲行贿案

### 基本案情

被告人李某甲系被告单位南京市浦口区富才土石方工程队和南京市浦口区富锦道路工程有限公司负责人。2009年至2013年，被告单位为了在浦口区经济开发区、桥林街道和珍珠泉旅游度假区承接工程，由被告人李某甲先后给予时任南京浦口经济开发区管理委员会办公室副主任、中共南京市浦口区桥林街道工作委员会副书记、桥林街道政协工作委员会主任、南京珍珠泉旅游度假区工作委员会副书记的刘某人民币80万元。刘某直接或间接安排采用租借企业资质、“围标”等方式给被告单位承接了《老山药业后污水管道埋设工程》《开发区零星工程》《桥林街道七联村、双村东杆组土地复垦工程》《珍珠泉社区办公楼装饰改造工

程及广场改造工程》等数十项工程项目,获利人民币190万余元。案发后,被告人李某甲主动投案,如实供述自己的犯罪事实,退缴人民币110万元。其主动交代向刘某行贿的事实,帮助侦破了刘某受贿案件。

法院认为,被告单位南京市浦口区富才土石方工程队为谋取不正当利益给予国家工作人员财物,情节严重,其行为构成**单位行贿罪**;被告人李某甲作为被告单位的主管人员,其行为亦构成**单位行贿罪**。被告人李某甲主动投案,如实供述自己的犯罪事实,系自首,依法可以从轻或减轻处罚;被告人李某甲在被追诉前主动供述自己的行贿行为,使刘某受贿案件告破,依法可以减轻处罚;被告人李某甲积极退赃,可酌情从轻处罚。

法院经再审最终判决:(1)维持(2014)浦刑初字第11号刑事判决第二项,即没收南京市浦口区富才土石方工程队退缴的人民币110万元,上缴国库。(2)撤销(2014)浦刑初字第11号刑事判决第一项,即被告单位南京市浦口区富才土石方工程队犯行贿罪,判处罚金人民币20万元(已缴纳);判决被告人李某甲犯行贿罪,判处有期徒刑2年,缓刑3年(缓刑考验期限,从判决确定之日起计算)。(3)被告单位南京市浦口区富才土石方工程队犯单位行贿罪,判处罚金人民币20万元(已缴纳)。(4)被告人李某甲犯单位行贿罪,判处有期徒刑2年,缓刑3年(缓刑考验期限自2014年5月17日起至2017年5月16日止)。

## 六、反商业贿赂合规计划的制定

**一个有效的合规计划应当包含以下基本要素。**

### (一)设立明确的禁止规则

首先,在员工手册中明确何为贿赂,让集团所有员工对此行为都有清晰的认知,并在手册中对具体情形作出明确禁止,强调这是企业的红线不可触碰。具体而言,抽象层面的贿赂指的是:"直接或者间接地向公共部门或者私营企业的任何人员提议、承诺、给予、授权给予金钱或其他任何有价值物,以不当地影响收受方的正当职责或行为,获取或保持业务或商业行为中的其他不当利益。"从具体层面而言,在手册中以具体案例的方式列明常见贿赂行为之界定,例如礼品及款待、提供外部差旅、客户培训、采购交易、商业赞助、公益捐赠等。从礼品及款待方面而言，提供适当的礼品及必要的款待是可以的，但是不得为了对某项决策施加影响或为了谋求不当利益而赠送礼品或进行款待。对于超过特定价值的礼品及款待需要在企业的“反贿赂合规”系统中进行审判和备案。

其次，明确进行了贿赂行为的企业及个人分别面临的风险。以此要求企业的员工及其商业伙伴必须遵守所在国的反贿赂法律法规，尊重当地的风俗习惯和商业惯例。明确企业对贿赂行为的“零容忍”态度。

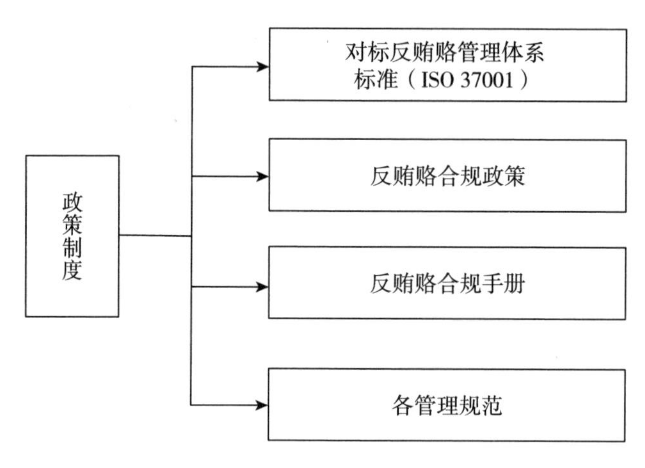


**图 2－1－1　全面的合规政策体系**

## （二）建立健全的合规组织体系

在董事会下设专业的合规管理委员会，在合规管理委员会之下设立反商业贿赂合规部（COE），在反商业贿赂合规部之下设立各业务单位的业务单元（BU）合规团队。在展开具体合规工作时，公司将“计划—执行—检查—处理”转化为“合理的规则—有效的宣传—坚决的落地—有力的稽查”的闭环管理，形成了合规业务和管理的双循环（见图 2－1－2）。具体而言，可以用三道防线来形容合规组织体系，第一道防线由职能部门和业务单位负责，其负责识别、防范和应对贿赂风险；第二道防线由专门的合规部门即反商业贿赂合规部、合规组织管理部、法律事务部等负责，其负责风险的评估、及时的报告、持续的整改等工作；第三道防线由合规调查部负责，其负责合规的审计及违规行为的调查。

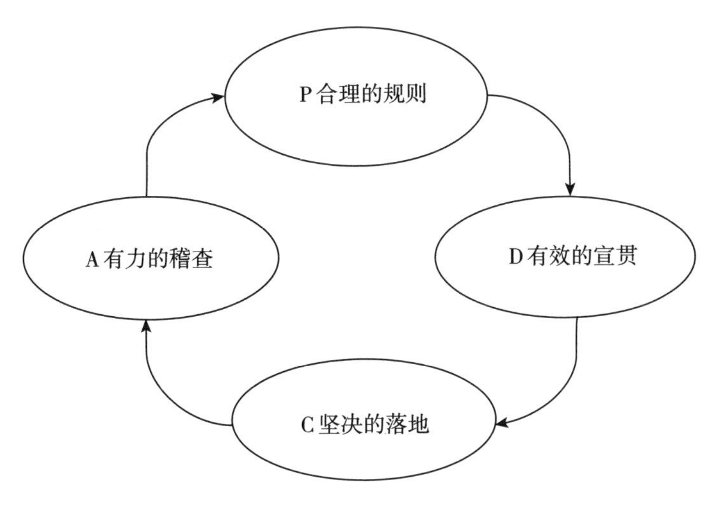


**图 2－1－2　合规闭环管理**

### （三）建立有效的反贿赂管理体系

如上文所述，一个有效的反贿赂体系，主要应当包含三个层面：有效防范风险、识别风险、应对风险。

1. 搭建有效的风险防范系统

搭建有效的风险防范系统是合规的第一步，也是有效合规的基础与前提，只有识别风险才能发现风险并作出有效的应对，而要搭建有效的风险防范系统需要多管齐下。

（1）高层重视——从政策层面进行引领

企业要树立一个基本的理念，即“商业可持续优先于商业自由度”。企业的高层必须重视风险的防范，而最有效的手段就是从企业的顶层设计《合规管理章程》、合规流程、合规规划等，由上而下进行有效推行。企业要明确商业行为准则及反合规的政策，制定较为详细的具有可操作性的反贿赂条款。

（2）充分投入合规资源——提供人员及技术保障

首先，从内部层面而言，可设置自己的专家库，即引入多名在风险评估、尽职调查、反贿赂体系建设、持续监督等方面比较专业的资深专家；在 BU 合规团队层面也吸收具有丰富经验的合规人员，为企业合规体系建设打下坚实的人才基础（见图 2－1－3）。从硬件设备上而言，引入并优化法律及合规管理系统、商业扫描系统等信息技术（IT）系统和工具。

其次,从外部层面而言,可以与经验丰富的律师事务所、会计师事务所和其他咨询机构保持合作,内外配合,全面实现合规的有效性、持续性。

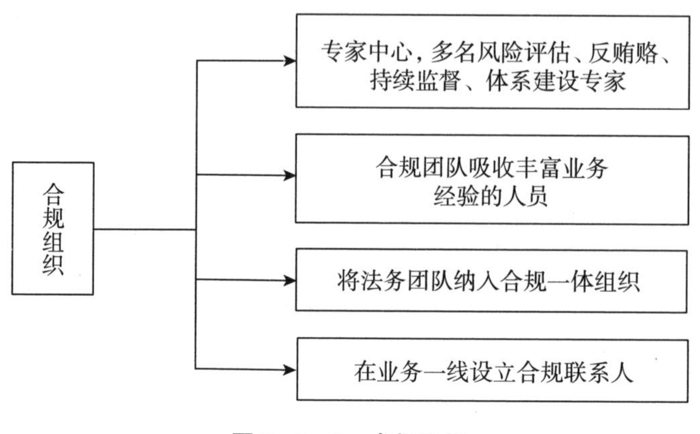


**图2-1-3 合规组织**

(3)建立有效的风险评估体系

合规部门必须每年定期开展对有关地区和特定领域的风险评估,持续刷新公司的风险库,根据最新风险情况调整合规的管理策略及措施,坚持以风险为导向的合规管理原则。对风险的评估一定要做到全面(见图2-1-4),具体而言,需要结合业务规模、商业模式、营业地、交易主体、交易类型、对商业伙伴的使用、政府关系、当地习俗等相关因素。

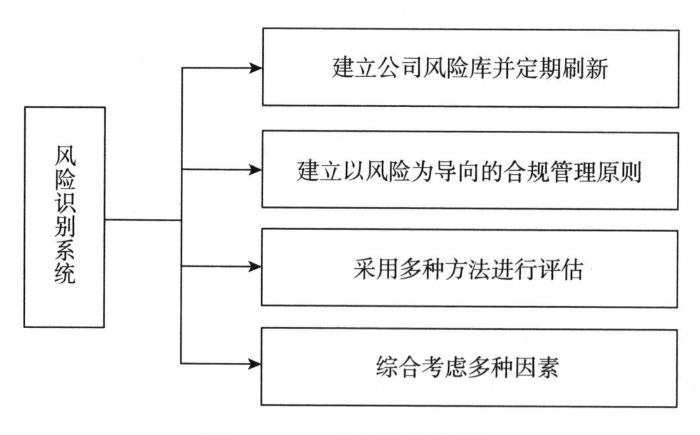


**图2-1-4 风险识别系统**

(4)充分的培训沟通

首先,企业内部的培训要做到全员的常规培训;其次,对于重点领域的重点人员,例如财务、采购、人力资源等领域的重点人员,要提供专项培训。培训的方式可以采取线上、线下相结合的方式。使不同主体都能认识到自己领域范围内的风险可能性,发生具体风险时也能积极进行应对。

2. 建立全面的风险识别体系

(1)建立严格的流程管控系统

通过团队协作管理系统(TS)等系统设立合规审批流程,同时将合规审批流程嵌入企业的销售、采购、财务、雇佣、投资等业务及 IT 流程,确保合规管控实际贯穿业务活动全过程。

(2)持续的监督与改进

反商业贿赂合规部与 BU 合规团队对体系设计和执行的有效性开展持续监督,对缺陷和不足进行整改,并及时核查是否已经出现合规风险,如果存在合规风险,应及时报告企业,以便企业采取应对措施。

(3)建立独立的反馈系统

除了特定主体的定期调查,笔者认为不特定的主体发现风险、上报风险也是非常重要的风险揭露方式,企业应该积极地鼓励并保护这种监督方式。西门子就设立了自己的投诉机制,为了保证投诉机制的正常运行,其设立了一个全天候,24小时运行的线上平台。任何员工、任何合作伙伴等若发现问题都可以进行反馈,而西门子会秘密地处理这些信息。中兴集团也设置了自己的举报途径,除了常规途径即发现问题时向直属领导、部门领导反馈,还可以在发现问题时向单位的合规联系人、BU 合规总监、反商业贿赂合规部反映,同时其还设置了特殊的网上反馈渠道,首先,其设置了外部独立的第三方合规举报途径,具体包括网站、邮箱、电话;其次,其设置了内部合规举报途径,该途径主要以邮箱的方式进行。为了防止举报人被打击报复,除了采取不公开个人信息的方式,企业也允许举报人以匿名的方式进行举报。

3. 搭建严格的风险应对体系

对于通过举报线索或审计发现的潜在违规行为,合规主管部门应当按照相关流程和要求进行调查,并根据调查结果作出是否采取纪律处分措施的建议,确实存在违规行为的,应当根据企业的合规政策进行惩罚。

同时,处罚后要对风险进行跟踪监督,及时调整合规流程存在的漏洞,完善合规政策,对于已经发生的损失进行及时披露及补救,以确保此类行为不再发生。

## 七、反商业贿赂合规手册中的核心要素

### (一)招待费形式

很多公司目前存在的与商业贿赂相关联的风险主要出现在招待费用方面。结合公司的实际业务模式以及访谈情况,目前业务开展中较为常见的商务接待形式主要为商务宴请、给予维护关系的送礼等,并且这些行为贯穿整个项目始终,难以避免。

目前,我国的法律并未将商务宴请等招待形式明确作为商业贿赂的形式,但在公司招待过程中却常常存在混杂送礼、以埋单之名变相贿赂的情况。向交易对手提供旅游和外地考察机会并支付相关费用的行为也可能会被认定为商业贿赂的一种形式。

司法实践中,业务招待费的具体范围一般包括以下几种:

(1)因企业生产经营需要而宴请或吃工作餐的开支;

(2)因企业生产经营需要而赠送纪念品的开支;

(3)因企业生产经营需要而发生的旅游景点参观费和交通费及其他费用的开支;

(4)因企业生产经营需要而发生的业务关系人员的差旅费开支。

招待费相关的法律规定:

(1)国家工商行政管理局《关于禁止商业贿赂行为的暂行规定》。

第二条　经营者不得违反《反不正当竞争法》第八条规定,采用商业贿赂手段销售或者购买商品。

本规定所称商业贿赂,是指经营者为销售或者购买商品而采用财物或者其他手段贿赂对方单位或者个人的行为。

前款所称财物,是指现金和实物,包括经营者为销售或者购买商品,假借促销

费、宣传费、赞助费、科研费、劳务费、咨询费、佣金等名义,或者以报销各种费用等方式,给付对方单位或者个人的财物。

第二款所称其他手段,是指提供国内外各种名义的旅游、考察等给付财物以外的其他利益的手段。

(2)《政府采购法实施条例》。

第十四条　采购代理机构不得以不正当手段获取政府采购代理业务,不得与采购人、供应商恶意串通操纵政府采购活动。**采购代理机构工作人员不得接受采购人或者供应商组织的宴请、旅游、娱乐,不得收受礼品、现金、有价证券等,不得向采购人或者供应商报销应当由个人承担的费用**。

(3)《对外贸易经济合作部关于部机关工作人员"不准接受可能对公正执行公务有影响的宴请"的具体规定(试行)》。

(4)《关于印发〈关于工商行政管理工作人员不准接受可能对公正执行公务有影响的宴请的规定〉、〈关于工商行政管理工作人员不准参加用公款支付的高消费娱乐活动的规定〉和〈违反"两个规定"的处理办法〉的通知》。

**(二)合规方案之行为限制建议**

公司在进行商务接待时,应该考虑的因素包括:

1. 避免在一定时期内对**特定的人**有过于频繁的招待记录。

2. 鉴于招待的过程中极易出现商业贿赂情形,应当对招待的行为制定详细的管理手册,对招待的标准、形式、财务要求进行具体细致的规定。

3. 向交易对手提供旅游或名为考察实为旅游的招待行为是绝对禁止的行为。

4. 针对招待行为制定内部审批流程,可能需要参与审批的部门有法务部、合规部、财务部、市场部等。

5. 按金额分为**小额招待、限额内招待、超过限额招待**。相应地,小额招待可由业务部门直接对外发生,限额内招待需要通过公司内部的审批程序,超过限额招待需要更高的管理层进行个案审核。

6. 对不同招待对象予以区别对待,**对政府官员采取较业务合作伙伴更为严格的限制**。

7. 限定招待发生的情形，禁止为获得交易机会等不正当目的进行礼品招待，如在招投标时不得向相对方送礼或招待相对方。

8. 限定招待的形式，如禁止赠送奢侈品牌产品、房子、汽车等，禁止去高档餐饮及娱乐场所进行招待。**如果招待涉及娱乐活动，则不应触及敏感甚至违法的娱乐活动。例如，在餐饮过程中涉及赌博、按摩等。**

**9. 禁止直接赠送现金或现金等价物（如现金卡、购物卡等）作为招待。**

10. 禁止员工主动向相对方索要招待。

**11. 确保所有招待及费用开支行为符合相对方的内部政策。**

**12. 员工必须以公司名义提供或接受招待，不得以个人名义进行招待或被招待。**

**13. 不得通过秘密方式提供或接受招待。**

14. 公司员工在收到交易方的招待邀请时应首先征得公司同意。

15. 无论提供招待还是接受招待必须根据现行有效的财务政策如实记录，且确保相对方亦如此。

16. 对于外资公司或者有对外交易的公司，应该注意境外企业对于招待的法律红线。例如，在英国于 2010 年出台的商业贿赂法案项下，正常与合理的招待是合法的，但需要注意招待不得有利益交换动机、招待品的价值应当正常合理、招待的时机不得与交易有关联。

### （三）合规方案之费用支出建议

根据《企业所得税法实施条例》第四十三条的规定："企业发生的与生产经营活动有关的业务招待费支出，按照发生额的 60% 扣除，但最高不得超过当年销售（营业）收入的 5‰。"

一般而言，企业出于维系商业合作关系或维护自身形象的目的而进行的经营管理活动，且消费金额合理的，应属于符合商业管理的合法招待行为。业务招待费作为企业生产、经营业务的合理费用，会计制度规定可以据实将其列支为"管理费用 – 业务招待费"，根据税法相关规定，该费用在一定的比例范围内可在所得税前扣除，超过标准的部分不得扣除。

### （四）合规方案之组织架构调整

根据公司的具体情况设置合规部门或者合规专员，一般应当由董事长下设专业的合规部门,合规部门直接受董事长领导,为了防止利益冲突,合规部门的工作人员不得由在工作职责上与生产、商务、经营等有直接利害关系的主体担任,应当具有相对独立性,并按照双线分离、多线制衡的模式推进。

合规负责人在合规体系中应当承担以下职责:(1)拟定合规管理的基本制度和其他合规管理制度;(2)参与企业重大决策并提出合规意见;(3)领导合规管理牵头部门开展工作;(4)对企业内部规章制度、重大决策、新产品和新业务方案等进行合规审查,并出具书面合规审查意见;(5)向董事长汇报合规管理重大事项;(6)组织起草合规管理年度报告;(7)为公司决策层、管理层、各部门及各分支机构提供合规咨询、组织合规培训,协助公司经营管理层培育合规文化;(8)将出具的合规审查意见、提供的合规咨询意见、签署的公司文件、合规检查工作底稿等与履行职责有关的文件、资料存档备查,并对履行职责的情况作出记录;(9)公司章程规定的其他合规管理职责。

**(五)合规方案之管理体系建设**

1. 制定《反商业贿赂政策》。

《反商业贿赂政策》的主要内容包括:(1)制定反商业贿赂政策的依据;(2)反商业贿赂的管理人员和机构;(3)商业贿赂的高风险业务;(4)风险管控;(5)禁止性事项;(6)培训;(7)举报;(8)内部调查;(9)处罚;(10)政策发布方式。

2. 制定反商业贿赂义务识别、风险识别和评估机制。

合规部门应当时刻关注相关法律法规和行业要求的变化,对于在业务操作过程中与外部签署的合同,凡涉及商业贿赂的,应当由合规部门进行审核,并备案登记。同时,要结合公司目前的业务流程和岗位中的权力分布,根据权力分布情况综合对商业贿赂风险进行识别和评价,合规部门在识别商业贿赂风险后,应当告知全公司并采取相应的控制措施。

3. 制定对应的内控文件,对内控标准建议尽量详细,最好可以对涉及典型违规行为的案例进行列举。

4. 开展全公司、全员工或者重点部门、重点人员的反商业贿赂合规培训,同时在培训中注意员工参加相关培训时,应当对培训内容进行签字确认,或至少留存其签字的到场记录。

在培训内容方面主要注意:(1)应与员工的角色和职责相关;(2)应与员工所欠缺的知识和能力相符合;(3)员工一加入就应提供并持续提供;(4)应易于理解;(5)相关培训记录应当保存。

5.建立监督、举报机制。

建立合适的监督、举报机制,形成良好的监督氛围,逐步让合规行为融入员工的正常工作中,同时应当设置必要的程序避免员工担心因举报而遭到报复,举报方式应当公开、明确、便捷,接到举报线索后应当及时给予回复。

6.设置风险应对及调查机制。

合规部门在接到举报后,可以依据调查机制对目前存在的风险和问题进行自查或者引入外部专业人士,例如律师、会计师、审计师等先行调查。

同时要确保所有的调查记录应当全部形成文件并进行存档,并在调查期间遵守国家有关个人权利和隐私的相关法律。在初步调查结果出具后可以过会商讨处理方案,遇上触犯法律底线的,及时通告有关部门。

7.绩效考评。

绩效考评制度应当具体、可量化、可执行,并得到企业高级管理层的支持和认可。企业应当对员工的反商业贿赂实施情况进行考核,并配套相关的制度进行。企业可以制定一定的考核指标,例如出现商业贿赂的频次、参加合规培训的频次、是否对企业内部商业贿赂情况进行反馈、对商业贿赂风险的控制、提供良好建议的频次等,根据考核指标确定年度绩效,并将其作为员工激励机制之一。

## 第二节 ESG与建筑工程领域风险防范及合规思路分析

对于建筑工程领域,笔者主要按照工程推进的流程对其常涉及的风险进行梳理,具体而言分别从招投标阶段、合同订立阶段、施工阶段、结算阶段进行分析与提示。

## 一、招投标阶段所涉刑事风险

### (一)串通投标罪

《刑法》第二百二十三条 投标人相互串通投标报价,损害招标人或者其他投标人利益,情节严重的,处三年以下有期徒刑或者拘役,并处或者单处罚金。投标人与招标人串通投标,损害国家、集体、公民的合法利益的,依照前款的规定处罚。

串通投标罪,是指投标人相互串通投标,损害招标人或者其他投标人利益,或者投标人与招标人串通投标,损害国家、集体、公民的合法利益,情节严重的行为。

1.涉嫌该罪的主体

投标单位、招标代理机构、投标施工企业的单位、直接负责的主管人员、其他直接责任人员都可成为该罪的主体,此外,借用投标企业资质的实际投标人、评标委员会成员、招标人也属于该罪规制的主体范围。需要注意的是,被借用资质的企业如果对借用人的行为知情,则通常将其按照共犯进行处理。

2.涉嫌串通投标罪的常见行为

**表2-1-3 涉嫌串通投标罪的常见行为**

| 投标人之间串通 | 招、投标人之间串通 |
| --- | --- |
| (1)协商投标报价等投标文件的实质性内容。<br>(2)投标人之间约定中标人。<br>(3)投标人之间约定部分投标人放弃投标或中标。<br>(4)同一组织成员的投标人按组织要求协同投标。<br>(5)投标人之间为谋取中标或排斥特定投标人而采取的其他联合行动。<br>(6)不同投标人的投标文件由同一单位或个人编制。<br>(7)不同投标人委托同一单位或个人办理投标事宜。<br>(8)不同投标人的投标文件中载明的项目管理成员为同一人。<br>(9)不同投标人的投标文件差异一致或报价呈规律性差异。<br>(10)不同投标人的投标文件相互混装。<br>(11)不同投标人的投标保证金从同一单位或个人的账户转出。 | (1)招标人在开标前开启投标文件并将有关信息泄露给其他投标人。<br>(2)招标人直接或间接向投标人泄露标底、评标委员会成员等信息。<br>(3)招标人明示或者暗示投标人压低或者抬高报价。<br>(4)招标人授意投标人撤换、修改投标文件。<br>(5)招标人明示或者暗示投标人为特定投标人中标提供方便。<br>(6)招标人与投标人为谋取特定投标人中标而采取的其他串通行为。 |

3. 串通投标罪的立案追诉标准

(1)造成直接经济损失数额在 50 万元以上的。

(2)违法所得数额在 10 万元以上的。

(3)中标项目金额在 200 万元以上的。

(4)采取威胁、欺骗或者贿赂等非法手段的。

(5)虽未达到上述数额标准,但两年内因串通投标,受过行政处罚两次以上,又串通投标的。

(6)其他情节严重的情形。

4. 特别提示

(1)行为人借用他人资质参与招投标活动并实施串通投标行为的,构成串通投标罪。

(2)被挂靠企业明知挂靠者参会"围标"而积极配合的,二者均构成串通投标罪。

(3)实施串通投标行为,由于被招标方发现而未中标的,属于串通投标罪未遂。

(4)实施串通投标行为后,又主动退出投标的,属于串通投标罪的犯罪中止。

(5)行为人先取得工程并实际施工,为完善程序在招投标活动中实施串通投标行为的,构成串通投标罪。

**(二)行贿罪**

请读者朋友注意,此处会较为简单地释明商业贿赂类型的犯罪,因为在前续的第一节中已经作过较为详细的罪名分析。

《刑法》第三百八十九条　为谋取不正当利益,给予国家工作人员以财物的,是行贿罪。

在经济往来中,违反国家规定,给予国家工作人员以财物,数额较大的,或者违反国家规定,给予国家工作人员以各种名义的回扣、手续费的,以行贿论处。

因被勒索给予国家工作人员以财物,没有获得不正当利益的,不是行贿。

《刑法》第三百九十条　对犯行贿罪的,处五年以下有期徒刑或者拘役,并处罚金;因行贿谋取不正当利益,情节严重的,或者使国家利益遭受重大损失的,处五年以上十年以下有期徒刑,并处罚金;情节特别严重的,或者使国家利益遭受特别重大损失的,处十年以上有期徒刑或者无期徒刑,并处罚金或者没收财产。

行贿人在被追诉前主动交待行贿行为的,可以从轻或者减轻处罚。其中,犯罪较轻的,对侦破重大案件起关键作用的,或者有重大立功表现的,可以减轻或者免除处罚。

### (三)贪污罪、受贿罪

如果企业的属性为国有,则极有可能涉及贪污、受贿的犯罪,具体见表 2-1-4 内容:

表 2-1-4　贪污、受贿犯罪的内容

| | |
|---|---|
| **罪名认定** | **贪污罪:**《刑法》第三百八十二条　国家工作人员利用职务上的便利,侵吞、窃取、骗取或者以其他手段非法占有公共财物的,是贪污罪。<br>受国家机关、国有公司、企业、事业单位、人民团体委托管理、经营国有财产的人员,利用职务上的便利,侵吞、窃取、骗取或者以其他手段非法占有国有财物的,以贪污论。<br>与前两款所列人员勾结,伙同贪污的,以共犯论处。<br>**受贿罪:**《刑法》第三百八十五条　国家工作人员利用职务上的便利,索取他人财物的,或者非法收受他人财物,为他人谋取利益的,是受贿罪。<br>国家工作人员在经济往来中,违反国家规定,收受各种名义的回扣、手续费,归个人所有的,以受贿论处。 |
| **具体处罚** | 《刑法》第三百八十三条　对犯贪污罪的,根据情节轻重,分别依照下列规定处罚:<br>(一)贪污数额较大或者有其他较重情节的,处三年以下有期徒刑或者拘役,并处罚金。<br>(二)贪污数额巨大或者有其他严重情节的,处三年以上十年以下有期徒刑,并处罚金或者没收财产。<br>(三)贪污数额特别巨大或者有其他特别严重情节的,处十年以上有期徒刑或者无期徒刑,并处罚金或者没收财产;数额特别巨大,并使国家和人民利益遭受特别重大损失的,处无期徒刑或者死刑,并处没收财产。<br>对多次贪污未经处理的,按照累计贪污数额处罚。<br>犯第一款罪,在提起公诉前如实供述自己罪行、真诚悔罪、积极退赃,避免、减少损害结果的发生,有第一项规定情形的,可以从轻、减轻或者免除处罚;有第二项、第三项规定情形的,可以从轻处罚。<br>犯第一款罪,有第三项规定情形被判处死刑缓期执行的,人民法院根据犯罪情节等情况可以同时决定在其死刑缓期执行二年期满依法减为无期徒刑后,终身监禁,不得减刑、假释。<br>《刑法》第三百八十六条　对犯受贿罪的,根据受贿所得数额及情节,依照本法第三百八十三条的规定处罚。索贿的从重处罚。 |

续表

<table>
<tr><td>具体数额认定</td><td>最高人民法院、最高人民检察院《关于办理贪污贿赂刑事案件适用法律若干问题的解释》为依法惩治贪污贿赂犯罪活动，根据刑法有关规定，现就办理贪污贿赂刑事案件适用法律的若干问题解释如下：<br>第一条　贪污或者受贿数额在三万元以上不满二十万元的，应当认定为刑法第三百八十三条第一款规定的“数额较大”，依法判处三年以下有期徒刑或者拘役，并处罚金。<br>贪污数额在一万元以上不满三万元，具有下列情形之一的，应当认定为刑法第三百八十三条第一款规定的“其他较重情节”，依法判处三年以下有期徒刑或者拘役，并处罚金：<br>（一）贪污救灾、抢险、防汛、优抚、扶贫、移民、救济、防疫、社会捐助等特定款物的；<br>（二）曾因贪污、受贿、挪用公款受过党纪、行政处分的；<br>（三）曾因故意犯罪受过刑事追究的；<br>（四）赃款赃物用于非法活动的；<br>（五）拒不交待赃款赃物去向或者拒不配合追缴工作，致使无法追缴的；<br>（六）造成恶劣影响或者其他严重后果的。<br>受贿数额在一万元以上不满三万元，具有前款第二项至第六项规定的情形之一，或者具有下列情形之一的，应当认定为刑法第三百八十三条第一款规定的“其他较重情节”，依法判处三年以下有期徒刑或者拘役，并处罚金：<br>（一）多次索贿的；<br>（二）为他人谋取不正当利益，致使公共财产、国家和人民利益遭受损失的；<br>（三）为他人谋取职务提拔、调整的。<br>第二条　贪污或者受贿数额在二十万元以上不满三百万元的，应当认定为刑法第三百八十三条第一款规定的“数额巨大”，依法判处三年以上十年以下有期徒刑，并处罚金或者没收财产。<br>贪污数额在十万元以上不满二十万元，具有本解释第一条第二款规定的情形之一的，应当认定为刑法第三百八十三条第一款规定的“其他严重情节”，依法判处三年以上十年以下有期徒刑，并处罚金或者没收财产。<br>受贿数额在十万元以上不满二十万元，具有本解释第一条第三款规定的情形之一的，应当认定为刑法第三百八十三条第一款规定的“其他严重情节”，依法判处三年以上十年以下有期徒刑，并处罚金或者没收财产。<br>第三条　贪污或者受贿数额在三百万元以上的，应当认定为刑法第三百八十三条第一款规定的“数额特别巨大”，依法判处十年以上有期徒刑、无期徒刑或者死刑，并处罚金或者没收财产。<br>贪污数额在一百五十万元以上不满三百万元，具有本解释第一条第二款规定的情形之一的，应当认定为刑法第三百八十三条第一款规定的“其他特别严重情节”，依法判处十年以上有期徒刑、无期徒刑或者死刑，并处罚金或者没收财产。<br>受贿数额在一百五十万元以上不满三百万元，具有本解释第一条第三款规定的情形之一的，应当认定为刑法第三百八十三条第一款规定的“其他特别严重情节”，依法判处十年以上有期徒刑、无期徒刑或者死刑，并处罚金或者没收财产。</td></tr>
</table>

续表

| | |
|---|---|
| 具体数额认定 | 第四条　贪污、受贿数额特别巨大,犯罪情节特别严重、社会影响特别恶劣、给国家和人民利益造成特别重大损失的,可以判处死刑。<br>符合前款规定的情形,但具有自首,立功,如实供述自己罪行、真诚悔罪、积极退赃,或者避免、减少损害结果的发生等情节,不是必须立即执行的,可以判处死刑缓期二年执行。<br>符合第一款规定情形的,根据犯罪情节等情况可以判处死刑缓期二年执行,同时裁判决定在其死刑缓期执行二年期满依法减为无期徒刑后,终身监禁,不得减刑、假释。 |

### (四)伪造、变造、买卖国家机关公文、证件、印章罪,伪造公司、企业、事业单位、人民团体印章罪

从笔者及团队的办案经验来看,在建筑工作领域比较高发的罪名除了串通投标,就是伪造相关证件与印章。笔者曾处理了一家上海的企业在正常的投标中使用了伪造的国家机关印章,虚构相关文件,后案发被处以刑事责任的案件,所以在对该类型的企业作尽职调查时,该角度也需要重点关注。

《刑法》第二百八十条　伪造、变造、买卖或者盗窃、抢夺、毁灭国家机关的公文、证件、印章的,处三年以下有期徒刑、拘役、管制或者剥夺政治权利,并处罚金;情节严重的,处三年以上十年以下有期徒刑,并处罚金。

伪造公司、企业、事业单位、人民团体的印章的,处三年以下有期徒刑、拘役、管制或者剥夺政治权利,并处罚金。

……

## 二、建设工程项目在合同订立阶段高发的刑事法律风险

### (一)非法经营同类营业罪

非法经营同类营业罪,是指国有公司、企业的董事、经理利用职务便利,自己经营或者为他人经营与其所任职公司、企业同类的营业,获取非法利益,数额巨大的行为。

《刑法》第一百六十五条　国有公司、企业的董事、监事、高级管理人员,利用职务便利,自己经营或者为他人经营与其所任职公司、企业同类的营业,获取非法利益,数额巨大的,处三年以下有期徒刑或者拘役,并处或者单处罚金;数额特别

巨大的，处三年以上七年以下有期徒刑，并处罚金。

其他公司、企业的董事、监事、高级管理人员违反法律、行政法规规定，实施前款行为，致使公司、企业利益遭受重大损失的，依照前款的规定处罚。

### （二）为亲友非法牟利罪

《刑法》第一百六十六条　国有公司、企业、事业单位的工作人员，利用职务便利，有下列情形之一，致使国家利益遭受重大损失的，处三年以下有期徒刑或者拘役，并处或者单处罚金；致使国家利益遭受特别重大损失的，处三年以上七年以下有期徒刑，并处罚金：

（一）将本单位的盈利业务交由自己的亲友进行经营的；

（二）以明显高于市场的价格从自己的亲友经营管理的单位采购商品、接受服务或者以明显低于市场的价格向自己的亲友经营管理的单位销售商品、提供服务的；

（三）从自己的亲友经营管理的单位采购、接受不合格商品、服务的。

其他公司、企业的工作人员违反法律、行政法规规定，实施前款行为，致使公司、企业利益遭受重大损失的，依照前款的规定处罚。

需要注意的是，本罪的主体层面并未被限制为董事、经理等职务身份，也即只要是国有公司、企业、事业单位的工作人员，利用了职务上的便利，实施了相应的行为，使本单位利益遭受重大损失的，就可以构成本罪。另外，国有公司、企业委派到国有控股、参股公司从事公务的人员，以国有公司、企业人员论。所以对于国有属性的企业在尽职调查时除了要关注职务犯罪，还需要关注上述罪名，并且在具体的犯罪实践中该法条描述的第一种、第二种情形出现较多。

### （三）签订、履行合同失职被骗罪

《刑法》第一百六十七条　国有公司、企业、事业单位直接负责的主管人员，在签订、履行合同过程中，因严重不负责任被诈骗，致使国家利益遭受重大损失的，处三年以下有期徒刑或者拘役；致使国家利益遭受特别重大损失的，处三年以上七年以下有期徒刑。

签订、履行合同失职被骗罪，是指国有公司、企业、事业单位直接负责的主管人员,在签订、履行合同过程中,因严重不负责任而被诈骗,致使国家利益遭受重大损失的行为。所谓“严重不负责任”,是指违反国家有关外汇管理的法律、法规和规章制度,放弃职责,不履行、不正确履行应当履行的职责,或者在履行职责中马虎草率,敷衍塞责,不负责任,或者放弃职守,对自己应当负责的工作撒手不管等。行为人实施上述行为,还必须“致使国家利益遭受重大损失”才能构成本罪,是否“致使国家利益遭受重大损失”是区分罪与非罪的界限,如果未使国家利益遭受重大损失,可以由有关部门给予批评教育或者行政处分。

## 三、工程项目刑事法律风险防控施工阶段

### (一)重大责任事故罪

重大责任事故罪,是指在生产、作业中违反有关安全管理的规定,因而发生重大伤亡事故或者造成其他严重后果的行为。

《刑法》第一百三十四条第一款　在生产、作业中违反有关安全管理的规定,因而发生重大伤亡事故或者造成其他严重后果的,处三年以下有期徒刑或者拘役;情节特别恶劣的,处三年以上七年以下有期徒刑。

注意**“不符合国家规定”**主要是指违反全国人大及其常委会制定的安全生产方面的法律和决定,国务院制定的有关安全生产的行政法规、规定的行政措施、发布的决定和命令,如《劳动法》《安全生产法》《危险化学品安全管理条例》等。

**“发生重大伤亡事故或者造成其他严重后果的”**,对相关责任人员处3年以下有期徒刑或者拘役,对于严重后果参照以下标准:(1)造成死亡1人以上,或者重伤3人以上的;(2)造成直接经济损失100万元以上的;(3)其他造成严重后果或者重大安全事故的情形。

“情节特别恶劣的”,对相关责任人员处3年以上7年以下有期徒刑,对于情节特别恶劣应当参照以下标准:(1)造成死亡3人以上或者重伤10人以上,负事故主要责任的;(2)造成直接经济损失500万元以上,负事故主要责任的;(3)其他造成特别严重后果、情节特别恶劣或者后果特别严重的情形。

### (二)不报、谎报安全事故罪

《刑法》第一百三十九条之一　在安全事故发生后,负有报告职责的人员不报

或者谎报事故情况,贻误事故抢救,情节严重的,处三年以下有期徒刑或者拘役;情节特别严重的,处三年以上七年以下有期徒刑。

不报、谎报安全事故罪,是指生产经营单位的负责人、安全生产责任人等负有报告职责的人员,在安全事故发生后,不报或者谎报事故情况,贻误事故抢救,情节严重的行为。

### (三)工程重大安全事故罪

《刑法》第一百三十七条　建设单位、设计单位、施工单位、工程监理单位违反国家规定,降低工程质量标准,造成重大安全事故的,对直接责任人员,处五年以下有期徒刑或者拘役,并处罚金;后果特别严重的,处五年以上十年以下有期徒刑,并处罚金。

1.客观要件

本罪在客观方面表现为违反国家规定,降低工程质量标准,因而发生重大安全事故。违反国家规定,是指建设单位、设计单位、施工单位、工程监理单位违反了国家在建筑工程勘察、设计、施工、承包、工程质量方面的相应规定。降低工程质量标准具体来说就是:建设单位要求设计单位、施工单位降低工程质量,或者提供不合格的建筑材料、建筑构配件和设备并强迫施工企业使用;设计单位不按建筑工程质量标准进行设计;施工单位在施工中偷工减料,使用不合格的建筑材料、建筑构配件和设备,或者不按照设计图纸或者施工技术标准施工;工程监理单位降低标准进行验收。降低工程质量标准造成重大安全事故的,才构成本罪。

重大安全事故,是指因工程达不到质量标准或者存在严重问题而发生的事故,包括人、财、物的损失,如致人伤亡,使楼房倒塌、桥梁断裂、铁路塌陷等。最高人民法院、最高人民检察院《关于办理危害生产安全刑事案件适用法律若干问题的解释》(2015年12月14日公布)第六条、第七条明确了有关具体认定标准工程建设过程中,建设单位、施工单位的职工,由于不服管理、违反规章制度,或者强令工人违章冒险作业,因而发生重大伤亡事故或者造成严重后果的,构成重大责任事故罪而不成立本罪。建筑企业的劳动安全设施不符合国家规定,经有关部门或者单位职工提出后,对事故隐患仍不采取措施,因而发生重大安全事故的,构成重大劳动安全事故罪,不构成本罪。

2. 主观要件

本罪在主观方面是过失,即行为人应当预见到自己的行为可能产生建筑工程责任事故的后果,只是因为疏忽大意而没有预见或者已经预见而轻信可以避免。但建设单位、设计单位、施工单位、工程监理单位对自己的行为不符合工程质量的要求一般是明知的。

## 四、工程项目刑事法律风险防控结算阶段

### (一)诈骗罪

诈骗罪,是指以非法占有为目的,用虚构事实或者隐瞒真相的方法,骗取数额较大的公私财物的行为。

《刑法》第二百六十六条　诈骗公私财物,数额较大的,处三年以下有期徒刑、拘役或者管制,并处或者单处罚金;数额巨大或者有其他严重情节的,处三年以上十年以下有期徒刑,并处罚金;数额特别巨大或者有其他特别严重情节的,处十年以上有期徒刑或者无期徒刑,并处罚金或者没收财产。本法另有规定的,依照规定。

### (二)合同诈骗

《刑法》第二百二十四条　有下列情形之一,以非法占有为目的,在签订、履行合同过程中,骗取对方当事人财物,数额较大的,处三年以下有期徒刑或者拘役,并处或者单处罚金;数额巨大或者有其他严重情节的,处三年以上十年以下有期徒刑,并处罚金;数额特别巨大或者有其他特别严重情节的,处十年以上有期徒刑或者无期徒刑,并处罚金或者没收财产:

(一)以虚构的单位或者冒用他人名义签订合同的;

(二)以伪造、变造、作废的票据或者其他虚假的产权证明作担保的;

(三)没有实际履行能力,以先履行小额合同或者部分履行合同的方法,诱骗对方当事人继续签订和履行合同的;

(四)收受对方当事人给付的货物、货款、预付款或者担保财产后逃匿的;

(五)以其他方法骗取对方当事人财物的。

合同诈骗罪,是指以非法占有为目的,在签订、履行合同过程中,骗取对方当事人的财物,数额较大的行为。

1. 客观要件

本罪在客观方面表现为行为人在签订、履行合同过程中,骗取对方当事人财物的行为,本罪必须发生在签订、履行合同过程中。利用虚构事实诱骗对方当事人与之订立合同和在合同成立之后欺骗对方,使对方当事人单方面履行合同义务,都是使对方陷入错误,"自愿"与行为人签订经济合同或者"自愿"承担履约义务的诈骗行为。这里的合同包括买卖、借贷、技术承包、合伙等类型的合同。

2. 主观要件

行为人主观存在故意,本罪要求行为人虚构事实、隐瞒真相并使对方信以为真。

**(三)虚开发票罪、虚开增值税专用发票罪**

**1. 虚开发票罪**

**定罪量刑:**《刑法》第二百零五条之一 虚开本法第二百零五条规定以外的其他发票,情节严重的,处二年以下有期徒刑、拘役或者管制,并处罚金;情节特别严重的,处二年以上七年以下有期徒刑,并处罚金。

单位犯前款罪的,对单位判处罚金,并对其直接负责的主管人员和其他直接责任人员,依照前款的规定处罚。

**立案追诉标准:**最高人民检察院、公安部《关于公安机关管辖的刑事案件立案追诉标准的规定(二)》第五十七条 〔虚开发票案(刑法第二百零五条之一)〕虚开刑法第二百零五条规定以外的其他发票,涉嫌下列情形之一的,应予立案追诉:

(一)虚开发票金额累计在五十万元以上的;

(二)虚开发票一百份以上且票面金额在三十万元以上的;

(三)五年内因虚开发票受过刑事处罚或者二次以上行政处罚,又虚开发票,数额达到第一、二项标准百分之六十以上的。

**2. 虚开增值税专用发票罪**

《刑法》第二百零五条 虚开增值税专用发票或者虚开用于骗取出口退税、抵扣税款的其他发票的,处三年以下有期徒刑或者拘役,并处二万元以上二十万元以下罚金;虚开的税款数额较大或者有其他严重情节的,处三年以上十年以下有期徒刑,并处五万元以上五十万元以下罚金;虚开的税款数额巨大或者有其他特别严重情节的,处十年以上有期徒刑或者无期徒刑,并处五万元以上五十万元以下罚金或者没收财产。

单位犯本条规定之罪的,对单位判处罚金,并对其直接负责的主管人员和其他直接责任人员,处三年以下有期徒刑或者拘役;虚开的税款数额较大或者有其他严重情节的,处三年以上十年以下有期徒刑;虚开的税款数额巨大或者有其他特别严重情节的,处十年以上有期徒刑或者无期徒刑。

虚开增值税专用发票或者虚开用于骗取出口退税、抵扣税款的其他发票,是指有为他人虚开、为自己虚开、让他人为自己虚开、介绍他人虚开行为之一的。

### (四)国有公司、企业、事业单位人员失职罪、滥用职权罪

《刑法》第一百六十八条　国有公司、企业的工作人员,由于严重不负责任或者滥用职权,造成国有公司、企业破产或者严重损失,致使国家利益遭受重大损失的,处三年以下有期徒刑或者拘役;致使国家利益遭受特别重大损失的,处三年以上七年以下有期徒刑。

国有事业单位的工作人员有前款行为,致使国家利益遭受重大损失的,依照前款的规定处罚。

国有公司、企业、事业单位的工作人员,徇私舞弊,犯前两款罪的,依照第一款的规定从重处罚。

**涉嫌该罪的主体主要包括以下两类企业中的人员。**

(1)国有独资企业

该类国有企业中主要涉及董事长、经理、董事、监事、财务负责人等核心岗位的人员,其对企业的运营负有一定的监管责任及注意义务。

(2)国有参股企业

该类企业中主要涉及国有公司、企业委派到国有控股企业从事公务的董事、经理、相关负责人等。

## 五、行政风险及风险防范

在建设工程领域，行政法律风险是多样的，常见的行政法律风险包括违法建设风险，例如未取得建设工程规划许可证，或者未按照建设工程规划许可证进行建设等；安全生产事故风险，例如在施工过程中未遵守安全生产规定导致人员伤亡和财产损失等；环境污染风险，例如施工过程中产生了噪声、扬尘等环境污染并且没有采取有效措施进行防治等。以下将简述实践中常见的行政违法情形及相应的法律责任。

### （一）具体风险

1. 违法发包工程

《建筑工程施工发包与承包违法行为认定查处管理办法》第五条明确规定了违法发包的定义和情形，包括将工程发包给个人或者不具有相应资质的单位、肢解发包、违反法定程序发包等，其相应法律责任在《建筑法》中有明确规定，概括如下：

（1）责令改正：对于违法发包行为，行政主管部门首先会责令发包方改正违法行为。

（2）罚款：根据违法情节的轻重，发包方可能会面临不同程度的罚款，例如，将工程发包给不具有相应资质等级的施工单位的，处以50万元以上100万元以下罚款；将建设工程肢解发包的，处以工程合同价款0.5%以上1%以下的罚款。

（3）责令停业整顿：在违法发包行为较为严重的情况下，行政主管部门可能会责令发包方停业整顿。

（4）降低资质等级、吊销资质证书：对于情节特别严重的违法发包行为，发包方的资质等级可能会被降低，甚至发包方可能会被吊销资质证书，失去从事相关业务的资格。

2. 没有取得施工许可就擅自施工

《建筑法》、《建设工程质量管理条例》以及《建筑工程施工许可管理办法》中对于未取得施工许可就擅自施工的情形所要承担的法律责任作了明确规定。概括如下：

(1)责令停止施工：一旦发现未取得施工许可证擅自施工的行为，建设主管部门会立即责令停止施工；

(2)限期改正：除停止施工外，建设主管部门还会要求建设单位在规定期限内补办施工许可证或者完善相关手续；

(3)罚款：根据违法情节，建设单位会面临罚款的处罚，具体罚款数额通常依据工程合同价款的一定比例来确定，如《建设工程质量管理条例》第五十七条中规定，处工程合同价款1%以上2%以下的罚款，对施工单位也会有一定数额的罚款，但该罚款数额一般低于建设单位的罚款数额。

3. 未依照规定进行工程验收

在《建筑法》及《建设工程质量管理条例》中对于该类情形进行了规定，概括如下：

(1)责令改正：上级机关首先会责令建设单位按照规定进行工程验收，确保工程质量和安全；

(2)罚款：如果建设单位未组织竣工验收就擅自交付使用，或者验收不合格却擅自交付使用，或者将不合格的工程按照合格工程验收，就会面临工程合同价款2%以上4%以下的罚款；

(3)行政处分：对于负责工程质量监督检查或者竣工验收的部门及其工作人员，如果未按照规定验收，可能会受到上级机关的行政处分。

4. 没有资质或者超越资质等级承揽工程

《建筑法》及《建设工程质量管理条例》中对于该类情形进行了规定，概括如下：

(1)警告：有关主管部门会首先进行警告，责令建设单位停止违法行为；

(2)罚款：根据情节严重程度，有关主管部门会进行罚款，通常处工程合同价款2%以上4%以下的罚款；

(3)责令停业整顿、降低资质等级：情节严重时，建设单位可能面临停业整顿或降低资质等级的处罚；

(4)没收违法所得：建设单位有违法所得的，有关主管部门将予以没收。

5. 为他人提供资质允许挂靠承揽工程

根据《建筑法》及《建设工程质量管理条例》的相关规定，该种情形下所要承担的行政法律责任如下：

（1）责令改正：相关部门首先会责令提供资质方改正其违法行为，停止允许他人挂靠承揽工程；

（2）没收违法所得：如果提供资质方通过挂靠行为获得了经济利益，这些违法所得将被没收；

（3）罚款：除了没收违法所得，提供资质方还将面临罚款，具体数额根据违法行为的严重程度和所获利益大小来确定；

（4）责令停业整顿、降低资质等级或者吊销资质证书：情节严重的情况下，相关部门可以责令提供资质方停业整顿或者降低其资质等级，甚至吊销其资质证书。

6. 转包或违法分包工程

根据《建筑法》及《建设工程质量管理条例》的相关规定，该种情形下所要承担的行政法律责任如下：

（1）责令改正：相关部门首先会责令转包或违法分包的单位改正其违法行为；

（2）没收违法所得：如果转包或违法分包的单位通过转包或者违法分包获得了经济利益，这些违法所得将被没收；

（3）罚款：除了没收违法所得，转包或违法分包的单位还将面临罚款的处罚，具体数额会根据工程合同价款的一定比例确定，一般处合同价款的 0.5% 以上 1% 以下的罚款；

（4）责令停业整顿、降低资质等级或吊销资质证书：如果情节严重，相关部门可以责令转包或违法分包的单位停业整顿或者降低其资质等级，甚至吊销其资质证书，此外其还可能会被限制参加工程投标活动、承揽新的工程项目等；

（5）记入信用档案并公示：违法行为还可能会被记入单位、个人信用档案，并在全国建筑市场监管公共服务平台进行公示。

7. 违规造成安全生产事故

《安全生产法》、《建设工程安全生产管理条例》以及《生产安全事故报告和调

查处理条例》中对于建设工程领域安全生产的相关流程、违规责任都进行了明确翔实的规定,概括如下:

(1)警告:对于安全生产事故中的轻微违规行为,相关部门可以对责任单位或者个人进行警告,提醒其注意安全生产;

(2)罚款:对于违反安全生产规定的行为,相关部门会对责任单位或者个人进行罚款,罚款金额根据违法行为的严重程度和所造成的后果确定;

(3)责令停产停业:如果安全事故较为严重,或者存在重大安全隐患,相关部门可能会责令责任单位停产停业并进行整改;

(4)吊销资质证书:对于严重违反安全生产规定,或者多次发生安全生产事故的责任单位,相关部门可能会吊销其资质证书,取消其从事相关行业的资格。

8. 施工过程中造成环境污染且未有效防治

建筑工程施工中产生的环境污染,由施工单位承担所有的行政责任,在《环境保护法》《环境影响评价法》《建设项目环境保护管理条例》等法律法规中均有相关的规定,这些责任包括但不限于:

(1)警告:对于轻度环境污染行为,相关部门可能会对施工单位进行警告,要求其立刻改正。

(2)罚款:对于造成环境污染的施工单位,相关部门可以根据污染的严重程度和影响范围对其进行罚款。例如,《建设项目环境保护管理条例》第二十三条中规定,对于需要配套建设的环境保护设施未建成、未经验收或者验收不合格,建设项目即投入生产或者使用的行为,可以处以20万元以上100万元以下的罚款。

(3)责令停产停业:在环境污染严重的情况下,相关部门可以责令施工单位停产停业并进行整改。

(4)吊销许可证或执照:对于屡次违反环境保护规定,造成严重后果的施工单位,相关部门可以吊销其相关的许可证或执照。

**(二)行政风险防范建议**

1. 严格遵守法律法规

(1)工程项目应当严格按照国家、地方及行业法律法规进行规划和施工。

(2)及时关注相关法律法规的更新,确保项目符合最新政策要求。

2. 完善项目审批流程

(1)建立健全项目审批机制,确保所有工程项目都经过合规审批流程。

(2)对审批流程进行定期审计和检查,防止违规操作。

3. 加强合同管理

(1)签订合同时,明确双方的权利和义务,确保合同条款合法合规。

(2)定期对合同进行审查,确保合同内容与实际项目情况相符。

(3)签订合同之前,对合同相对方的主体资格、诚信情况、经营状况、资产实力、履约能力等进行核实了解。

(4)在出现合同履约不能的情况下,要及时与对方沟通,防止被认为实施合同诈骗。

4. 强化质量监管

(1)建立健全质量管理体系,确保工程质量符合相关标准和要求。

(2)加大质量监督力度,对发现的问题及时进行整改和处理。

5. 加强安全生产管理

(1)建立健全安全生产责任制,明确各级管理人员和作业人员的安全职责。

(2)定期开展安全生产培训和演练,提高员工的安全意识和应急处理能力。

6. 建立风险预警机制

(1)定期对工程项目进行风险评估,识别潜在风险并制定相应的应对措施。

(2)设立风险预警系统,对潜在风险进行实时监控和预警。

## 六、涉及的民事责任风险及防范建议

### (一)涉及的民事责任风险类型

1. 施工质量难以保障从而引发与建设单位的工程质量纠纷。

**【案例】**2012 年 2 月 6 日,甲公司与乙公司签订建设工程施工合同,约定由乙公司承建甲公司的某厂房项目。但案涉工程实际系由狄某借用乙公司资质承接并施工。工程结算时,甲公司发现案涉工程存在外墙开裂渗漏、雨污水管道材料与图纸不符等多处质量问题,且修复该质量问题需要大量费用,遂多次电话联系并发函要求乙公司派人协商解决上述事宜,但乙公司未予配合。甲公司诉至法院,要求乙公司、狄某承担维修费用。法院根据甲公司的申请委托司法鉴定,鉴定意见为工程存在质量问题、修复费用为251万元。法院最终判决乙公司、狄某就工程质量问题承担连带责任。

2.施工安全缺乏监督导致安全生产事故,引发提供劳务者受害责任或工伤保险待遇纠纷。

**【案例】**2018年9月,王某借用甲公司的资质承接了乙公司发包的厂房工程,之后又将该工程中的消防工程转包给王某飞。徐某受王某飞雇请来到工地工作。同年10月,因王某、王某飞在脚手架上未采取任何防护措施,徐某摔落受伤。王某和王某飞在给付了少量医药费后,对徐某的后续治疗费用互相推诿。徐某诉至法院,要求赔偿损失。经法院审理,徐某与王某飞之间存在劳务关系,王某飞应对徐某的损害后果承担赔偿责任;王某明知自己无施工资质而借用甲公司资质承接工程,此后又将工程违法分包给王某飞,应当承担赔偿责任;甲公司默许王某以其名义承接工程,也应当承担赔偿责任。

3.工程资金缺乏监管,引发因欠付材料款、人工费产生的买卖合同、劳动争议纠纷,或者因过付款项(如垫付农民工工资)引发与实际施工人之间的返还过付工程款、追偿权等纠纷。

**【案例】**2018年5月,甲公司与不具有施工资质的胡某签订分包合同,将机电分包给胡某施工。之后,由于设计变更、调整施工范围,实际工程面积增加,甲公司根据新版图纸支付工程款,该工程在2020年9月通过了竣工验收。结算时,甲公司发现根据双方签订的机电安装工程合同约定的单价以及胡某已完成的工程量进行计算,其已经过付工程款,但胡某予以否认。双方就此事交涉多次依然无法解决。甲公司遂诉至法院,法院根据甲公司申请委托鉴定,鉴定显示案件的确存在过付情形。最终法院部分支持甲公司的诉求。

4. 印章等资料授权、管理不当,引发因项目部对外借款、欠材料款而债权人起诉建筑施工企业纠纷。

**【案例】**2014年9月,甲公司中标某县农业服务中心大楼施工工程。同月,甲公司与黄某某签订名为内部承包实为挂靠的合同,由黄某某实际施工。甲公司向黄某某发放一枚项目部印章。同年11月,黄某某以甲公司名义与乙公司签订加工定作合同,其上加盖项目部印章。后乙公司与黄某某对账确认加工价款数额。因黄某某仅支付40万元,乙公司遂起诉要求甲公司支付余款及逾期付款利息。法院认为,甲公司对于黄某某的挂靠人身份及项目经理权限对外未予披露,黄某某作为项目负责人持有项目部印章,具有代理权的表象,乙公司有理由相信黄某某系代表甲公司签订合同,黄某某的行为构成表见代理,判决甲公司支付剩余加工款及利息。

5. 对施工过程缺乏监督管理,导致层层转包、违法分包及挂靠的失控状态,引发实际施工人向建筑施工企业主张工程款纠纷,或者项目部雇请人员主张确认劳动关系纠纷。

**【案例】**建筑施工企业中标工程后将工程进行转包,转包人以公司项目部的名义管理、聘请人员。提供劳务的工人一般与项目部签订劳务合同,在涉及劳动报酬、工伤认定等问题时,劳务人员往往选择起诉建筑施工企业,造成建筑施工企业劳动争议案件频发,疲于应诉。尤其是在转包人拖延支付劳务费用或卷款而逃的情况下,劳务人员与建筑施工企业之间的矛盾更易激化。

6. 以内部承包、设立分公司形式进行挂靠、转包或者违法分包,建筑施工企业对分公司的设立、资金及人事缺乏管控,各分公司内部管理混乱,随意刻制公章、出借公章对外缔约、举债、担保,债务无法清偿时分公司负责人注销分公司,从而将债务转嫁于建筑施工企业。

**【案例】**某建筑集团长期采取各个承包人以不同的分公司名义承接工程的模式,近3年该公司涉诉案件有100余件,其中民间借贷多达50件,均是各分公司为获取资金选择民间借贷形式对外借款,致使债权人一并起诉总公司,甚至个别分公司负责人对外吸收社会资金,涉及人数众多、金额巨大,该负责人存在非法集资犯罪嫌疑。此种分公司各自为政的模式,造成资金监管失控、管理严重无序,引发企业经营风险。

7. 忽视对合同主体资格、要素条款及性质的审查。

不掌握合同相对方的缔约资质、签约代理人的权限,不注重对合同标的、数量、质量、价款等要素条款审查,对合同性质为承揽、建设工程抑或合作表达模糊不清,甚至中标后随意与建设单位订立比标底价款更低、工期更短、质量标准更高、违约责任更重的合同,不仅为纠纷发生后判断合同是否成立、缔约效力、相对方认定、合同性质认定等多项争议埋下隐患,也极可能不利于后期工程结算,使建筑施工企业利益受损。

**【案例】**2012年10月,甲公司发出某工程招标公告,在投标须知前的附表中列明了工程报价方式为固定总价。同年11月,乙公司中标该项目,并与甲公司签订施工合同,在专用条款中约定采用固定单价合同。工程验收合格后,甲公司根据合同约定提交政府审计,审计部门认为招标文件规定的结算方式(固定总价)与双方合同约定的结算方式(固定单价)不一致,因此一直未出具审计报告,使得乙公司无法收取工程款。乙公司诉至法院,要求甲公司支付剩余工程款及利息。法院认为,双方订立的施工合同专用条款中约定的合同价款采用固定单价,该约定明显与招标文件不一致,应当按招标文件规定的固定总价为结算依据。

8. 对合同条款细节、施工图纸审查松懈。

对合同中重要条款的细节未组织专业人员审查,对计价标准、竣工结算的程序约定不明。合同条款中有关权利义务的约定明显不对等、不合理,例如,建设单位过多将风险偏重于建筑施工企业,对工期、质量违约赔偿和罚款责任约定较重、上限不明确,对未提供施工场所及相关资料、逾期付款等责任约定较轻;对施工图纸不认真审查,机械盲目施工,导致施工变更、延期、存在质量问题等。

**【案例】**甲公司与乙公司签订《建设工程施工合同》,约定因乙公司未能按约定工期要求完成工作,延误在30日以内的,每一天按工程结算总造价的0.05%支付违约金;超过30日的,自第31日起,每一天乙公司按工程结算总造价的0.1%支付违约金。后乙公司共逾期竣工165天,甲公司起诉要求乙公司以工程总造价为基数，按约承担违约金 3500 余万元。法院认为，按照合同约定的延误在 30 日外的，每日按工程结算总造价的 0.1% 计算，违约金总计达工程结算总造价的 15.05%；折合年利率达 36.5%，超过了人民法院保护的民间借贷利率上限标准。根据公平原则与诚实信用原则，法院酌定违约金统一按照约定的每日 0.05% 标准计算，最终支持违约金 1300 余万元。

9. 建设单位指定分包情形下难以平等缔约。

指定分包模式下，指定分包合同内容、付款方式、相关权利义务的确定，均由建设单位与指定分包单位确定，但就法律层面而言，指定分包又属于建筑施工企业的分包。实践中建筑施工企业收取一定总包管理费，却需承担为指定分包单位提供施工条件、保证指定施工工程质量、对指定分包工程进行验收等多项工作，以及支付责任、进度质量、安全责任等多项风险，权利义务不对等。

**【案例】**2010 年 6 月，甲公司与乙公司签订《施工总承包合同》，约定乙公司作为施工总承包单位，对指定分包单位的施工质量承担连带责任。同月，乙公司与甲公司的指定分包单位丙公司签订了分包合同。后因工程存在基础、地面和排水沟下沉，基础漏水，地面粗糙等多处质量问题，丙公司进行多次返修。经鉴定机构鉴定，工程的确存在质量问题，修复费用近 200 万元。甲公司起诉至法院，要求乙公司和丙公司赔偿损失。法院审理认为，按照双方约定，乙公司应当对指定分包单位丙公司因工程质量问题造成的损失承担连带赔偿责任，法院对乙公司提出的丙公司系甲公司指定分包单位，其难以监管的理由未予采信。

**（二）民事风险防范建议**

1. 严格管控项目质量及安全作业，保障施工中的质量、安全要素。切实保障施工人员权益，依法参加工伤保险或者商业意外险，强化实名制管理。

2. 强化项目人员、印章及财务管理，项目部对外订立合同须向公司备案，印章上可注明授权范围，防范公章滥用。

3. 项目付款时应说明款项用途并提供付款依据，对工程款保证专款专用，加强对工程款收支账户管理，防止出现体外循环。

4. 强化施工过程监管，施工中应定期或者不定期对工程进行巡查，全面掌握现场真实情况,及时收集施工资料,工程竣工后还应注意掌握项目对外的债权债务情况。规范企业内部承包制度,杜绝以内部承包名义从事挂靠或者转包、违法分包。加强对内部承包人资信能力、项目部订立合同、对外拨付资金及涉诉纠纷的管控,不放任、放权。

5. 严格控制分公司设立,对确有设立必要的分公司,应加强管理,通过实行财务委派制、加强内部审计等方式管理分公司人事、财务等核心事务,对分公司申请注销的,应严格审查其债权债务情况,防止分公司负责人滥用权利。具备条件的企业可以在内部设立合规部门,由专业人员处理法律事务,提高风险防范的前瞻性和主动性。

6. 明确建筑施工企业内部合同管理部门及职责,规范合同的订立、审批、会签、登记、备案流程,规范合同示范文本的使用、合同专用章的管理。建筑施工企业在订立合同时注重审查对方主体资格及资质、签约人员身份及权限,明确合同要素条款及合同性质。订立合同后,在客观情况未发生招投标时难以预见的变化时,杜绝以签订补充协议等方式实行背离中标合同实质性内容的隐蔽合同。

7. 完备的书面合同对于保障交易安全极其重要。建筑施工企业订立合同时应就合同内容进行全面磋商,对项目名称、地址、施工内容、技术要求、施工方案、工程中质量要求、工程工期、安全防护措施、双方权利义务、付款方式、违约责任、竣工结算、争议解决方式等在专用条款中以书面方式予以明确,避免使用容易引起歧义的字句或者前后矛盾的条款;应尽量减少单方面约束性条款,把握违约责任限度,防止风险扩大化。建筑施工企业在着手施工前应与建设单位及监理单位对施工图纸进行认真审查,落实技术交底等事项,确保施工顺利进行。

8. 建设单位要求指定分包时,建筑施工企业应根据建设单位资信状况决定是否接受指定分包。在建设单位资信较弱的情形下尽量协商将指定分包转为建设单位直接发包,建筑施工企业收取总包配合费以降低风险。建筑施工企业决定接受指定分包的,尽可能要求与建设单位、指定分包单位签订三方合同,明确工程款支付、对内对外责任等核心权利义务。建筑施工企业在施工过程中应强化对施工进度、安全、质量、工程款支付及资料的管理,收集并固定与指定分包单位之间往来函件、签证、会议纪要等原始书面凭证。

## 以某企业的安全生产为视角的合规报告展示

### A环境科技有限公司
### 安全风险评估报告

北京市盈科(苏州)律师事务所接受A环境科技有限公司(以下称为贵公司)的委托,指派温云云合规团队为贵公司建立专项合规体系,防控刑事法律风险,目前已完成对贵公司的第一轮尽职调查,针对本轮调查中的安全风险板块,特形成以下报告。

**一、评估的主要依据**

1.1 评估依据

《中华人民共和国安全生产法》 (中华人民共和国主席令第13号)

《中华人民共和国消防法》 (中华人民共和国主席令第6号)

《中华人民共和国清洁生产促进法》 (中华人民共和国主席令第54号)

《中华人民共和国劳动法》 (中华人民共和国主席令第28号)

《中华人民共和国特种设备安全法》 (中华人民共和国主席令第4号)

《江苏省安全生产风险管理条例》

《建筑设计防火规范》 (GB 50016-2014)

《有限空间作业安全技术规程》 (DB33/707-2008)

《国家电气设备安全技术规范》 (GB 19517-2009)

《企业职工伤亡事故分类标准》 (GB6441-1986)

其他相关的法律法规文件

1.2 评估目的

为了加强贵公司安全生产风险管理,进一步明确贵公司的风险源种类、分布、危害程度情况，推进风险源识别、评价及监督管理工作的实施，提高对企业风险源的控制能力，消除生产安全事故苗头和诱因，**有效防范生产安全事故的发生**，对所有可能对生产造成危害和影响的活动及作业区范围内的风险进行辨识和评估，确保企业安全生产。

1.3　评估范围

本次风险评估范围包括企业项目建设活动。

1.4　评估过程

(1)团队前往项目施工现场进行**实地**考察，收集项目现场资料和相关的法律法规。

(2)根据对项目施工现场实地考察的情况和与项目现场管理人员访谈了解的情况，进行风险源单元划分，确认危险有害因素。

(3)对辨识出的风险点进行风险因素、可能造成的危害程度分析。

(4)选用风险评估方法进行风险评估，确定风险等级。

**二、企业安全风险的基本情况**

2.1　安全风险

根据《江苏省安全生产风险管理条例》，安全风险是指生产安全事故发生的可能性及其可能造成后果的严重性的组合。评估的风险类别按照《企业职工伤亡事故分类标准》(GB 6441 - 1986)确定，即风险类别包括：物体打击、车辆伤害、机械伤害、起重伤害、触电、淹溺、灼烫、火灾、高处坠落、坍塌、冒顶片帮、透水、放炮、火药爆炸、瓦斯爆炸、锅炉爆炸、容器爆炸、其他爆炸、中毒和窒息、其他伤害等20类。

2.2　经过辨识与分析，本企业在项目建设过程中，涉及的主要风险有**高处坠落、触电、有限空间、机械伤害、物体打击、车辆伤害、起重伤害、坍塌、火灾等9项**。

2.3　从刑事法律风险角度而言，安全生产过程中涉及的主要罪名及法律分析

(1)个人可能涉嫌的罪名及量刑标准

在我国现行法律框架下,个人在安全生产过程中可能涉嫌的罪名包括:

| 序号 | 罪名 | 对个人的主刑范围 | 对个人的附加刑范围 | 主要对应法条 |
| --- | --- | --- | --- | --- |
| 1 | 危险作业罪 | 1年以下有期徒刑、拘役或者管制(1死或3重伤) | — | 《刑法》第一百三十四条之一 |
| 2 | 重大责任事故罪 | 1. 一般情况(1死或3重伤):3年以下有期徒刑或者拘役<br>2. 情节特别恶劣的(3死或10重伤):3年以上7年以下有期徒刑 | — | 《刑法》第一百三十四条 |
| 3 | 强令、组织他人违章冒险作业罪 | 1. 一般情况(1死或3重伤):5年以下有期徒刑或者拘役<br>2. 情节特别恶劣的(3死或10重伤):5年以上有期徒刑 | — | 《刑法》第一百三十四条 |
| 4 | 重大劳动安全事故罪 | 1. 一般情况(1死或3重伤):3年以下有期徒刑或者拘役<br>2. 情节特别恶劣的(3死或10重伤):3年以上7年以下有期徒刑 | — | 《刑法》第一百三十五条 |
| 5 | 危险物品肇事罪 | 1. 一般情况(1死或3重伤):3年以下有期徒刑或者拘役<br>2. 后果特别严重的(3死或10重伤):3年以上7年以下有期徒刑 | — | 《刑法》第一百三十六条 |
| 6 | 不报、谎报安全事故罪 | 1. 一般情况(1死或3重伤):3年以下有期徒刑或者拘役<br>2. 情节特别严重的(3死或10重伤):3年以上7年以下有期徒刑 | — | 《刑法》第一百三十九条之一 |
| 7 | 消防责任事故罪 | 1. 一般情况(1死或3重伤):3年以下有期徒刑或者拘役<br>2. 后果特别严重的(3死或10重伤):3年以上7年以下有期徒刑 | — | 《刑法》第一百三十九条 |

续表

| 序号 | 罪名 | 对个人的主刑范围 | 对个人的附加刑范围 | 主要对应法条 |
| --- | --- | --- | --- | --- |
| 8 | 提供虚假证明文件罪 | 1. 一般情况:5年以下有期徒刑或者拘役<br>2. 情节严重的:5年以上10年以下有期徒刑 | 并处罚金 | 《刑法》第二百二十九条 |
| 9 | 污染环境罪 | 1. 一般情况:3年以下有期徒刑或者拘役<br>2. 情节严重的(30人以上中毒或1人以上重伤、严重疾病或者3人以上轻伤):3年以上7年以下有期徒刑<br>3. 情节特别严重的(3人以上重伤、严重疾病或者1人以上严重残疾、死亡):7年以上有期徒刑 | 1. 一般情况:并处或单处罚金<br>2. 情节严重的:并处罚金<br>3. 情节特别严重的:并处罚金 | 《刑法》第三百三十八条 |

(2)单位可能涉嫌的罪名及量刑标准

在我国现行法律框架下,单位在安全生产过程中可能涉嫌的罪名包括:

| 序号 | 罪名 | 对单位的刑罚范围 | 对直接负责的主管人员、其他直接责任人员的刑罚范围 | 主要对应法条 |
| --- | --- | --- | --- | --- |
| 1 | 危险物品肇事罪 | — | 1. 一般情况(1死或3重伤):3年以下有期徒刑或者拘役<br>2. 后果特别严重的(3死或10重伤):3年以上7年以下有期徒刑 | 《刑法》第一百三十六条 |
| 2 | 工程重大安全事故罪 | 罚金 | 1. 一般情况(1死或3重伤):5年以下有期徒刑或者拘役,并处罚金<br>2. 后果特别严重的(3死或10重伤):5年以上10年以下有期徒刑,并处罚金 | 《刑法》第一百三十七条 |

续表

| 序号 | 罪名 | 对单位的刑罚范围 | 对直接负责的主管人员、其他直接责任人员的刑罚范围 | 主要对应法条 |
| --- | --- | --- | --- | --- |
| 3 | 消防责任事故罪 | — | 1. 一般情况(1死或3重伤):3年以下有期徒刑或者拘役<br>2. 后果特别严重的(3死或10重伤):3年以上7年以下有期徒刑 | 《刑法》第一百三十九条 |
| 4 | 提供虚假证明文件罪 | 罚金 | 1. 一般情况:5年以下有期徒刑或者拘役,并处罚金<br>2. 情节严重的:5年以上10年以下有期徒刑,并处罚金 | 《刑法》第二百二十九条 |
| 5 | 污染环境罪 | 罚金 | 1. 一般情况:3年以下有期徒刑或者拘役,并处或单处罚金<br>2. 情节严重的(30人以上中毒或1人以上重伤、严重疾病或者3人以上轻伤):3年以上7年以下有期徒刑,并处罚金<br>3. 情节特别严重的(3人以上重伤、严重疾病或者1人以上严重残疾、死亡):7年以上有期徒刑,并处罚金 | 《刑法》第三百三十八条 |

## 三、企业危险因素风险分析

根据贵公司在建项目实际情况和与项目现场管理人员访谈了解的情况,并参照《企业职工伤亡事故分类》(GB 6441－1986)、《生产过程危险和有害因素分类代码》(GB/T 13861－2009),团队对贵公司的危险因素进行风险分析,具体危险因素场所、环节、部位具体见表1。

**表1 危险(有害)因素排查辨识清单**

| 序号 | 风险点(单元)名称 | 存在的主要危险(有害)因素 | 易发生的事故类型 |
|---|---|---|---|
| 1 | 高处作业、临边洞口作业 | 1. 洞口处、楼层周边、屋顶周边无安全防护措施或防护措施不牢靠、不合格。<br>2. 临边防护栏损坏或被人移走而没有及时发现。<br>3. 高处作业没有牢固的地方挂安全带或因场地限制无法拉起生命绳。<br>4. 作业人员为作业便利,不按规定佩戴安全帽、系安全带。<br>5. 作业面未设置安全兜网。 | 高处坠落 |
| 2 | 有限空间 | 1. 作业环境情况复杂,作业人员不易交流沟通,有限空间狭小,通风不畅,不利于气体扩散,有毒有害气体容易积聚。<br>2. 危险大,一旦发生事故往往造成严重后果。作业人员中毒、窒息往往发生在瞬间。<br>3. 容易因盲目施救造成伤亡扩大。 | 中毒、窒息、火灾、爆炸、淹溺、高处坠落、物体打击、坍塌等 |
| 3 | 特种设备、小型机械及作业人员 | 1. 作业人员(安管员)未取得相应设备的证书,无证上岗。<br>2. 未对特种设备进行日常检修、维护和保养。<br>3. 作业人员违规操作。<br>4. 未进行安全教育培训,安全责任意识不强。<br>5. 未建立安全管理体系,未落实管理机构和责任人员。<br>6. 未建立事故应急预案,未开展预案的演练。<br>7. 特种设备故障未排除,"带病运行"。<br>8. 擅自对特种设备进行违规维修。 | 机械伤害、物体打击、车辆伤害、起重伤害等 |

续表

| 序号 | 风险点(单元)名称 | 存在的主要危险(有害)因素 | 易发生的事故类型 |
| --- | --- | --- | --- |
| 4 | 深基坑 | 1. 基坑开挖过程中,临边防护缺失。<br>2. 基坑边缘堆载、放坡过陡及支护、降排水不到位引起的基坑坍塌。<br>3. 开挖过程中违反操作规程,造成机械伤害。<br>4. 机械设备电缆线破损、老化导致作业人员触电。 | 高处坠落、坍塌、机械伤害 |
| 5 | 混凝土模板工程 | 1. 模板支撑未按照规范搭建到位。<br>2. 木模板较多,监管不到位而引起火灾。 | 坍塌、火灾 |
| 6 | 动火作业 | 1. 作业人员未经培训,技能低下,无证上岗。<br>2. 作业人员未佩戴防护措施,个人防护意识薄弱。<br>3. 未经审批取得动火证,私自作业。<br>4. 未将作业系统和周围可能存在的易燃易爆物品进行有效隔离。<br>5. 使用电焊机作业可能造成人员触电及气体燃爆。 | 火灾、触电、机械伤害 |
| 7 | 临时用电 | 1. 作业人员未经培训,技能低下,无证上岗。<br>2. 作业人员未佩戴防护措施,个人防护意识薄弱。<br>3. 设备线路破损,造成人员触电。 | 触电、火灾、机械伤害 |
| 8 | 现场人员安全培训 | 1. 现场人员流动性强,安全培训不及时。<br>2. 入场三级教育后,后续的安全培训缺少延续性,且缺少可选择的培训资源。 | — |

## 四、风险评估

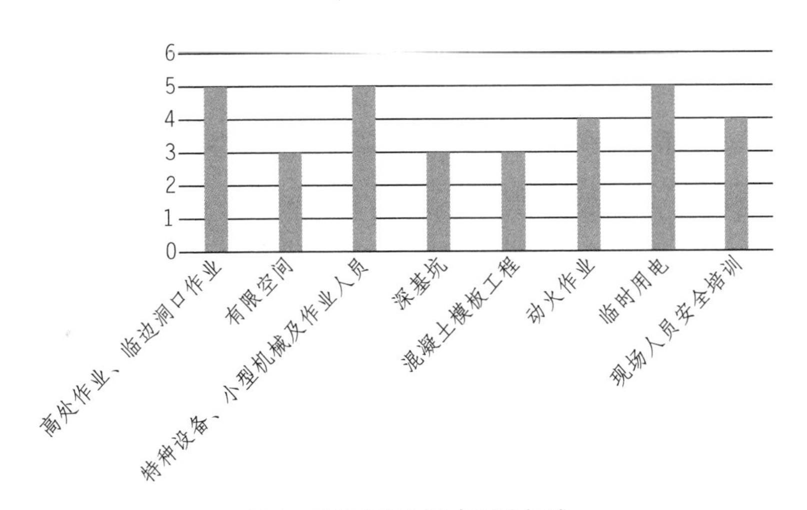


**图1　总结贵公司重点风险领域**

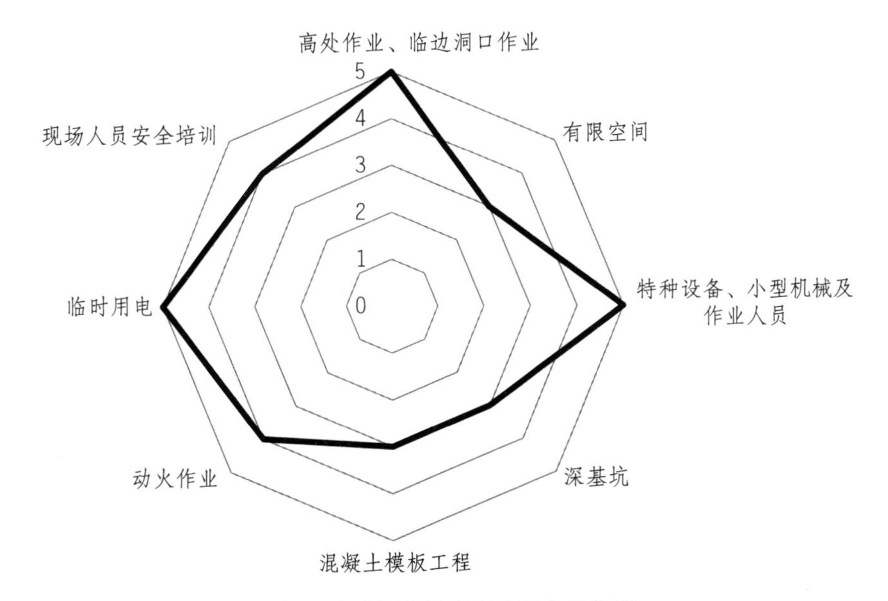


**图2　有害因素导致事故发生的频率**

（一）高处作业、临边洞口作业

1.1 风险等级较高

1.2 尽职调查具体情况

目前贵公司面临的安全风险中，可能涉刑的主要是高处坠落。目前的监管措施主要是依靠安全员现场巡视，其发现违章操作后，会进行教育警示，教育警示2次及以上后，会对个人和班组采取双罚制，各罚500~1000元。施工现场的安全防护需加大力度，安全兜网、生命绳仍需重点注意。

（二）有限空间

2.1 风险等级为中级

2.2 尽职调查具体情况

有限空间作业需要经过提前审批，作业时设置专门的监护人员，对监护人员和作业人员要求配备对讲机，监护人员和作业人员保持沟通，作业人员戴防毒面具进入作业现场，现场的通风、检测、消防设备配备到位，监护人员只负责监护。

贵公司对有限空间的作业制定了严格的规范要求，但对监管人员的监督尚有缺失，建议完善监督机制，即对于该领域的风险防控责任进行划分，**不能完全依赖监护人员，安全员应该定时联系井下作业的操作人员及监护员，并定时进行巡视，最大限度避免伤亡的发生**。

（三）特种设备、小型机械及作业人员

3.1 风险等级较高

3.2 尽职调查具体情况

根据现场了解，事故发生频率最高的是机械伤害，特别是小型机械的伤害，特种设备监管相对完善，进场都需核查设备证照和作业人员资质是否齐全。机械设备一般都是专业分包租赁或自己的设备，设备要定期检测。设备来源根据当地的项目情况寻找相应的桩基合作方。**小型设备种类杂、数量多，经常会发生高空起吊时货物碰撞工人即小型机械本身的碰撞造成工人受损。**

**因而建议制定相对统一的标注,例如列明起吊时货物附近不能直接站立人员,又如向右转的车辆要让行执行车辆,再如几辆以上车辆共同运作需要配备特定数量的安全人员,等等。**

(四)深基坑

4.1　风险等级为中级

4.2　尽职调查具体情况

基坑作业时,加装设备对渗水问题进行预防,对土壤表面进行固化处理避免水土流失形成坍塌的风险。土方开挖设专人监护机械、人员安全。基坑开挖到一定程度需进行临边防护防止人员坠落;采用钢管防护、定型化防护;做好上下通道(用钢管搭建楼梯等)。

目前采取的防范措施较为齐全,但监管人员、施工人员的责任心和安全意识需要加强,诸多安全事故皆由监管人员和施工人员的安全意识不够,责任心较差导致。

(五)混凝土模板工程

5.1　风险等级为中级

5.2　尽职调查具体情况

模板工程是主体工程阶段最大的风险点,模板支撑须按照规范搭建到位,监管人员现场监管,现场挂牌验收。验收标准严格参照规范性文件和技术规范,极少情况用到个人经验。总工提供技术模板的标准,严格按照标准施工。目前工地没有坍塌情况发生。

(六)动火作业

6.1　风险等级为中级

6.2　尽职调查具体情况

动火作业需要经过提前审批,作业时设置专门的监护人员,动火人员需持有住房和城乡建设部颁发的焊工证,动火证一般是三天一审批。

现场动火作业的管控较为严格,但仍需做好安全防护工作,**尽量避免交叉**

**作业,做好特殊时期的管控工作,落实好气瓶和焊机的管理工作,设置固定动火区,做好器具的管理。**

(七)临时用电

7.1　风险等级为中级

7.2　尽职调查具体情况

施工现场对用电有严格规定,禁止无资质人员私自接电,一经发现严格处理,采取处罚措施如:锁电箱、罚款、安全教育。

**现场作业人员私搭乱建,用电不规范的情况比较多,**作业人员有无用电资质难以考证,虽然目前还未发生触电事故,**但仍需引起高度重视并对其予以纠正。**

(八)现场人员安全培训

8.1　风险等级较高

8.2　尽职调查具体情况

凡进场人员均进行三级教育,且每日施工前进行安全交底,告知每日施工内容中存在的风险点。目前通过尽职调查发现,贵公司的安全教育流于形式,从培训的内容上看,都是列出具体法律法规的名称,没有具有针对性的内容。同时,早班会流于打卡拍照的形式而没有进行实质意义上的安全教育。存在的风险为事故发生时无法割裂贵公司本身的责任。

**三级教育需要由了解安全风险的专业人员进行实质性培训,对于重点人员的重点风险要定期培训且留下文字及视听资料,全面割裂个人与单位之间的责任。同时,每日的安全交底不能浮于表面,需落实到位。**

**风险等级评价标准:**
**低:对安全作业有明确、清晰的指引和规定,设置有对应的审批流程和管控办法,各部门之间协调有序,能形成良好的安全作业环境。涉及刑事风险概率较低。**
**中:设置有对应的审批流程和管控办法,但对于安全作业的规定较为模糊,作业人员安全生产的意识不强,各部门之间协调性差,安全作业环境还需完善。涉及刑事风险概率较高。**
**高:完全没有对安全作业有任何规定和要求,安全意识匮乏,管理缺位。涉及刑事风险概率非常高。**

## 五、安全风险管控建议

5.1　对风险辨识工作的建议

贵公司主要从事于城市自来水工程及生活和工业污水处理工程建设，在建设过程中，主要存在高处坠落、触电、有限空间、机械伤害、物体打击、车辆伤害、起重伤害、坍塌、火灾等风险。

对贵公司的安全风险进行动态管理，建立安全风险评估动态更新机制，对新增安全风险、等级升高的安全风险进行重点评估。在企业施工工艺流程和关键设备设施发生变更时或者安全风险自身发生变更、周边环境发生变更、同类型安全风险或者行业发生事故灾难、风险相关的法律法规及标准规范发生变更时要重新进行风险辨识。

5.2　针对风险管理措施的建议

(1)建立完善的风险管理相关制度，建立责任制，完善各项操作规程。

(2)在对新上岗从业人员进行入场三级教育培训后，定期、有效地进行安全培训和风险告知。

(3)建立设备设施管理台账和档案，定期对设备设施进行维修保养，定期对企业的风险进行自查。

(4)作业前进行风险评估，完善动火、有限空间等危险作业的审批制度，加大对动火、有限空间等危险作业的监督力度。

(5)加大对风险辨识、应对和管控措施的安全投入。

(6)设置应急管理机构组织和人员。

(7)提升应急能力。

(8)配置符合数量和规格要求的应急资源。

(9)建立健全与属地政府及其相关部门在信息传递、预警响应、应急处置、紧急疏散和善后恢复等方面紧密衔接的安全风险联控机制。

5.3　针对风险管控工程技术措施的建议

(1)防止安全风险事故发生的技术措施

防止安全风险事故发生可从以下方面进行。

限制能量或危险物质:减少能量或者危险物质的量,防止能量蓄积,安全地释放能量等,如将易燃易爆废弃物及时清除,压力容器采用泄压阀、爆破阀等。

减少故障和失误:通过增加安全系数、增加可靠性或设置安全监控系统等来减轻物的不安全状态,减少物的故障和事故的发生。

(2)减少事故风险损失的安全技术措施

**隔离**:把被保护的对象与可能意外释放的能量或危险物质进行隔离,按照被保护对象与可能致害对象的关系可分为隔开、封闭和缓冲等。

**个体防护**:把人体与意外释放的能量或者危险物质隔离开,是保护人身安全的最后一道防线。

**避难与救援**:设置避难场所,当事故发生时,人员可暂时躲避,免遭伤害且救援人员有足够的救援时间。

**监控系统**:安装完善的安全监控系统,包括视频监控和警报装置,可以及早发现事故,及时采取管控措施和应急预案,避免或减少事故的损失。

## 第三节　ESG 对环保方面的要求及环保类领域的合规思路分析

环境治理一直是 ESG 中的核心要素,且越来越多的企业都发布了自己的 ESG 报告,而环境问题也是报告中的重要内容,企业涉及的行政处罚、刑事处罚通常也是报告应当向社会披露的环节,所以企业要想获得较高的评级首先需要排除可能发生的法律风险,其次才是在“双碳”背景下对社会环境作出的贡献。目前,我国非常注重 ESG 的报告及评级问题,不同的地域也都结合自己的本土情况出台了相应的政策。

### 一、不同地区 ESG 对环保领域的规定

2021 年 8 月 26 日,首届 ESG 全球领导者峰会由新浪财经 ESG 评级中心牵头

发起,并联合中信出版集团共同主办。该峰会会聚60余位关心ESG发展的政、商、学界重磅嘉宾,以“聚焦ESG发展,共议低碳可持续新未来”为主题,就ESG投资、可持续发展、低碳转型等10个重要议题展开研讨。

目前,关于ESG体系构建走在前端的城市有上海、深圳及苏州。作为ESG体系的核心要素之环境保护层面是各个城市都重点关注的领域,其也都提出了自己的要求并提供了相应的政策扶持。

### (一)上海地区的相关政策要求

上海“走出去”的企业非常多,因而在考虑到域外国家强制性要求提供ESG报告的背景下,其针对涉外企业,在2024年3月上海市商务委出台的《关于印发〈加快提升本市涉外企业环境、社会和治理(ESG)能力三年行动方案(2024—2026年)〉的通知》中提出:“以高质量共建‘一带一路’八项行动为引领,深入践行‘创新、协调、绿色、开放、共享’新发展理念,充分发挥本市绿色低碳产业基础良好、专业服务业发达、企业国际化程度高等优势,以涉外企业国际化高质量发展的需求为导向,聚焦对外投资、对外承包工程、进出口贸易等重点领域,依托行业协会、社会组织和专业服务机构等主体,积极推动本市涉外企业加快提升ESG能力和水平,打造符合国际通行标准兼具中国特色的企业ESG标准体系,进一步提升涉外企业的国际竞争力。”

上述文件中提到企业ESG能力提升行动的重点工作要从以下几个层面落实:

1. 发挥国有企业ESG带头先行作用。研究将ESG信息披露及评级情况纳入国有企业对外采购、招标等考量因素,引导更多企业重视ESG工作。鼓励国有控股上市公司规范编制和披露ESG报告,提高ESG报告质量,积极参与国内外评级。推动更多的国有企业入围“国有企业上市公司ESG先锋100指数”等榜单,提升上海市国有上市企业的ESG能力和水平。推动国有非上市企业加强内部治理,加快绿色转型,落实社会责任,着力提升ESG管理能力。

2. 支持民营企业积极践行ESG理念。推动民营龙头企业率先开展ESG实践,在上海市支持民营企业总部发展政策文件中加入ESG考量因素。发挥上海市民营经济发展联席会议机制作用,加强对民营企业践行ESG理念的宣传和推广,引导具有涉外业务的民营企业增强ESG意识,积极参与ESG实践。探索建立民营企业ESG激励机制,发布民营企业ESG优秀案例,提升民营企业参与ESG建设的积极性。鼓励民营企业构建ESG管理体系,注重创造多重社会价值,为推动经济社会可持续发展发挥更大作用。

3. 发挥外资企业ESG实践协同效应。发挥上海市跨国公司地区总部集聚优势,引导更多的外资企业在华深入践行ESG理念,加强ESG能力建设。鼓励在沪外资企业结合中国实际,在绿色发展、社会贡献、人力资源等ESG领域发布各类分报告及实践成果,将其在华ESG优秀案例纳入总部ESG报告及信息披露中,体现跨国公司ESG建设的透明度和公信力。支持ESG建设世界领先的外资企业开展经验分享和交流,带动国内供应链上下游企业共同提升ESG能力和水平。鼓励外资企业积极参与上海市ESG标准编制及评价规则制定、实施和应用。发挥行业协会作用,组织开展ESG领域相关培训及活动,发布ESG领域优秀案例,提升外资企业参与ESG能力建设积极性。

4. 加强涉外企业跨国业务ESG应用。鼓励和支持涉外企业践行ESG理念,积极在国际市场上开展绿色贸易、绿色投资,承接绿色工程。对上海市企业境外项目开展ESG能力建设提供专业指导和个性化服务,**引导涉外企业加强与项目所在地政府、企业和民众的沟通,高标准履行属地社会责任,加强合规经营,将ESG能力建设作为企业风险管控的有效措施,切实提高境外安全风险防范和化解水平。**研究将ESG报告披露及评级情况纳入上海市贸易型总部建设要求,推动企业在国际供应链和绿色低碳环保等方面加强合规建设。

### (二)深圳地区的相关政策要求

深圳政府通过一系列政策措施,间接鼓励和支持企业加强ESG管理,提升环境、社会和治理水平。深圳在2024年7月1日还专门针对环保领域出台了指引性规则,即《深圳市全面加强生态环境保护推动经济高质量发展的若干措施(2024—2027年)》,该文件从多个方面强调要加强生态环境保护,主要目标是紧扣协同推动生态环境高水平保护和经济高质量发展的核心要义,全面提升深圳市高质量发展的生态环境政策供给能力,助力全市绿色低碳高质量发展目标实现。

该文件大体可以分为四个板块,第一板块为以高水平绿色转型夯实高质量发展的绿色底色;第二板块是以高水平保护为高质量发展提供良好的生态环境面;第三板块是以生态环境服务增能级为高质量发展提供强大的推动力;第四板块是持续强化组织实施保障,这些政策间接支持了企业提升ESG表现,尤其是环境方面的表现。

上述文件提到了以下重点工作及要求:

1. 持续强化重点项目审批服务。落实落细广东省服务高质量发展"1+3+N"政策措施,加强产业转移平台、产业转移园区、国家和省级重点项目环评服务保障。建立重大工程项目清单及"一对一"跟踪机制,优化国家和省重大项目环评审批"绿色通道",**对符合要求的项目实施环评即报即受理。**对具备基本条件的项目,按规定实行环评受理材料"容缺后补"机制。

2. 扎实推动区域空间生态环境评价。持续推进各区开展区域环评,重点推动20大先进制造业园区的区域环评工作,力争2024年完成全市(不含深汕合作区)陆域范围区域环评成果编制全覆盖。在已完成区域环评的区域,将未纳入重点项目环境影响审批名录的建设项目实施清单管理,建设单位无须进行环境影响评价,执行所在评价单元的管理清单有关规定。

3. 稳步推进环评与排污许可协同审批。全面开展环评与排污许可审批"两证衔接"改革试点,探索两项行政许可事项"一口受理、同步审批、一次办结"的审批新模式,提高项目审批、落地效率。在已开展区域环评的区域,推动做好清单管理类项目的排污许可核发工作。

4. 继续深化项目审批环保政策咨询服务。开设"线上咨询"和"线下专区",充分利用服务热线、政务服务窗口等途径,强化环评帮扶和咨询服务。加大典型案例宣传力度,帮助小微企业了解环评管理要求和服务举措,引导小微企业合法合规建设运营。

5. 创新开展领跑者引领行动。探索建立环保领跑者制度,培育一批环保标杆企业。开展能效领跑者引领行动,全面推动交通、工业等重点用能行业企业节能降耗,制定实施重点行业"一行一策"绿色转型升级改造方案。**探索开展企业自愿**

**性环境治理试点，推动企业多途径参与自愿性环境治理，提高环境绩效。积极推动建立企业环保合规制度体系，鼓励支持企业开展环保合规建设，落实企业主体责任。**

6. 加强督促检查。市生态环境局将该措施内容纳入全市相关考核和督查工作体系，定期调度和督办，确保各项措施落到实处。

### （三）苏州地区

苏州于 2024 年 3 月 17 日印发的《苏州工业园区关于推进 ESG 发展的若干措施》共有 12 项核心条款，**主要从应用实践、产业发展、发展合力三个方面支持 ESG 产业发展。**在该文件中并未重点提及环境领域的具体措施，但是苏州实现了 ESG 与碳达峰的融合，苏州工业园区被列入了“首批碳达峰试点名单”。该试点是为了探索不同资源禀赋和发展基础的城市和园区的碳达峰路径，为全国提供可操作、可复制、可推广的经验做法，助力实现碳达峰碳中和目标。对于试点城市或园区而言，碳达峰试点建设是促进本地区经济社会发展全面绿色转型的关键抓手，意义重大。因而苏州出台了较多的优惠政策奖励碳达标企业。

## 二、环保类企业会面临的高频风险及典型案例

企业要想符合各个地方的要求，获得奖励、避免处罚就必须在环保领域合规经营、创新经营。当企业在日常的运营中不注重合规风险的管控，轻则会涉及行政违法，而随行政违法而来的是企业面临罚款、限制生产、停产整治、停业关闭等处罚，同时企业相关责任人还面临着行政拘留的处罚；重则面临刑事犯罪，企业本身面临的主要是罚金及附带民事公益诉讼中的巨额赔偿，但是对于主要的责任人员而言则会面临被定罪量刑的刑事处罚。

### （一）刑事风险——环境污染领域涉及的主要罪名及法律分析

1. 个人可能涉嫌的罪名及量刑标准

在我国现行法律框架下，个人在环境污染领域可能涉嫌的罪名见表 2－1－5：

**表2-1-5　个人在环境污染领域可能涉嫌的罪名**

| 序号 | 罪名 | 对个人的主刑范围 | 对个人的附加刑范围 | 主要对应法条 |
| --- | --- | --- | --- | --- |
| 1 | 污染环境罪 | 1. 一般情况:3年以下有期徒刑或者拘役<br>2. 情节严重的:3年以上7年以下有期徒刑<br>3. 有特别情形的:7年以上有期徒刑 | 1. 一般情况:并处或单处罚金<br>2. 情节严重或有特别情形的:并处罚金 | 《刑法》第三百三十八条 |
| 2 | 非法处置进口的固体废物罪 | 1. 一般情况:5年以下有期徒刑或者拘役<br>2. 造成重大环境污染事故,致使公私财产遭受重大损失或者严重危害人体健康的:处5年以上10年以下有期徒刑<br>3. 后果特别严重的:处10年以上有期徒刑 | 并处罚金 | 《刑法》第三百三十九条第一款 |
| 3 | 擅自进口固体废物罪 | 1. 造成重大环境污染事故,致使公私财产遭受重大损失或者严重危害人体健康的:处5年以下有期徒刑或者拘役<br>2. 后果特别严重的:处5年以上10年以下有期徒刑 | 并处罚金 | 《刑法》第三百三十九条第二款 |

2. 单位可能涉嫌的罪名及量刑标准

在我国现行法律框架下,单位在环境污染领域可能涉嫌的罪名见表2-1-6:

**表 2-1-6 单位在环境污染领域可能涉嫌的罪名**

| 序号 | 罪名 | 对单位的刑罚范围 | 对直接负责的主管人员、其他直接责任人员的刑罚范围 | 主要对应法条 |
| --- | --- | --- | --- | --- |
| 1 | 污染环境罪 | 并处罚金 | 1.一般情况:3 年以下有期徒刑或者拘役,并处或单处罚金<br>2.情节严重的:3 年以上 7 年以下有期徒刑,并处罚金<br>3.有特别情形的:7 年以上有期徒刑,并处罚金 | 《刑法》第三百三十八条 |
| 2 | 非法处置进口的固体废物罪 | 并处罚金 | 1.一般情况:5 年以下有期徒刑或者拘役,并处罚金<br>2.造成重大环境污染事故,致使公私财产遭受重大损失或者严重危害人体健康的:处 5 年以上 10 年以下有期徒刑,并处罚金<br>3.后果特别严重的:处 10 年以上有期徒刑,并处罚金 | 《刑法》第三百三十九条第一款 |
| 3 | 擅自进口固体废物罪 | 并处罚金 | 1.造成重大环境污染事故,致使公私财产遭受重大损失或者严重危害人体健康的:处 5 年以下有期徒刑或者拘役,并处罚金<br>2.后果特别严重的:处 5 年以上 10 年以下有期徒刑,并处罚金 | 《刑法》第三百三十九条第二款 |

3.注意收录地方性规定

请各位读者注意,对具体企业进行合规调整时,既要从国家的法律法规、司法解释等出发,也要结合当地的法律法规,作出相适应的调整,以江苏省为例,企业合规涉及的环境污染的规定如表 2-1-7 所示。

**表 2-1-7 企业合规涉及的环境污染的规定**

| | |
| --- | --- |
| 《刑法》(2020 年修正)第三百三十八条 | 【污染环境罪】违反国家规定,排放、倾倒或者处置有放射性的废物、含传染病病原体的废物、有毒物质或者其他有害物质,**严重污染环境的**,处三年以下有期徒刑或者拘役,并处或者单处罚金;**情节严重的**,处三年以上七年以下有期徒刑,并处罚金;有下列情形之一的,处七年以上有期徒刑,并处罚金:<br>(一)在饮用水水源保护区、自然保护地核心保护区等依法确定的重点保护区域排放、倾倒、处置有放射性的废物、含传染病病原体的废物、有毒物质,情节特别严重的;<br>(二)向国家确定的重要江河、湖泊水域排放、倾倒、处置有放射性的废物、含传染病病原体的废物、有毒物质,情节特别严重的;<br>(三)致使大量永久基本农田基本功能丧失或者遭受永久性破坏的;<br>(四)致使多人重伤、严重疾病,或者致人严重残疾、死亡的。<br>有前款行为,同时构成其他犯罪的,依照处罚较重的规定定罪处罚。 |

续表

| | |
|---|---|
| 最高人民法院、最高人民检察院《关于办理环境污染刑事案件适用法律若干问题的解释》第一条 | 实施刑法第三百三十八条规定的行为,具有下列情形之一的,应当认定为**"严重污染环境"**:<br>(一)在饮用水水源保护区、自然保护地核心保护区等依法确定的重点保护区域排放、倾倒、处置有放射性的废物、含传染病病原体的废物、有毒物质的;<br>(二)非法排放、倾倒、处置危险废物三吨以上的;<br>(三)排放、倾倒、处置含铅、汞、镉、铬、砷、铊、锑的污染物,超过国家或者地方污染物排放标准三倍以上的;<br>(四)排放、倾倒、处置含镍、铜、锌、银、钒、锰、钴的污染物,超过国家或者地方污染物排放标准十倍以上的;<br>(五)通过暗管、渗井、渗坑、裂隙、溶洞、灌注、非紧急情况下开启大气应急排放通道等逃避监管的方式排放、倾倒、处置有放射性的废物、含传染病病原体的废物、有毒物质的;<br>(六)二年内曾因在重污染天气预警期间,违反国家规定,超标排放二氧化硫、氮氧化物等实行排放总量控制的大气污染物受过二次以上行政处罚,又实施此类行为的;<br>(七)重点排污单位、实行排污许可重点管理的单位篡改、伪造自动监测数据或者干扰自动监测设施,排放化学需氧量、氨氮、二氧化硫、氮氧化物等污染物的;<br>(八)二年内曾因违反国家规定,排放、倾倒、处置有放射性的废物、含传染病病原体的废物、有毒物质受过二次以上行政处罚,又实施此类行为的;<br>(九)违法所得或者致使公私财产损失三十万元以上的;<br>(十)致使乡镇集中式饮用水水源取水中断十二小时以上的;<br>(十一)其他严重污染环境的情形。 |
| 最高人民法院、最高人民检察院《关于办理环境污染刑事案件适用法律若干问题的解释》第二条 | 实施刑法第三百三十八条规定的行为,具有下列情形之一的,应当认定为**"情节严重"**:<br>(一)在饮用水水源保护区、自然保护地核心保护区等依法确定的重点保护区域排放、倾倒、处置有放射性的废物、含传染病病原体的废物、有毒物质,造成相关区域的生态功能退化或者野生生物资源严重破坏的;<br>(二)向国家确定的重要江河、湖泊水域排放、倾倒、处置有放射性的废物、含传染病病原体的废物、有毒物质,造成相关水域的生态功能退化或者水生生物资源严重破坏的;<br>(三)非法排放、倾倒、处置危险废物一百吨以上的;<br>(四)违法所得或者致使公私财产损失一百万元以上的;<br>(五)致使县级城区集中式饮用水水源取水中断十二小时以上的;<br>(六)致使永久基本农田、公益林地十亩以上,其他农用地二十亩以上,其他土地五十亩以上基本功能丧失或者遭受永久性破坏的;<br>(七)致使森林或者其他林木死亡五十立方米以上,或者幼树死亡二千五百株以上的;<br>(八)致使疏散、转移群众五千人以上的;<br>(九)致使三十人以上中毒的;<br>(十)致使一人以上重伤、严重疾病或者三人以上轻伤的;<br>(十一)其他情节严重的情形。 |

续表

| | |
|---|---|
| 最高人民法院、最高人民检察院《关于办理环境污染刑事案件适用法律若干问题的解释》第三条 | 实施刑法第三百三十八条规定的行为，具有下列情形之一的，**应当处七年以上有期徒刑，并处罚金：**<br>（一）在饮用水水源保护区、自然保护地核心保护区等依法确定的重点保护区域排放、倾倒、处置有放射性的废物、含传染病病原体的废物、有毒物质，具有下列情形之一的：<br>1. 致使设区的市级城区集中式饮用水水源取水中断十二小时以上的；<br>2. 造成自然保护地主要保护的生态系统严重退化，或者主要保护的自然景观损毁的；<br>3. 造成国家重点保护的野生动植物资源或者国家重点保护物种栖息地、生长环境严重破坏的；<br>4. 其他情节特别严重的情形。<br>（二）向国家确定的重要江河、湖泊水域排放、倾倒、处置有放射性的废物、含传染病病原体的废物、有毒物质，具有下列情形之一的：<br>1. 造成国家确定的重要江河、湖泊水域生态系统严重退化的；<br>2. 造成国家重点保护的野生动植物资源严重破坏的；<br>3. 其他情节特别严重的情形。<br>（三）致使永久基本农田五十亩以上基本功能丧失或者遭受永久性破坏的；<br>（四）致使三人以上重伤、严重疾病，或者一人以上严重残疾、死亡的。 |
| 最高人民法院、最高人民检察院《关于办理环境污染刑事案件适用法律若干问题的解释》第五条 | 实施刑法第三百三十八条、第三百三十九条规定的犯罪行为，具有下列情形之一的，应当**从重处罚：**<br>（一）阻挠环境监督检查或者突发环境事件调查，尚不构成妨害公务等犯罪的；<br>（二）在医院、学校、居民区等人口集中地区及其附近，违反国家规定排放、倾倒、处置有放射性的废物、含传染病病原体的废物、有毒物质或者其他有害物质的；<br>（三）在突发环境事件处置期间或者被责令限期整改期间，违反国家规定排放、倾倒、处置有放射性的废物、含传染病病原体的废物、有毒物质或者其他有害物质的；<br>（四）具有危险废物经营许可证的企业违反国家规定排放、倾倒、处置有放射性的废物、含传染病病原体的废物、有毒物质或者其他有害物质的；<br>（五）实行排污许可重点管理的企业事业单位和其他生产经营者未依法取得排污许可证，排放、倾倒、处置有放射性的废物、含传染病病原体的废物、有毒物质或者其他有害物质的。 |

续表

| | |
|---|---|
| 最高人民法院、最高人民检察院《关于办理环境污染刑事案件适用法律若干问题的解释》第十二条 | 对于实施本解释规定的相关行为被不起诉或者免予刑事处罚的行为人,需要给予行政处罚、政务处分或者其他处分的,依法移送有关主管机关处理。有关主管机关应当将处理结果及时通知人民检察院、人民法院。 |
| 最高人民法院、最高人民检察院《关于办理环境污染刑事案件适用法律若干问题的解释》第十三条 | 单位实施本解释规定的犯罪的,依照本解释规定的定罪量刑标准,**对直接负责的主管人员和其他直接责任人员定罪处罚,并对单位判处罚金。** |
| 最高人民法院、最高人民检察院《关于办理环境污染刑事案件适用法律若干问题的解释》第十九条 | 本解释所称**"二年内"**,以第一次违法行为受到行政处罚的生效之日与又实施相应行为之日的时间间隔计算确定。<br>本解释所称**"重点排污单位"**,是指设区的市级以上人民政府环境保护主管部门依法确定的应当安装、使用污染物排放自动监测设备的重点监控企业及其他单位。<br>本解释所称**"违法所得"**,是指实施刑法第二百二十九条、第三百三十八条、第三百三十九条规定的行为所得和可得的全部违法收入。<br>本解释所称**"公私财产损失"**,包括实施刑法第三百三十八条、第三百三十九条规定的行为直接造成财产损毁、减少的实际价值,为防止污染扩大、消除污染而采取必要合理措施所产生的费用,以及处置突发环境事件的应急监测费用。 |
| 江苏省高级人民法院《关于印发〈江苏省高级人民法院关于环境污染刑事案件的审理指南(一)〉的通知》第八条 | 直接负责的主管人员和其他直接责任人员,既包括对污染环境行为**负有决定、组织、指挥或者管理职责的负责人、管理人员等,也包括明知污染环境仍然实施相关行为的人员。** |

续表

| | |
|---|---|
| 江苏省高级人民法院《关于印发〈江苏省高级人民法院关于环境污染刑事案件的审理指南(一)〉的通知》第九条 | 非法排放、倾倒、处置危险废物**虽然不足三吨,但危险废物的浓度、毒性远超危险废物鉴别标准和方法所确定的最低标准限值,对生态环境的污染破坏程度明显高于三吨最低标准限值危险废物的,属于《解释》第一条第(十八)项规定的"其他严重污染环境的情形"。**<br>非法排放、倾倒、处置危险废物**不足一百吨,但排放物的浓度、毒性远超危险废物鉴别办法所确定的最低标准限值,对生态环境的污染破坏程度明显高于一百吨最低标准限值危险废物的,属于《解释》第三条第(十三)项规定的"其他后果特别严重的情形"。**<br>对上述事项,**应当咨询具有相应资质的专业机构或具有专门知识的专业人员,并根据相关计算规则作出的结论,综合专家意见和危害结果予以认定。** |
| 江苏省高级人民法院《关于印发〈江苏省高级人民法院关于环境污染刑事案件的审理指南(一)〉的通知》第十条 | **为了单位利益,实施污染环境行为,并具有下列情形之一的,可以认定为单位犯罪:**<br>(一)由单位决策机构决定的;<br>(二)经单位主管人员事先同意的;<br>(三)单位主管人员明知行为人实施上述行为而不加以制止,也未及时采取措施防止损失扩大、消除污染的。 |
| 江苏省高级人民法院《关于印发〈江苏省高级人民法院关于环境污染刑事案件的审理指南(一)〉的通知》第十二条 | 构成"严重污染环境"的犯罪行为,量刑起点为有期徒刑一年至一年半;构成"后果特别严重"的犯罪行为,量刑起点为有期徒刑四年。 |

4. 典型案例

### 案例1:[单位及直接责任人员承担刑事责任]上海印达金属制品有限公司及被告人应某等5人污染环境案

——2019年最高人民法院发布环境污染刑事案件典型案例之二

#### 基本案情

被告单位上海印达金属制品有限公司(以下称为某公司),被告人应某系某公司实际经营人,被告人王某波系某公司生产部门负责人。

某公司主要生产加工金属制品、小五金、不锈钢制品等,生产过程中产生的废液被收集在厂区储存桶内。2017年12月,被告人应某决定将储存桶内的废液交予被告人何某瑞处理,并约定向其支付7000元,由王某波负责具体事宜。后何某瑞联系了被告人徐某鹏,12月22日夜,被告人徐某鹏、徐某平驾驶槽罐车至某公司门口与何某瑞会合,经何某瑞与王某波联系后进入某公司抽取废液,三人再驾车至上海市青浦区白鹤镇外青松公路、鹤吉路西100米处,先后将约6吨废液倾倒至该处市政窨井内。经青浦区环保局认定,倾倒物质属于有腐蚀性的危险废物。

#### 诉讼过程

本案由上海铁路运输检察院于2018年5月9日以被告人应某、王某波等5人犯污染环境罪向上海铁路运输法院提起公诉。在案件审理过程中,上海铁路运输检察院对被告单位某公司补充起诉。2018年8月24日,上海铁路运输法院依法作出判决,认定被告单位某公司犯污染环境罪,判处罚金10万元;被告人应某、王某波等5人犯污染环境罪,判处有期徒刑1年至9个月不等,并处罚金。判决已生效。

#### 典型意义

准确认定单位犯罪并追究刑事责任是办理环境污染刑事案件中的重点问题,

一些地方存在追究自然人犯罪多,追究单位犯罪少,单位犯罪认定难的情况和问题。司法实践中,经单位实际控制人、主要负责人或者授权的分管负责人决定、同意,实施环境污染行为的,应当认定为单位犯罪,对单位及其直接负责的主管人员和其他直接责任人员均应追究刑事责任。

本案中,被告人应某系某公司实际经营人,决定非法处置废液,被告人王某波系某公司生产部门负责人,直接负责废液非法处置事宜。本案中对被告单位某公司及其直接负责的主管人员和其他直接责任人员即被告人应某、王某波同时追究刑事责任,在准确认定单位犯罪并追究刑事责任方面具有典型意义。

## 案例2:[承担附带民事公益赔偿]昆明闽某纸业有限责任公司等污染环境刑事附带民事公益诉讼案

——最高人民法院发布第38批指导性案例之四

### 裁判要点

公司股东滥用公司法人独立地位、股东有限责任,导致公司不能履行其应当承担的生态环境损害修复、赔偿义务,国家规定的机关或者法律规定的组织请求股东对此依照《公司法》(2018年修正)第二十条第三款的规定承担连带责任的,人民法院依法应当予以支持。

### 基本案情

被告单位昆明闽某纸业有限公司(以下简称闽某公司)于2005年11月16日成立,公司注册资本为100万元。黄某海持股80%,黄某芬持股10%,黄某龙持股10%。李某城系闽某公司后勤厂长。闽某公司自成立起即在长江流域金沙江支流螳螂川河道一侧埋设暗管,接至公司生产车间的排污管道,用于排放生产废水。经鉴定,闽某公司偷排废水期间,螳螂川河道内水质指标超基线水平13.0~239.1倍,上述行为对螳螂川地表水环境造成污染,共计减少废水污染治理设施运行支出3,009,662元,以虚拟治理成本法计算,造成环境污染损害数额为10,815,021

元,并对螳螂川河道下游金沙江生态流域功能造成一定影响。

闽某公司在生产经营活动造成生态环境损害的同时,其股东黄某海、黄某芬、黄某龙还存在以下行为:(1)股东个人银行卡收公司应收资金共计124,642,613.1元,不作财务记载。(2)将属于公司财产的9套房产(市值8,920,611元)记载于股东及股东配偶名下,由股东无偿占有。(3)公司账簿与股东账簿不分,公司财产与股东财产、公司盈利与股东自身收益难以区分。闽某公司自案发后已全面停产,对公账户可用余额仅为18,261.05元。

云南省昆明市西山区人民检察院于2021年4月12日公告了本案相关情况,公告期内未有法律规定的机关和有关组织提起民事公益诉讼。昆明市西山区人民检察院遂就上述行为对闽某公司、黄某海、李某城等提起公诉,并对该公司及其股东黄某海、黄某芬、黄某龙等人提起刑事附带民事公益诉讼,请求否认闽某公司独立地位,由股东黄某海、黄某芬、黄某龙对闽某公司生态环境损害赔偿承担连带责任。

## 裁判结果

云南省昆明市西山区人民法院于2022年6月30日以(2021)云0112刑初752号刑事附带民事公益诉讼判决,认定被告单位闽某公司犯污染环境罪,判处罚金人民币2,000,000元;被告人黄某海犯污染环境罪,判处有期徒刑3年6个月,并处罚金人民币500,000元;被告人李某城犯污染环境罪,判处有期徒刑3年6个月,并处罚金人民币500,000元;被告单位闽某公司在判决生效后10日内承担生态环境损害赔偿人民币10,815,021元,以上费用付至昆明市环境公益诉讼救济专项资金账户用于生态环境修复;附带民事公益诉讼被告闽某公司在判决生效后10日内支付昆明市西山区人民检察院鉴定检测费用合计人民币129,500元。附带民事公益诉讼被告人黄某海、黄某芬、黄某龙对被告闽某公司负担的生态环境损害赔偿和鉴定检测费用承担连带责任。

宣判后,各被告均没有上诉、抗诉,一审判决已发生法律效力。案件进入执行程序,目前可供执行财产价值已覆盖执行标的。

## 裁判理由

法院生效裁判认为,企业在生产经营过程中,应当承担合理利用资源、采取措施防治污染、履行保护环境的社会责任。被告单位闽某公司无视企业环境保护社会责任,违反国家法律规定,在无排污许可的前提下,未对生产废水进行有效处理并通过暗管直接排放,严重污染环境,符合《刑法》(2020 年修正)第三百三十八条之规定,构成污染环境罪。被告人黄某海、李某城作为被告单位闽某公司直接负责的主管人员和直接责任人员,在单位犯罪中作用相当,亦应以污染环境罪追究其刑事责任。闽某公司擅自通过暗管将生产废水直接排入河道,造成高达 10,815,021 元的生态环境损害,并对下游金沙江生态流域功能也造成一定影响,其行为构成对环境公共利益的严重损害,不仅需要依法承担刑事责任,还应承担生态环境损害赔偿民事责任。

附带民事公益诉讼被告闽某公司在追求经济效益的同时,漠视对环境保护的义务,致使公司生产经营活动对环境公共利益造成严重损害后果,闽某公司承担的赔偿损失和鉴定检测费用属于公司环境侵权债务。

由于闽某公司自成立伊始即与股东黄某海、黄某芬、黄某龙之间存在大量、频繁的资金往来,且三人均存在对公司财产的无偿占有,与闽某公司已构成人格高度混同,可以认定属于《公司法》(2018 年修正)第二十条第三款规定的股东滥用公司法人独立地位和股东有限责任的行为。现闽某公司所应负担的环境侵权债务合计 10,944,521 元,远高于闽某公司注册资本 1,000,000 元,且闽某公司自案发后已全面停产,对公账户可用余额仅为 18,261.05 元。上述事实表明黄某海、黄某芬、黄某龙与闽某公司的高度人格混同已使闽某公司失去清偿其环境侵权债务的能力,闽某公司难以履行其应当承担的生态环境损害赔偿义务,符合《公司法》(2018 年修正)第二十条第三款规定的股东承担连带责任之要件,黄某海、黄某芬、黄某龙应对闽某公司的环境侵权债务承担连带责任。

### (二)行政风险

企业环保领域的行政风险主要体现在表 2-1-8 规定中(其中地方性规定以

江苏省为例)：

**表2-1-8 企业环保领域的行政风险**

| | |
|---|---|
| 《环境保护法》(2014年修订)第五十九条 | 企业事业单位和其他生产经营者违法排放污染物，受**到罚款处罚，被责令改正，拒不改正的，依法作出处罚决定的行政机关可以自责令改正之日的次日起，按照原处罚数额按日连续处罚。**<br>前款规定的罚款处罚，依照有关法律法规按照防治污染设施的**运行成本、违法行为造成的直接损失或者违法所得等因素确定的规定执行。**<br>地方性法规可以根据环境保护的实际需要，增加第一款规定的按日连续处罚的违法行为的**种类**。 |
| 《环境保护法》(2014年修订)第六十条 | 企业事业单位和其他生产经营者**超过污染物排放标准或者超过重点污染物排放总量控制指标排放污染物的，**县级以上人民政府环境保护主管部门**可以责令其采取限制生产、停产整治等措施；情节严重的，报经有批准权的人民政府批准，责令停业、关闭**。 |
| 《环境保护法》(2014年修订)第六十三条 | 企业事业单位和其他生产经营者有下列行为之一，尚不构成犯罪的，除依照有关法律法规规定予以处罚外，由县级以上人民政府环境保护主管部门或者其他有关部门将案件移送公安机关，**对其直接负责的主管人员和其他直接责任人员，处十日以上十五日以下拘留；情节较轻的，处五日以上十日以下拘留：**<br>(一)建设项目**未依法进行环境影响评价，被责令停止建设，拒不执行的；**<br>(二)违反法律规定，**未取得排污许可证排放污染物，被责令停止排污，拒不执行的；**<br>(三)通过**暗管、渗井、渗坑、灌注或者篡改、伪造监测数据，或者不正常运行防治污染设施等逃避监管**的方式违法排放污染物的；<br>(四)生产、使用国家明令**禁止生产、使用的农药，被责令改正，拒不改正的。** |
| 江苏省高级人民法院《关于印发〈江苏省高级人民法院关于环境污染刑事案件的审理指南(一)〉的通知》第五条 | 非法排放含**重金属、持久性有机污染物等严重危害环境、损害人体健康的污染物**，既有国家污染物排放标准，也有省级人民政府根据《中华人民共和国环境保护法》第十六条第二款制定的地方污染物排放标准，**适用地方污染物排放标准。** |
| 《苏州市危险废物污染环境防治条例》(2018年修正)第二十八条 | 违反本条例第十三条第二款、第十四条第二款规定的，由环境保护行政主管部门责令停止违法行为，限期改正，处以一万元以上十万元以下罚款。<br>违反本条例第二十六条第三款规定的，由环境保护行政主管部门责令停止违法行为，限期改正，并可以处一千元以上一万元以下罚款；情节严重的，可以处一万元以上五万元以下罚款。 |

续表

| | |
|---|---|
| 《苏州市危险废物污染环境防治条例》(2018年修正)第二十九条 | 对危险废物污染环境防治工作实施监督管理的主管部门和其他有关监督管理部门及其工作人员**有下列行为之一的,由其所在单位或者上级主管机关对直接负责的主管人员和其他直接责任人员给予行政处分;**构成犯罪的,依法追究刑事责任:<br>(一)不依法作出许可决定或者办理批准文件的;<br>(二)发现违法行为或者接到对违法行为的举报后不予查处的;<br>(三)违法实施行政处罚的;<br>**(四)擅自指定危险废物收集、贮存、运输和处置的经营者的;**<br>(五)不依法履行监督管理职责的其他行为。 |

## 三、环保企业需要遵循的日常环保义务

1. 及时完成行政登记

作为环评登记企业,要承诺遵守生态环境保护法律法规、政策、标准等,依法履行生态环境保护责任和义务,并采取措施防治环境污染,做到污染物稳定达标排放。同时企业承诺严格按照规定对于污染物排放去向、污染物排放执行标准以及采取的污染防治措施等信息发生变动的,自变动之日起在法定时间内向有关机关申请变更登记。如果因生产规模扩大、污染物排放量增加等情况需要申领排污许可证,严格按规定及时提交排污许可证申请表。并在法律规定的条件下、期限内按时完成相关验收工作。

2. 明晰规定、确定监督主体

企业自身必须明确运作的规范,包括应该如何做即明确义务性的规范,同时也要包括企业禁止性的规范,即不让企业的员工做什么。并将规范以培训、书面手册等多元化的方式传达至企业的每一位员工,防止发生刑事处罚或行政处罚。对此企业可从以下角度列明禁止性的条款:

(1)应当严格监督企业自身及相关下属公司排污情况,要求其按照排污许可证的要求排放污染物,不得违反法律规定排放污染物。

(2)严禁企业自身及相关下属公司通过暗管、渗井、渗坑、灌注或者篡改、伪造监测数据,或者不正常运行防治污染设施等逃避监管的方式违法排放污染物。一经发现立即上报并做应急处理。

(3)严禁企业自身及相关下属公司引进不符合我国环境保护规定或者严重污染环境的技术、设备、材料和产品。

3. 保证专款专用

很多企业尤其是国有企业都会设置专门的环保基金,作为管理者一定要严格监督和控制企业该款项的用途,不得将排污费截留、挤占或者挪作他用,应当保证该款项全部专项用于环境污染防治。

4. 事先制定预案

从事环保相关的企业应当根据国家的法律法规及相关行业规范,制定符合企业实际情况的环保应急预案,针对企业可能出现的环境事件进行预估并预防,同时预设环保事件发生后的紧急应对措施。

5. 发生事故及时处理

如果在此情形下,企业仍然发生了环境污染事故,企业应该及时上报,此处的上报包括企业内部的上报,也包括及时地向环保部门报告,让事故在最短的时间内得以控制,降低环境污染的危害。同时需要企业的调查部门立即启动调查机制,分析发生事故的原因,找到源头及责任人,及时作出应对措施,将风险控制住的同时,调整风险的防范机制,防止再次发生该类风险。

## 四、环境污染案件合规处理展示

笔者于2021年代理了一起环境污染案件的合规处理,该企业是一家外资企业,企业除想解决当时已涉及的刑事犯罪外,还希望团队为其作充分的企业合规调整,建立自己的环保风险防控体系,团队入驻后进行了充分的尽职调查,在实际情况的基础上为企业构建了有效的防控体系。

### 一、充分的尽职调查

(一)对于企业现状进行调查

该企业成立于2005年,生产汽车零部件等产品,主要客户为特斯拉、宝马、长城等著名汽车巨头,是江苏汽车制造业的重要配套工厂。作为一家外资企业,其先后通过了ISO 14001、IATF 16949体系认证。企业目前各类在职员工490

人,年销售额达2.2亿元人民币。在持续三年的疫情影响之下,公司极大地缓解了当地的就业压力,对于工业经济的稳步回升与产业集群升级具有重要意义。

(二)对犯罪原因进行探查

通过阅卷、访谈、对企业进行走访等工作,了解到企业之所以发生犯罪行为,主要源于以下三点:(1)公司高管及相关工作人员法律意识淡薄。(2)企业缺乏明确的制度规范。经尽职调查发现,企业的规章制度不够健全,企业内部缺乏对废水、废油、废铁、废气处理层面的清晰规定,原有规定过于宽泛、缺乏可操作性。以至于员工无章可依,缺乏强有力的指引及制约,收集废液等行为随意性较大,间接地导致了污染环境行为的发生。(3)企业内部缺乏监督制约机制。通过调查发现,企业的排污工作主要由管理部的保洁组负责。首先,保洁组内部有不同分工,但是分工权责不够明晰。其次,保洁组存在部分权利过大,但缺乏对权利相应义务的监督制约机制。保洁组权责不够明晰,缺乏监管制度与相互监督机制,最终导致保洁员能自行决定污染物是否违规排放,限制回收,进而触犯刑事犯罪。

(三)对企业的风险进行全流程的排查,形成风险排查报告

笔者实地走访了企业,摸索了整个企业的运营流程,对原油的提取、倒入生产设备,产品的清洗,油污的静置处理、存储、处理进行了全流程的诊断,笔者发现企业的运营不仅涉嫌排污还涉及安全问题,具体问题如下:

**风险诊断清单**

| 相应环节 | 列举 | 风险判断 | 备注 |
| --- | --- | --- | --- |
| **原材料环节** | 供应商遴选 | 低 | 供应商名录清晰,资质符合 |
| | 原材料储存 | 低 | 独立空间、专人看管 |
| **环评环节** | 环评申报、验收 | 中 | **存在问题:**环评未更新,无验收<br>**合规建议:**依法更新,及时验收 |

续表

| 相应环节 | 列举 | 风险判断 | 备注 |
| --- | --- | --- | --- |
| **生产环节** | 取油 | 中 | **存在问题**:原油滴漏、洒落<br>**合规建议**:完善取油设备,加强操作培训 |
| | 添油 | 中 | **存在问题**:原油滴漏、洒落<br>**合规建议**:完善设备,加强操作培训,强化清洁措施 |
| | 产品排油清洗 | 低 | 排污设备较为专业,流程清晰 |
| **危险废物处理环节** | 第三方 | 低 | 目录齐全,资质适格 |
| | 内部规范 | 低 | 相对清晰,主体明确 |
| | 废水、废油、固体废物排放 | 高 | **存在问题**:自我静置、回收再利用<br>**合规建议**:严格按照规定交由第三方回收 |
| | 其他废物处理,如抹布、活性炭等 | 高 | **存在问题**:领取、使用规则不清晰,仓储不规范<br>**合规建议**:完善申领流程、使用规则,明确仓储要求 |
| **储存环节** | 仓储场地 | 高 | **存在问题**:位于室外,容易滴漏、渗透至土壤层<br>**合规建议**:转移仓储场地至室内 |
| | 仓储品类 | 中 | **存在问题**:不同危险废物缺乏标识,管理较为混乱<br>**合规建议**:严格申报,注明标识 |
| | 仓储环境 | 中 | **存在问题**:地面滴漏油较多,混有固有废物<br>**合规建议**:及时清理,及时分离 |
| **组织架构环节** | 部门设置 | 中 | **存在问题**:未设立合规职能部门<br>**合规建议**:设立合规部或合规专员 |
| **奖惩制度环节** | 奖惩制度 | 中 | **存在问题**:奖惩制度不合理<br>**合规建议**:修改奖惩制度,将合规作为评价标准 |
| **文化环节** | 文化内容 | 中 | **存在问题**:企业合规文化宣传不足<br>**合规建议**:加强培训,设置合规文化角 |

续表

| 相应环节 | 列举 | 风险判断 | 备注 |
| --- | --- | --- | --- |
| 其他环节 | 消防 | 中 | **存在问题**：火灾隐患较大<br>**合规建议**：及时清洁，杜绝火源，完善消防设施，设置应急预案 |
| | 生产安全 | 中 | **存在问题**：地面较滑，容易出现摔倒事件<br>**合规建议**：及时清洁，加强安全培训，增强安全保障 |
| | 知识产权 | 中 | **存在问题**：未及时延续申报<br>**合规建议**：及时申报 |
| | 劳动用工 | 中 | **存在问题**：员工手册未经过民主程序<br>**合规建议**：员工手册需补充民主程序 |

## 二、针对存在的问题进行了合规整改

### （一）职能部门负责人签署合规承诺书

为了表明企业的合规意愿，在合规团队的建议下，管理层认识到了企业合规整改的重要性。首先，管理层向企业的所有员工、股东、商业伙伴发出了一封合规信。合规信充分表达了企业合规的重要性，也彰显了管理层对于企业合规的决心和信心。其次，在了解合规内容的基础上，企业的职能部门负责人都自愿签署了合规承诺书，表明了自己的合规意愿，企业形成了自上而下的合规意愿，给予企业全体员工信心。最后，企业也表示在未来经营生产过程中，企业将以更高的标准自我要求，预防和发现企业内部的违法犯罪行为，完善合规漏洞，促进企业依法合规经营，并形成一种遵守道德规范和遵从法律的文化。

### （二）对直接责任人进行处置

为了表明企业的态度，在合规服务人员的建议下企业已经对此次案件的直接责任人进行了处罚，除了罚款，还进行了开除、调岗、警告等处罚。

### （三）降低危害后果并积极修复已被污染的土壤及水流

该项处理是环保类犯罪特有的整改措施，即修复已经造成的污染，降低已经造成的危害，其他合规案件都是“向后”思路，即预防以后再犯罪，但是环保的重心落在“向前”思维上，即必须对之前的污染结果进行消除修复。

对于该起案件,在团队的带领下,修复工作主要作出了以下整改:

第一,在制度规范上进行了调整,以期从源头上防止管道被污染。首先,要求员工在操作机器时统一使用手套,对沾染油污的手套予以更换,不得在洗手池清洗。其次,对洗手池进行了调整。关闭旧的洗手池并开设新的洗手池接水,规范接水的流程。同时,在该洗手池旁张贴提示语,禁止员工在洗手池清洗带油污物品,并安装监控直接进行视频监督。

第二,对雨水管道进行了处置,对已经造成的污染及时修复。首先,企业委托施工单位完成了雨水管道的开挖及更换,对已被污染的雨污管道进行了全面的更新替换。其次,雨水管道更换中更换出的被污染的管道及泥土,已经委托有资质的第三方危险废物处置公司进行处理。最后,委托第三方公司针对处置前雨水管道土壤取样所做的检测已出具报告,检测结果无异常。

第三,对于已经造成污染的土壤,企业也采取了多元化的修复手段。具体而言,企业委托了专业的第三方公司出具了《污染土壤应急处置效果评估专家评审意见》,对受污染土壤进行修复处置,通过数据对比得出结论,清理被污染土壤后已达到修复的效果。而根据最新的检测报告,土壤已经达到了环保部门的要求。

**(四)调整企业的组织架构,设置合规部**

合规体制机制的建立需融入企业的日常运行中,企业应当构建有效的合规组织体系,针对公司目前的具体情况,建议在总经理之下设置专业的合规部门,合规部门直接受总经理领导,为了防止利益冲突,合规部门工作人员不得由在工作职责上与生产、保洁等有直接利害关系的主体担任,应当具有相对独立性,并按照双线分离、多线制衡的模式推进合规体制的建立。

**(五)完善业务管理流程**

根据企业目前的业务生产与管理流程中存在的相关违规风险,尤其是针对环境污染的相关风险,提出具体的整改措施和意见。具体整改意见包括宏观合规机制和具体合规业务两大部分。具体如下图所示。

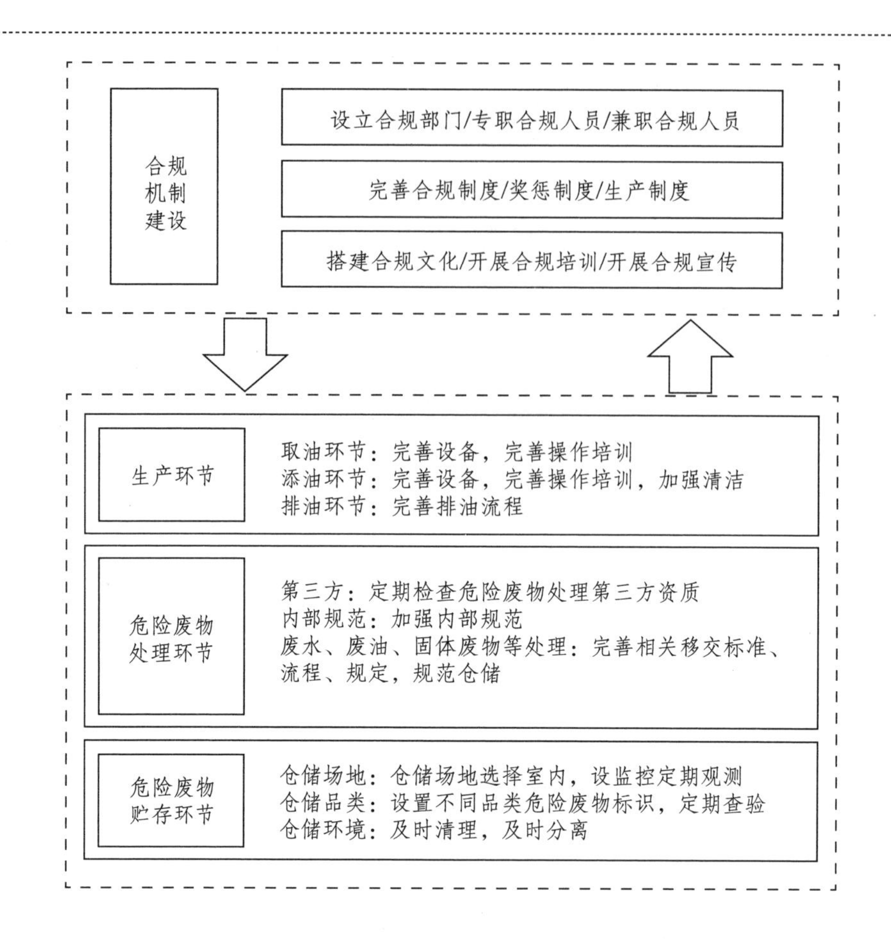


## 三、构建严格的企业合规风险防范体系

对于企业涉及的刑事案件，在生产运营的过程中，因缺少风险监测体系，企业并未及时识别并处置风险，最终因没有发现风险而走上了违法犯罪的道路，给企业的声誉、经济都造成了较为严重的影响。为此，合规团队建议企业设立有效的合规风险防范体系，多元并举构建风险体系。

合规风险管理是企业合规管理体系建设的核心，贯穿企业合规管理的始终。针对合规风险，企业应当进行合规风险识别、合规风险分析与评价、合规风险应对、合规风险监测和持续改进。

### （一）健全合规风险防范报告机制

一个健全的合规风险防范机制包括风险初始信息收集和风险评估两个方面。

1. 建立以风险举报为核心的风险识别机制

首先,构建多层次风险举报机制,采取匿名与实名举报并行、线上与线下共存的举报模式。一方面,企业的员工发现可能存在刑事风险时可以向总经理、合规部门直接反映,此为显名的线下举报,也可以通过发邮件、打电话的方式进行线上匿名举报;另一方面,也鼓励企业外部人员的监督,企业外部人员如果发现可能存在的风险,可以通过企业对外公布的电话、邮箱等进行举报。针对特殊情况,企业还设置专门的实体举报箱,每三天由两名合规专员共同开箱核查举报情况,并予以跟踪,及时将处理情况予以公示。其次,建立对举报线索的调查机制、保密和保护机制、奖励机制。企业必须明确一个态度,不得报复举报人,且为了鼓励举报,对于确实存在举报情形的状况,企业应当给予奖励。目前,企业合规团队的联系方式、举报方式已经随着书面文件传达到企业每一个职能部门员工的手里。

2. 风险识别后评估与监管机制

合规风险识别后评估包括风险点发现、收集、确认,描述合规风险以及整理和储存合规风险信息的过程,包括对风险根源、风险成因、风险事件及潜在后果的识别。合规风险识别评估方法主要分为外部识别评估法、内部识别评估法和岗位权力识别评估法,分别对应外部风险责任人、内部风险责任人和岗位权利责任人,利用岗位对应、分层评估的方法有效实行监管。

合规团队帮助企业建立风险评估与监管机制,根据企业的业务流程评估生产各环节的风险等级。企业合规部门每个月需随机对企业各个风险环节进行检查,通过定期监督和检查保证风险环节始终处于检测环境中,避免风险点酝酿成企业危机。

**(二)设置风险跟踪处置机制**

一个有效的风险应对系统,除了能快速、准确地识别风险,同时应具备及时有效应对风险的处理机制。发生重大合规风险时,应当由合规管理部门牵头组织应对,其他相关部门协同配合,及时进行内部调查并明确责任,尽快处理违规员工,尽快发现合规漏洞并进行整改,积极配合调查,必要时进行报告披露,争取获取可能的合作奖励,尽量获得宽大的行政处理或刑事处理,将惩戒、损失和不利影响降到最低限度。

合规风险应对是根据合规风险分析与评价结果,确定风险应对措施和解决方案,制定风险应对措施清单并落实执行。在合规团队的帮助下,企业针对企业生产管理环节的风险清单均已预先制定相关风险处置方案。每一项风险点处置具体措施均包括:

1. 制定和执行风险点整改及防控目标和计划;

2. 制定、修改和完善企业内部相关风险业务的合规规范;

3. 与存在重大合规风险的部门管理层商谈,明确合规风险应对措施和职责,并将其纳入绩效考核指标;

4. 对相关业务模式、业务流程进行整改和完善;

5. 开展专项合规培训与合规活动;

6. 严格问责,对违规行为进行违规调查和处置等。

针对不同等级的风险点与风险环节,目前已经落实责任到人,有合规部门的合规专员专门跟进合规风险的处置,并由合规责任人直接向单位的负责人即总经理汇报处理。

**四、完善企业的制度体系**

在笔者的带领下,团队制定并完善了企业的管理制度体系,具体而言管理体系文件主要包括以下几个方面。

(1)环境因素识别、评价及管理程序,识别和评价生产活动中的环境因素,并确定其重要性。通过《环境因素调查表》《环境因素评价表》进行环境因素的识别和评价,形成《重要环境因素清单》,针对重要环境因素制定《环境管理方案》。

(2)运行控制程序,针对识别出的环境因素,制定相关的管理制度,该环境因素包括噪声、粉尘、废弃物、危险化学品。

(3)管理目标和管理方案控制程序,用于管理环境目标和环境方案。制定《环境目标》并根据《监视和测量控制程序》制作相应的检查表单。

(4)人力资源控制程序,目的是通过对公司从事环境管理体系有关人员的管理和培训,提高员工的环境保护意识,以满足岗位工作需要,该程序适用于公司从事环境管理体系所有人员的管理。进一步明确《岗位任职要求》《岗位说明书》并对相应人员是否符合任职要求进行检查,如果不符合任职要求则更换人员,完善《培训记录》《培训计划》,切实落实培训工作。

(5)监视和测量控制程序,对于识别出的环境因素,进行定期检测,并形成《环境安全检查表》《管理方案实施情况检查表》《目标完成考核表》等文件。

(6)不符合、纠正和预防措施控制程序,对监控中出现的环境问题进行报告,形成《不合格项报告》并制定整改措施。

(7)改进控制程序,根据环境《不合格项报告》,制作《纠正和预防措施处理单》。

(8)应急准备和响应控制程序,预防紧急情况,减少环境污染,保证安全。更新应急预案,进行应急演练并制作《应急演练记录》。

(9)法律法规和其他要求控制程序识别,获取、更新适用于环境的法律法规,建立《法律法规和其他要求清单》。

上述环节的良好运行,可以达到识别环境问题、制定环境目标、环境问题的监控、不符合问题的报告和改进机制,形成一个确保环境问题持续改进的闭环系统。同时,建立环境突发事件的应急制度,有效应对环境突发问题。另外,建立法律法规和环境相关政策文件的及时更新程序,根据法律法规的变化及时修订环境政策,确保公司环境管理的合法合规性。

## 第四节 知识产权领域 ESG 合规管理体系构建

### 一、知识产权与 ESG

#### （一）知识产权的界定

早在 2005 年，中国政府网已就“什么是知识产权”公开发表过文章，文章指出“知识产权是一种无形产权，它是指智力创造性劳动取得的成果，并且是由智力劳动者对其成果依法享有的一种权利。这种权利被称为人身权利和财产权利，也称之为精神权利和经济权利。知识产权的对象是人的心智，人的智力的创造，属于智力成果权，它是指在科学、技术、文化、艺术领域从事一切智力活动而创造的精神财富依法所享有的权利”。

此外，根据 1967 年 7 月 14 日在斯德哥尔摩签订的《建立世界知识产权组织公约》第二条第八款的规定，知识产权包括以下一些权利：对文学、艺术和科学作品享有的权利；对演出、录音、录像和广播享有的权利；对人类一切活动领域的发明享有的权利；对科学发现享有的权利；对工业品外观设计享有的权利；对商标、服务标记、商业名称和标志享有的权利；对制止不正当竞争享有的权利；以及在工业、科学、文学或艺术领域里一切智力活动所创造的成果享有的权利。

在我国目前的法律规范下，知识产权主要包括权利人就其“智力成果”所依法就权利客体（包括：作品；发明、实用新型、外观设计；商标；地理标志；商业秘密；集成电路布图设计；植物新品种等）享有的专有专利。

知识产权法是一个综合性的法律领域，它由一系列具体的法律法规、规章以及国际条约等构成，是一个由以上各构成部分相互交织、相互配合的法律体系。在这个体系中，不同类型的知识产权受到专门法律的保护和调整。例如，文学作品、艺术作品和音乐作品等在创作完成之后，其著作权的获取、保护期限、使用许可、侵权补救等事项，均由《著作权法》进行规范。《专利法》则专注于保护发明创造，它从专利的申请、审查、授予，到专利的实施、转让以及对专利侵权行为的打击等方面，构建了一个全面的法律保护框架。《商标法》的主要职能是规范商标的注册、使用、管理和保护，确保商标作为商业标识的独立性和可识别性，维护商标所有者的合法权益。

除了这些基础性法律，还有《计算机软件保护条例》等专门针对特定领域知识产权保护的行政法规，以及各地方出台的与知识产权相关的地方性法规和国家相关部门制定的行政规章。这些不同层级和类型的法律规范共同构成了知识产权法的丰富内涵，确保了知识产权在各个领域的有效保护和合理利用。

### （二）知识产权与 ESG

伴随着经济全球化进程的加快，知识产权越来越成为抢占国际经济和科技制高点的战略性武器。事实上，随着中国产品和中国服务在国际市场所占份额的提升，竞争对手越来越多地利用知识产权规则对中国企业进行打压和遏制。因而知识产权在 ESG 体系中占据了非常重要的地位并发挥了非常重要的作用，ESG 除了强调绿色知识产权、绿色专利[企业绿色创新数据是将国家知识产权局发布的绿色发明专利和实用新型专利的研究数据与中国研究数据服务平台（CNRDS）数据库中的上市公司绿色专利数据进行匹配]，对于知识产权的合规管理也是非常重要的一环。

## 二、知识产权领域的法律风险分析

知识产权领域涉及的法律责任包括民事法律风险、行政法律风险和刑事法律风险，这使得知识产权成为法律领域中较为罕见的法律风险形式交叉集合的领域。从法律性质上讲，我国《民法典》第一百二十三条明确了知识产权的私权属性，同时，《民法典》合同编和侵权责任编都强调了知识产权的财产属性。

知识产权的核心在于"智力成果"，这是知识的无形体现。无论是《专利法》《商标法》还是《著作权法》，都确立了基于私权属性和财产属性的运行机制，即把符合特定标准的智力成果的控制权授予个人。然而，从全球视角和知识传播的规律来看，知识作为全人类的共同财富，不应被无限期地"垄断"。因此，立法者在制定这些法律时，旨在保护权利人利益的同时，努力平衡鼓励创新与防止垄断之间的关系。这种平衡的实现，部分体现在知识产权法律中对权利的限制和例外规定上,以及这种平衡通过多种法律责任的交叉与集合来实现。

通过这样的法律设计,知识产权法律框架旨在促进知识的创造和传播,同时确保创新者能够从其智力成果中获得合理的回报,避免知识资源被过度垄断,确保社会公众能够在合理范围内获取和使用这些知识资源。这种多种法律责任的交叉集合,体现了知识产权保护的复杂性和细致性,旨在实现创新激励与公共利益之间的平衡。

知识产权法律框架通过这三种责任形式的相互配合,形成了一个多层次的保护机制。民事责任侧重于对权利人的补偿,行政责任侧重于对市场秩序的维护,而刑事责任则侧重于对严重违法行为的惩罚和威慑。这种多种法律责任的交叉集合,反映了知识产权保护的复杂性和重要性,也体现了法律对于激励创新、保护创造者权益和维护社会公共利益的全面考量。

### (一)民事法律风险及典型案例

1. 民事法律风险

当个人或企业侵犯了他人的知识产权,例如未经授权使用受版权保护的作品、未经许可使用他人商标或侵犯他人专利权时,可能会承担民事法律责任。这通常包括停止侵权行为、赔偿损失、支付法律费用等。民事法律风险的核心是补偿权利持有人因侵权行为而遭受的损害。

2. 典型案例

## 案例1:侵犯高价值技术秘密情节特别恶劣被判最高赔偿

——圣奥化学科技有限公司诉陈某某、晋某化学科技有限公司侵害技术秘密纠纷案

### 案件索引

一审:江苏省高级人民法院(2019)苏民初34号

二审:最高人民法院(2022)最高法知民终816号

## 基本案情

圣奥化学科技有限公司(以下简称圣奥公司)拥有“硝基苯法合成RT培司工艺”(以下简称RT培司工艺)和“利用RT培司生产橡胶防老剂4020工艺”(以下简称4020工艺)。翔某化工有限公司(以下简称翔某公司)及其法定代表人、实际控制人陈某某通过收买圣奥公司技术人员等方式窃取圣奥公司涉案技术工艺,并利用窃取的技术改造、新建RT培司和4020防老剂生产线,生产RT培司、4020防老剂。翔某公司因此被判构成侵犯商业秘密罪而承担相应刑罚。此后,该公司脱壳另行设立晋某化学科技有限公司(以下简称晋某公司),由晋某公司及其临猗分公司在原翔某公司的厂房内,使用涉案生产线以及窃取的技术工艺继续生产侵权产品。在本案一审诉讼期间,翔某公司申请破产清算,圣奥公司认为,陈某某、晋某公司的行为共同侵犯了其技术秘密,请求判令陈某某、晋某公司停止侵权,销毁被诉侵权生产设备,连带赔偿圣奥公司损失20,154万元及合理开支469,542元。一审期间,法院根据圣奥公司申请作出行为保全裁定,责令陈某某、晋某公司立即停止生产和销售RT培司、4020防老剂,并查封生产设备和涉及RT培司、4020防老剂生产技术资料的纸质、电子等载体。陈某某、晋某公司拒不执行。

## 裁判结果

法院认为,涉案技术工艺有合理的保密措施,不为公众所知悉,具有商业价值,构成技术秘密。陈某某窃取涉案技术秘密并使用,晋某公司作为翔某公司的接替者,明知涉案侵权设备系翔某公司通过贿赂、盗窃等手段获取的涉案技术秘密制造完成,仍获取并使用涉案技术秘密,陈某某与晋某公司均构成侵权;陈某某为延续其侵权行为设立晋某公司,应当对晋某公司继续使用涉案技术秘密的行为承担连带责任。法院判决陈某某、晋某公司停止侵权、销毁侵权设备,并对圣奥公司主张的赔偿额(包含损失20,154万元及合理开支469,542元)予以全额支持。陈某某、晋某公司不服一审判决并提起上诉。二审判决对停止侵权、赔偿损失额予以维持,并明确陈某某、晋某公司应当销毁侵权设备。二审期间,法院对拒不执行一审法院行为保全裁定的陈某某、晋某公司均予顶格司法处罚。

## 案例价值

本案被最高人民法院评为知识产权法庭成立五周年十大影响力案件之一，其特点在于：一是技术秘密商业价值高。权利人的技术秘密能够减少大量污染物的排放，并大大节省经营成本，属于世界领先的RT培司和4020防老剂技术秘密，权利人系全球最大的RT培司和4020防老剂生产企业之一。二是侵权行为极其恶劣。侵权人不仅通过收买权利人员工，窃取图纸等技术载体不正当获取权利人技术秘密，事后其实际控制的翔某公司又申请破产，改换马甲设立新公司，新公司使用窃取的技术秘密生产侵权产品并获取巨额收入。诉讼中，侵权人又通过破产管辖、以虚假诉讼为由向公安机关申请立案调查、转移主要生产设备等方式来阻碍案件办理，企图转移资产、逃脱责任。三是保护力度大。法院判令侵权人停止生产销售侵权产品、销毁侵权设备，并全额支持权利人2.0154亿元的赔偿请求，创下对侵犯商业秘密行为判决赔偿额的最高纪录。法院同时对拒不履行一审法院作出的行为保全裁定的行为人给予顶格处罚。四是指导性强。本案对于侵犯商业秘密纠纷中的难点、重点问题进行了有益的探索，明确了相关裁判规则，如秘密点不为公众所知悉的审查标准，细化了普遍知悉和容易获得的认定情形，明确了对在先刑事诉讼中鉴定意见等证据的审查标准以及刑民交叉案件的处理方法，尤其是明确了销毁侵权设备的适用情形及必要限度，指出“销毁”并非指物理意义上的消灭，而是指将依法应当予以保护的权利人的技术秘密从侵权设备的实体上剥离，使设备不再具有技术秘密载体的属性；在此过程中，还需要平衡在涉案侵权设备上同时存在的权利人的知识产权和案外人的物权之间的利益冲突。

因此，本案判决体现了对我国创造性程度高的技术成果加大保护力度、严厉惩治严重侵权行为、让侵权人付出更高代价的价值导向，充分彰显了法院依法严格保护知识产权，激发全社会创新创造活力的决心和态度。本案堪称保护商业秘密的标杆性案件，具有教科书式的指导意义。

## 案例2:全面保护边疆知名企业商业标识推动构建全国统一大市场

——新疆乌苏啤酒有限责任公司与乌苏啤酒(南京)有限公司、宗某(天津)贸易有限责任公司、新某啤酒有限公司、麦某啤酒有限公司、开某商贸有限公司侵害商标权及不正当竞争纠纷案

### 案件索引

一审:江苏省南京市中级人民法院(2022)苏01民初1207号

二审:江苏省高级人民法院(2023)苏民终986号

### 基本案情

新疆乌苏啤酒有限责任公司(以下简称乌苏公司)拥有"乌苏""乌苏啤酒WUSU""乌苏啤酒WUSU及图""乌苏啤酒WUSU及图"等注册商标。乌苏公司长期持续在其生产、销售的乌苏啤酒上使用"红罐装乌苏啤酒500ml"的包装装潢。经过多年推广和宣传,乌苏啤酒在啤酒市场具有较高知名度,成为新疆名牌产品。宗某(天津)贸易有限责任公司(以下简称宗某公司)于2019年注册了"乌苏NIAOSU"商标,但该商标因与乌苏公司的涉案商标近似,被国家知识产权局宣告无效。乌苏公司发现开某商贸有限公司(以下简称开某公司)销售标明"乌苏NIAOSU""出品商:乌苏啤酒(南京)有限公司(以下简称乌苏公司),委托方:宗某公司,受委托方:新某啤酒有限公司(以下简称新某公司)、麦某啤酒有限公司(以下简称麦某公司)"字样的啤酒,遂将前述主体诉至法院,认为其生产销售的啤酒上使用"乌苏NIAOSU"标识及与乌苏公司啤酒近似的包装装潢、将"乌苏"作为企业字号的行为,构成商标侵权及不正当竞争,要求其停止侵权、赔偿损失及合理维权费用208万元等。

### 裁判结果

法院认为,乌苏公司涉案注册商标、包装装潢、字号经过长期持续使用和宣传

推广,在啤酒行业已具有较高知名度、影响力和市场识别性。被诉侵权啤酒使用的“乌苏啤酒 NIAOSU”标识、包装装潢与乌苏公司注册商标、包装装潢近似,极易导致混淆或误认。鸟苏公司远晚于乌苏公司成立,而在其成立之前乌苏公司的企业字号“乌苏”已具有较高的知名度和影响力。鸟苏公司作为同行业经营者,应当知晓乌苏公司及其企业字号的知名度和影响力,但仍注册“鸟苏”字号,“搭便车”的主观意图明显。宗某公司虽曾经注册有“鸟苏啤酒 NIAOSU”商标,但该商标已被国家知识产权局宣告无效。在缺乏有效相反证据的情况下,应当认定麦某公司、新某公司系被诉侵权商品的受托加工方。开某公司销售侵权产品,但未到庭参加诉讼并举证,应承担消极应诉及举证不能的不利后果。法院判决被告构成商标侵权及不正当竞争,责令其停止侵权、赔偿损失及合理维权费用 208 万元、消除影响,鸟苏公司停止使用“鸟苏”字号,开某公司对其中 8000 元承担连带赔偿责任。

### 案例价值

本案是严厉惩治全方位侵犯边疆知名企业注册商标、商品包装装潢及企业名称行为的典型案例。侵权人将边疆知名企业有一定影响的商标、字号以及其他商业标识等恶意注册、攀附使用,造成市场混淆。一、二审法院在审理中,对不同地域市场主体一视同仁、平等保护,对知名企业和品牌全面保护、严格保护,对赔偿请求全额支持,真正做到无主客场差别,有效遏制了凭借他人长期辛勤经营积累的商业信誉和商品声誉获取非法利益的寄生和掠夺行为,增强了权利人对知识产权保护及投资经营的信心,对于推进加快建设全国统一大市场,确保各类市场主体规则公平、机会公平、权利公平,稳定市场主体预期,倡导诚信公平竞争,优化法治化营商环境具有重要意义。判后,权利人向最高人民法院和江苏省高级人民法院致信感谢,盛赞法院为“严格知识产权保护,坚守和捍卫公平正义、营造诚实守信市场环境作出的艰苦努力和辛勤付出。”

### (二)行政法律风险及典型案例

1. 行政法律风险

知识产权的行政责任通常由知识产权局或其他相关行政管理部门承担,其负责对侵权行为进行调查和处罚。这种处罚可能包括警告、罚款、没收非法所得、销毁侵权商品等措施。行政责任的目的在于维护市场秩序,防止不公平竞争,并且行政责任可以起到一定的威慑作用。

2. 典型案例

## 案例1:进口侵犯他人商标专用权的货物

### 基本案情

2019年11月27日,当事人委托某货运代理有限公司以一般贸易方式向F海关申报出口拉杆箱等一批货物到新加坡,报关单号为53042019004630××××。海关经查验,发现实际出口货物有:标有"3DWENGEREMBLEM标识"的拉杆箱312个(以下称为上述货物),案值约人民币15,600元。著作权利人威戈瑞士公司认为上述货物侵犯其在海关总署备案的美术作品著作权,向F海关提出采取知识产权保护措施的申请并提交担保。F海关经调查认为,当事人未经知识产权权利人许可,在上述货物上擅自使用他人美术作品,根据《著作权法》第四十八条第一项之规定,侵犯权利人在海关总署备案的"3DWENGEREMBLEM标识"(备案号:C2016-46480)的美术作品著作权。当事人出口上述货物的行为已构成出口侵犯著作权的行为。以上事实及认定有出口货物报关单及报关随附单证、海关查验记录、海关扣留决定书、扣留清单、现场笔录、查问笔录、知识产权权利人采取知识产权保护措施申请、当事人书面陈述和出口货物等为证。

### 处罚内容

以上案例涉及出口货物侵犯他人著作权。根据《著作权法》第四十八条第一项之规定,未经著作权人许可,复制、发行、表演、放映、广播、汇编、通过信息网络向公众传播其作品的行为,属于侵犯他人著作权的行为,该法另有规定的除外。前引案例中,当事人未经知识产权权利人许可,在所出口货物上擅自使用知识产权权利人的美术作品,侵犯权利人在海关总署备案的"3DWENGEREMBLEM标识”(备案号:C2016－46480)的美术作品著作权,构成出口侵犯他人著作权货物的行为,海关可以根据《海关法》第九十一条、《海关行政处罚实施条例》第二十五条第一款对当事人予以处罚。

## 案例2:长三角地区知识产权跨区域、跨部门协同保护

### 基本案情

2023年7月5日,永康市市场监督管理局(知识产权局)收到长三角某地公安分局移送的案件线索,对永康某五金制品厂开展调查,发现永康某五金制品厂擅自生产并在网络交易平台销售标注某外商知名品牌商标标识的咖啡杯。永康市市场监督管理局(知识产权局)认为,永康某五金制品厂擅自生产、销售标注某外商知名品牌商标标识咖啡杯的行为,属于《商标法》第五十七条第一项规定的侵犯注册商标专用权行为。2023年10月7日,永康市市场监督管理局(知识产权局)根据《商标法》第六十条第二款的规定,依法作出行政处罚决定,责令立即停止侵权行为,没收违法所得3372元,并处罚款80,000元。

### 案例价值

本案是一起长三角地区知识产权跨区域、跨部门协同保护的典型案例。本案中,办案机关根据长三角某地公安分局移送的线索依法处置,涉案商标的注册商标专用权人为国外权利人。本案的依法办理,体现出中国政府始终一视同仁、同等保护国外权利人的合法权益。

## 案例3:针对五年内实施两次以上商标侵权的从重处罚

### 基本案情

2023年7月18日,桐乡市市场监督管理局(知识产权局)根据相关部门移交的案件线索,发现桐乡某服装厂自行从互联网下载商标图样并生产假冒的注册商

标标识。桐乡市市场监督管理局（知识产权局）认为，桐乡某服装厂未经注册商标专用权人的许可，擅自生产假冒注册商标标识的行为，属于《商标法》第五十七条第四项规定的侵犯注册商标专用权行为。因桐乡某服装厂五年内实施两次以上商标侵权行为，2023年10月13日，桐乡市市场监督管理局（知识产权局）根据《商标法》第六十条第二款的规定，对桐乡某服装厂从重处罚，并依法作出行政处罚决定，责令其立即停止侵权行为，处罚款18万元。为构建知识产权诚信建设长效机制，切实有效保护知识产权，桐乡市市场监督管理局（知识产权局）根据《市场监督管理严重违法失信名单管理办法》第九条等规定，将桐乡某服装厂列入严重违法失信名单，通过国家企业信用信息公示系统公示，并实施相应管理措施。

### 案例价值

本案办案机关依法严格适用《商标法》第六十条第二款第二句“对五年内实施两次以上商标侵权行为或者有其他严重情节的，应当从重处罚”，综合运用行政处罚、联合惩戒、信用监管等执法措施严厉打击知识产权违法行为，这充分体现了对知识产权的保护力度，对培育良好的知识产权诚信意识具有积极作用。

**（三）刑事法律风险及典型案例**

在符合法定情形的情况下，知识产权侵权行为可能构成犯罪，如大规模生产和销售假冒注册商标的商品，侵犯知识产权的刑事责任可能包括罚金和监禁。刑事责任是对最严重侵权行为的惩罚，旨在保护社会公共利益和权利人的合法权益。

1. 重点罪名分析展示

（1）个人可能涉嫌的罪名及量刑标准

在我国现行法律框架下，个人在知识产权领域可能涉嫌的罪名见表2－1－9：

**表2-1-9 个人在知识产权领域可能涉嫌的罪名**

| 序号 | 罪名 | 对个人的主刑范围 | 对个人的附加刑范围 | 主要对应法条 |
|---|---|---|---|---|
| 1 | 假冒注册商标罪 | 1.情节严重的:处3年以下有期徒刑<br>2.情节特别严重的:处3年以上10年以下有期徒刑 | 1.情节严重的:并处或者单处罚金<br>2.情节特别严重的:并处罚金 | 《刑法》第二百一十三条 |
| 2 | 销售假冒注册商标的商品罪 | 1.违法所得数额较大或者有其他严重情节的:处3年以下有期徒刑<br>2.违法所得数额巨大或者有其他特别严重情节的:处3年以上10年以下有期徒刑 | 1.违法所得数额较大或者有其他严重情节的:并处或者单处罚金<br>2.违法所得数额巨大或者有其他特别严重情节的:并处罚金 | 《刑法》第二百一十四条 |
| 3 | 非法制造、销售非法制造的注册商标标识罪 | 1.情节严重的:处3年以下有期徒刑<br>2.情节特别严重的:处3年以上10年以下有期徒刑 | 1.情节严重的:并处或者单处罚金<br>2.情节特别严重的:并处罚金 | 《刑法》第二百一十五条 |
| 4 | 假冒专利罪 | 情节严重的:处3年以下有期徒刑或者拘役 | 并处或者单处罚金 | 《刑法》第二百一十五六条 |
| 5 | 侵犯著作权罪 | 1.违法所得数额较大或者有其他严重情节的:处3年以下有期徒刑<br>2.违法所得数额巨大或者有其他特别严重情节的:处3年以上10年以下有期徒刑 | 1.违法所得数额较大或者有其他严重情节的:并处或者单处罚金<br>2.违法所得数额巨大或者有其他特别严重情节的:并处罚金 | 《刑法》第二百一十七条 |
| 6 | 销售侵权复制品罪 | 违法所得数额巨大或者有其他严重情节的:处5年以下有期徒刑 | 并处或者单处罚金 | 《刑法》第二百一十八条 |
| 7 | 侵犯商业秘密罪 | 1.情节严重的:处3年以下有期徒刑<br>2.情节特别严重的:处3年以上10年以下有期徒刑 | 1.情节严重的:并处或者单处罚金<br>2.情节特别严重的:并处罚金 | 《刑法》第二百一十九条 |
| 8 | 为境外窃取、刺探、收买、非法提供商业秘密罪 | 1.一般情况:处5年以下有期徒刑<br>2.情节严重的:处5年以上有期徒刑 | 1.一般情况:并处或者单处罚金<br>2.情节严重的:并处罚金 | 《刑法》第二百一十九条之一 |

(2)单位可能涉嫌的罪名及量刑标准

在我国现行法律框架下,单位在知识产权领域可能涉嫌的罪名见表2－1－10:

**表2－1－10　单位在知识产权领域可能涉嫌的罪名**

| 序号 | 罪名 | 对单位的刑罚范围 | 对直接负责的主管人员、其他直接责任人员的刑罚范围 | 主要对应法条 |
|---|---|---|---|---|
| 1 | 假冒注册商标罪 | 罚金 | 1. 情节严重的:处3年以下有期徒刑,并处或者单处罚金<br>2. 情节特别严重的:处3年以上10年以下有期徒刑,并处罚金 | 《刑法》第二百一十三条、第二百二十条 |
| 2 | 销售假冒注册商标的商品罪 | 罚金 | 1. 违法所得数额较大或者有其他严重情节的:处3年以下有期徒刑,并处或者单处罚金<br>2. 违法所得数额巨大或者有其他特别严重情节的:处3年以上10年以下有期徒刑,并处罚金 | 《刑法》第二百一十四条、第二百二十条 |
| 3 | 非法制造、销售非法制造的注册商标标识罪 | 罚金 | 1. 情节严重的:处3年以下有期徒刑,并处或者单处罚金<br>2. 情节特别严重的:处3年以上10年以下有期徒刑,并处罚金 | 《刑法》第二百一十五条、第二百二十条 |
| 4 | 假冒专利罪 | 罚金 | 情节严重的:处3年以下有期徒刑或者拘役,并处或者单处罚金 | 《刑法》第二百一十五六条、第二百二十条 |
| 5 | 侵犯著作权罪 | 罚金 | 1. 违法所得数额较大或者有其他严重情节的:处3年以下有期徒刑,并处或者单处罚金<br>2. 违法所得数额巨大或者有其他特别严重情节的:处3年以上10年以下有期徒刑,并处罚金 | 《刑法》第二百一十七条、第二百二十条 |
| 6 | 销售侵权复制品罪 | 罚金 | 违法所得数额巨大或者有其他严重情节的:处5年以下有期徒刑,并处或者单处罚金 | 《刑法》第二百一十八条、第二百二十条 |

续表

| 序号 | 罪名 | 对单位的刑罚范围 | 对直接负责的主管人员、其他直接责任人员的刑罚范围 | 主要对应法条 |
| --- | --- | --- | --- | --- |
| 7 | 侵犯商业秘密罪 | 罚金 | 1. 情节严重的:处3年以下有期徒刑,并处或者单处罚金<br>2. 情节特别严重的:处3年以上10年以下有期徒刑,并处罚金 | 《刑法》第二百一十九条、第二百二十条 |
| 8 | 为境外窃取、刺探、收买、非法提供商业秘密罪 | 罚金 | 1. 一般情况:处5年以下有期徒刑,并处或者单处罚金<br>2. 情节严重的:处5年以上有期徒刑,并处罚金 | 《刑法》第二百一十九条之一、第二百二十条 |

2. 典型案例

## 案例1:《淘气包马小跳》等中小学课外读物著作权刑事保护

——张某侵犯著作权、销售侵权复制品案

### 案件索引

一审:江苏省沭阳县人民法院(2023)苏1322刑初101号

### 基本案情

2020年6月以来,被告人张某以营利为目的,在未经著作权人及出版社许可的情况下,委托印刷厂非法印制热销的中小学课外读物,如《淘气包马小跳》《艾青诗选》《朝花夕拾》等图书,并提供部分图书电子版、纸张等给印刷厂用于印制。被告人张某共计支付价款1828万余元用于印制盗版图书,非法印制图书357万余册。公安机关从被告人张某处查扣《淘气包马小跳奔跑的放牛班》《法治的细节》等79种图书共计11,665册。经鉴定,所查扣图书均为非法出版物。除被公安机关查扣的图书外,其他盗版图书均由被告人张某加价销售给他人。另外,因所需要的盗版图书来不及印制,被告人张某明知所购中小学课外读物等图书系侵犯著作权的盗版图书,仍以营利为目的从郭某某处购进 10 万余册盗版图书,支付价款 75.16 万元,后该 10 万余册盗版图书全部对外销售。

## 裁判结果

法院认为,被告人张某以营利为目的,未经著作权人许可,复制发行著作权人文字作品,涉案复制品数量达350余万册,非法经营数额达1820万余元,情节特别严重,其行为已构成侵犯著作权罪;被告人张某以营利为目的,明知所购图书系未经著作权人许可复制发行的侵权复制品仍购进并销售,销售数额达75万余元,情节严重,其行为已构成销售侵权复制品罪。被告人张某犯数罪,法院依法对其予以数罪并罚。被告人具有坦白、认罪认罚、退出部分款项等从轻、从宽处罚情节,法院依法对其予以从轻处罚。据此,以被告人张某犯侵犯著作权罪,判处其有期徒刑 5 年 4 个月,并处罚金人民币 400 万元;以被告人张某犯销售侵权复制品罪,判处其有期徒刑 7 个月,并处罚金人民币 40 万元。数罪并罚,决定执行有期徒刑 5 年 6 个月,并处罚金人民币 440 万元。宣判后,被告人未提出上诉。

## 案例价值

本案系省“扫黄打非”工作领导小组、省公安厅联合挂牌督办案件。涉案盗版图书种类繁多,均是时下热销的中小学课外读物,侵权复制品数量达 357 万余册,非法经营数额达 1800 余万元,这严重侵犯了著作权人的合法权益及国家的著作权管理制度,扰乱了当地图书市场秩序,造成了相当恶劣的社会影响。法院经审理对被告人张某判处 5 年 6 个月有期徒刑,这体现了从严打击知识产权侵权行为的力度和决心,有效震慑与遏制图书市场版权违法犯罪行为,充分发挥司法保护图书领域中知识产权的主导作用,引导社会各界加强和重视对知识产权的保护,规范图书市场经营,自觉维护图书市场健康有序发展。

## 案例 2:全链条机械化非法制造知名烟标标识情节特别严重构成犯罪

——吴某等非法制造注册商标标识案

### 案件索引

一审:江苏省无锡市惠山区人民法院(2023)苏 0206 刑初 69 号

二审:江苏省无锡市中级人民法院(2023)苏 02 刑终 203 号

### 基本案情

2022 年 3 月初至 2022 年 6 月底,被告人吴某、李某怡、李某等人经合谋,由被告人吴某提供资金用于租赁厂房,联系购买部分机器设备、原材料,被告人李某怡、李某等负责制造由被告人吴某指定的假冒注册商标标识香烟烟盒。其中,李某怡负责前期沟通生产事宜、提供部分机器设备;被告人李某全面负责生产经营、人员管理、运输活动等事宜;被告人刘某、周某系核心技术人员,分别负责调试制假机器,对假冒香烟注册商标标识进行印刷、调色、分切并进行指导和对假冒香烟注册商标标识自动模切、切纸并对模切、烫金等技术进行指导;被告人苏某协助刘某负责生产中的装拆印模、加纸、加墨、调墨;被告人廖某、任某、廖某某、张某负责生产中的印模、加纸、加墨、调墨、手动烫金、手动模切等流程;被告人程某、刘某某分别负责协助被告人吴某与李某之间的接洽及监督生产等工作。各被告人非法制造假冒中华、南京(炫赫门)、利群(新版)、牡丹、红塔山、红双喜、南洋红双喜的香烟注册商标标识的香烟共计 1600 余万件。

### 裁判结果

法院认为,被告人吴某伙同被告人李某、李某怡、刘某、周某、刘某某、程某、苏某、廖某、任某、廖某某、张某等人伪造他人注册商标标识,情节特别严重,均已构成非法制造注册商标标识罪,分别判处各被告人有期徒刑 5 年 9 个月至有期徒刑

1年,缓刑1年不等的刑期,并处人民币7万元至1万元不等的罚金。同时被告人刘某等7人被判处从业禁止,即禁止其在缓刑考验期内从事烟盒、烟标类生产和销售活动。

## 案例价值

该案系江苏省首例打击全链条机械化生产假冒卷烟外包装案件。各被告人分工协作,相互配合,非法机械化制造注册商标标识且数量巨大,情节特别严重,不仅侵犯了注册商标所有权人的权益,影响了注册商标所有权人的效益及信誉,还侵害了消费者的合法权益,严重扰乱了市场秩序。同时,本案判决加大惩戒力度,适用从业禁止令,禁止刘某等7人在缓刑考验期内从事烟盒、烟标类生产和销售活动,从资格上限制情节相对严重的被告人从事相关经营活动,对于遏制相关知识产权违法犯罪行为具有较强的威慑作用。本案判决体现了法院充分发挥审判职能,严厉打击此类机械化非法生产注册商标标识罪,保护了商标所有权人及消费者的权益,对创建规范有序的市场环境起到了积极作用。

### (四)重要领域法律法规梳理

1. 假冒注册商标罪(见表2-1-11)

**表2-1-11　假冒注册商标罪**

| 名称 | 内容 |
| --- | --- |
| **《刑法》** | 第二百一十三条　【假冒注册商标罪】未经注册商标所有人许可,在同一种商品、服务上使用与其注册商标相同的商标,情节严重的,处三年以下有期徒刑,并处或者单处罚金;情节特别严重的,处三年以上十年以下有期徒刑,并处罚金。 |

续表

| 名称 | 内容 |
| --- | --- |
| **最高人民法院、最高人民检察院《关于办理侵犯知识产权刑事案件具体应用法律若干问题的解释》** | 第一条　未经注册商标所有人许可,在同一种商品上使用与其注册商标相同的商标,具有下列情形之一的,属于刑法第二百一十三条规定的“情节严重”,应当以假冒注册商标罪判处三年以下有期徒刑或者拘役,并处或者单处罚金:<br>(一)非法经营数额在五万元以上或者违法所得数额在三万元以上的;<br>(二)假冒两种以上注册商标,非法经营数额在三万元以上或者违法所得数额在二万元以上的;<br>(三)其他情节严重的情形。<br>具有下列情形之一的,属于刑法第二百一十三条规定的“情节特别严重”,应当以假冒注册商标罪判处三年以上七年以下有期徒刑,并处罚金:<br>(一)非法经营数额在二十五万元以上或者违法所得数额在十五万元以上的;<br>(二)假冒两种以上注册商标,非法经营数额在十五万元以上或者违法所得数额在十万元以上的;<br>(三)其他情节特别严重的情形。<br>第八条　刑法第二百一十三条规定的“相同的商标”,是指与被假冒的注册商标完全相同,或者与被假冒的注册商标在视觉上基本无差别、足以对公众产生误导的商标。<br>刑法第二百一十三条规定的“使用”,是指将注册商标或者假冒的注册商标用于商品、商品包装或者容器以及产品说明书、商品交易文书,或者将注册商标或者假冒的注册商标用于广告宣传、展览以及其他商业活动等行为。<br>第十三条　实施刑法第二百一十三条规定的假冒注册商标犯罪,又销售该假冒注册商标的商品,构成犯罪的,应当依照刑法第二百一十三条的规定,以假冒注册商标罪定罪处罚。<br>实施刑法第二百一十三条规定的假冒注册商标犯罪,又销售明知是他人的假冒注册商标的商品,构成犯罪的,应当实行数罪并罚。 |
| **最高人民法院、最高人民检察院《关于办理侵犯知识产权刑事案件具体应用法律若干问题的解释(三)》** | 第一条　具有下列情形之一的,可以认定为刑法第二百一十三条规定的“与其注册商标相同的商标”:<br>(一)改变注册商标的字体、字母大小写或者文字横竖排列,与注册商标之间基本无差别的;<br>(二)改变注册商标的文字、字母、数字等之间的间距,与注册商标之间基本无差别的;<br>(三)改变注册商标颜色,不影响体现注册商标显著特征的;<br>(四)在注册商标上仅增加商品通用名称、型号等缺乏显著特征要素,不影响体现注册商标显著特征的;<br>(五)与立体注册商标的三维标志及平面要素基本无差别的;<br>(六)其他与注册商标基本无差别、足以对公众产生误导的商标。 |

2. 销售假冒注册商标的商品罪(见表2－1－12)

**表2－1－12　销售假冒注册商标的商品罪**

| 名称 | 内容 |
| --- | --- |
| **《刑法修正案(十一)》** | 第十八条　将刑法第二百一十四条修改为:“销售明知是假冒注册商标的商品,违法所得数额较大或者有其他严重情节的,处三年以下有期徒刑,并处或者单处罚金;违法所得数额巨大或者有其他特别严重情节的,处三年以上十年以下有期徒刑,并处罚金。” |
| **最高人民法院、最高人民检察院《关于办理侵犯知识产权刑事案件具体应用法律若干问题的解释》** | 第二条　销售明知是假冒注册商标的商品,销售金额在五万元以上的,属于刑法第二百一十四条规定的“数额较大”,应当以销售假冒注册商标的商品罪判处三年以下有期徒刑或者拘役,并处或者单处罚金。<br>销售金额在二十五万元以上的,属于刑法第二百一十四条规定的“数额巨大”,应当以销售假冒注册商标的商品罪判处三年以上七年以下有期徒刑,并处罚金。 |
| **最高人民法院、最高人民检察院《关于办理侵犯知识产权刑事案件具体应用法律若干问题的解释(二)》** | 第六条　单位实施刑法第二百一十三条至第二百一十九条规定的行为,按照《最高人民法院、最高人民检察院关于办理侵犯知识产权刑事案件具体应用法律若干问题的解释》和本解释规定的相应个人犯罪的定罪量刑标准定罪处罚。 |

3. 非法制造销售、销售非法制造的注册商标标识罪(见表2－1－13)

**表2－1－13　非法制造销售、销售非法制造的注册商标标识罪**

| 名称 | 内容 |
| --- | --- |
| **《刑法》** | 第二百一十五条　【非法制造、销售非法制造的注册商标标识罪】伪造、擅自制造他人注册商标标识或者销售伪造、擅自制造的注册商标标识,情节严重的,处三年以下有期徒刑,并处或者单处罚金;情节特别严重的,处三年以上十年以下有期徒刑,并处罚金。 |
| **《刑法修正案(十一)》** | 第十九条　将刑法第二百一十五条修改为:“伪造、擅自制造他人注册商标标识或者销售伪造、擅自制造的注册商标标识,情节严重的,处三年以下有期徒刑,并处或者单处罚金;情节特别严重的,处三年以上十年以下有期徒刑,并处罚金。” |

续表

| 名称 | 内容 |
| --- | --- |
| **最高人民法院、最高人民检察院《关于办理侵犯知识产权刑事案件具体应用法律若干问题的解释》** | 第三条第二款　具有下列情形之一的,属于刑法第二百一十五条规定的“情节特别严重”,应当以非法制造、销售非法制造的注册商标标识罪判处三年以上七年以下有期徒刑,并处罚金:<br>(一)伪造、擅自制造或者销售伪造、擅自制造的注册商标标识数量在十万件以上,或者非法经营数额在二十五万元以上,或者违法所得数额在十五万元以上的;<br>(二)伪造、擅自制造或者销售伪造、擅自制造两种以上注册商标标识数量在五万件以上,或者非法经营数额在十五万元以上,或者违法所得数额在十万元以上的;<br>(三)其他情节特别严重的情形。 |

4. 假冒专利罪(见表2-1-14)

**表2-1-14　假冒专利罪**

| 名称 | 内容 |
| --- | --- |
| **《刑法》** | 第二百一十六条　【假冒专利罪】假冒他人专利,情节严重的,处三年以下有期徒刑或者拘役,并处或者单处罚金。 |
| **最高人民法院、最高人民检察院《关于办理侵犯知识产权刑事案件具体应用法律若干问题的解释》** | 第四条　假冒他人专利,具有下列情形之一的,属于刑法第二百一十六条规定的“情节严重”,应当以假冒专利罪判处三年以下有期徒刑或者拘役,并处或者单处罚金:<br>(一)非法经营数额在二十万元以上或者违法所得数额在十万元以上的;<br>(二)给专利权人造成直接经济损失五十万元以上的;<br>(三)假冒两项以上他人专利,非法经营数额在十万元以上或者违法所得数额在五万元以上的;<br>(四)其他情节严重的情形。<br>第十条　实施下列行为之一的,属于刑法第二百一十六条规定的“假冒他人专利”的行为:<br>(一)未经许可,在其制造或者销售的产品、产品的包装上标注他人专利号的;<br>(二)未经许可,在广告或者其他宣传材料中使用他人的专利号,使人将所涉及的技术误认为是他人专利技术的;<br>(三)未经许可,在合同中使用他人的专利号,使人将合同涉及的技术误认为是他人专利技术的;<br>(四)伪造或者变造他人的专利证书、专利文件或者专利申请文件的。 |

5. 侵犯著作权罪(见表2-1-15)

**表2-1-15　侵犯著作权罪**

| 名称 | 内容 |
| --- | --- |
| **《刑法》** | 第二百一十七条　【侵犯著作权罪】以营利为目的,有下列侵犯著作权或者与著作权有关的权利的情形之一,违法所得数额较大或者有其他严重情节的,处三年以下有期徒刑,并处或者单处罚金;违法所得数额巨大或者有其他特别严重情节的,处三年以上十年以下有期徒刑,并处罚金:<br>(一)未经著作权人许可,复制发行、通过信息网络向公众传播其文字作品、音乐、美术、视听作品、计算机软件及法律、行政法规规定的其他作品的;<br>(二)出版他人享有专有出版权的图书的;<br>(三)未经录音录像制作者许可,复制发行、通过信息网络向公众传播其制作的录音录像的;<br>(四)未经表演者许可,复制发行录有其表演的录音录像制品,或者通过信息网络向公众传播其表演的;<br>(五)制作、出售假冒他人署名的美术作品的;<br>(六)未经著作权人或者与著作权有关的权利人许可,故意避开或者破坏权利人为其作品、录音录像制品等采取的保护著作权或者与著作权有关的权利的技术措施的。 |
| **最高人民法院、最高人民检察院《关于办理侵犯知识产权刑事案件具体应用法律若干问题的解释》** | 第五条　以营利为目的,实施刑法第二百一十七条所列侵犯著作权行为之一,违法所得数额在三万元以上的,属于"违法所得数额较大";具有下列情形之一的,属于"有其他严重情节",应当以侵犯著作权罪判处三年以下有期徒刑或者拘役,并处或者单处罚金:<br>(一)非法经营数额在五万元以上的;<br>(二)未经著作权人许可,复制发行其文字作品、音乐、电影、电视、录像作品、计算机软件及其他作品,复制品数量合计在一千张(份)以上的;<br>(三)其他严重情节的情形。<br>以营利为目的,实施刑法第二百一十七条所列侵犯著作权行为之一,违法所得数额在十五万元以上的,属于"违法所得数额巨大";具有下列情形之一的,属于"有其他特别严重情节",应当以侵犯著作权罪判处三年以上七年以下有期徒刑,并处罚金:<br>(一)非法经营数额在二十五万元以上的;<br>(二)未经著作权人许可,复制发行其文字作品、音乐、电影、电视、录像作品、计算机软件及其他作品,复制品数量合计在五千张(份)以上的;<br>(三)其他特别严重情节的情形。<br>第十一条　以刊登收费广告等方式直接或者间接收取费用的情形,属于刑法第二百一十七条规定的"以营利为目的"。<br>刑法第二百一十七条规定的"未经著作权人许可",是指没有得到著作权人授权或者伪造、涂改著作权人授权许可文件或者超出授权许可范围的情形。 |

续表

| 名称 | 内容 |
| --- | --- |
| **最高人民法院、最高人民检察院《关于办理侵犯知识产权刑事案件具体应用法律若干问题的解释》** | 通过信息网络向公众传播他人文字作品、音乐、电影、电视、录像作品、计算机软件及其他作品的行为,应当视为刑法第二百一十七条规定的"复制发行"。<br>第十四条　实施刑法第二百一十七条规定的侵犯著作权犯罪,又销售该侵权复制品,构成犯罪的,应当依照刑法第二百一十七条的规定,以侵犯著作权罪定罪处罚。<br>实施刑法第二百一十七条规定的侵犯著作权犯罪,又销售明知是他人的侵权复制品,构成犯罪的,应当实行数罪并罚。 |
| **最高人民法院、最高人民检察院《关于办理侵犯知识产权刑事案件具体应用法律若干问题的解释(二)》** | 第一条　以营利为目的,未经著作权人许可,复制发行其文字作品、音乐、电影、电视、录像作品、计算机软件及其他作品,复制品数量合计在五百张(份)以上的,属于刑法第二百一十七条规定的"有其他严重情节";复制品数量在二千五百张(份)以上的,属于刑法第二百一十七条规定的"有其他特别严重情节"。<br>第二条　刑法第二百一十七条侵犯著作权罪中的"复制发行",包括复制、发行或者既复制又发行的行为。<br>侵权产品的持有人通过广告、征订等方式推销侵权产品的,属于刑法第二百一十七条规定的"发行"。<br>非法出版、复制、发行他人作品,侵犯著作权构成犯罪的,按照侵犯著作权罪定罪处罚。 |
| **最高人民法院、最高人民检察院《关于办理侵犯知识产权刑事案件具体应用法律若干问题的解释(三)》** | 第二条　在刑法第二百一十七条规定的作品、录音制品上以通常方式署名的自然人、法人或者非法人组织,应当推定为著作权人或者录音制作者,且该作品、录音制品上存在着相应权利,但有相反证明的除外。<br>在涉案作品、录音制品种类众多且权利人分散的案件中,有证据证明涉案复制品系非法出版、复制发行,且出版者、复制发行者不能提供获得著作权人、录音制作者许可的相关证据材料的,可以认定为刑法第二百一十七条规定的"未经著作权人许可""未经录音制作者许可"。但是,有证据证明权利人放弃权利、涉案作品的著作权或者录音制品的有关权利不受我国著作权法保护、权利保护期限已经届满的除外。 |

6. 侵犯商业秘密罪(见表2－1－16)

**表2－1－16　侵犯商业秘密罪**

| 名称 | 内容 |
| --- | --- |
| **《刑法》** | 第二百一十九条　有下列侵犯商业秘密行为之一,情节严重的,处三年以下有期徒刑,并处或者单处罚金;情节特别严重的,处三年以上十年以下有期徒刑,并处罚金:<br>(一)以盗窃、贿赂、欺诈、胁迫、电子侵入或者其他不正当手段获取权利人的商业秘密的;<br>(二)披露、使用或者允许他人使用以前项手段获取的权利人的商业秘密的;<br>(三)违反保密义务或者违反权利人有关保守商业秘密的要求,披露、使用或者允许他人使用其所掌握的商业秘密的。<br>明知前款所列行为,获取、披露、使用或允许他人使用该商业秘密的,以侵犯商业秘密论。<br>本条所称权利人,是指商业秘密的所有人和经商业秘密所有人许可的商业秘密使用人。<br>第二百二十条　单位犯本节第二百一十三条至第二百一十九条之一规定之罪的,对单位判处罚金,并对其直接负责的主管人员和其他直接责任人员,依照本节各该条的规定处罚。 |
| **《反不正当竞争法》** | 第九条　经营者不得实施下列侵犯商业秘密的行为:<br>(一)以盗窃、贿赂、欺诈、胁迫、电子侵入或者其他不正当手段获取权利人的商业秘密;<br>(二)披露、使用或者允许他人使用以前项手段获取的权利人的商业秘密;<br>(三)违反保密义务或者违反权利人有关保守商业秘密的要求,披露、使用或者允许他人使用其所掌握的商业秘密;<br>(四)教唆、引诱、帮助他人违反保密义务或者违反权利人有关保守商业秘密的要求,获取、披露、使用或者允许他人使用权利人的商业秘密。<br>经营者以外的其他自然人、法人和非法人组织实施前款所列违法行为的,视为侵犯商业秘密。<br>第三人明知或者应知商业秘密权利人的员工、前员工或者其他单位、个人实施本条第一款所列违法行为,仍获取、披露、使用或者允许他人使用该商业秘密的,视为侵犯商业秘密。<br>本法所称的商业秘密,是指不为公众所知悉、具有商业价值并经权利人采取相应保密措施的技术信息、经营信息等商业信息。<br>第二十一条　经营者以及其他自然人、法人和非法人组织违反本法第九条规定侵犯商业秘密的,由监督检查部门责令停止违法行为,没收违法所得,处十万元以上一百万元以下的罚款;情节严重的,处五十万元以上五百万元以下的罚款。 |

续表

| 名称 | 内容 |
| --- | --- |
| **最高人民检察院、公安部《关于修改侵犯商业秘密刑事案件立案追诉标准的决定》** | 为依法惩治侵犯商业秘密犯罪,加大对知识产权的刑事司法保护力度,维护社会主义市场经济秩序,将《最高人民检察院、公安部关于公安机关管辖的刑事案件立案追诉标准的规定(二)》第七十三条侵犯商业秘密刑事案件立案追诉标准修改为:〔侵犯商业秘密案(刑法第二百一十九条)〕侵犯商业秘密,涉嫌下列情形之一的,应予立案追诉:<br>(一)给商业秘密权利人造成损失数额在三十万元以上的;<br>(二)因侵犯商业秘密违法所得数额在三十万元以上的;<br>(三)直接导致商业秘密的权利人因重大经营困难而破产、倒闭的;<br>(四)其他给商业秘密权利人造成重大损失的情形。<br>前款规定的造成损失数额或者违法所得数额,可以按照下列方式认定:<br>(一)以不正当手段获取权利人的商业秘密,尚未披露、使用或者允许他人使用的,损失数额可以根据该项商业秘密的合理许可使用费确定;<br>(二)以不正当手段获取权利人的商业秘密后,披露、使用或者允许他人使用的,损失数额可以根据权利人因被侵权造成销售利润的损失确定,但该损失数额低于商业秘密合理许可使用费的,根据合理许可使用费确定;<br>(三)违反约定、权利人有关保守商业秘密的要求,披露、使用或者允许他人使用其所掌握的商业秘密的,损失数额可以根据权利人因被侵权造成销售利润的损失确定;<br>(四)明知商业秘密是不正当手段获取或者是违反约定、权利人有关保守商业秘密的要求披露、使用、允许使用,仍获取、使用或者披露的,损失数额可以根据权利人因被侵权造成销售利润的损失确定;<br>(五)因侵犯商业秘密行为导致商业秘密已为公众所知悉或者灭失的,损失数额可以根据该项商业秘密的商业价值确定。商业秘密的商业价值,可以根据该项商业秘密的研究开发成本、实施该项商业秘密的收益综合确定;<br>(六)因披露或者允许他人使用商业秘密而获得的财物或者其他财产性利益,应当认定为违法所得。<br>前款第二项、第三项、第四项规定的权利人因被侵权造成销售利润的损失,可以根据权利人因被侵权造成销售量减少的总数乘以权利人每件产品的合理利润确定;销售量减少的总数无法确定的,可以根据侵权产品销售量乘以权利人每件产品的合理利润确定;权利人因被侵权造成销售量减少的总数和每件产品的合理利润均无法确定的,可以根据侵权产品销售量乘以每件侵权产品的合理利润确定。商业秘密系用于服务等其他经营活动的,损失数额可以根据权利人因被侵权而减少的合理利润确定。<br>商业秘密的权利人为减轻对商业运营、商业计划的损失或者重新恢复计算机信息系统安全、其他系统安全而支出的补救费用,应当计入给商业秘密的权利人造成的损失。 |

续表

| 名称 | 内容 |
| --- | --- |
| **最高人民法院、最高人民检察院《关于办理侵犯知识产权刑事案件具体应用法律若干问题的解释》** | 为依法惩治侵犯知识产权犯罪活动,维护社会主义市场经济秩序,根据刑法有关规定,现就办理侵犯知识产权刑事案件具体应用法律的若干问题解释如下:<br>第一条　未经注册商标所有人许可,在同一种商品上使用与其注册商标相同的商标,具有下列情形之一的,属于刑法第二百一十三条规定的“情节严重”,应当以假冒注册商标罪判处三年以下有期徒刑或者拘役,并处或者单处罚金:<br>(一)非法经营数额在五万元以上或者违法所得数额在三万元以上的;<br>(二)假冒两种以上注册商标,非法经营数额在三万元以上或者违法所得数额在二万元以上的;<br>(三)其他情节严重的情形。<br>具有下列情形之一的,属于刑法第二百一十三条规定的“情节特别严重”,应当以假冒注册商标罪判处三年以上七年以下有期徒刑,并处罚金:<br>(一)非法经营数额在二十五万元以上或者违法所得数额在十五万元以上的;<br>(二)假冒两种以上注册商标,非法经营数额在十五万元以上或者违法所得数额在十万元以上的;<br>(三)其他情节特别严重的情形。<br>第二条　销售明知是假冒注册商标的商品,销售金额在五万元以上的,属于刑法第二百一十四条规定的“数额较大”,应当以销售假冒注册商标的商品罪判处三年以下有期徒刑或者拘役,并处或者单处罚金。<br>销售金额在二十五万元以上的,属于刑法第二百一十四条规定的“数额巨大”,应当以销售假冒注册商标的商品罪判处三年以上七年以下有期徒刑,并处罚金。<br>第三条　伪造、擅自制造他人注册商标标识或者销售伪造、擅自制造的注册商标标识,具有下列情形之一的,属于刑法第二百一十五条规定的“情节严重”,应当以非法制造、销售非法制造的注册商标标识罪判处三年以下有期徒刑、拘役或者管制,并处或者单处罚金:<br>(一)伪造、擅自制造或者销售伪造、擅自制造的注册商标标识数量在二万件以上,或者非法经营数额在五万元以上,或者违法所得数额在三万元以上的;<br>(二)伪造、擅自制造或者销售伪造、擅自制造两种以上注册商标标识数量在一万件以上,或者非法经营数额在三万元以上,或者违法所得数额在二万元以上的;<br>(三)其他情节严重的情形。<br>具有下列情形之一的,属于刑法第二百一十五条规定的“情节特别严重”,应当以非法制造、销售非法制造的注册商标标识罪判处三年以上七年以下有期徒刑,并处罚金:<br>(一)伪造、擅自制造或者销售伪造、擅自制造的注册商标标识数量在十万件以上,或者非法经营数额在二十五万元以上,或者违法所得数额在十五万元以上的; |

续表

| 名称 | 内容 |
| --- | --- |
| **最高人民法院、最高人民检察院《关于办理侵犯知识产权刑事案件具体应用法律若干问题的解释》** | (二)伪造、擅自制造或者销售伪造、擅自制造两种以上注册商标标识数量在五万件以上,或者非法经营数额在十五万元以上,或者违法所得数额在十万元以上的;<br>(三)其他情节特别严重的情形。<br>第四条　假冒他人专利,具有下列情形之一的,属于刑法第二百一十六条规定的"情节严重",应当以假冒专利罪判处三年以下有期徒刑或者拘役,并处或者单处罚金:<br>(一)非法经营数额在二十万元以上或者违法所得数额在十万元以上的;<br>(二)给专利权人造成直接经济损失五十万元以上的;<br>(三)假冒两项以上他人专利,非法经营数额在十万元以上或者违法所得数额在五万元以上的;<br>(四)其他情节严重的情形。<br>第五条　以营利为目的,实施刑法第二百一十七条所列侵犯著作权行为之一,违法所得数额在三万元以上的,属于"违法所得数额较大";具有下列情形之一的,属于"有其他严重情节",应当以侵犯著作权罪判处三年以下有期徒刑或者拘役,并处或者单处罚金:<br>(一)非法经营数额在五万元以上的;<br>(二)未经著作权人许可,复制发行其文字作品、音乐、电影、电视、录像作品、计算机软件及其他作品,复制品数量合计在一千张(份)以上的;<br>(三)其他严重情节的情形。<br>以营利为目的,实施刑法第二百一十七条所列侵犯著作权行为之一,违法所得数额在十五万元以上的,属于"违法所得数额巨大";具有下列情形之一的,属于"有其他特别严重情节",应当以侵犯著作权罪判处三年以上七年以下有期徒刑,并处罚金:<br>(一)非法经营数额在二十五万元以上的;<br>(二)未经著作权人许可,复制发行其文字作品、音乐、电影、电视、录像作品、计算机软件及其他作品,复制品数量合计在五千张(份)以上的;<br>(三)其他特别严重情节的情形。<br>第六条　以营利为目的,实施刑法第二百一十八条规定的行为,违法所得数额在十万元以上的,属于"违法所得数额巨大",应当以销售侵权复制品罪判处三年以下有期徒刑或者拘役,并处或者单处罚金。<br>第七条　实施刑法第二百一十九条规定的行为之一,给商业秘密的权利人造成损失数额在五十万元以上的,属于"给商业秘密的权利人造成重大损失",应当以侵犯商业秘密罪判处三年以下有期徒刑或者拘役,并处或者单处罚金。<br>给商业秘密的权利人造成损失数额在二百五十万元以上的,属于刑法第二百一十九条规定的"造成特别严重后果",应当以侵犯商业秘密罪判处三年以上七年以下有期徒刑,并处罚金。<br>第八条　刑法第二百一十三条规定的"相同的商标",是指与被假冒的注册商标完全相同,或者与被假冒的注册商标在视觉上基本无差别、足以对公众产生误导的商标。 |

续表

| 名称 | 内容 |
| --- | --- |
| **最高人民法院、最高人民检察院《关于办理侵犯知识产权刑事案件具体应用法律若干问题的解释》** | 刑法第二百一十三条规定的"使用",是指将注册商标或者假冒的注册商标用于商品、商品包装或者容器以及产品说明书、商品交易文书,或者将注册商标或者假冒的注册商标用于广告宣传、展览以及其他商业活动等行为。<br>第九条 刑法第二百一十四条规定的"销售金额",是指销售假冒注册商标的商品后所得和应得的全部违法收入。<br>具有下列情形之一的,应当认定为属于刑法第二百一十四条规定的"明知":<br>(一)知道自己销售的商品上的注册商标被涂改、调换或者覆盖的;<br>(二)因销售假冒注册商标的商品受到过行政处罚或者承担过民事责任、又销售同一种假冒注册商标的商品的;<br>(三)伪造、涂改商标注册人授权文件或者知道该文件被伪造、涂改的;<br>(四)其他知道或者应当知道是假冒注册商标的商品的情形。<br>第十条 实施下列行为之一的,属于刑法第二百一十六条规定的"假冒他人专利"的行为:<br>(一)未经许可,在其制造或者销售的产品、产品的包装上标注他人专利号的;<br>(二)未经许可,在广告或者其他宣传材料中使用他人的专利号,使人将所涉及的技术误认为是他人专利技术的;<br>(三)未经许可,在合同中使用他人的专利号,使人将合同涉及的技术误认为是他人专利技术的;<br>(四)伪造或者变造他人的专利证书、专利文件或者专利申请文件的。<br>第十一条 以刊登收费广告等方式直接或者间接收取费用的情形,属于刑法第二百一十七条规定的"以营利为目的"。<br>刑法第二百一十七条规定的"未经著作权人许可",是指没有得到著作权人授权或者伪造、涂改著作权人授权许可文件或者超出授权许可范围的情形。<br>通过信息网络向公众传播他人文字作品、音乐、电影、电视、录像作品、计算机软件及其他作品的行为,应当视为刑法第二百一十七条规定的"复制发行"。<br>第十二条 本解释所称"非法经营数额",是指行为人在实施侵犯知识产权行为过程中,制造、储存、运输、销售侵权产品的价值。已销售的侵权产品的价值,按照实际销售的价格计算。制造、储存、运输和未销售的侵权产品的价值,按照标价或者已经查清的侵权产品的实际销售平均价格计算。侵权产品没有标价或者无法查清其实际销售价格的,按照被侵权产品的市场中间价格计算。<br>多次实施侵犯知识产权行为,未经行政处理或者刑事处罚的,非法经营数额、违法所得数额或者销售金额累计计算。<br>本解释第三条所规定的"件",是指标有完整商标图样的一份标识。<br>第十三条 实施刑法第二百一十三条规定的假冒注册商标犯罪,又销售该假冒注册商标的商品,构成犯罪的,应当依照刑法第二百一十三条的规定,以假冒注册商标罪定罪处罚。<br>实施刑法第二百一十三条规定的假冒注册商标犯罪,又销售明知是他人的假冒注册商标的商品,构成犯罪的,应当实行数罪并罚。 |

续表

| 名称 | 内容 |
| --- | --- |
| **最高人民法院、最高人民检察院《关于办理侵犯知识产权刑事案件具体应用法律若干问题的解释》** | 第十四条　实施刑法第二百一十七条规定的侵犯著作权犯罪，又销售该侵权复制品，构成犯罪的，应当依照刑法第二百一十七条的规定，以侵犯著作权罪定罪处罚。<br>实施刑法第二百一十七条规定的侵犯著作权犯罪，又销售明知是他人的侵权复制品，构成犯罪的，应当实行数罪并罚。<br>第十五条　单位实施刑法第二百一十三条至第二百一十九条规定的行为，按照本解释规定的相应个人犯罪的定罪量刑标准的三倍定罪量刑。<br>第十六条　明知他人实施侵犯知识产权犯罪，而为其提供贷款、资金、账号、发票、证明、许可证件，或者提供生产、经营场所或者运输、储存、代理进出口等便利条件、帮助的，以侵犯知识产权犯罪的共犯论处。 |

## 三、知识产权合规体系的构建

### （一）知识产权与企业合规管理的融合与探索

随着我国进入社会主义现代化建设的高质量发展新阶段，知识产权在推动创新和确保合规管理方面的作用日益显著。党的十九大报告突出了在高质量发展时期加强知识产权创造、保护和运用的必要性。继而，党的二十大报告进一步强调了加强知识产权法治保障对于推动高质量发展的重要性。此外，《知识产权强国建设纲要（2021—2035年）》和《“十四五”国家知识产权保护和运用规划》的发布，标志着知识产权战略已经深入企业运营的各个层面，对企业在知识产权合规管理方面提出了更高的要求。《关于加快推动知识产权服务业高质量发展的意见》《知识产权保护规范化市场创建示范管理办法》等文件形成了支持全面创新的政策基础，彰显国家加强企业知识产权管理的决心和力度。这些政策文件不仅重申了知识产权保护的紧迫性，还设定了明确的目标和具体的措施，旨在促进知识产权的创造和应用，强化保护机制，提升服务水平，并拓展国际合作。

企业作为知识产权创造和运用的关键实体，必须构建起一套完整的知识产权合规管理体系。这不仅是企业提升核心竞争力、实现高质量发展的核心途径，也是企业顺应国家战略和市场发展的关键行动。通过强化知识产权保护，企业不仅能够更有效地激发创新活力，维护自身合法权益，还能促进形成公平竞争的市场秩序,为经济社会的高质量发展贡献力量。

作为中国企业合规管理的元年,2018年国资委选定了5家央企作为试点,开始逐步探索企业合规管理体系的建设工作。随后在2019年,中共中央、国务院《关于营造更好发展环境支持民营企业改革发展的意见》的出台,将合规管理的实践从央企扩展至所有企业类型。2020年3月,最高人民检察院进一步扩大了合规监管的试点范围,将合规管理的重要性提升到了一个新的高度。随着改革试点的不断扩展,合规管理已经成为推动企业守法经营、预防犯罪的重要手段,这预示着企业步入了"大合规"时代。这一转变不仅体现了国家对企业合规管理的重视,也反映了企业在适应市场发展和响应国家政策要求方面的积极态度。

在这一背景下,企业需要建立和完善全链条的知识产权合规管理体系。这不仅是企业提升核心竞争力、实现高质量发展的关键,也是企业响应国家政策、适应市场发展的必要措施。通过加强知识产权保护,企业能够更好地激励创新,保护自身合法权益,并促进公平竞争的市场环境的构建,为经济社会的高质量发展做出贡献。

为了实现企业知识产权管理与合规管理的有效融合,近年来我国出台了一系列政策和规范。2012年,国家知识产权局发布的《企业知识产权管理规范(试行)》,为企业提供了一个框架,指导其知识产权管理工作。2016年,《关于推行法律顾问制度和公职律师公司律师制度的意见》首次明确了国有企业法律顾问应承担的合规和知识产权管理职责。2017年修订的《中小企业促进法》鼓励中小企业规范内部知识产权管理和合规管理。2018年,《中央企业合规管理指引(试行)》和2020年《关于推进中央企业知识产权工作高质量发展的指导意见》将知识产权列为央企合规建设的重点领域之一,这凸显了知识产权合规的重要性。

随着《知识产权强国建设纲要(2021—2035年)》和《"十四五"国家知识产权保护和运用规划》等顶层设计文件的发布,知识产权战略已经深入企业经营的各个方面,这对企业的知识产权合规管理提出了更高的要求。特别是《企业知识产权合规标准指引(试行)》和《企业知识产权合规管理体系要求》的出台,为企业知识产权合规管理提供了进一步的细化和指导,标志着企业知识产权合规管理进入了高质量发展的新阶段。这些政策和规范的实施,不仅提升了企业对知识产权合规的重视程度,也为构建公平竞争的市场环境和促进经济社会的高质量发展提供了有力支撑。

国家标准《企业知识产权管理规范》(GB/T 29490 – 2013)于 2013 年颁布实施,是我国首个知识产权管理领域的国家标准。该标准颁布以来,得到了大批企业的贯彻实施,累计超过 8 万家企业通过了知识产权管理体系认证,这有力促进了企业知识产权意识和管理水平的提升。近年来,随着我国经济社会快速发展,知识产权工作和企业发展的环境、形势、特点都发生了较大变化,为更好地满足企业实际需要,国家知识产权局组织中国国际贸易促进委员会、中国标准化研究院等单位启动了《企业知识产权管理规范》(GB/T 29490 – 2013)的修订工作。并且,由国家知识产权局组织起草、全国知识管理标准化技术委员会(SAC/TC 554)归口管理的《企业知识产权合规管理体系要求》(GB/T 29490 – 2023)已于 2023 年 8 月 6 日由国家市场监督管理总局、国家标准化管理委员会发布,已于 2024 年 1 月 1 日正式实施。

**(二)上海地区的专项规定**

上海市浦东新区人民检察院发布的《企业知识产权合规标准指引(试行)》,有针对性地就知识产权刑事风险较高的专项领域进行了列举提示,例如专利权领域中的专利许可权滥用风险、专利申请权争议风险、专利被侵犯的风险、管理不善导致专利失效的风险等;商标权领域中的商标申请风险、使用风险等;著作权领域中的素材侵权风险、互联网信息网络传播权侵权风险等;商业秘密领域中的员工离职泄密、对外宣传泄密等风险。

该指引将知识产权合规文化的培育纳入合规管理质效评估的指标范畴,明确指出企业应建立对技术人员、知识产权管理人员、全体员工的分层级合规培训制度,通过增强知识产权保护意识,树立知识产权价值观,营造崇尚创新、尊重知识产权的氛围,重视知识产权宣传教育等方式进行知识产权文化的建设,结合企业实际,构建有利于调动企业员工知识产权工作积极性的激励机制,树立尊重和保护知识产权的企业形象。

### （三）商业秘密合规管理体系的设计思路与建议

知识产权种类繁多，涵盖了专利、商标、著作权等多个方面，在不同行业、不同规模的企业中有着不同的应用和保护需求。笔者曾为多家科技型企业以及传统生产制造业企业量身定制了包括专利、商标在内的专项知识产权管理体系，以满足它们各自的需求。

前文已经提及，知识产权的核心在于保护"智力成果"，这种成果本质上是一种信息。从多个案例中我们可以得出一个结论：无论是专利权、商标权还是著作权，其保护的核心都在于对创新信息的保护。在知识产权要素中，商业秘密是最为前沿和有效的保护方式。这是因为，在对信息进行筛选和分级时，商业秘密允许企业根据自身发展战略和市场状况对智力成果进行区分，从而实现不同程度的知识产权保护以及提高不同的知识产权成果转化效果。

因此，本书将结合《反不正当竞争法》和《企业知识产权管理规范》（GB/T 29490-2013）的相关要求，探讨建立企业商业秘密合规管理体系的思路，并提供相应的建议。通过这样的体系，企业不仅能够更有效地管理和保护其商业秘密，从而在激烈的市场竞争中占据优势，也能根据自身需求从中提取出针对专利权、商标权、著作权等不同具体类目知识产权的经验和启发。

（一）企业环境分析

1. 建立政策学习和更新机制：持续监控和更新与知识产权相关的法律法规以及监管政策，还要特别关注企业合规管理相关的政策和规范的更新。

2. 分析企业资产和市场环境：结合企业的核心资产、关键技术以及市场环境和技术发展趋势，制定包括品牌、技术和服务在内的全面的知识产权战略计划。

3. 进行全面的知识产权现状调查，包括：

（1）知识产权保护情况核查：厘清知识产权的法律状态、权利人和权利内容，并关注与企业市场定位和技术情况相关的核心知识产权。

(2)知识产权管理情况核查:梳理现有的知识产权管理制度,并对相关岗位的管理人员及核心技术人员进行访谈。

(3)知识产权相关协议和合同审核:审查涉及技术转让、许可、质押、出资、合作开发等的协议,特别关注其中的排他性或限制性条款,并针对知识产权的质押、许可、转让等情况进行函证。

(4)知识产权涉诉及处罚情况分析:对企业和关键人员进行调查,以识别潜在的法律纠纷。

具体而言,知识产权现状调查的步骤如下:

第一,多渠道、多方位获取基础调查资料:从公开渠道搜集知识产权信息,并要求企业提供相关资料;

第二,材料处理和初步分析:审阅企业提供的资料,对有疑问的内容进行标注和初步归纳;

第三,现场调查和访谈:对无法从书面材料中获取的信息进行现场调查和访谈,并对企业的研发、生产、销售等流程进行调查,记录备忘录;

第四,集中讨论和报告撰写:梳理事实和材料,经过讨论后撰写尽职调查报告,记录目标公司的知识产权保护、权属、侵权风险以及制度设立情况。

这些调查工作有助于企业未来对专利权、商标权或其他知识产权的合规管理体系进行有效拓展和延伸,确保企业能够在知识产权保护方面作出恰当的策略调整和决策。

(二)企业组织架构更新

企业组织架构的完善是确保商业秘密保护体系有效运行的关键。企业应根据自身的行业特点和经营规模,合理设立或更新合规部门并更新人员,由合规部门或人员负责组织、协调和监督合规管理工作。这些合规人员或部门将直接管理合规事务,为其他部门提供支持,并在重大合规风险事项上拥有决策权。

在实际操作中,建议企业在董事会下设立一个决策机构,比如商业秘密管理委员会,由各职能部门根据需要在商业秘密管理委员会内设立评审小组。这些小组可以由部门负责人和法务人员共同组成,负责收集和整理技术信息及经营信息。

企业的最高管理者应担任商业秘密合规管理的第一责任人,并在商业秘密管理委员会中承担以下职责:

(1)制定与企业知识产权战略一致的商业秘密保护方针;

(2)确立商业秘密保护和应用目标,并确保其在企业内得到执行;

(3)明确各部门与商业秘密管理委员会之间的职责和权限,保证二者沟通畅通;

(4)确保合理分配资源以支持合规管理;

(5)实施管理评审,确保合规管理体系的有效性。

具体地,商业秘密管理委员会的职责重点包括:

第一,关注法律法规变化,识别与预警合规风险;

第二,制定详细的秘点管理方案,并根据企业发展动态更新秘点筛选和分级方案;

第三,参与对重要商业伙伴的合规尽职调查和定期评价;

第四,指导各部门实施合规工作,提供合规咨询和组织合规认证;

第五,开展合规检查与考核,评估制度和流程的合规性,推动违规整改和持续改进;

第六,将合规责任纳入岗位职责和员工绩效管理;

第七,建立合规绩效考核指标,监控和衡量合规绩效;

第八,建立合规举报管理体系,受理举报,组织调查,并提出处理建议。

通过这样的组织架构和职责划分,企业能够确保商业秘密得到有效保护,同时能促进合规管理体系的高效运转。

(三)体系策划工作

重点包括秘点的分级管理、人员管理以及商业秘密载体管理三个方面的工作,具体而言:

1. 秘点管理

秘点管理是建立商业秘密评估和管理机制的核心,主要包括信息筛选、秘点切割、秘点分级、设定保密期限、配权与流转以及维护更新等环节。

(1)信息筛选:信息筛选是秘点管理的第一步,旨在通过评估商业秘密的经济价值,确定其保护的必要性。筛选依据包括以下几个方面。

①与主营业务的关联程度:商业秘密应与企业的核心业务紧密相连,直接影响企业的市场竞争力;

②泄露后的影响评估:需考虑信息泄露对企业的潜在损害,包括市场份额的丧失、技术优势的削弱等;

③市场地位与技术先进性:评估企业在行业中的地位及其技术的领先程度,以判断信息的保护价值;

④研发成本与合同价格:分析信息的研发投入及其在市场中的定价,进一步确认其商业价值。

在信息筛选过程中,企业应定期或不定期对经营活动中产生的各类信息进行分析,这类信息包括战略规划、管理办法、商业模式、财务信息等。同时,技术信息如设计、程序、产品配方等也应纳入评估范围。

从筛选依据出发,重点评估商业秘密的经济价值,考虑其与企业主营业务的关联程度、泄露后对于企业的影响、现阶段的市场地位、技术先进性及潜在的发展前景、研发成本、合同价格等;定期或不定期对经营活动中产生的战略规划、管理办法、商业模式、改制上市、并购重组、产权交易、财务信息、投融资决策、产购销策略、资源储备、客户信息、招投标事项等经营信息,以及设计、程序、产品配方、制作工艺、制作方法、技术诀窍等技术信息进行分析。

(2)秘点切割。秘点切割是信息筛选的进一步细化,旨在将信息模块化,以便于管理。切割原则为"小而全",即信息模块应尽量小,但必须涵盖全面的信息数据。例如,一个项目文件中涉及硬件信息、软件信息、供应商信息等,每个具有保密成分的信息都应单元化处理,确保各个单元之间无重合。通过标签化和网格化管理,企业可以设置不同的阅读门槛,减少信息的直接暴露风险。

(3)秘点分级。在秘点分割之后,企业可以根据秘点的重要性对秘点进行分级,主要目的在于便于管理,可以对不同级别的秘点所对应的调取和审批工作进行不同的流程设计。从合规管理标准的视角出发,至少应该将密级划分为核心级、重要级和一般级,其中核心级主要针对泄露会使企业的主营业务及核心利益遭受特别严重的损害的信息;重要级针对泄露会使企业利益遭受严重损害的信息;一般级只针对泄露会使企业利益遭受损害的信息。当然企业也可以根据研发投入的比例以及对市场走向的分析和评判来制定多维度的分级标准。

同时,为了防范他方权利的影响,企业对新形成的商业秘密的来源要进行充分的审查,必要时需要相关提供人员签署来源声明。

(4)设定保密期限。商业秘密的保护信息在法律上并无时间限制,但企业应结合技术成熟度、市场需求和潜在价值设定保密期限。例如,对于核心级秘点,企业可以考虑将其中更贴近市场需求的信息申请专利,以获得10~20年的独占保护期。通过这种方式,企业可以在保护其他秘点的前提下,利用专利获取资金和市场测试。

(5)配权与流转。配权与流转在密级划分后,企业需根据商业秘密的内容和密级确定主责部门、接触范围及流转要求。对于涉及商业秘密的文件,企业应通过书面审核流程或带有时间戳的电子审核流程进行控制。此外,必要时企业可将涉密载体委托具有社会公信力的第三方机构进行存证,以确保信息的安全性。针对不同商业秘密及其流转要求,企业应明确采取必要的技术措施,包括软硬件加密、物理空间隔离等,并保留实施技术措施的证据。同时,对于同业股东行使知情权获取公司商业秘密的情况,企业应调查其获取目的,并评估是否可能造成企业合法利益损失。

(6)维护更新。企业应定期对商业秘密进行维护,并及时向接触商业秘密的相关人员传达更新信息,保存传达记录。在重大经营活动或项目的重要节点,企业应及时开展商业秘密的遴选工作,动态更新商业秘密的内容,以适应市场和技术的变化。

2.人员管理

在商业秘密管理中,人员管理是至关重要的一环,涵盖了从招聘到离职的整个员工生命周期,确保企业商业秘密的安全性。以下是针对各阶段的具体管理措施建议。

(1)招聘环节

在招聘过程中,企业必须对应聘者进行严格的保密义务审查,以确保他们不会违反前雇主的保密协议或竞业限制。

具体招聘管理措施包括:

①保密义务审核:审核待录用员工与原单位之间的保密协议,确保其未违反前雇主的保密义务或竞业限制;

②背景调查:针对高管、核心涉密人员及有直接竞争关系的企业的员工,进行详细的背景调查并保留相关记录;

③竞业限制协议:要求核心涉密人员签署竞业限制协议;

④保密提醒与承诺:提醒应聘者不得将前雇主的商业秘密带入企业,并保留提醒或承诺记录;

⑤劳动合同条款:在劳动合同中明确商业秘密的内容和范围、保密义务、奖惩措施、试用期、岗位调整机制、监督和检查权利、竞业限制及经济补偿等条款;

(2)试用期环节

试用期是员工对企业文化和保密制度适应的重要阶段,建议采取以下措施:

①接触范围限制:不安排新员工参与重要机密会议或核心研发任务,限制其对商业秘密的接触范围。

②保密培训:对新员工进行保密培训,并保留培训记录。

(3)在职期间

在职期间,企业需持续管理员工的商业秘密接触权限,并确保保密制度的有效执行。具体的管理建议包括:

①涉密岗位/人员清单:建立涉密岗位/人员清单,并根据商业秘密、接触范围、岗位变化进行动态更新。

②定期培训与考核:对涉密人员进行定期保密培训和考核,并保存相关记录。

③岗位变动管理:对岗位变动员工接触的商业秘密进行统计备案,必要时签署保密协议,并清退原岗位保管和使用的涉密设备与载体。

④业务内容审核:定期对在职员工的业务内容进行审核或要求员工进行自查。

(4)离职环节

离职环节的管理至关重要,为确保商业秘密不被泄露,提出以下建议措施:

①脱密期设定:根据预离职员工的涉密等级,提前设定脱密期并进行岗位调整,确保其不再接触商业秘密。

②资料返还与设备登记:要求员工返还在职期间取得的商业秘密资料,并登记涉密电脑、网络系统、电子邮件等信息化设备,解除绑定的个人手机号码等。

③面谈与保密义务重申:与离职人员进行面谈,重申离职后的保密义务及竞业限制条款,并告知泄密可能导致的法律责任。

④竞业限制执行:必要时,对核心涉密人员执行竞业限制协议。

⑤记录保留:保留离职面谈、交接、协议等的相关记录。

3. 载体管理

针对涉密载体的管理,有以下建议。

(1)设备与场所管理

①选择安全保密的场所或位置来保存涉密载体,并通过物理隔离来增强其安全性;

②设定专人负责管理涉密设备和载体；

③为涉密设备和载体配备信息加密系统和员工权限管理系统，以限制信息的存储和复制；

④在涉密设备和载体上设置明显的保密提醒，并在必要时使用隐藏式标记；

⑤对涉密载体的收发、流转、复制等操作进行严格的审批和登记，确保操作的合规性。

(2)持续记录与监督

①保留涉密载体在保存、收发、复制、传递、使用等过程中的所有记录；对于需要维修或销毁的涉密设备和载体，进行定期的清查和核对；

②在外部人员维修涉密设备时，指定专人进行全程现场监督；

③在涉密设备和载体报废和销毁时，履行审批、清点、登记等手续，并确保销毁的信息无法被还原，保留销毁过程的记录。

(3)涉密区域管理

①通过设置明显的警示标志和采取警报、安防、门禁等措施，将涉密区域与普通区域区别开来；

②限制来访人员的活动范围和行为，建立保安系统和来访人员管理制度，并对访问记录进行保留；

③必要时，采取网络隔离措施以阻断未经授权的信息流动。

**(四)运行、评估及更新工作**

与传统的企业专项合规建设工作不同，商业秘密合规体系建设的有效性主要体现在两个方面，一方面是商业秘密合规体系建设作为企业知识产权管理的前端工作，有助于捋顺企业的知识产权管理、运用和保护工作；另一方面是商业秘密合规体系建设通过定期的评估论证和更新迭代，不断促进企业的技术创新，优化知识产权的成果转化。

商业秘密管理委员会作为核心议事机构，可以根据秘点本身的经济效益调整保密信息流转的限制，同时在秘点的收集方面，可以讨论出台企业商业秘密指引，以指导员工在日常工作中准确识别商业秘密信息，引导员工遵守企业的相关知识产权保护规章制度，也可以制定不同力度的激励措施，鼓励员工在工作中敢于创新、勇于创新，做好企业的知识产权积累。

在制定和执行商业秘密合规管理评估和更新工作方面，可以考虑以下关键要素：

1. 准确收集执行合规管理的情况，包括员工对商业秘密的识别，部门负责人以及商业秘密管理委员会对于秘点的分类、存储、使用和传播等各个环节的监控。

2. 结果评估：评估的核心在于将执行情况与企业合规目标之间进行对比。如果执行情况达成了合规目标，那么复盘应聚焦于从成功的合规管理执行中提取经验；如果执行情况未达到合规目标，则复盘应聚焦于找出问题、反思并寻求提升。

3. 原因分析：原因分析需要合理地将主客观因素相结合，不能孤立来看。例如，对于员工未遵守企业合规管理规定的情况，需要通过平等对话等方式探究其背后的原因是个人疏忽、培训不足，还是规则本身的不合理性。

4. 寻找规律：这是复盘过程中至关重要的一步，它为合规管理规定的调整提供了依据。合规工作在实际操作中是一种重复发生的单点事件的组合，在进行规律寻找的时候可以考虑把它们总结为清单。

5. 迭代更新：在完成上述步骤后，企业或其合规团队应根据复盘数据进行新的合规设计。这可能包括对现有制度的“打补丁”或升级，以解决发现的问题。在设计新的解决方案时，应尽量征求全体员工的意见，尤其是那些提出问题的员工的意见。

以上便是对企业商业秘密合规管理体系建设的相关建议，通过该些规则的设置不难发现，商业秘密合规管理是企业知识产权战略的核心组成部分，通过建立有效的商业秘密合规体系，企业不仅能够保护其商业秘密，还能够促进技术创新和知识产权成果的转化。然而,这一过程需要企业不断地评估、论证和更新其合规管理措施,以应对不断变化的市场环境和内部挑战,通过持续的努力和创新,企业可以确保其商业秘密得到有效的保护,从而在激烈的市场竞争中保持优势。

## 四、具体案件合规思路展示

笔者团队之前参与办理了一起知识产权的合规管理体系建构案件,该企业是由于已经涉及犯罪且其负责人被判处缓刑,担心再次触犯刑事犯罪,因而希望建立自己的合规管理体系,以加强对企业的管理,提升企业的竞争力。

### 一、甲公司基本情况

甲公司成立于2015年4月10日,注册资本为150万元人民币,甲公司员工及相关从业人员包括产线工人在内共计51人(其中参保员工20人)。甲公司经营范围为包装装潢印刷品印刷(现公司生产的产品主要为热转印膜)。

甲公司着力于热转印膜生产的市场定位,经过不懈的技术创新和工艺改进,甲公司成功研制出了色彩鲜艳、适配度高、离型顺畅的热转印膜,因此逐渐赢得了客户的信赖和好评。从2017年开始,通过市场调研,甲公司率先研发出了适用于连管美缝剂的热转印膜,解决了传统印刷工艺无法满足新型美缝剂产品结构的问题。同时由于业务的及时切入,加之甲公司产品工艺带来的质量保证,甲公司在美缝剂热转印膜这一细分领域处于行业领先地位。甲公司曾经连续三年获得了中国陶瓷工业协会瓷砖美缝技术专业委员会的多项荣誉和认证,是美缝行业的优秀供应商。

近年来,甲公司完成了基础技术和业务的积累,发展步伐加快。自2018年以来,甲公司的销售额开始稳步上升,疫情三年甲公司虽受一定影响,但仍团结一致,渡过难关。近三年来,甲公司运行平稳,即使受到疫情等因素影响,年销售额也均能保持在2000万元以上。其中,2020年度销售额约2700万元,2021年度销售额约2100万元,2022年度销售额约2000万元。疫情平稳后,甲公司加大投入,花费465万元购买新设备,额外增加两条产线,以提升产值和效益。

同时，甲公司还引进了先进的RTO有机废气蓄热氧化炉设备（花费150万元），保证了废气排放达标，积极响应国家的绿色发展理念。

甲公司现组织架构图如下：

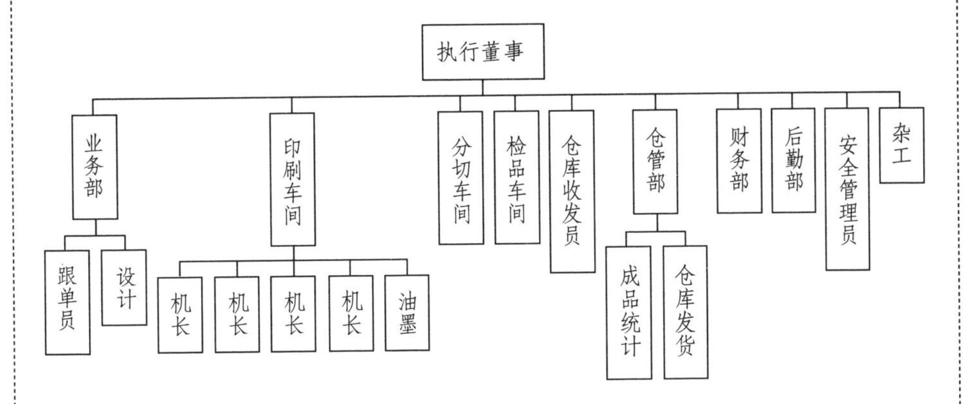


## 二、甲公司涉及刑事犯罪的风险分析

### （一）基本案情

2022年2月至4月，甲公司业务员J在未得到"德高"注册商标权利人授权的情况下，承接印制"德高"美缝剂热转印膜业务。甲公司负责人G后期在得知此业务并知晓客户未能提供"德高"注册商标权利人的授权这一情况后，考虑到甲公司已从客户处收取费用并投入生产，为减少损失而允许继续生产并销售该批次"德高"美缝剂热转印膜，累计数量达104万套，销售金额为199,532元，非法获利21,560元。

在前述批次"德高"美缝剂热转印膜销售完后，甲公司负责人G得知业务员J仍在继续承接类似业务时，及时制止并要求J退回定金，及时终止了相关犯罪行为。

### （二）涉罪原因分析

1. 甲公司员工法律意识淡薄

甲公司关键岗位员工（业务员）商标意识薄弱、法律意识淡薄，将追求业务成交量放在第一位，在接单时未重视商标授权的实质性审查；甲公司负责人在面对合法合规生产与减少损失的选择时，优先选择了减少损失，法律认知不足。

2. 甲公司运营监管缺位

甲公司对于相关业务接单是否合法合规,完全依赖于业务员,公司内部监管缺失。首先,从外部对接层面看:与客户的接触、审查客户是否有商标所有权人的授权,完全依赖于业务员一人。其次,从内部衔接层面看:接单后公司内部无须审查即可直接对接生产,生产完成后业务员也可直接安排发货,整个流程中各环节均是公司配合业务员工作,但对业务员工作的合法合规性缺乏监管。

3.“知识产权保护”风险防范机制不健全

甲公司在整个业务流程中经过多道流程:业务员接单→生产(印刷、分切)→成品检测→成品统计、入库→仓管发货,多道流程中均有机会关注公司的生产、销售行为是否合法合规,但公司未对相关工作人员进行培训,多道流程上的工作人员均缺乏合规意识,公司内部缺乏知识产权保护风险防范机制,从而导致相关违法违规行为的发生。

**三、合规整改初步方案**

(一)意识层面

1. 公司管理层及相关员工进行合规承诺

公司负责人在公司内部以公开方式作出创造和培养合规文化的承诺和表率,并确保合规计划在全体员工中得到明确的传达及有效执行。公司管理层及关键岗位员工出具书面承诺,承诺公司建立并有效运行知识产权专项合规制度,对公司在开展业务过程中再次发生的类似违法违规行为承担具体责任,并明确说明违反承诺的惩罚措施。

2. 进行知识产权合规内部培训,提升全员合规意识

将知识产权合规培训纳入员工培训计划,培训内容包含知识产权合规相关的法律法规和规章制度,如《商标法》及其实施条例,《关于审理商标民事纠纷案件适用法律若干问题的解释》《驰名商标认定和保护规定》《集体商标、证明商标注册和管理办法》《关于办理侵犯知识产权刑事案件具体应用法律若干问题的解释》等。

（二）制度层面

1. 完善公司内部治理结构——设立知识产权合规专员

甲公司将设立知识产权合规专员，其在公司组织架构中的权重仅次于执行董事，负责监督公司整体业务流程中所涉及的知识产权相关授权风险问题，具有针对知识产权问题随时向执行董事进行报告的权力，且对相关工作人员的考核需听取知识产权合规专员的意见，其意见将作为奖惩员工的重要依据。

2. 建立健全知识产权合规制度体系

（1）建立业务知识产权合规全流程操作指引。

操作指引明确整个业务流程［业务员接单→生产（印刷、分切）→成品检测→成品统计、入库→仓管发货］中各环节工作人员在知识产权合规层面的注意事项，明确各环节工作人员的作为清单。

（2）建立健全知识产权侵权风险防范和管控制度。

知识产权合规专员负责对公司业务中相关商业标志的使用内容及使用方式进行审核，对相关侵权风险予以识别和管控。在关键的业务流程板块设置合规审核标识点，以确保每一笔订单的接入、生产和售出都能有与之对应的授权标识，保持合规管控和生产效率并重。

（3）设立风险举报机制。

同时公司将实行24小时举报机制，开放电话举报、意见箱、匿名信等多种举报途径，并对举报人进行严格的保护和奖励落实。对于举报事项，公司将及时查证，以知识产权专员为牵头人员组建工作组，工作组及时将举报情况进行反馈。

**（三）文化层面：建立宣传知识产权合规管理的制度**

建立常态化宣传制度，除制度上墙、在主要位置设立宣传标语外，通过线下培训、线上宣传等多种方式宣传和倡导合规要求，提倡合规风气。形成全体员工认识、尊重和保护知识产权的氛围，将知识产权合规逐步发展为公司文化的重要组成部分，让合规管理常态化。

**四、预期效果**

**通过本次知识产权专项合规,全面排查相关知识产权领域的合规风险,并完善相关制度,防范类似风险的发生,提升甲公司治理的规范性,助力甲公司的长远发展。具体效果将体现于以下几个方面。**

(一)对涉案知识产权合规风险的有效识别、控制

在制度建构上,甲公司通过制定相关制度及风险清单,建立知识产权风险识别、分析、处置对应的基本制度架构,并组织相关工作人员进行学习培训,以增强相关员工对知识产权合规风险的识别和控制能力。

(二)对违法违规行为涉及的人员及时处理

在本次案件中,违法行为发生后,甲公司将下定决心对相关人员进行处理(免职或调岗)。通过处理涉案人员,不仅强化了企业管理层的法律意识,也让全体员工认识到了知识产权合规的重要性,用实例教育、警示了全体员工。

(三)知识产权专项合规管理机构或者管理人员的合理配置

在制度建构上,将确定甲公司知识产权合规专员的具体职责,完善甲公司知识产权专项合规组织架构,并对此组织架构下相关人员的职责进行明确规定,以防范出现职权不明、互相推诿、监督者缺位的情况,为甲公司环保专项合规提供有力的组织保障。

(四)监测、举报、调查、处理机制的正常运行

在制度建构上,将通过知识产权合规专员日常的合规风险排查、公司内部自查、企业负责人日常管理监督、员工举报等多种方式监测知识产权违规风险,为进一步防范甲公司知识产权领域风险提供保障。

(五)形成长效机制和合规文化

甲公司将组织全体员工签署知识产权合规承诺书,并组织开展合规培训,同时通过知识产权合规制度、流程上墙等举措,营造良好的知识产权合规氛围。此外,甲公司决定形成知识产权合规长效机制,持续更新知识产权合规风险清单、建立常态化培训机制,以进一步巩固并提升此次知识产权专项合规的成果。

# 第五节　ESG 与医疗领域之风险防控及合规思路展示

## 一、医疗行业 ESG 评级现状

越来越多的医疗企业参与了 ESG 的评级，出具了自己的 ESG 报告，根据 MSCI 出具的 ESG 评级标准可以发现，其对于医疗行业的评级权重主要分为以下几个层面（见表 2－1－17）：

表 2－1－17　ESG 评级标准对医疗行业的评级权重、分层

| 环境（9.4%） | 社会（57.4%） | 公司治理（33.3%） |
| --- | --- | --- |
| 有毒排放、废弃物 | 产品安全与质量 | 企业治理与企业行为 |
| 水资源短缺 | 人力资本开发 | |
| | 医疗保健服务可得性 | |
| | 化学安全 | |

根据中央财经大学绿色金融国际研究院的报告，2022 年医疗保健行业内上市公司 ESG 评级情况呈正态分布，大部分企业（约 53.21%）的评级集中在 B 级与 C 级，综合表现中等，其中 30.43% 的企业评级在 B 级区间内；23.81% 的企业评级在 A 级，但仅有 4.35% 企业评级为 A＋；22.98% 的企业 ESG 评级较为落后。从具体维度来看，医疗保健行业上市公司 ESG 各维度评级分布情况较为平均。总体而言，医疗保健行业内 ESG 领军企业仍较少，企业 ESG 能力与发展水平可进一步提升。但是商道咨询统计，2020 年至 2023 年，中国医药企业的 MSCI ESG 评级呈现向前迈进的趋势，领先水平（AAA 级、AA 级）企业占比连续 3 年持续上升、平均水平（A 级、BBB 级、BB 级）与落后水平（B 级、CCC 级）企业占比均呈现连续 3 年下降。其中，已有 2 家医药行业上市公司进入最高等级 AAA 级，分别是药明生物和丽珠集团。

在不同的 ESG 评级机构中考量的公司治理都占据了较高的比重，公司治理层

面主要考察治理解雇的完善性，其中包括企业股东治理，董事、监事、高级管理人员治理，组织架构合理性等方面，同时还考量法律风险发生之高低。也就是说，企业的治理体系之完善程度能够有效提升企业评级，增强企业的竞争力，不仅可以获得国内城市的地方政策扶持，还可以为企业“走出去”进行助力。

## 二、医疗领域涉及的主要合规风险

医疗领域主要存在的风险也集中在刑事领域、行政领域及民事赔偿领域。

### （一）刑事领域的风险分析

刑事领域最为突出的风险主要体现在商业贿赂领域，包括向医疗机构、医务人员等进行不正当利益输送，输送的方式包括违规输送劳务费（医药企业向医生支付过高的讲课费或其他服务费用以换取产品推广）、违规捐赠、学术会议赞助、“二次议价”（在招投标结果公示后，医药企业与医院进行私下议价，如给予返利或额外提供产品或服务）、违规提供招待和赠礼等；同时在招投标方面可能会存在串通投标的风险；而在日常运营中单位和个人还需要严格按照医疗相关规定进行操作，否则会触犯医疗事故及保险诈骗等犯罪。

1. 个人可能涉嫌的罪名及量刑标准

在我国现行法律框架下，个人在医疗领域涉及商业贿赂的罪名见表2－1－18：

**表2－1－18　个人在医疗领域涉及商业贿赂的罪名**

| 序号 | 罪名 | 对个人的主刑范围 | 对个人的附加刑范围 | 主要对应法条 |
|---|---|---|---|---|
| 1 | 非国家工作人员受贿罪 | 1. 数额较大（6万～100万元）的：3年以下有期徒刑或者拘役<br>2. 数额巨大的(100万元以上)：3年以上10年以下有期徒刑<br>3. 数额特别巨大的：10年以上有期徒刑或者无期徒刑 | 犯此罪并处罚金 | 《刑法》第一百六十三条 |

续表

| 序号 | 罪名 | 对个人的主刑范围 | 对个人的附加刑范围 | 主要对应法条 |
| --- | --- | --- | --- | --- |
| 2 | 对非国家工作人员行贿罪 | 1.数额较大的(6万~200万元):3年以下有期徒刑或者拘役<br>2.数额巨大的(200万元以上):3年以上10年以下有期徒刑 | 犯此罪并处罚金 | 《刑法》第一百六十四条 |
| 3 | 受贿罪 | 1.数额较大(3万~20万元)或者有其他较重情节的:3年以下有期徒刑或者拘役<br>2.数额巨大(20万~300万元)或者有其他严重情节的:3年以上10年以下有期徒刑<br>3.数额特别巨大(300万元以上)或者有其他特别严重情节的:10年以上有期徒刑或者无期徒刑<br>4.数额特别巨大(300万元以上),并使国家和人民利益遭受特别重大损失的:处无期徒刑或者死刑 | 1.数额较大或者有其他较重情节的:并处罚金<br>2.数额巨大或者有其他严重情节的:并处罚金或者没收财产<br>3.数额特别巨大或者有其他特别严重情节的:并处罚金或者没收财产<br>4.数额特别巨大,并使国家和人民利益遭受特别重大损失的:并处没收财产 | 《刑法》第三百八十三条、第三百八十五条、第三百八十六条 |
| 4 | 利用影响力受贿罪 | 1.数额较大或者有其他较重情节的:3年以下有期徒刑或者拘役<br>2.数额巨大(20万~300万元)或者有其他严重情节的:3年以上7年以下有期徒刑<br>3.数额特别巨大(300万元以上)或者有其他特别严重情节的:处7年以上有期徒刑 | 1.数额较大或者有其他较重情节的:并处罚金<br>2.数额巨大或者有其他严重情节的:并处罚金<br>3.数额特别巨大或者有其他特别严重情节的:并处罚金或者没收财产 | 《刑法》第三百八十八条之一 |
| 5 | 行贿罪 | 1.一般情况(3万~100万元):3年以下有期徒刑或者拘役<br>2.情节严重的(100万~500万元)或者使国家利益遭受重大损失的:3年以上10年以下有期徒刑<br>3.情节特别严重的(500万元以上)或者使国家利益遭受特别重大损失的:10年以上有期徒刑或者无期徒刑 | 1.一般情况:并处罚金<br>2.情节严重的或者使国家利益遭受重大损失的:并处罚金<br>3.情节特别严重的或者使国家利益遭受特别重大损失的:并处罚金或者没收财产 | 《刑法》第三百八十九条、第三百九十条 |

续表

| 序号 | 罪名 | 对个人的主刑范围 | 对个人的附加刑范围 | 主要对应法条 |
| --- | --- | --- | --- | --- |
| 6 | 对有影响力的人行贿罪 | 1. 一般情况(3万~100万元):3年以下有期徒刑或者拘役<br>2. 情节严重的(100万~500万元)或者使国家利益遭受重大损失的:3年以上7年以下有期徒刑<br>3. 情节特别严重的(500万元以上)或者使国家利益遭受特别重大损失的:7年以上10年以下有期徒刑 | 1. 一般情况:并处罚金<br>2. 情节严重的或者使国家利益遭受重大损失的:并处罚金<br>3. 情节特别严重的或者使国家利益遭受特别重大损失的:并处罚金 | 《刑法》第三百九十条之一 |
| 7 | 对单位行贿罪 | 1. 一般情况:3年以下有期徒刑或者拘役<br>2. 情节严重的:3年以上7年以下有期徒刑 | 并处罚金 | 《刑法》第三百九十一条 |

2. 单位可能涉嫌的罪名及量刑标准

在我国现行法律框架下,单位在医疗领域涉及商业贿赂的罪名见表2-1-19:

**表2-1-19 单位在医疗领域涉及商业贿赂的罪名**

| 序号 | 罪名 | 对单位的刑罚范围 | 对其直接负责的主管人员和其他直接责任人员的刑罚范围 | 主要对应法条 |
| --- | --- | --- | --- | --- |
| 1 | 对非国家工作人员行贿罪 | 罚金 | 数额较大的(6万~200万元):处3年以下有期徒刑或者拘役<br>数额巨大的(200万元以上):处3年以上10年以下有期徒刑 | 《刑法》第一百六十四条 |
| 2 | 单位受贿罪 | 罚金 | 1. 情节严重的(10万元以上):处5年以下有期徒刑或者拘役<br>2. 情节特别严重的:处3年以上10年以下有期徒刑 | 《刑法》第三百八十七条 |
| 3 | 对有影响力的人行贿罪 | 罚金 | 一般情况(个人行贿数额3万元以上,单位行贿数额20万元以上):处3年以下有期徒刑或者拘役,并处罚金 | 《刑法》第三百九十条之一 |

续表

| 序号 | 罪名 | 对单位的刑罚范围 | 对其直接负责的主管人员和其他直接责任人员的刑罚范围 | 主要对应法条 |
|---|---|---|---|---|
| 4 | 对单位行贿罪 | 罚金 | 1. 一般情况(个人行贿数额在10万元以上;单位行贿数额在20万元以上):处3年以下有期徒刑或者拘役,并处罚金<br>2. 情节严重的:处3年以上7年以下有期徒刑 | 《刑法》第三百九十一条 |
| 5 | 单位行贿罪 | 罚金 | 1. 情节严重的(20万元以上):处3年以下有期徒刑或者拘役,并处罚金<br>2. 情节特别严重的:处3年以上10年以下有期徒刑,并处罚金 | 《刑法》第三百九十三条 |

### (二)行政领域风险分析

医疗领域的行政风险主要涉及以下几个方面:

1. 企业资质领域存在风险

资质领域存在的风险包括医疗机构的资质风险及医疗人员的资质风险两个领域。首先,医疗机构的资质风险可以从以下几个方面进行分析:第一,无证执业。即未取得《医疗机构执业许可证》擅自执业的,其面临的行政处罚风险包括:由县级以上卫生健康主管部门责令其停止执业活动,没收非法所得和药品、器械,并可以根据情节处以1万元以下的罚款。第二,出卖、转让、出借《医疗机构执业许可证》。其面临的行政处罚风险是由县级以上卫生健康主管部门没收非法所得,并可以处以5000元以下的罚款;情节严重的,吊销其《医疗机构执业许可证》。第三,有资质但是超出范围。其面临的行政风险是由县级以上卫生健康主管部门予以警告、责令其改正,并可以根据情节处以3000元以下的罚款;情节严重的,吊销其《医疗机构执业许可证》。其次,人员层面存在的资质风险,即使用非卫生技术人员从事医疗卫生技术工作。该行为面临的行政风险为由县级以上卫生健康主管部门责令其限期改正,并可以处以5000元以下的罚款;情节严重的,吊销其《医疗机构执业许可证》。

2. 对病历本身保管不善存在风险

实践中经常出现医疗机构未能按照相应的法律规定及行业规定对病历进行保管,甚至存在医疗机构篡改、伪造、隐匿、毁灭病历资料的情形,而一旦出现上述情形,对直接负责的主管人员和其他直接责任人员,由县级以上人民政府卫生主管部门给予或者责令给予降低岗位等级或者撤职的处分,对有关医务人员责令暂停6个月以上1年以下执业活动;造成严重后果的,对直接负责的主管人员和其他直接责任人员给予或者责令给予开除的处分,对有关医务人员由原发证部门吊销执业证书;构成犯罪的,依法追究刑事责任。

3. 宣传领域不合规

医疗领域的广告不仅要遵循《广告法》的规定,还需要遵循医疗行业的《医疗广告管理办法》的相关规定。一旦违反相关规定则按照《医疗广告管理办法》第二十二条规定:"工商行政管理机关对违反本办法规定的广告主、广告经营者、广告发布者依据《广告法》、《反不正当竞争法》予以处罚,对情节严重,造成严重后果的,可以并处一至六个月暂停发布医疗广告、直至取消广告经营者、广告发布者的医疗广告经营和发布资格的处罚。法律法规没有规定的,工商行政管理机关应当对负有责任的广告主、广告经营者、广告发布者给予警告或者处以一万元以上三万元以下的罚款;医疗广告内容涉嫌虚假的,工商行政管理机关可根据需要会同卫生行政部门、中医药管理部门作出认定。"而该法规定的医疗广告的范围根据其第六条第一款的规定:"医疗广告内容仅限于以下项目:(一)医疗机构第一名称;(二)医疗机构地址;(三)所有制形式;(四)医疗机构类别;(五)诊疗科目;(六)床位数;(七)接诊时间;(八)联系电话。"而医疗广告的禁止性事项根据其第七条的规定:"医疗广告的表现形式不得含有以下情形:(一)涉及医疗技术、诊疗方法、疾病名称、药物的;(二)保证治愈或者隐含保证治愈的;(三)宣传治愈率、有效率等诊疗效果的;(四)淫秽、迷信、荒诞的;(五)贬低他人的;(六)利用患者、卫生技术人员、医学教育科研机构及人员以及其他社会社团、组织的名义、形象作证明的;(七)使用解放军和武警部队名义的;(八)法律、行政法规规定禁止的其他情形。"而医疗广告的发布需要经过特定的审核,具体而言需要遵循以下程序:第一,材料层面，需要向其所在地省级卫生健康主管部门申请，并提交以下材料：(1)《医疗广告审查申请表》；(2)《医疗机构执业许可证》副本原件和复印件，复印件应当加盖核发其《医疗机构执业许可证》的卫生行政部门公章；(3)医疗广告成品样件。电视、广播广告可以先提交镜头脚本和广播文稿。中医、中西医结合、民族医医疗机构发布医疗广告，应当向其所在地省级中医药管理部门申请。第二，审查层面：对审查合格的医疗广告，省级卫生健康主管部门、中医药管理部门发给《医疗广告审查证明》，并将通过审查的医疗广告样件和核发的《医疗广告审查证明》予以公示；对审查不合格的医疗广告，应当书面通知医疗机构并告知理由。第三，时效层面：《医疗广告审查证明》的有效期为1年，到期后仍需继续发布医疗广告的，应重新提出审查申请。

上述行政风险不仅会造成直接损失，即罚款、没收违法所得、吊销执业许可证等行政处罚，还会对医疗机构的声誉和正常运营造成严重影响。

#### （三）民事领域的风险分析

民事领域的风险主要涉及的是医疗侵权行为发生时需要承担的民事赔偿责任，广义的民事赔偿责任也包括医疗事故案件中的刑事附带民事赔偿责任。根据《民法典》的相关规定，医疗损害责任的赔偿范围包括医疗费、误工费、护理费、住院伙食补助费、营养费、残疾赔偿金、死亡赔偿金等。

## 第六节　ESG与数据行业风险防控及合规思路分析

### 一、数据行业的治理与ESG的现状梳理

在国际社会上对于大数据的保护一直比较重视，其中最为知名的就是Facebook的案例。2015年4月，美国有人向Facebook提起诉讼，指控Facebook在未事先通知或征得用户同意的情况下使用面部数字扫描信息，违反了伊利诺伊州《生物识别信息隐私法》(Illinois Biometric Information Privacy Act)。《芝加哥论坛报》指出，这一法律是美国同类法律中最严格的之一，它要求企业在使用面部识

别等技术识别客户前必须获得许可。Facebook曾在2020年1月同意达成5.5亿美元的和解协议，后在法官的要求下同意将赔偿金额提高到6.5亿美元。Facebook用户提交索赔申请表的截止日期是2020年11月23日。在批准令中，法院还裁定Facebook向3家集体律师事务所支付9750万美元的律师费以及915,454.37美元其他开销。根据和解协议，Facebook将把“人脸识别”的默认用户选项设置为“关闭”，并将删除所有参与集体诉讼用户的现有人脸数据（模板）与存储的数据（模板）。如果参与集体诉讼的用户在3年内没有在Facebook上开展任何活动，Facebook也将对其人脸模板进行删除。这是有史以来最大的隐私诉讼之一。

《中华人民共和国国民经济和社会发展第十四个五年规划和2035年远景目标纲要》第五篇“加快数字化发展　建设数字中国”提出，“迎接数字时代，激活数据要素潜能，推动网络强国建设，加快建设数字经济、数字社会、数字政府、以数字化转型整体驱动生产方式、生活方式或治理方式变革”。随着大数据、云计算、人工智能等信息技术的发展和与社会生活的融合，数据企业已经充斥在我们整个的生活、工作、学习当中，而数据安全等问题也越发凸显。针对数据安全保护的情况，在许多科技类公司的ESG报告中均列为重要实质性议题，例如在字节跳动2023年的ESG报告中，信息安全方面，报告强调字节跳动高度重视信息安全与隐私保护，在管理架构上成立了信息安全委员会和隐私保护工作组，在管理制度上制定了《个人信息保护安全规范》并公开发布“隐私保护五大原则”及各产品隐私保护政策。

## 二、数据违规在实务中的具体体现

我国《刑法》首先规定了“侵犯公民个人信息罪”，主要体现为违反规定向他人出售或者提供公民个人信息或者以窃取等非法手段获取公民个人信息。同时我国在2017年也施行了《网络安全法》，其强调了对个人网络信息的保护，违反相关规定可能面临停业整顿、关闭网站、吊销营业执照等处罚。因而，大数据合规对于很多企业而言也是迫在眉睫的事项。

### （一）收集数据层面违规

实务中很多应用软件都存在违规收集客户或第三者的个人信息的现象，例如未经用户同意自动开启收集地理位置、人脸信息、指纹信息、读取通讯录、启用录音、录像等功能。2018 年 11 月，中国消费者协会曾发布《100 款 App 个人信息收集与隐私政策评测报告》，显示支付宝、美图秀秀等 100 款 App 中，多达 91 款 App 列出的权限涉嫌“越界”。

例如，“ZAO”App 用户隐私协议不规范、存在数据泄露风险等网络数据安全问题，工业和信息化部网络安全管理局对北京陌陌科技有限公司相关负责人进行了问询约谈，要求其按照国家法律法规及相关主管部门要求，组织开展自查整改，依法依规收集使用用户个人信息，规范协议条款，强化网络数据和用户个人信息安全保护。抖音海外版也被美国联邦贸易委员会（FTC）罚款 570 万美元，因其非法收集儿童个人信息，违反了《儿童在线隐私保护法》。FTC 称，抖音海外版要求用户提供电子邮件地址、电话号码、用户名、姓名、个人简介和头像等资料。该应用还允许用户通过评论视频和发送直接信息与他人互动。此外，用户账号默认是公开的，这意味着儿童的个人资料、用户名、照片和视频可以被其他用户看到。而在美国收集 13 周岁以下儿童的信息是应当征得其家长同意的。

### （二）保存数据层面违规

企业对已经收集、存储的信息必须尽到安全保护义务，一旦因为企业过错造成用户数据的泄露，企业也需要承担相应的责任。造成数据泄露可能是因为企业自身数据安全保护系统存在漏洞，导致其自身被攻击、侵入、干扰和破坏，使数据大面积的泄露；也可能是因为企业员工故意或过失泄露用户数据。据 2018 年有关部门公布的数据来看，超过 5000 起数据泄露的根源来自内部安全漏洞，这一数据远远超过了黑客攻击，成为数据泄露的主要原因。

例如东航和去哪儿网的用户隐私泄露事件。2014 年 10 月，庞某委托鲁某通过去哪儿网订购了 1 张泸州至北京的东航机票，去哪儿网订单详情除包括庞某的姓名及身份证号外，还包括鲁某的报销信息和尾号 1858 的手机号。同日，趣拿公司向鲁某上述手机号发送短信，说明订购的机票已出票，并提示：警惕以飞机故障、航班取消为诱饵的诈骗短信。两日后，庞某尾号 9949 的手机号收到了号码为 0085255160529 的发件人发来的短信，内容为庞某订购的上述航班由于机械故障已取消，并提供相关联系号码，要求庞某联系并为其办理改签业务。由于短信号码来源不明，鲁某致电东航客服 95530 予以核实。客服人员确认该次航班正常，并提示庞某收到的短信应属诈骗短信。对于诈骗短信为何发至庞某本人，客服人员解释称，可能订票点泄露了庞某手机号码。二审法院审理后判决趣拿公司、东航公开道歉。

又如瑞智华胜公司（以下简称瑞智华胜）非法盗取 30 亿条个人网络信息一案。2013 年 5 月，邢某在北京成立瑞智华胜。瑞智华胜通过邢某成立的其他关联公司中科云某、点智互动与运营商签订精准广告营销协议，获取运营商服务器登录许可，并通过部署 SD 程序，从运营商服务器抓取采集网络用户的登录×××数据，并将上述数据保存在运营商 Redis 数据库中，利用研发的爬虫软件、加粉软件，远程访问 Redis 数据库中的数据，非法登录网络用户的淘宝、微博等账号，进行强制加粉、订单爬取等行为，从中牟利。法院经审理后认为，瑞智华胜违反国家规定，侵入国家事务、国防建设、尖端科学技术领域以外的计算机信息系统，获取该计算机信息系统中存储、处理或者传输的数据，情节特别严重。法院依法判处瑞智华胜罚金 1000 万元；直接责任人员被判处不同的刑罚。2018 年 8 月 21 日，因非法经营行径被曝光，瑞智华胜作出紧急停牌处理，当月月底，瑞智华胜发布终止挂牌提示性公告，提示投资者公司面临摘牌风险。短短两个月后的 11 月 2 日，瑞智华胜在新三板正式摘牌。

### （三）使用数据层面违规

有的企业为了谋求自身商业利益最大化，对违规收集的消费者个人信息进行最大限度的商业利用，非法使用用户数据，严重侵害用户合法权益，具体有以下几种常见情形：移动应用软件未经用户同意，私自将设备识别信息、商品浏览记录、搜索使用习惯、常用软件应用列表等个人信息共享给第三方；强制用户使用定向推送功能，即“App 未向用户告知，或未以显著方式标示，将收集到的用户搜索、浏览记录、使用习惯等个人信息，用于定向推送或精准营销，且未提供关闭该功能的选项”,如我们手机上经常收到的精准广告投放。

## 三、数据行业涉及的刑事风险及法律分析

刑事风险依然是数据领域最为严重的风险存在,其主要会涉及以下几个领域的风险:第一,数据收集环节侵犯公民个人信息罪、非法侵入计算机信息系统罪等。第二,数据流通环节非法获取计算机信息系统数据罪、侵犯商业秘密罪、拒不履行信息网络管理义务罪等。第三,数据使用环节可能涉及侵犯公民个人信息罪等。为了方便读者阅读,笔者将刑事领域的风险进行了总结,具体参见下述表格:

### (一)个人可能涉嫌的罪名及量刑标准

在我国现行法律框架下,个人在数据行业可能涉嫌的罪名见表2-1-20:

**表2-1-20　个人在数据行业可能涉嫌的罪名**

| 序号 | 罪名 | 对个人的主刑范围 | 对个人的附加刑范围 | 主要对应法条 |
| --- | --- | --- | --- | --- |
| 1 | 非法获取计算机信息系统数据、非法控制计算机信息系统罪 | 1.情节严重的,处3年以下有期徒刑或者拘役<br>2.情节特别严重的,处3年以上7年以下有期徒刑 | 1.情节严重的,并处或者单处罚金<br>2.情节特别严重的,并处罚金 | 《刑法》第二百八十五条第二款 |
| 2 | 破坏计算机信息系统罪 | 1.后果严重的,处5年以下有期徒刑或者拘役<br>2.后果特别严重的,处5年以上有期徒刑 | — | 《刑法》第二百八十六条 |
| 3 | 侵犯公民个人信息罪 | 1.情节严重的,处3年以下有期徒刑或者拘役<br>2.情节特别严重的,处3年以上7年以下有期徒刑 | 1.情节严重的,并处或者单处罚金<br>2.情节特别严重的,并处罚金 | 《刑法》第二百五十三条之一 |
| 4 | 为境外窃取、刺探、收买、非法提供国家秘密、情报罪 | 1.一般情况:5年以上10年以下有期徒刑<br>2.情节特别严重的:10年以上有期徒刑或者无期徒刑<br>3.情节较轻的:5年以下有期徒刑、拘役、管制或者剥夺政治权利 | — | 《刑法》第一百一十一条 |

续表

| 序号 | 罪名 | 对个人的主刑范围 | 对个人的附加刑范围 | 主要对应法条 |
| --- | --- | --- | --- | --- |
| 5 | 侵犯商业秘密罪 | 1.情节严重的:3年以下有期徒刑<br>2.情节特别严重的:3年以上10年以下有期徒刑 | 1.情节严重的,并处或者单处罚金<br>2.情节特别严重的,并处罚金 | 《刑法》第二百一十九条 |
| 6 | 为境外窃取、刺探、收买、非法提供商业秘密罪 | 1.一般情况:处5年以下有期徒刑<br>2.情节严重的:处5年以上有期徒刑 | 1.情节严重的,并处或者单处罚金<br>2.情节特别严重的,并处罚金 | 《刑法》第二百一十九条之一 |

## (二)单位可能涉嫌的罪名及量刑标准

在我国现行法律框架下,单位在数据行业可能涉嫌的罪名见表2-1-21:

**表2-1-21　单位在数据行业可能涉嫌的罪名**

| 序号 | 罪名 | 对单位的刑罚范围 | 对其直接负责的主管人员和其他直接责任人员的刑罚范围 | 主要对应法条 |
| --- | --- | --- | --- | --- |
| 1 | 非法获取计算机信息系统数据、非法控制计算机信息系统罪 | 并处或者单处罚金 | 1.情节严重的:处3年以下有期徒刑或者拘役,并处或者单处罚金<br>2.情节特别严重的:处3年以上7年以下有期徒刑,并处罚金 | 《刑法》第二百八十五条 |
| 2 | 破坏计算机信息系统罪 | 罚金 | 1.后果严重的:处5年以下有期徒刑或者拘役<br>2.后果特别严重的:处5年以上有期徒刑 | 《刑法》第二百八十六条 |
| 3 | 侵犯公民个人信息罪 | 罚金 | 1.情节严重的:处3年以下有期徒刑或者拘役,并处或者单处罚金<br>2.情节特别严重的:处3年以上7年以下有期徒刑,并处罚金 | 《刑法》第二百五十三条之一 |
| 4 | 为境外窃取、刺探、收买、非法提供国家秘密、情报罪 | 可以并处没收财产 | 1.一般情况:处5年以上10年以下有期徒刑<br>2.情节特别严重的:处10年以上有期徒刑或者无期徒刑<br>3.情节较轻的:处5年以下有期徒刑、拘役、管制或者剥夺政治权利 | 《刑法》第一百一十一条、第一百一十三条 |

续表

| 序号 | 罪名 | 对单位的刑罚范围 | 对其直接负责的主管人员和其他直接责任人员的刑罚范围 | 主要对应法条 |
| --- | --- | --- | --- | --- |
| 5 | 侵犯商业秘密罪 | 罚金 | 1. 情节严重的:处3年以下有期徒刑,并处或者单处罚金<br>2. 情节特别严重的:处3年以上10年以下有期徒刑,并处罚金 | 《刑法》第二百一十九条、第二百二十条 |
| 6 | 为境外窃取、刺探、收买、非法提供商业秘密罪 | 罚金 | 1. 一般情况:处5年以下有期徒刑,并处或者单处罚金<br>2. 情节严重的:处5年以上有期徒刑,并处罚金 | 《刑法》第二百一十九条、第二百二十条 |

## 四、典型案例

### (一)非法侵入计算机信息系统犯罪

1. 具体案例

### 案例1:马某某、莫某某提供侵入、非法控制计算机信息系统程序、工具罪

#### 基本案情

2017年7月,被告人马某某雇用被告人莫某某一同开发"某索云盘搜索"网站。2018年1月,在马某某的策划和安排下,莫某某将"某索云盘搜索"网站http://t××suo233.com/开发完毕。3月,莫某某又开发了"某索云盘搜索"插件与充值会员功能,每个充值会员缴费后,可任意使用某索云盘进行搜索、自助下载和PDF转换。下载并使用"某索云盘搜索"插件的用户只要在电脑上登录百度网盘账户,该网盘账户内关于分享链接的地址和提取码将会在用户不知情且未经百度网站授权的情况下被上传到t××suo233.com的服务器。9月7日,马某某、莫某某利用"某索云盘搜索"插件非法获取第一个信息之后,以充值会员每人每月人民币7元、六个月人民币42元、一年人民币84元、永久使用人民币360元的价格

在网络上销售该款软件牟利。2018 年 9 月 7 日至 2019 年 8 月 1 日,二人共获取违法所得人民币 70,115 元。经鉴定,在安装有“某索云盘搜索”插件的浏览器中登入百度网盘账户,进入“我的分享”时,插件程序会自动将已登录网盘账户的所有分享链接的地址和提取码上传到服务器 t× ×suo233. com。

### 裁判结果

江苏省扬州经济技术开发区人民法院于 2019 年 12 月 10 日作出(2019)苏 1091 刑初 157 号刑事判决:(1)被告人马某某犯非法获取计算机信息系统数据罪,判处有期徒刑 3 年,缓刑 4 年,并处罚金人民币 10,000 元;(2)被告人莫某某犯非法获取计算机信息系统数据罪,判处有期徒刑 3 年,缓刑 3 年 6 个月,并处罚金人民币 10,000 元。宣判后,无上诉、抗诉,判决现已发生法律效力。

## 案例 2:叶某、谭某、张某非法获取计算机信息系统数据、非法控制计算机信息系统罪

——最高人民检察院第 68 号指导案例

### 基本案情

2015 年 1 月,被告人叶某编写了用于批量登录某电商平台账户的“小黄伞”撞库软件(“撞库”是指黑客通过收集已泄露的用户信息,利用账户使用者相同的注册习惯,如相同的用户名和密码,尝试批量登录其他网站,从而非法获取可登录用户信息的行为)供他人免费使用。“小黄伞”撞库软件运行时,配合使用叶某编写的打码软件(“打码”是指利用人工大量输入验证码的行为)可以完成撞库过程中对大量验证码的识别。叶某通过网络向他人有偿提供打码软件的验证码识别服务,同时将其中的人工输入验证码任务交由被告人张某完成,并向其支付费用。

2015 年 1 月至 9 月,被告人谭某通过下载使用“小黄伞”撞库软件,向叶某购买打码服务,获取到某电商平台用户信息 2.2 万余组。

被告人叶某、张某通过实施上述行为,从被告人谭某处获取违法所得共计人

民币4万余元。谭某通过向他人出售电商平台用户信息，获取违法所得共计人民币25万余元。法院审理期间，叶某、张某、谭某退缴了全部违法所得。

## 裁判结果

浙江省杭州市余杭区人民法院采纳了检察机关的指控意见，判决认定被告人叶某、张某的行为已构成提供侵入计算机信息系统程序罪，且系共同犯罪；被告人谭某的行为已构成非法获取计算机信息系统数据罪。鉴于3名被告人均自愿认罪，并退出违法所得，对3名被告人判处3年有期徒刑，适用缓刑，并处罚金。宣判后，3名被告人均未提出上诉，判决已生效。

2. 主要法律、法规、规章以及非规范性法律文件梳理

(1)《刑法》

【第二百八十五条第二款】　非法获取计算机信息系统数据、非法控制计算机信息系统罪：

违反国家规定，侵入前款规定以外的计算机信息系统或者采用其他技术手段，获取该计算机信息系统中存储、处理或者传输的数据，或者对该计算机信息系统实施非法控制，情节严重的，处三年以下有期徒刑或者拘役，并处或者单处罚金；情节特别严重的，处三年以上七年以下有期徒刑，并处罚金。

(2)最高人民法院、最高人民检察院《关于办理危害计算机信息系统安全刑事案件应用法律若干问题的解释》

【第一条】　非法获取计算机信息系统数据或者非法控制计算机信息系统，具有下列情形之一的，应当认定为刑法第二百八十五条第二款规定的"情节严重"：

(一)获取支付结算、证券交易、期货交易等网络金融服务的身份认证信息十组以上的；

(二)获取第(一)项以外的身份认证信息五百组以上的；

(三)非法控制计算机信息系统二十台以上的；

(四)违法所得五千元以上或者造成经济损失一万元以上的；

(五)其他情节严重的情形。

实施前款规定行为，具有下列情形之一的，应当认定为刑法第二百八十五条第二款规定的“情节特别严重”：

(一)数量或者数额达到前款第(一)项至第(四)项规定标准五倍以上的；

(二)其他情节特别严重的情形。

明知是他人非法控制的计算机信息系统，而对该计算机信息系统的控制权加以利用的，依照前两款的规定定罪处罚。

**(二)侵犯公民个人信息罪典型案例**

1. 具体案例

## 裘某某侵犯公民个人信息罪

——入选浙江省高级人民法院发布的侵犯公民个人信息犯罪十大典型案例

### 基本案情

2019年4月至5月，被告人裘某某利用其在某保险公司的工作便利，非法获取公民个人信息(包括车主姓名、车牌号码、车型、联系方式等)，并以5500元的价格出售给某汽车维修公司副总经理窦某某。

### 裁判结果

绍兴市越城区人民法院经审理，以侵犯公民个人信息罪判处被告人裘某某拘役4个月，缓刑8个月，并处相应罚金；非法获利予以没收。

### 典型意义

保险公司、银行、快递、外卖平台等服务性行业在提供服务的过程中能轻易获取大量客户个人信息，成为信息泄露的“重灾区”。该类单位、公司的个别职员为获取非法利益而违反职业道德及保密义务，将特定群体的信息贩卖给商家从中获利，给公民的个人生活及经济利益造成困扰和损害。本案中某汽车维修公司副总经理窦某某为拓展公司市场，与掌握着大量客户个人投保信息的保险公司职员裘某某相互勾结,将大量客户信息进行交易牟利,严重侵害公民的合法利益,应予严惩。

2. 主要法律、法规、规章以及非规范性法律文件梳理

(1)《刑法》

【第二百五十三条之一侵犯公民个人信息罪】 违反国家有关规定,向他人出售或者提供公民个人信息,情节严重的,处三年以下有期徒刑或者拘役,并处或者单处罚金;情节特别严重的,处三年以上七年以下有期徒刑,并处罚金。

违反国家有关规定,将在履行职责或者提供服务过程中获得的公民个人信息,出售或者提供给他人的,依照前款的规定从重处罚。

窃取或者以其他方法非法获取公民个人信息的,依照第一款的规定处罚。

单位犯前三款罪的,对单位判处罚金,并对其直接负责的主管人员和其他直接责任人员,依照各该款的规定处罚。

(2)最高人民法院、最高人民检察院《关于办理侵犯公民个人信息刑事案件适用法律若干问题的解释》

【第五条】 非法获取、出售或者提供公民个人信息,具有下列情形之一的,应当认定为刑法第二百五十三条之一规定的"情节严重":

(一)出售或者提供行踪轨迹信息,被他人用于犯罪的;

(二)知道或者应当知道他人利用公民个人信息实施犯罪,向其出售或者提供的;

(三)非法获取、出售或者提供行踪轨迹信息、通信内容、征信信息、财产信息五十条以上的;

(四)非法获取、出售或者提供住宿信息、通信记录、健康生理信息、交易信息等其他可能影响人身、财产安全的公民个人信息五百条以上的;

(五)非法获取、出售或者提供第三项、第四项规定以外的公民个人信息五千条以上的;

(六)数量未达到第三项至第五项规定标准,但是按相应比例合计达到有关数量标准的;

(七)违法所得五千元以上的;

(八)将在履行职责或者提供服务过程中获得的公民个人信息出售或者提供给他人,数量或者数额达到第三项至第七项规定标准一半以上的;

(九)曾因侵犯公民个人信息受过刑事处罚或者二年内受过行政处罚,又非法获取、出售或者提供公民个人信息的;

(十)其他情节严重的情形。

实施前款规定的行为,具有下列情形之一的,应当认定为刑法第二百五十三条之一第一款规定的"情节特别严重":

(一)造成被害人死亡、重伤、精神失常或者被绑架等严重后果的;

(二)造成重大经济损失或者恶劣社会影响的;

(三)数量或者数额达到前款第三项至第八项规定标准十倍以上的;

(四)其他情节特别严重的情形。

【第十条】 实施侵犯公民个人信息犯罪,不属于"情节特别严重",行为人系初犯,全部退赃,并确有悔罪表现的,可以认定为情节轻微,不起诉或者免予刑事处罚;确有必要判处刑罚的,应当从宽处罚。

(3)最高人民法院、最高人民检察院、公安部《关于办理电信网络诈骗等刑事案件适用法律若干问题的意见(二)》

【第五条】 非法获取、出售、提供具有信息发布、即时通讯、支付结算等功能的互联网账号密码、个人生物识别信息,符合刑法第二百五十三条之一规定的,以侵犯公民个人信息罪追究刑事责任。

对批量前述互联网账号密码、个人生物识别信息的条数,根据查获的数量直接认定,但有证据证明信息不真实或者重复的除外。

## 五、关于数据合规的基本思路

随着信息化与经济社会持续深度融合,网络已成为生产生活的新空间、经济发展的新引擎、交流合作的新纽带。

当前,以数据为新生产要素的数字经济蓬勃发展,数据的竞争已成为国际竞争的重要领域,而个人信息数据是大数据的核心和基础。虽然近年来我国个人信息保护力度不断加大,但在现实生活中,一些企业、机构甚至个人,从商业利益等出发,随意收集、违法获取、过度使用、非法买卖个人信息,利用个人信息侵扰人民群众生活安宁、危害人民群众生命健康和财产安全等问题仍十分突出。违法收集、使用个人信息等行为不仅损害人民群众的切身利益,而且危害交易安全,扰乱市场竞争,破坏网络空间秩序。在这一现实背景下,党的十九大报告提出了建设网络强国、数字中国、智慧社会的任务要求。按照这一要求,国家通过立法建立权责明确、保护有效、利用规范的制度规则,在保障个人信息权益的基础上,促进信息数据依法合理有效利用,推动数字经济持续健康发展。

党的十八大以来,全国人大及其常委会在制定关于加强网络信息保护的决定、网络安全法、电子商务法、修改消费者权益保护法等立法工作中,确立了个人信息保护的主要规则;在修改《刑法》中,完善了惩治侵害个人信息犯罪的法律制度;在编纂《民法典》中,将个人信息受法律保护作为一项重要民事权利作出规定。

同时,2021年6月10日,第十三届全国人民代表大会常务委员会第二十九次会议审议通过了《数据安全法》。该法已于2021年9月1日起施行。《数据安全法》作为我国数据安全领域的基础性法律,明确了数据安全领域内治理体系的顶层设计,通过规制数据处理活动、保障数据安全、保护个人和组织合法权益、维护国家主权和安全,引领和促进数据的开发利用,要求企业依法强化合规建设,对企业与机构的责任、义务提出了更加细致的规范和要求。其中第一章第四条明确要求应建立健全数据安全治理体系,提高数据安全保障能力。2021年8月20日,《个人信息保护法》正式发布(2021年11月1日实施)。这两部法律同《网络安全法》一起,共同构建了我国的数据治理立法框架,共同维护了网络安全和数据安全,促进了大数据产业的发展,激活了数据要素潜能,加快了经济社会发展质量变革、效率变革、动力变革。

根据现行的法律法规,从事数据收集、处理的企业及平台,应当遵守以下合规义务。

### (一)明确责任主体,设立数据合规监督部门

为了保障企业合法合规的收集、处理相关数据,企业内部必须明确各部门的

职责,除作出收集、存储、技术保护、传输等职责划分外,企业应当设置专门的数据合规监督管理部门,并将数据合规监督管理职能融入现有的企业日常运行体系中,遇有紧急情况及时向企业负责人汇报作出应急处理。同时履行以下职责:(1)制定合规监督管理规范,牵头做好数据风险识别、风险评估、风险处置等工作;(2)制定、完善数据合规计划,并推动其有效实施;(3)定期审核评估企业的数据处理行为,确保企业对内、对外活动符合数据法规的要求,并建立台账;(4)设立数据风险防范、应对、跟踪机制。

### (二)设立数据合规之基本规范及制度

从企业内部而言,必须制定自己清晰而明确的商业准则,规制员工的行为。根据法律明确规定哪些行为可为、哪些行为不可为,既树立企业的态度,又为员工提供明确的指引。企业需要根据实际情况建立一系列内部数据信息安全管理制度和操作规程,制定网络安全事件应急预案,及时处置系统漏洞、计算机病毒、网络攻击、网络侵入等安全风险。

首先,企业对于数据的处理应当遵循以下原则:第一,手段要合规,即处理个人信息应当采用合法、正当的方式。第二,范围要合规,即获取数据应当与用途相一致,处理个人信息应当具有明确、合理的目的,并应当与处理目的直接相关,采取对个人权益影响最小的方式。收集个人信息,应当限于实现处理目的的最小范围,不得过度收集个人信息。第三,遵循公开原则,即处理个人信息应当遵循公开、透明原则,公开个人信息处理规则,明示处理的目的、方式和范围。第四,遵循准确原则,即处理个人信息应当保证个人信息的质量,避免因个人信息不准确、不完整对个人权益造成不利影响。第五,遵循安全保障原则,即个人信息处理者应当对其个人信息处理活动负责,并采取必要措施保障所处理的个人信息的安全。

其次,在具体运营的过程中,应当从收集、处理、保管三个层面进行合规管理。企业应当建立集中的数据存储和使用管理机构,全权负责数据脱敏、数据安全、数据使用权限审批、数据清理等方面的制度建设和日常管理工作。

1. 数据收集层面

在数据收集层面,除了需要遵循上述基本原则,还需要遵循“告知—同意”规则:“告知—同意”规则是我国《个人信息保护法》中的一项基本规则,除非法律、行政法规另有规定,否则,处理个人信息前必须依法履行告知义务并取得个人的同意。该规则也是合法、正当、必要、目的限制、公开透明原则的具体体现。《个人信息保护法》第十三条规定:“符合下列情形之一的,个人信息处理者方可处理个人信息:**(一)取得个人的同意**;(二)为订立、履行个人作为一方当事人的合同所必需,或者按照依法制定的劳动规章制度和依法签订的集体合同实施人力资源管理所必需;(三)为履行法定职责或者法定义务所必需;(四)为应对突发公共卫生事件,或者紧急情况下为保护自然人的生命健康和财产安全所必需;(五)为公共利益实施新闻报道、舆论监督等行为,在合理的范围内处理个人信息;(六)依照本法规定在合理的范围内处理个人自行公开或者其他已经合法公开的个人信息;(七)法律、行政法规规定的其他情形。依照本法其他有关规定,处理个人信息应当取得个人同意,但是有前款第二项至第七项规定情形的,不需取得个人同意。”也就是说,获取个人的信息数据以被收集的主体同意作为原则,特殊处理作为例外,而仔细阅读不难发现例外情况多涉及社会的公共利益。这里的“同意”要求的是实质性的同意,即被获取在充分了解了相关规则及可能产生的后果之前提下作出的同意表示,因而,作为获取者必须履行充分的告知义务,所以根据《个人信息保护法》第十七条:“个人信息处理者在处理个人信息前,应当以显著方式、清晰易懂的语言真实、准确、完整地向个人告知下列事项:(一)个人信息处理者的名称或者姓名和联系方式;(二)个人信息的处理目的、处理方式,处理的个人信息种类、保存期限;(三)个人行使本法规定权利的方式和程序;(四)法律、行政法规规定应当告知的其他事项。前款规定事项发生变更的,应当将变更部分告知个人。个人信息处理者通过制定个人信息处理规则的方式告知第一款规定事项的,处理规则应当公开,并且便于查阅和保存。”同时,根据该法第十八条:“个人信息处理者处理个人信息,有法律、行政法规规定应当保密或者不需要告知的情形的,可以不向个人告知前条第一款规定的事项。紧急情况下为保护自然人的生命健康和财产安全无法及时向个人告知的,个人信息处理者应当在紧急情况消除后及时告知。”需要注意的是,个人信息的处理目的、处理方式和处理的个人信息种类发生变更的，应当重新取得个人同意。同时，注意“同意”本身可以撤回，根据该法第十五条：“基于个人同意处理个人信息的，个人有权撤回其同意。个人信息处理者应当提供便捷的撤回同意的方式。个人撤回同意，不影响撤回前基于个人同意已进行的个人信息处理活动的效力。”个人信息处理者不得以个人不同意处理其个人信息或者撤回同意为由，拒绝提供产品或者服务；处理个人信息属于提供产品或者服务所必需的除外。

2. 数据处理层面

(1)分级管理

①一般规则

《数据安全法》第二十一条第一款明确规定了国家建立数据分类分级保护制度，根据数据在经济社会发展中的重要程度，以及一旦遭到篡改、破坏、泄露或者非法获取、非法利用，对国家安全、公共利益或者个人、组织合法权益造成的危害程度，对数据实行分类分级保护。并且各地区、各部门应当按照数据分类分级保护制度，确定本地区、本部门以及相关行业、领域的重要数据具体目录。

根据等级保护有关规定，网络运营者应当依照国家法律法规规定和网络安全等级保护制度要求，建立并落实重要数据和个人信息安全保护制度；采取保护措施，保障数据在收集、存储、传输、使用、提供、销毁过程中的安全；采取技术手段，保障重要数据的完整性、保密性和可用性。因而企业应当在识别数据风险内容的基础上，根据自身运营模式、经营规模、组织体系以及市场环境，分析和评估数据风险的来源、可能发生的具体风险、可能造成的后果及严重程度等，对数据风险进行分级管理，建立数据分类分级制度。在此基础上制定符合企业实际情况的《数据合规法律风险识别手册》《数据合规风险自查清单》《数据分类分级管理制度》等成文性的文件予以宣发。同时数据合规部门应当根据风险评估结果对企业中不同部门的核心人员进行有针对性的风险提示，降低企业内部的数据风险。

②敏感信息特殊处理规则

敏感个人信息主要是指一旦泄露或者非法使用，容易导致自然人的人格尊严受到侵害或者人身、财产安全受到危害的个人信息，包括**生物识别、宗教信仰、特**

**定身份、医疗健康、金融账户、行踪轨迹等信息,以及不满14周岁未成年人的个人信息**。因此对于敏感信息按照法律规定需要遵守特殊的监管规则。获取敏感信息原则上需要单独同意。法律上提出单独同意的要求,本质上就是强制要求个人信息处理者将特定的个人信息与其他的个人信息处理活动区别开来,分别取得个人的同意,与民法中的特殊条款要做特殊提示的意思一样。此外,未成年人的信息需经监护人同意。尤其是很多的网络教育平台容易涉及该条款,《个人信息保护法》第三十一条规定:"个人信息处理者处理不满十四周岁未成年人个人信息的,应当取得未成年人的父母或者其他监护人的同意。个人信息处理者处理不满十四周岁未成年人个人信息的,应当制定专门的个人信息处理规则。"

综上所述,企业应当根据自身的情况设置具体制度,包括但不限于《个人信息保护制度》《个人信息隐私政策》《儿童个人信息保护特别制度》《儿童个人信息隐私政策》等。

(2)数据存储的特殊要求

①重要数据境内存储

根据《网络安全法》第三十七条规定:"关键信息基础设施的运营者在中华人民共和国境内运营中收集和产生的个人信息和重要数据应当在境内存储。因业务需要,确需向境外提供的,应当按照国家网信部门会同国务院有关部门制定的办法进行安全评估;法律、行政法规另有规定的,依照其规定。"也就是说原则上应当实现境内存储信息。因业务需要,确需向境外提供的,应当按照国家网信部门会同国务院有关部门制定的办法进行安全评估。

②存储期限

在存储期限上,《信息安全技术 个人信息安全规范》(GB/T 35273—2020)提出了"时间最小化"的要求,即个人信息存储期限应为实现个人信息主体授权使用的目的所必需的最短时间(法律法规另有规定或者个人信息主体另行授权同意的除外),超出上述个人信息存储期限后,应对个人信息进行删除或匿名化处理。该规定将从两个方面给企业带来影响:一方面,要求企业对数据资产进行定期排查,对过期数据进行删除或匿名化处理;另一方面,如果数据存储期限超过业务需要,企业可能将承担额外的管理义务和法律风险。目前根据相关法律法规规定,企业应当保留网络日志至少6个月。企业对于从用户、第三方、公开渠道获得的与用户相关的个人信息、数据进行处理的,应当在事前进行风险评估,并对处理情况进行记录,风险评估报告和处理情况记录应当至少保存3年。

综上所述,企业应当根据自身情况建立数据存储的安全策略,防止数据丢失及被第三方窃取等,同时,建立企业内部数据存储安全管理制度。

(3)数据的传输与访问

首先,企业内部必须结合运营的模式及权限明确可以访问数据的主体及程序,例如,对数据的重要操作设置内部审批流程,特别是进行批量修改、拷贝、下载等重要操作;对被授权访问数据的人员,严格遵循数据处理最小化、必要原则,明确数据的处理和使用规范。《网络安全法》第四十二条第一款也规定,网络运营者不得泄露、篡改、毁损其收集的个人信息;未经被收集者同意,不得向他人提供个人信息。但是,经过处理无法识别特定个人且不能复原的除外。此外,我国《刑法》第二百五十三条之一第三款规定,窃取或者以其他方法非法获取公民个人信息的,依照第一款的规定处罚。其次,对数据进行操作时,应做好去标识化处理,明确数据脱敏的业务场景和统一使用适合的脱敏技术。涉及通过界面展示的个人信息,企业应当对需要展示的个人信息采取技术手段进行处理,降低个人信息在展示环节的泄露风险。同时,建立数据传输安全合规管理规范,明确数据传输安全要求。

(4)数据跨境提供

①事先进行安全评估或认证。按照现有的法律规定,企业对于关键信息基础设施运营者和处理个人信息达到国家网信部门规定数量的处理者,确需向境外提供个人信息的,应当通过国家网信部门组织的安全评估或专业机构认证。《个人信息保护法》第三十八条规定:“个人信息处理者因业务等需要,确需向中华人民共和国境外提供个人信息的,应当具备下列条件之一:**(一)依照本法第四十条的规定通过国家网信部门组织的安全评估;(二)按照国家网信部门的规定经专业机构进行个人信息保护认证;(三)按照国家网信部门制定的标准合同与境外接收方**

**订立合同,约定双方的权利和义务**;(四)法律、行政法规或者国家网信部门规定的其他条件。

中华人民共和国缔结或者参加的国际条约、协定对向中华人民共和国境外提供个人信息的条件等有规定的,可以按照其规定执行。

个人信息处理者应当采取必要措施,保障境外接收方处理个人信息的活动达到本法规定的个人信息保护标准。”

②对跨境提供个人信息的“告知—同意”作出更严格的要求。《个人信息保护法》第三十九条规定:“个人信息处理者向中华人民共和国境外提供个人信息的,**应当向个人告知境外接收方的名称或者姓名、联系方式、处理目的、处理方式、个人信息的种类以及个人向境外接收方行使本法规定权利的方式和程序等事项,并取得个人的单独同意**。”

③对因国际司法协助或者行政执法协助,需要向境外提供个人信息的,要求依法申请有关主管部门批准。

④对从事损害我国公民个人信息权益等活动的境外组织、个人,以及在个人信息保护方面对我国采取不合理措施的国家和地区,规定了可以采取的相应措施,即《个人信息保护法》第四十二条规定,“境外的组织、个人从事侵害中华人民共和国公民的个人信息权益,或者危害中华人民共和国国家安全、公共利益的个人信息处理活动的,国家网信部门可以将其列入限制或者禁止个人信息提供清单,予以公告,并采取限制或者禁止向其提供个人信息等措施”;第四十三条规定:“任何国家或者地区在个人信息保护方面对中华人民共和国采取歧视性的禁止、限制或者其他类似措施的,中华人民共和国可以根据实际情况对该国家或者地区对等采取措施。”

(5)数据删除与销毁的合规要求

①及时删除规则

《个人信息保护法》第四十七条规定:“有下列情形之一的,个人信息处理者应当主动删除个人信息;个人信息处理者未删除的,个人有权请求删除:(一)处理目的已实现、无法实现或者为实现处理目的不再必要;(二)个人信息处理者停止提供产品或者服务,或者保存期限已届满;(三)个人撤回同意;(四)个人信息处理者违反法律、行政法规或者违反约定处理个人信息;(五)法律、行政法规规定的其他情形。法律、行政法规规定的保存期限未届满,或者删除个人信息从技术上难以实现的,个人信息处理者应当停止除存储和采取必要的安全保护措施之外的处理。"从上述规定可以看出删除的方式包括处理者依职权进行删除,也包括依申请进行删除,同时删除的情形与目的保持一致,目的或任务实现原则上应当删除相关数据。

②销毁合规要求

销毁数据的主要目的就是保证数据的安全,防止数据泄露而发生安全事件。对于企业而言,首先,应当建立数据销毁机制,明确删除的内部规则、存储介质删除方法,在条件允许的情况下,组织机构应该设立数据销毁安全管理部门,并招募相关的管理人员和技术人员,负责为公司的数据销毁处理提供必要的技术支持,为组织机构制定整体的数据销毁处置策略和管理制度,为技术人员建立规范的数据销毁流程和审批机制,并推动相关组织机构按要求切实可靠地执行。其次,设立数据销毁监督机制。合规部门的人员应当对于销毁行为及时监督,对于违规行为进行及时问责。

(6)提升数据安全保护技能

数据的安全除要遵守法律法规外还需要企业投入人力、物力、财力,提升自己的安全技能,包括应当提供能够满足数据收集、存储、传输、删除安全要求的安全管理技术方案,并且定期对数据收集工具进行安全测试并持续优化,同时,通过定期的培训,能够让数据收集人员充分理解数据收集的法律要求、安全和业务需求,并能根据业务需求和具体情况选择合理的数据收集方式。

3. 风险防范层面

企业必须根据风险排查及评估的情况,建设完善的风险防范与跟踪机制。具体而言可以从以下几个方面入手:

①制定应急预案。企业应当针对现有情况构建数据安全事件应急预案与风险处置机制,对识别和评估的各类数据风险设置恰当的控制和应对措施来降低风险。《个人信息保护法》第五十七条规定:"发生或者可能发生个人信息泄露、篡

改、丢失的,个人信息处理者应当立即采取补救措施,并通知履行个人信息保护职责的部门和个人。通知应当包括下列事项:(一)发生或者可能发生个人信息泄露、篡改、丢失的信息种类、原因和可能造成的危害;(二)个人信息处理者采取的补救措施和个人可以采取的减轻危害的措施;(三)个人信息处理者的联系方式。个人信息处理者采取措施能够有效避免信息泄露、篡改、丢失造成危害的,个人信息处理者可以不通知个人;履行个人信息保护职责的部门认为可能造成危害的,有权要求个人信息处理者通知个人。"企业制定的应急预案应当定期进行演练,同时,企业应当提升技术水平,建立数据泄露通知机制。

②及时配合调查。发生数据安全事件时,企业首先应当积极地进行内部调查,快速阻止事态的扩大,及时降低已经造成的风险。当企业受到数据监管部门调查时,企业的相关责任人应当积极配合,不得拒绝提供有关材料、信息,或者提供虚假材料、信息,或者隐匿、销毁、转移证据,或者有其他拒绝、阻碍调查的行为。安全事件涉嫌犯罪的,应当及时向公安机关报案。

③定期进行风险评估。企业应当定期对其数据处理活动定期开展风险评估,并向有关主管部门报送风险评估报告,对于新出现的风险及时作出应对措施。企业除了建立数据安全审计制度,可以定期引入第三方机构对内部数据处理活动进行审计。

④构建长效培训机制。企业应当定期对员工进行培训,并考察员工能力与岗位职责的匹配程度,形成自上而下的数据安全合规意识,培训的内容应该覆盖技术问题及合规问题。

## 第七节　ESG与财税类风险防范及合规思路分析

### 一、财税风险对ESG的影响

财税合规对于ESG的评级影响是非常重大的,尤其是目前我国的ESG鉴证报告出具机构中会计师事务所占据了较高比例,沈洪涛等(2010年)统计的2009

年前发布的 58 份鉴证报告显示,不同鉴证主体的分布为:行业协会组织和专家 29 份(占比 51%),咨询机构 26 份(占比 44%),会计师事务所 3 份(占比 5%)[①];吴勋等(2017 年)统计的央企 2011 ~ 2015 年 ESG 报告鉴证的情况与此类似,其中学术机构专家组占比 54%、专家个人占比 35%、咨询机构占比 9%、会计师事务所占比仅为 2%[②]。不过朱文莉等(2019 年)统计 2011 ~ 2016 年 A 股的 149 份 ESG 鉴证报告发现,83 份为会计师事务所鉴证(其中"四大"所鉴证的报告数量为 52 份),66 份由认证机构、行业协会和专家鉴证,会计师事务所逐渐成为社会责任鉴证报告的主要提供方,他们认为这是因为会计师事务所实施的鉴证质量更高,可以显著降低审计风险和审计费用导致的。陈嵩洁等(2023 年)发现,2017 ~ 2022 年会计师事务所在 ESG 报告鉴证服务市场中所占的行业份额逐渐递减,到 2021 年其他鉴证机构的市场占有率再次超过了会计师事务所,而且其还发现金融企业偏好选择会计师事务所,非金融企业则更偏好选择会计师事务所以外的其他鉴证机构[③]。香港会计师公会于 2023 年 11 月发表的研究报告《2023 香港 ESG 鉴证最新情况:一个不断演变的领域》显示,截至 2022 年 12 月 31 日的香港上市公司 ESG 报告鉴证中,43% 的鉴证提供者为会计师事务所,56% 则为非会计师事务所。[④]

会计师事务所作为资本市场最重要的中介服务机构之一,既为企业提供财务报告审计、内部控制审计等业务,也为企业提供其他鉴证业务(包括 ESG 报告鉴证),其从事 ESG 报告鉴证具有先天优势,特别是随着国际可持续会计准则理事会(ISSB)发布国际可持续发展报告准则后,财务报告与非财务报告呈现整合的趋势,会计师事务所在 ESG 报告鉴证市场中的优势会更加明显。目前,国际上还没有形成统一的 ESG 报告鉴证标准,ESG 报告鉴证主体应用较多的标准主要包括国际审计与鉴证准则理事会(IAASB)制定的《国际鉴证业务准则第 3000 号(修订

① 沈洪涛、万拓、杨思琴:《我国企业社会责任报告鉴证的现状及评价》,载《审计与经济究》2010 年第 6 期。

② 吴勋、王艳:《中央企业社会责任报告鉴证现状研究——基于 2011—2015 年的数据》,载《财会通讯》2017 年第 8 期。

③ 朱文莉、许佳惠:《社会责任报告鉴证、审计风险与审计费用——基于 A 股上市公司的经验数据》,载《审计与经济研究》2019 年第 2 期。

④ 刘军、张谢若:《ESG 报告鉴证主体的比较及选择研究》,载《国际商务财会》2024 年第 17 期。

版)——历史财务信息审计或审阅以外的鉴证业务》(ISAE 3000)、社会和伦理责任协会编制的《AA1000审验标准》、国际化标准组织的ISO 14604－3:2019等。我国上市公司有近64%的ESG报告鉴证采用ISAE 3000标准,30%的ESG报告鉴证采用《AA1000审验标准》,其中会计师事务所提供的ESG报告鉴证100%采用ISAE 3000标准,会计师事务所以外的其他鉴证机构主要采用《AA1000审验标准》[①]。随之而来的问题就是他们更擅长处理财税问题,也更容易发现财税领域的合规管理问题。

## 二、财税领域的法律风险

### (一)行政法律风险

财税领域的行政风险主要涉及以下几个方面:

1.未按时申报的风险:根据《税收征收管理法》第六十二条的规定,即未按照规定的期限办理纳税申报和报送纳税资料的,税务机关可以责令限期改正,可以处2000元以下罚款;情节严重的,处2000元以上1万元以下的罚款。但是请注意如果是拒不申报的,经税务机关通知申报而拒不申报的,属于偷税行为,税务机关将追缴不缴或少缴的税款,并处不缴或少缴的税款50%以上5倍以下的罚款。

2.偷税、漏税的风险:根据《税收征收管理法》第六十三条的规定,纳税人伪造、变造、隐匿、擅自销毁账簿、记账凭证,或者在账簿上多列支出或者不列、少列收入,或者经税务机关通知申报而拒不申报或者进行虚假的纳税申报,不缴或者少缴应纳税款的,由税务机关追缴其不缴或者少缴的税款、滞纳金,并处不缴或者少缴的税款50%以上5倍以下的罚款。

3.程序风险:很多企业或者相关的责任人员对于涉税案件处理时因为不了解相关的处理程序,也会导致已有风险扩大。具体而言主要涉及两个方面:第一,税务行政听证时效法律风险,即企业如果对税务机关的税务行政处罚决定有异议,应在收到《税务行政处罚事项告知书》后3日内书面提出申请,逾期未提出的将被

---

① 参见陈嵩洁、薛爽、张为国:《可持续发展报告鉴证:准则、现状与经济后果》,载《财会月刊》2023年第13期。

视为放弃听证权利。第二,税收争议清税前置法律风险,即企业在与税务机关发生纳税争议时,必须先依照税务机关的纳税决定缴纳或者解缴税款及滞纳金,或者提供相应的担保,然后可以依法申请行政复议或行政诉讼。

## (二)刑事法律风险

财税问题是目前企业运营中出现刑事犯罪概率最高的罪名,尤其是虚开增值税专用发票案件。在中小企业经营中出现的涉嫌犯罪的财务问题既有主观方面的原因,也有客观方面的原因。客观方面的原因主要包括:企业在成立初期资金实力较为薄弱、经营规模较小、市场经济竞争激烈、财务人员专业水平较低等;主观方面的原因主要包括:虽具有强烈的避税意识、但对企业规范经营的重要性认识不足,内部管理和控制薄弱等。在企业合规中有关财务规范问题大概可以分为以下几种情况:一是企业经营业务活动中形成的财务不规范,也就是企业经营活动不规范导致财务不规范,例如上游供应链端入库没有入库单以及存货没有详细台账,下游销售客户销售不开发票偷逃税款等。二是账务不按会计准则处理导致企业的财务报表不规范,例如企业财务人员专业理论基础不扎实,业务能力水平不到位,导致的不能正确理解会计准则从而引发财务处理混乱被税务机关行政处罚。三是管理层的舞弊行为层出不穷导致财务报表不规范,例如企业高管收受贿赂被处以刑事处罚;公司财务造假,涉嫌违规披露、不披露重要信息,该公司的实际控人或股东被提起公诉等。

1. 财税领域涉及的主要罪名及法律分析

(1)个人可能涉嫌的罪名及量刑标准

在我国现行法律框架下,个人在财税领域可能涉嫌的罪名见表 2-1-22:

**表 2-1-22 个人在财税领域可能涉嫌的罪名**

| 序号 | 罪名 | 对个人的主刑范围 | 对个人的附加刑范围 | 主要对应法条 |
| --- | --- | --- | --- | --- |
| 1 | 逃税罪 | 1. 逃避缴纳税款数额较大并且占应纳税额 10% 以上的:3 年以下有期徒刑或者拘役<br>2. 数额巨大并且占应纳税额 30% 以上的:3 年以上 7 年以下有期徒刑 | 并处罚金 | 《刑法》第二百零一条第一款 |

续表

| 序号 | 罪名 | 对个人的主刑范围 | 对个人的附加刑范围 | 主要对应法条 |
| --- | --- | --- | --- | --- |
| 2 | 抗税罪 | 1. 一般情况:3年以下有期徒刑或者拘役<br>2. 情节严重的:3年以上7年以下有期徒刑 | 并处拒缴税款1倍以上5倍以下罚金 | 《刑法》第二百零二条 |
| 3 | 逃避追缴欠税罪 | 1. 数额在1万元以上不满10万元的:3年以下有期徒刑或者拘役<br>2. 数额在10万元以上的:3年以上7年以下有期徒刑 | 并处或者单处欠缴税款1倍以上5倍以下罚金 | 《刑法》第二百零三条 |
| 4 | 骗取出口退税罪 | 1. 数额较大的:5年以下有期徒刑或者拘役<br>2. 数额巨大或者有其他严重情节的:5年以上10年以下有期徒刑<br>3. 数额特别巨大或者有其他特别严重情节的:10年以上有期徒刑或者无期徒刑 | 1. 数额较大的:并处骗取税款1倍以上5倍以下罚金<br>2. 数额巨大或者有其他严重情节的:并处骗取税款1倍以上5倍以下罚金<br>3. 数额特别巨大或者有其他特别严重情节的:并处骗取税款1倍以上5倍以下罚金或者没收财产 | 《刑法》第二百零四条第一款 |
| 5 | 虚开增值税专用发票、用于骗取出口退税、抵扣税款发票罪 | 1. 一般情况:处3年以下有期徒刑或者拘役<br>2. 虚开的税款数额较大或者有其他严重情节的:3年以上10年以下有期徒刑<br>3. 虚开的税款数额巨大或者有其他特别严重情节的:10年以上有期徒刑或者无期徒刑 | 1. 一般情况:并处2万元以上20万元以下罚金<br>2. 数额较大或者情节严重的:并处5万元以上50万元以下罚金<br>3. 数额巨大或者情节特别严重的:并处5万元以上50万元以下罚金或者没收财产 | 《刑法》第二百零五条第一款 |
| 6 | 虚开发票罪 | 1. 情节严重的:处2年以下有期徒刑、拘役或者管制<br>2. 情节特别严重的:处2年以上7年以下有期徒刑 | 并处罚金 | 《刑法》第二百零五条之一第一款 |

续表

| 序号 | 罪名 | 对个人的主刑范围 | 对个人的附加刑范围 | 主要对应法条 |
| --- | --- | --- | --- | --- |
| 7 | 伪造、出售伪造的增值税专用发票罪 | 1. 一般情况:处 3 年以下有期徒刑、拘役或者管制<br>2. 数额较大或者有其他严重情节:处 3 年以上 10 年以下有期徒刑<br>3. 数额巨大或者有其他特别严重情节:处 10 年以上有期徒刑或者无期徒刑 | 1. 一般情况:并处 2 万元以上 20 万元以下罚金<br>2. 数额较大或者有其他严重情节的:并处 5 万元以上 50 万元以下罚金<br>3. 数额巨大或者有其他特别严重情节的:并处 5 万元以上 50 万元以下罚金或者没收财产 | 《刑法》第二百零六条第一款 |
| 8 | 非法出售增值税专用发票罪 | 1. 一般情况:处 3 年以下有期徒刑、拘役或者管制<br>2. 数额较大的:处 3 年以上 10 年以下有期徒刑<br>3. 数额巨大的:处 10 年以上有期徒刑或者无期徒刑 | 1. 一般情况:并处 2 万元以上 20 万元以下罚金<br>2. 数额较大的:并处 5 万元以上 50 万元以下罚金<br>3. 数额巨大的:并处 5 万元以上 50 万元以下罚金或者没收财产 | 《刑法》第二百零七条 |
| 9 | 非法购买增值税专用发票、购买伪造的增值税专用发票罪 | 处 5 年以下有期徒刑或者拘役 | 并处或者单处 2 万元以上 20 万元以下罚金 | 《刑法》第二百零八条第一款 |
| 10 | 非法制造、出售非法制造的用于骗取出口退税、抵扣税款发票罪 | 1. 一般情况:处 3 年以下有期徒刑、拘役或者管制<br>2. 数额巨大的:处 3 年以上 7 年以下有期徒刑<br>3. 数额特别巨大的:处 7 年以上有期徒刑 | 1. 一般情况:并处 2 万元以上 20 万元以下罚金<br>2. 数额巨大的:并处 5 万元以上 50 万元以下罚金<br>3. 数额特别巨大的:并处 5 万元以上 50 万元以下罚金或者没收财产 | 《刑法》第二百零九条第一款 |

续表

| 序号 | 罪名 | 对个人的主刑范围 | 对个人的附加刑范围 | 主要对应法条 |
|---|---|---|---|---|
| 11 | 非法制造、出售非法制造的发票罪 | 1.一般情况:处2年以下有期徒刑、拘役或者管制<br>2.情节严重的:处2年以上7年以下有期徒刑 | 1.一般情况:并处或者单处1万元以上5万元以下罚金<br>2.情节严重的:并处5万元以上50万元以下罚金 | 《刑法》第二百零九条第二款 |
| 12 | 非法出售用于骗取出口退税、抵扣税款发票罪 | 非法出售可以用于骗取出口退税、抵扣税款的其他发票的,依照第一款的规定处罚 | | 《刑法》第二百零九条第三款 |
| 13 | 非法出售发票罪 | 非法出售第三款规定以外的其他发票的,依照第二款的规定处罚 | | 《刑法》第二百零九条第四款 |

(2)单位可能涉嫌的罪名及量刑标准

在我国现行法律框架下,单位在财税领域可能涉嫌的罪名见表2-1-23:

**表2-1-23 单位在财税领域可能涉嫌的罪名**

| 序号 | 罪名 | 对单位的刑罚范围 | 对其直接负责的主管人员和其他直接责任人员的刑罚范围 | 主要对应法条 |
|---|---|---|---|---|
| 1 | 逃税罪 | 罚金 | 1.逃避缴纳税款数额较大并且占应纳税额10%以上的:处3年以下有期徒刑或者拘役,并处罚金<br>2.数额巨大并且占应纳税额30%以上的:处3年以上7年以下有期徒刑,并处罚金 | 《刑法》第二百零一条、第二百一十一条 |
| 2 | 逃避追缴欠税罪 | 罚金 | 1.数额在1万元以上不满10万元的:处3年以下有期徒刑或者拘役,并处或者单处欠缴税款1倍以上5倍以下罚金<br>2.数额在10万元以上的:处3年以上7年以下有期徒刑,并处欠缴税款1倍以上5倍以下罚金 | 《刑法》第二百零三条、第二百一十一条 |

续表

| 序号 | 罪名 | 对单位的刑罚范围 | 对其直接负责的主管人员和其他直接责任人员的刑罚范围 | 主要对应法条 |
| --- | --- | --- | --- | --- |
| 3 | 骗取出口退税罪 | 罚金 | 1. 数额较大的:处5年以下有期徒刑或者拘役,并处骗取税款1倍以上5倍以下罚金<br>2. 数额巨大或者有其他严重情节的:处5年以上10年以下有期徒刑,并处骗取税款1倍以上5倍以下罚金<br>3. 数额特别巨大或者有其他特别严重情节的:处10年以上有期徒刑或者无期徒刑,并处骗取税款1倍以上5倍以下罚金或者没收财产 | 《刑法》第二百零四条、第二百一十一条 |
| 4 | 虚开增值税专用发票、用于骗取出口退税、抵扣税款发票罪 | 罚金 | 1. 一般情况:处3年以下有期徒刑或者拘役<br>2. 虚开的税款数额较大或者有其他严重情节的:处3年以上10年以下有期徒刑<br>3. 虚开的税款数额巨大或者有其他特别严重情节的:处10年以上有期徒刑或者无期徒刑 | 《刑法》第二百零五条第二款 |
| 5 | 虚开发票罪 | 罚金 | 1. 情节严重的:处2年以下有期徒刑、拘役或者管制,并处罚金<br>2. 情节特别严重的:处2年以上7年以下有期徒刑,并处罚金 | 《刑法》第二百零五条之一 |
| 6 | 伪造、出售伪造的增值税专用发票罪 | 罚金 | 1. 一般情况:处3年以下有期徒刑、拘役或者管制<br>2. 数额较大或者有其他严重情节的:处3年以上10年以下有期徒刑<br>3. 数额巨大或者有其他特别严重情节的:处10年以上有期徒刑或者无期徒刑 | 《刑法》第二百零六条第二款 |
| 7 | 非法出售增值税专用发票罪 | 罚金 | 1. 一般情况:处3年以下有期徒刑、拘役或者管制,并处2万元以上20万元以下罚金<br>2. 数额较大的:处3年以上10年以下有期徒刑,并处5万元以上50万元以下罚金<br>3. 数额巨大的:处10年以上有期徒刑或者无期徒刑,并处5万元以上50万元以下罚金或者没收财产 | 《刑法》第二百零七条、第二百一十一条 |

续表

| 序号 | 罪名 | 对单位的刑罚范围 | 对其直接负责的主管人员和其他直接责任人员的刑罚范围 | 主要对应法条 |
| --- | --- | --- | --- | --- |
| 8 | 非法购买增值税专用发票、购买伪造的增值税专用发票罪 | 罚金 | 处5年以下有期徒刑或者拘役,并处或者单处2万元以上20万元以下罚金 | 《刑法》第二百零八条第一款、第二百一十一条 |
| 9 | 非法制造、出售非法制造的用于骗取出口退税、抵扣税款发票罪 | 罚金 | 1. 一般情况:处3年以下有期徒刑、拘役或者管制,并处2万元以上20万元以下罚金<br>2. 数额巨大的:处3年以上7年以下有期徒刑,并处5万元以上50万元以下罚金<br>3. 数额特别巨大的:处7年以上有期徒刑,并处5万元以上50万元以下罚金或者没收财产 | 《刑法》第二百零九条第一款、第二百一十一条 |
| 10 | 非法制造、出售非法制造的发票罪 | 罚金 | 1. 一般情况:处2年以下有期徒刑、拘役或者管制,并处或者单处1万元以上5万元以下罚金<br>2. 情节严重的:处2年以上7年以下有期徒刑,并处5万元以上50万元以下罚金 | 《刑法》第二百零九条第二款、第二百一十一条 |
| 11 | 非法出售用于骗取出口退税、抵扣税款发票罪 | 罚金 | 非法出售可以用于骗取出口退税、抵扣税款的其他发票的,依照第一款的规定处罚 | 《刑法》第二百零九条第一款、第三款,第二百一十一条 |
| 12 | 非法出售发票罪 | 罚金 | 非法出售第三款规定以外的其他发票的,依照第二款的规定处罚 | 《刑法》第二百零九条第二款、第三款、第四款,第二百一十一条 |

2. 典型合规案例

## 案例1:夏某虚开增值税专用发票案

——最高人民法院入库案例

### 基本案情

2012年2月至2013年4月,被告人夏某作为某建材公司实际经营人,为抵扣税款,在与某石油化工公司无真实货物交易的情况下,与实际欲从某石油化工公司购油的王某、宋某商定,由王某、宋某以某建材公司名义向某石油化工公司采购燃料油。为体现公对公转账,王某、宋某将购油款转至某建材公司公户,某建材公司再将购油款转至某石油化工公司。后某石油化工公司向某建材公司开具增值税专用发票,王某、宋某将增值税专用发票交给夏某,夏某用于公司抵扣税款,并向王某、宋某支付价税合计3%的开票费,王某、宋某从某石油化工公司运走燃料油后销售。夏某通过上述手段让他人为自己虚开增值税专用发票13份,虚开发票税额共计31.628178万元,并已认证抵扣。2019年4月,某建材公司登记注销。

### 裁判结果

山东省滨州市滨城区人民法院于2022年11月22日作出(2022)鲁1602刑初241号刑事判决:被告人夏某犯虚开增值税专用发票罪,判处有期徒刑1年6个月。宣判后,被告人夏某提出上诉。山东省滨州市中级人民法院于2023年3月29日作出(2023)鲁16刑终5号刑事裁定:驳回上诉,维持原判。

## 案例2:卢某锋、林某等7人骗取出口退税、贺某虚开增值税专用发票案

——最高人民检察院、公安部联合发布依法惩治骗取出口退税犯罪典型案例之三

### 基本案情

2015年11月至2018年6月,林某、黄某琦在广东省深圳市通过向詹某可等报关从业人员非法购买报关单信息,并雇用他人虚构购销合同、伪造海运提单,通过其控制的某皮具制品有限公司等10余家生产企业根据上述伪造的出口信息,向A公司虚开增值税专用发票。卢某锋在明知上述报关资料系伪造且无真实货物交易的情况下,仍利用其职权,擅自决定以A公司名义将上述发票及资料入账向税务机关申报出口退税共计人民币514万余元,骗取出口退税款人民币428万余元,剩余86万余元因被发现骗税未得逞。卢某锋等人实施骗取出口退税款,A公司法定代表人及财务主管均未参与。骗取出口退税款所获的428万余元赃款由卢某锋亲属账户收取后,卢某锋分赃获得人民币171万余元,林某、黄某琦共同非法获得人民币257万余元,A公司未从中获利。

被告人贺某在无真实货物交易的情况下,为获取非法利益,将某棉业公司价税合计人民币170余万元,税额人民币24.72万元的3份增值税专用发票,销售给林某等人控制的公司,林某等人将上述增值税专用发票抵扣进项税后,向A公司虚开增值税专用发票,用于骗取出口退税。

### 裁判结果

2021年4月14日,山东省莱西市人民法院作出判决,认定卢某锋等人犯骗取出口退税罪,判处卢某锋有期徒刑11年,并处罚金人民币550万元;判处林某有期徒刑10年6个月,并处罚金550万元;对黄某琦等从犯分别判处有期徒刑5年至有期徒刑3年缓刑3年不等的刑罚,并处罚金。认定贺某犯虚开增值税专用发

票罪,判处有期徒刑 1 年缓刑 2 年,并处罚金。宣判后,卢某锋、林某、黄某琦提出上诉。2021 年 10 月 15 日,山东省青岛市中级人民法院裁定:驳回上诉,维持原判。

## 三、企业常见的逃税手段

### (一)隐瞒收入

具体手段包括:

1. 不开发票或不计收入:企业通过不开发票或收取现金而不入账的方式来隐瞒收入,这种做法直接影响了企业财务报表的真实性,造成税务机关难以准确估计企业的真实营业额。

2. 阴阳合同的应用:企业可能使用两套合同,一套用于内部记录,另一套用于税务申报,从而在报税时隐藏实际收入。

3. 收入记预收、成本不要发票:这种手段涉及预收款项的处理和成本费用的隐藏,进一步混淆了税务机关对企业实际财务状况的判断。

该些手段最终呈现的企业状态主要是企业常年亏损但却不倒闭,企业利润率长期保持稳定状态,企业利润非常低却能经常扩张,企业所体现出的规模与账目数据不符。

针对隐瞒收入这一手段,税务局主要通过以下几种方法进行税务稽查:

1. 成本倒推,通过查询企业同业成本占比,包括电费用量、员工数量来倒推企业成本。

2. 存货盘查,通过出入库单核对账面金额和实际金额以及原材料购进数量等核对企业存货。

3. 现金账户盘查,通过调查企业现金流向、企业公私账户往来以及股东账户等方式来调查企业货币资金。

4. 预收款应付款盘查,通过调查企业是否存在预收款多、应付款长期不还、预收款减少但收入未增加来综合盘查。

5. 无偿不作收入,通过调查企业是否存在企业间资金无偿往来未缴增值税、个人股东借款1年未还且未用于生产经营以及促销和业务招待赠送礼品未作收入来综合调查企业的销售费用、管理费用以及其他应收款项。

## (二)虚开发票

对于虚开发票而言,法律规定的主要情形有:为他人虚开发票、为自己虚开发票、让他人为自己虚开发票以及介绍他人虚开发票。

实务中,常见的虚开发票手段包括:

1. 利用"富余"发票虚开

一些正常经营企业在日常销售业务开展过程中,部分购买者不索取发票,导致企业进项税额远大于销项税额,手头就有了"富余"发票。一些企业借此对外进行虚开,通过赚取开票费非法牟利。

2. 设立专门的"开票公司",收取开票费用对外虚开

职业犯罪团伙盗用他人身份信息注册企业或收购已注册企业,以较低的开票费寻求到发票后,再收取较高的开票费对外虚开,从而赚取开票费差额进行非法营利。

3. 职业"黄牛"分离票货实施虚开

职业虚开中间人或业务员从实际购货者(不要发票的)手中聚集大量资金,打给下游买票者,下游买票者再将资金支付给销售货物企业,签订购销合同并索取发票,货物则由中间人或者业务员交付给实际购货者,使得上游销售货物企业虚开发票。

4. 利用财政优惠政策虚开

部分企业利用当地政府招商引资的财政优惠政策对外虚开。例如,某些地区对废旧物资回收行业有税收返还优惠政策,部分不法企业利用这一优惠政策,通过收取适当开票费,赚取不当得利。

对此,2016年,国家税务总局出台了《关于开展增值税发票使用票管理情况专项检查的通知》要求税务机关做到查账必查票、查案必查票、查税必查票。

针对虚开发票,税务局会重点采取以下稽查方式:

(1)结合企业的业务范围和发票的内容,综合判断其合理性和关联性,发现虚

假交易的可能,进而判断虚开发票和转移利润的可能。

(2)通过应收账款查询判断是否存在虚构交易和买卖发票的可能。

(3)“四流一致”,调查企业的资金流、发票流、合同流、货物流是否相对应。其中,资金流指发票开具情况与收付款情况一致;发票流指交易情况与发票开具情况一致;合同流是交易情况与合同签订的情况一致;货物流则是货物运输情况与交易情况相一致。同时调查交易模式与发票项目是否相符。

## 四、企业财税合规建议

### (一)加强企业内控

在“金税四期”大背景下,加之税务相关法规会随着市场环境变化而不断更新,所谓的“合理避税”手段具有较大的局限性,对企业的经营管理具有较强的不稳定性。因此,企业做好财税合规才是应对财税风险最为合法合理且有效的手段。

具体而言,做好企业财税合规的前提是完善企业内控合规,主要从以下几个方面入手:

1. 完善企业治理结构

企业应当根据其自身的情况设立合规部门或者是合规专员,监督企业的日常运营,并在公司董事会、股东会、监事会、经理层之间进行相互制衡。尤其是针对技术型、业务型出身的企业家,对企业的财务、税务合规、内部控制等方面的知识和思路都不够清晰,更应该重视并树立财税合规运营的理念,推动公司的财务和业务合规运营,弥补和提升短板,这样才能更好地发展。

同时,合规部门及企业的管理层应该树立以长远利益为导向,不应以减少经营成本为目的,而忽略企业的组织结构与权力分工。避免出现财务人员私自转账、销售人员开飞单、私自取走客户资料、公司重要资产等事件。

2. 制定并执行财务内控制度

首先,确保建立一整套全面的税务合规体系,其中包含会计核算体系合规性、纳税申报体系合规性、业务体系合规性、制度体系合规性、产权架构合规性五大板块。企业要主动加强自我监督管理,主动防止违规、违法、犯罪行为,才能让企业健康持续发展。例如企业可以通过合理的税务合规来规避因财务不规范导致的经营风险,而税务合规的特殊性,是在风险可控的前提下兼顾税务筹划,建立负面清单。企业要合理规避涉及的如全日制用工高管薪酬,货物销售,直播带货,微商销售等业务场景,配备行之有效的运行机制。例如通过灵活用工来解决发票问题,制定全员普遍遵守的税务合规行为规范来增强合规风险识别预警机制等。俗话说"没有规矩不成方圆",在税务风暴下,只有合规经营才是企业可持续发展的基石。

其次,公司内部财务控制体系应当施行"三流合一"制度,即发票流、资金流、货物流(增值税应税项目增加了无形资产、不动产和服务等,"货物流"变为"业务流")保持一致。具体而言可以从资金的收、付开始,围绕这两部分,制定一套收取和支付的程序和标准。按照目前的实践要求,企业应当通过对公司业务性质的梳理,明确公司的收款方式、付款方式以及存在的风险。在此基础上,根据本公司的实际情况,对公司的发票管理、资金管理、报销管理等财务管理工作进行总体设计和规划。

最后,对企业的日常运行进行全流程把控。企业在经营管理过程中从筹资、投资、经营、分配等活动环节出现的财务问题都会直接导致刑事犯罪风险。在实践中很多企业未来节税,会采取很多游走在刑事犯罪边缘的手段,所以对于合理合法的节税手段必须与违法犯罪的手段清晰地区分剥离。以下分别从企业的筹资、投资、经营、分配活动分析企业会发生的财务问题导致的风险及如何通过合理合规合法的措施规避。具体可以包括以下几个层面:**第一,筹资活动。**企业在经营成立初期需要筹集资金,企业筹集资金的方式一般有两种。第一种为股权权益资本即股东投资资金,第二种为利用债务筹资即向债权人借款。而股东的钱和债权人的钱,在税收上具有非常明显的差别。首先是股东的钱存在机会成本,简单来说就是股东一旦把资金投入了企业,就不能作其他的投资收益了。而机会成本在所得税方面是不能扣除的。其次是向债权人借款筹资,而债务利息企业是可以税前予以扣除的。所以企业一定要根据自身的实际经营状况确认好最佳资本结构,即债权与股权的比例。诚然举债筹资对于税收具有一定的挡板作用,那么企业筹资是否可以全部举债呢?首先,单纯从税收上看确实有好处,但是对于企业的经营风险还是有一定重大影响的,企业在经营过程中可能发生与债权人约定的债权债务加速到期,而企业由于经营规模扩大周转资金缺乏并不能立即到期清偿债务等情形。所以每个企业要根据自身的业务规模和发展前景预估一个最佳资本结构,从而有效取舍税收成本带来的企业负担。**第二,投资活动。**企业在运营初期筹集到资金后,拿到资金去注册企业,也就是投资者的出资。现行法律规定注册资本都是认缴制,不需要投资者实际缴纳到位,所以在实践中企业会认为反正不用实际缴纳资金,把注册资本注册了一个亿,显得表面上企业实力强大,但企业的实际规模很小。但这里存在一个税收问题,根据现行法律法规,当企业的注册资本没有实缴到位,企业的借款利息相对于未到位的注册资本部分是不能在企业所得税前予以扣除的。所以企业要根据自身的实际情况合理确定注册资本是否需要出资到位来减轻税负。**第三,经营活动。**企业成立后需要经营业务,那么经营过程中会发生因很多业务的不同处理带来的一系列财务问题。例如某企业要转让一块土地,涉及的税种是土地增值税,按照增值额的比率不同最低是 30%,最高是 60%。如果达到增值税率高的区间条件,很多企业会进行以下看似合理实则不合规的操作,即用这个土地投资成立一家企业,然后再把这家企业的股权转让给下家,而股权转让税率是比较低的,一般只需要缴纳企业所得税即可。企业所得税 25% 相比之前的增值税低了很多,所以能够规避掉较高的税收。但是通过分析可知,虽然该行为从形式上看并没有违反法律规定,本质上属于有意用股权的形式来规避税收。但是,税法的适用原则之实质课税原则,即对某一特定情况的征税不能仅根据其外观和形式来确定,而应根据具体情况,特别是其经济目标和经济生活的性质来确定,使税收公平、合理、高效。所以税务局会根据实质课税原则否定股权转让而掩盖的事实是土地增值税转让了,会要求企业即使是以股权的形式转让土地仍然需要按照土地转让的性质来纳税。这样做的结果显然是失败的,企业还会涉及一定的行政处罚。这种形式就是我们通常所说的避税合法但不合理。但要注意每个地方的规定不同,需要与当地税务局提前沟通确认。**第**

**四,分配活动。**企业通过一定期间的经营积累形成经营成果,按照公司法的规定对未分配利润进行分配,一般企业盈利需要补亏、缴纳企业所得税、提取公积金后,再进行股利分配。在实践中,一般大的企业会进行现金分配,就会涉及投资者作为自然人有20%的个税导致税负较重企业的组织类型架构例如有限公司通常在成立初期已经设定好了,后期很难规避股利分配的个税。所以如何规避呢?企业可以提前规划好企业的类型架构,例如设立个独或者合伙企业做一个架构去运作,而不是到了分配时才想着去为了避税而去避税,再去做处理风险会很高,一旦避税了就会触及违法犯罪面临行政或刑事责任。

综上所述,企业在日常经营业务中有关财务处理不规范导致的税务风险,一定要通过不违反法律规定的方式进行税务筹划,这样既能够维护企业的经济利益,又可以实现企业的长远发展。而税收筹划方法的落脚点始终在收入和成本的确认上,因为不管是企业的利润,还是应纳税所得额,都是收入扣除成本的一个结果导向,一个好的税务筹划一定是建立在合法合理合规的确认收入和成本的基础之上。在对税收政策进行一个系统全面的把握的同时,从一个战略宏观角度对企业筹资、投资、经营等活动环节进行一个整体的规划和安排,需要根据企业的实际经营情况,按照税收政策的规定合法合规的去进行确认。

3.对财务人员的管理给予特别的重视

在招聘财务人员的时候,要严格把关、一视同仁。财务是公司的命脉,一定要将公司的生杀大权交给最稳妥、最可靠的人。另外,建议企业将所有的财务信息进行整理和归档,并准备一份详细的交接明细表和交接表,以便于后续工作和前期资料的衔接。

每个企业都有变化多端的经济业务,而不同行业的企业又有各自的特殊性,但会计准则使会计人员在进行会计核算时有了一个共同遵循的标准,各行各业的会计工作可在同一标准的基础上进行。作为会计人员在实践中必须遵守相应的基本原则,在实践的尽职调查中,笔者发现有些犯罪行为是由于财务人员的不规范操作造成的,具体表现为以下几点:(1)会计政策、会计估计方法不正确或随意变更,如随意改变折旧方式、利息资本化、收入实现确认不合理等。(2)资产减值准备计提不规范，如随意计提资产减值的八项准备、资产减值准备的计提与公司相应资产状况不相符、存在利用资产减值准备的提取和冲回调节利润的情况。(3)销售收入确认原则不规范。不按收入确认原则确认收入，比如按收付实现制确认收入，按开具收款发票确认收入等。(4)随意计提和摊销费用。通常表现在公司广告费用、研发费用、利息费用、开办费用的确认与摊销不符合会计制度的规定，将收益性支出作为资本性支出，有关成本、费用明显低于相关资产的摊销，且公司无法对其进行合理的解释。(5)投资收益确认不规范。通常表现为投资协议中投资回报率太高，投资收益的确认时间早于实际投资的时间。(6)忽视关联交易的处理问题，如低价向关联方购买原材料，高价向关联方销售产品；无偿占用关联方资金或资产；将不良资产委托母公司经营，定额收取回报；控股公司将高获利能力的资产以低收益形式让股份公司托管，直接填充公司利润；信息披露含糊，回避敏感事项。(7)会计核算处理随意、会计基础工作不规范，如会计报表编制前后相互矛盾，漏洞百出；会计报表之间缺乏合理的钩稽关系，或财务数据相互矛盾，不能对公司的资产或收益的真实性和完整性作出判断；重要会计项目出现重大异常变动，且公司无法提供充分的依据作出合理解释。如果单位相关的责任人明知存在上述行为且放任行为的存在，则可能会被认定为单位犯罪追究刑事责任。

而对于上述行为，可以通过以下方式予以防范：(1)通过培训提升专业水平。此处的培训对象包括财务人员，也包括企业的经营管理者，市场经济大部分的经营主体对这方面的认识意识较弱，为了减少一时的缴税成本而忽视了企业长期稳定合规的经营发展，必须通过长效而多元化的方式让他们认识到，一旦被发现查处的代价往往是巨大的，是需要承担刑事责任的；企业财务人员不仅需要培训法律知识，也需要通过专项培训提升其专业技能水平，根据企业的经营发展状况制定合理的税务筹划，使企业既能够合法合规经营，又能够合理避税，通过内发力为企业创造价值。(2)掌握合法合规的税收政策。我国现行的税种有18个，每个税种都有自己的独立税收优惠政策。有些税种虽然小，但是优惠政策一点都不少，比如房产税、城镇土地使用税等；大的税种，比如企业所得税、增值税等。而个税的税收政策可能会更加的庞杂。所以企业需要灵活及时运用好利好政策，从而合规合理合法做好税务筹划工作。

### (二)完善企业合规管理体系

针对合规服务人如何做好企业财税合规工作,主要有以下几点建议:

1. 尽职调查必须全面且具有针对性

财税合规尽职调查应还原企业整体组织架构、确定具体的尽职调查模块、还原财税工作中的风险控制体系、搭建符合企业实际情况且切实可行的标准体系并进行测试,分析企业标准财税体系中的漏洞问题。

同时,合规服务人还应当关注企业是否存在财务制度漏洞、财务核算管理风险、会计账套风险、会计确认风险、会计计量风险、货币资金安全风险、资金池安全风险、票据安全风险、往来账风险、关联交易风险、出资风险、投融资风险、财务证据监督风险、会计档案管理风险、财务人员道德风险、财务人员专业胜任能力风险、财务人员独立性风险等。

财税尽职调查报告完成后,必要时可以征求有专门知识的人或有关机关如税务机关、审计局、海关等相关部门的意见。

2. 案件发生后,应及时处理作出应对

当具体的涉税等案件发生后,企业必须及时地作出处理应对,而非隐瞒,甚至销毁证据掩盖案件的事实。具体的处理包括以下两个层面:首先,立即停止相关违法行为,防止事件扩大;其次,积极地配合税务机关还原案件的事实,及时足额的补缴税款,如果补缴有困难可以申请作延期或适当减免的处理。

3. 多元化模式实现财税合规的治理整改

应当针对具体的漏洞和风险设置预警阈值。财税合规预警阈值包括相对指标和绝对指标、定性指标和定量指标,应结合实际经营情况,从多方面合理设置阈值,完善预警处置机制和跟踪机制,保障合规制度运行的有效性和全面性,具体可从以下方面展开:

(1)财税风险识别,在还原企业原有的组织架构、财税业务流程、财税管理制度等基础上,搭建符合企业实际情况且切实可行的标准体系,从而发现其风险和漏洞,并有针对性地设置预警阈值。

(2)财税风险预警,在财税风险识别的基础上,从有效性判断预警机制是否合理、可行。应重点关注预警信息触发后的风险处置、信息传递的有效性,以及预警阈值设定的合理性。

(3)财税风险处置,在财税风险预警后,对风险的处置机制是否及时、有效。应重点关注风险处置的合规性、时效性。

(4)财税风险激励与奖惩,即企业内部对发现财税管理体系、制度和流程中的漏洞和不足,以及在风险预警、处置过程中有贡献的人员的激励奖惩制度,应重点关注其有效性。

(5)财税风险跟踪,对发现的财税风险在完善相关制度和流程后,持续对该风险进行测试和关注,从而不断完善和迭代相关制度。应重点关注相关制度是否完善、执行是否到位。

## 第八节　ESG 与对外贸易类风险防控及合规思路分析

### 一、对外贸易类企业的风险防控与 ESG 构建

了解域外国家级地区的 ESG 体系和监管风险是企业从事对外贸易时的"必修课"。在对外贸易中,中国企业不仅要应对域外的法律、税收等硬性约束,更面临着日益严格的域外 ESG 监管标准。对"走出去"的中国企业而言,关于 ESG 的信息披露、评级、出具相应的报告,已经成为强制性的义务之一,因为很多域外国家和地区都出台了自己的 ESG 强制性要求,如果不能满足其要求,直接的结果是导致其被剔除出交易的名单,完全丧失国际贸易的竞争力。因而,从加强可持续发展信息的披露、提升全球竞争力、降低经营风险、促进国际合作、增强投资者信心等角度出发,我们必须了解 ESG 的核心要求,完成其强制性的要求。

然而,我们现在面临的困境是国际上关于 ESG 信息披露的标准也不统一,不同国家和地区对 ESG 信息披露的要求存在差异,因而对于具体的企业而言,首先

要了解世界上重点国家级地区的ESG普适性的核心要求,又要结合具体发生贸易地的区别化要求作出个性化之调整。例如,欧盟有两项"碳"相关的进口规定,欧盟出台了《新电池法》,其要求出口到欧洲的大部分电池需提供碳足迹声明及标签。而在两大国际主流[全球报告倡议组织(GRI)与国际可持续发展准则理事会(ISSB)]ESG披露框架都提到了一个核心要素即"风险管理披露:(1)是否描述了如何识别和评估新的气候风险;(2)管理这些风险的流程;(3)流程是否已集成到正常风险管理结构中"。同时,他们都提到了企业的治理及风险的管理问题。

因而笔者认为在目前的市场环境中,从事对外贸易的企业应当首先完善企业的治理模式,同时,承担起相应的社会责任,注重环境的保护,可以在先完成国内要求的基础上探知国外的强制性要求,不断完善企业自身的管理体系,提升在国际社会上的ESG评级,全面提升竞争力。对于中资企业而言,正式进行对外贸易前也应当进行充分的合规尽职调查,建立完善的合规管理体系,这是确保企业在海外市场稳健发展的核心条件之一。企业合规管理的重要性在于确保企业在各项业务活动中遵守相应的法律法规、行业标准和内部规章制度,从而构建一个稳健、高效,并且可持续的企业运营体系。通过合规管理体系的构建,企业能够提升管理能力,降低法律风险,全面提升企业的竞争力。此外,有效的合规管理还有助于塑造良好的品牌形象和企业文化增强消费者和投资者对企业的信任和认可,从而增强企业的国际竞争力。ESG实践对于跨国公司来说不仅是遵守国际规范,更是一个积极影响本地社区、塑造企业品牌形象和实现长期可持续发展的过程。例如,通过在海外建立环保工厂、提供优质劳动条件和实施高标准治理措施,企业能够获得当地政府和消费者的信任与支持,增强品牌形象和市场份额。

## 二、对外贸易中存在的风险

对于从事国际贸易的企业面临的风险既有对内的风险,即国内法律监管风险,又有对外风险,即国际社会的法律监管风险。对于国际社会的监管风险主要包括以下几个层面:第一,主体资格风险,即从事跨境易货贸易的企业需使用"0130易货贸易"代码向海关申报,海关审核企业是否具备有效的易货贸易资格。

未经许可擅自开展跨境易货贸易,企业可能面临货物无法顺利通关的风险。第二,民事诉讼的风险,主要包括因对于当地的交易习惯或者相关特殊法律规定不熟悉而承担的解除合同或者是赔偿的风险。第三,行政处罚风险,例如违反当地的行政法规被处以巨额罚款等处罚。第四,刑事风险,即违法当地刑事法律规定,如侵犯知识产权等承担刑事责任。对内风险主要集中在刑事风险领域,为了清晰地分析从事国际贸易的企业可能涉嫌的刑事风险,笔者将其涉及的罪名作了以下下归类。

### (一)个人可能涉嫌的罪名及量刑标准

在我国现行法律框架下,个人在对外贸易领域可能涉嫌的罪名见表 2 –1 –24:

**表 2 –1 –24　个人在对外贸易领域可能涉嫌的罪名**

| 序号 | 罪名 | 对个人的主刑范围 | 对个人的附加刑范围 | 主要对应法条 |
| --- | --- | --- | --- | --- |
| 1 | 走私国家禁止进出口的货物、物品罪 | 1. 一般情况:处 5 年以下有期徒刑或者拘役<br>2. 情节严重的:处 5 年以上有期徒刑 | 1. 一般情况:并处或者单处罚金<br>2. 情节严重的:并处罚金 | 《刑法》第一百五十一条第三款 |
| 2 | 走私普通货物、物品罪 | 1. 一般情况:走私货物、物品偷逃应缴税额较大或者 1 年内曾因走私被给予二次行政处罚后又走私的,处 3 年以下有期徒刑或者拘役<br>2. 情节严重的:走私货物、物品偷逃应缴税额巨大或者有其他严重情节的,处 3 年以上 10 年以下有期徒刑<br>3. 情节特别严重的:走私货物、物品偷逃应缴税额特别巨大或者有其他特别严重情节的,处 10 年以上有期徒刑或者无期徒刑 | 1. 一般情况:并处偷逃应缴税额 1 倍以上 5 倍以下罚金<br>2. 情节严重的:并处偷逃应缴税额 1 倍以上 5 倍以下罚金<br>3. 情节特别严重的:并处偷逃应缴税额 1 倍以上 5 倍以下罚金或者没收财产 | 《刑法》第一百五十三条第一款 |
| 3 | 特殊形式的走私普通货物、物品罪 | 根据本节规定构成犯罪的,依照本法第一百五十三条的规定定罪处罚 | 依照本法第一百五十三条的规定定罪处罚 | 《刑法》第一百五十四条 |

续表

| 序号 | 罪名 | 对个人的主刑范围 | 对个人的附加刑范围 | 主要对应法条 |
| --- | --- | --- | --- | --- |
| 4 | 以走私罪论处的间接走私行为 | 以走私罪论处,依照本节的有关规定处罚 | 以走私罪论处,依照本节的有关规定处罚 | 《刑法》第一百五十五条 |
| 5 | 走私罪共犯 | 与走私罪犯通谋,为其提供贷款、资金、账号、发票、证明,或者为其提供运输、保管、邮寄或者其他方便的,以走私罪的共犯论处 | 以走私罪的共犯论处 | 《刑法》第一百五十六条 |

## (二)单位可能涉嫌的罪名及量刑标准

在我国现行法律框架下,单位在对外贸易领域可能涉嫌的罪名见表2-1-25:

**表2-1-25　单位在对外贸易领域可能涉嫌的罪名**

| 序号 | 罪名 | 对单位的刑罚范围 | 对其直接负责的主管人员和其他直接责任人员的刑罚范围 | 主要对应法条 |
| --- | --- | --- | --- | --- |
| 1 | 走私国家禁止进出口的货物、物品罪 | 罚金 | 1.一般情况:处5年以下有期徒刑或者拘役,并处或者单处罚金<br>2.情节严重的:处5年以上有期徒刑,并处罚金 | 《刑法》第一百五十一条第三款、第四款 |
| 2 | 走私普通货物、物品罪 | 罚金 | 1.一般情况:处3年以下有期徒刑或者拘役<br>2.情节严重的:处3年以上10年以下有期徒刑<br>3.情节特别严重的:处10年以上有期徒刑 | 《刑法》第一百五十三条第二款 |

续表

| 序号 | 罪名 | 对单位的刑罚范围 | 对其直接负责的主管人员和其他直接责任人员的刑罚范围 | 主要对应法条 |
| --- | --- | --- | --- | --- |
| 3 | 特殊形式的走私普通货物、物品罪 | 依照本法第一百五十三条的规定定罪处罚 | 依照本法第一百五十三条的规定定罪处罚 | 《刑法》第一百五十四条 |
| 4 | 逃汇罪 | 处逃汇数额5%以上30%以下罚金 | 1. 一般情况：处5年以下有期徒刑或者拘役<br>2. 情节严重的：处5年以上有期徒刑 | 《刑法》第一百九十条 |

## 三、典型案例

### 案例1：李某恒、李某贤走私普通货物案

——最高人民法院入库案例

#### 基本案情

2017年，被告人李某恒在海南省海口美兰机场海关担任协管员时，利用协管员身份在机场找旅客借用身份信息和机票帮朋友购买免税品，买好后让正好离岛的亲朋好友带出岛再寄回，或者直接用机场的通行证从员工通道带出来，从中谋取非法利益。2018年4月李某恒因非法牟利行为被海关发现，后被辞退。2019年开始，李某恒开始利用他人离岛免税额度购买免税商品在微信朋友圈销售牟利。2019年国庆开始，李某恒开始给王某某等人当买手，组织、利用代购人员离岛免税额度购买免税品转卖给上述人员，从中赚取50～100元不等的人头代购费。李某恒找人头的方式有：一是在机场等免税店现场找旅客借票；二是通过亲朋好友；三是自己找拉客的自由职业人员；四是找导游；五是找专门水客头。2020年3月，被告人李某贤开始帮助李某恒利用他人免税额度购买免税商品，并提供自己的银行

账户给李某恒帮助其支付免税货款。3月底,李某恒、李某贤开始在美兰机场利用出岛旅客免税额度套购免税商品,买好免税品后,不实际登机离岛,而是直接趁安检人员换班时溜出来,有时通过VIP通道出来。在帮助李某恒购买免税商品过程中,李某贤认识了一些韩国代购,后也利用他人免税额度购买免税商品转卖给韩国代购,从中赚取差价。经海口美兰机场海关缉私分局核查,李某恒在多家离岛免税店套用他人免税额度购买免税商品销售牟利,涉及免税商品价值12,207,045.21元,涉嫌偷逃税款2,106,248.86元人民币。李某贤参与利用他人免税额度购买免税商品1991件,价值1,060,474.27元,涉嫌偷逃税款221,008.45元人民币。2021年3月22日李某贤的家属代李某贤补缴51,108.87元税款,5月8日李某恒的家属代李某恒补缴21,869.13元税款。

### 裁判结果

海南省海口市中级人民法院于2020年12月30日作出(2020)琼01刑初132号刑事判决:(1)被告人李某恒犯走私普通货物罪,判处有期徒刑7年,并处罚金人民币360万元。(2)被告人李某贤犯走私普通货物罪,判处有期徒刑1年,并处罚金人民币40万元。宣判后,被告人李某恒、李某贤提出上诉。海南省高级人民法院于2021年5月14日作出(2021)琼刑终39号刑事判决:(1)被告人李某恒犯走私普通货物罪,判处有期徒刑6年6个月,并处罚金人民币220万元。(2)被告人李某贤犯走私普通货物罪,判处有期徒刑1年,缓刑2年,并处罚金人民币15万元。

## 案例2:闵某甲走私普通货物案

——最高人民法院入库案例

### 基本案情

2018年年初,被告人闵某甲听说做奶粉“倒货”比较赚钱,为谋生便开始做代购,即帮一些掌握进口奶粉的卖家寻找国内客户,以中间商的形式“倒货”赚取差价。2019年3月开始,闵某甲先后通过微信找到专门做澳洲直邮奶粉的微信名为"Panda"的谢某(另案处理),以及微信名为"白玉－ADD生活馆""彬哥直邮供货商""观众直邮货商"等供货商,谈好购买价格后,闵某甲按照谢某等供货商的要求将虚假购买人信息,包括收货人姓名、地址、电话号码等发给谢某等供货商,供货商或再转发至境外卖家,境外卖家根据买家提供的收货信息,按"个人邮寄进境物品"的性质,将闵某甲购买的奶粉以"进境快件"邮递至闵某甲提供的收货地址。其中,境外卖家根据闵某甲提供的85个虚假购买人信息,将奶粉拆分发货至奉新,由被告人闵某乙收货后,存放于闵某甲三姐闵某丙的自建房内,闵某乙再根据闵某甲后期找到的买家,通过快递发给下家。2019年至2022年,闵某甲、闵某乙逃避海关监管,以"个人邮寄进境物品"方式走私奶粉,并将走私入境的奶粉通过销售给母婴店等下家的方式牟利。经中华人民共和国南昌海关计核,上述涉案奶粉偷逃税额共计231万余元。

从2020年开始,被告人闵某甲通过"跨境电商"从保税区走私奶粉、保健品等货物。闵某甲通过向成都某公司(另案处理)提供虚假购买人信息,包括收货人姓名、地址、电话号码等,伪装为个人消费者购买奶粉、保健品等。成都某公司明知涉案货物应当以一般贸易方式申报进口的情况下,仍通过跨境电商平台以个人消费的名义申报税率,共同利用优惠税率政策逃避海关监管。闵某甲将上述奶粉、保健品等货物在国内销售获利。闵某甲负责与成都某公司对接、联系客户、在国内销售货物等,被告人闵某乙在闵某甲的授意下收集、制作个人身份信息表格、收发包裹等。经中华人民共和国南昌海关计核,上述涉案奶粉、保健品等货物偷逃税额共计415万余元。

## 裁判结果

南昌铁路运输中级法院于2023年10月7日作出(2023)赣71刑初5号刑事判决:(1)被告人闵某甲犯走私普通货物罪,判处有期徒刑3年,并处罚金人民币20万元。(2)被告人闵某乙犯走私普通货物罪,判处有期徒刑3年,缓刑3年,并处罚金人民币8万元。宣判后,在法定期限内没有上诉、抗诉。判决已生效。

## 四、进出口的相关流程及规定

### （一）进口的相关流程及规定

1. 进口报关流程（见图2－1－5）

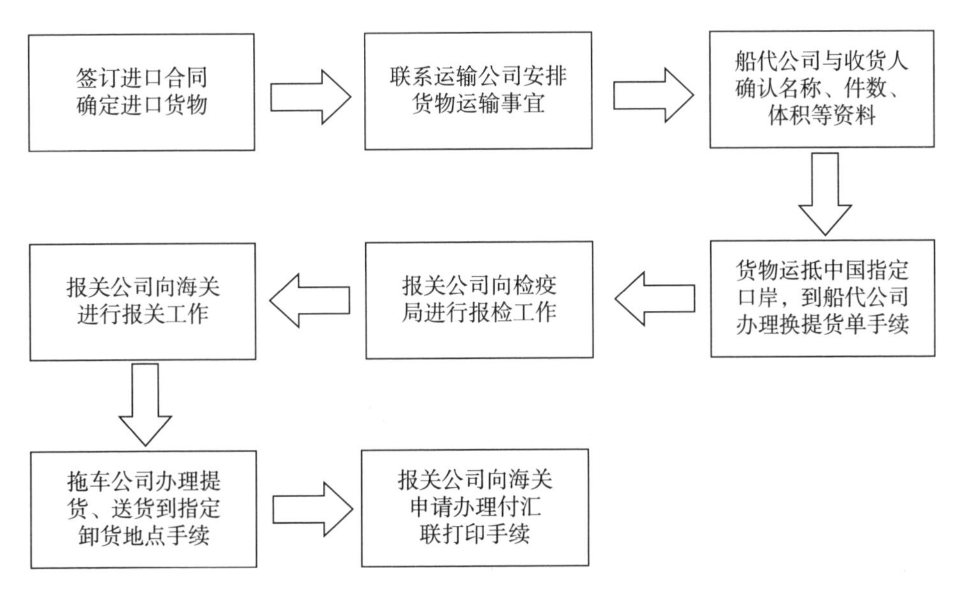


**图2－1－5　进口报关流程**

2. 海运进口报关说明

进口报关文件包括合同、发票、装箱单、报关委托书、报检委托书、产地证（一般货物基本不用提供，动植物及食品类货物一定要提供），以及其他根据货物进口所受海关监管条件限制必须提供的证件（如进口许可证、配额证、机电证等）。保险单、运费单（非必须，根据海关要求需要出示时才提供）。

进口报关提供资料具体包括详细货物中文名称、货物件数、毛重、净重、规格（货物尺寸，同种货物的最小尺寸到最大尺寸即可）、材质（材料成分）、品牌、用途、使用方法等。

3. 海运清关进口报关流程

（1）国内客户（收货人）与外商（发货人）签订进口合同，确定由国外进口货物到国内（此时国内收货人应当知道进口此类商品需要何种相应的进口监管证件，如进口许可证、商检证、配额证、机电证等,并开始准备办理这些相关证件),然后国外发货人安排货物运输到中国指定口岸准备进行清关工作。

(2)货物到达中国目的港口前,运输公司(船公司)的代理公司(船代公司)会先根据国外发货人提供的资料与国内收货人进行联系,以到货通知书或其他纸面形式确认收货人名称、货物名称、件数、重量、体积等资料。同时船代公司与船公司确认货物承运人是否结清运输费用,与船公司确认是否可以放提货单给收货人。

(3)当货物(集装箱)卸到码头堆场后,收货人即可自行或者通过代理公司(货代公司、报关公司、拖车公司)到船代公司进行办理换取提货单手续。此时需要提供给船代公司的资料有:海运提单(正本加收货人背书盖章)、换单委托书、船公司同意放提货单的确认资料(一般船公司会直接通知船代公司,收货人只需要确认有无此通知即可)。需要支付的费用有港口建设费、换单手续费(船代收费,约55元/单)、箱体卫生检疫费。

(4)换好提货单后,将正本提货单及其他报关所需资料交给报关公司包括:合同、发票、装箱单、报关委托书、报检委托书、产地证(一般货物基本不用提供,动植物及食品类货物一定要提供),另根据货物通关所需要的监管条件提供进口许可证、配额证、机电证等其他监管证件(如果进口经营单位属于加工贸易企业,还要提供加工贸易海关备案手册报关)。

(5)报关公司收到上述资料后,立即开始安排报检、报关工作,顺序是先进行报检,再进行报关。报检的流程:先向商检局发送报检内容,再到商检局进行递单手续,根据商检局指示到具体业务科室联系落实货物查验工作,然后陪同商检局工作人员到货物所在堆场进行货物查验,检验合格后返回商检局进行计费,缴付完所有费用后打印通关单,通关单盖完章后报检完毕。需要注意的是,有些货物最终目的地并非在进口口岸所在地,需要事先向检疫局声明,在申报的时候是按照“异地商检货物调离报检”程序操作,要等货物运抵最终目的地后,由其当地所属检疫局落实货物检疫工作,口岸检疫局只负责包装检疫工作。

(6)报检完毕后开始报关工作,报关的流程:先输入申报内容向海关审单中心发送，等候审单中心审结通过（一般征税货物在审结的时候比较严谨，因此收货人在提供货物信息时，一定要把货物的详细名称、成分、规格、型号、功率、电压、工作原理、使用方法等情况尽量提供清楚，这样通关速度才能加快），审结通过后，将报关单连同其他报关资料向现场海关递单申报，海关接单审核单证相符后打印税单（免税货物不用），收货人缴付税款，海关通知是否需要对货物进行查验，安排查验工作或者直接放行。

（7）海关放行后，到码头所属卫生检疫部门在提货单上加盖卫生检疫放行章，准备办理提货手续。此时收货人需要与船公司进行确认有无超期堆存费、超期箱租、目的港手续费等其他费用产生。若没有额外费用，收货人自己或者由其代理单位（货代公司、报关公司、拖车公司等）到船公司办理提货手续，再到码头办理打印提柜单手续，由拖车公司负责送货到收货人指定地点卸货，卸货后拖车公司负责将空柜返还船公司制定堆场（如果还空柜时发现柜子有破损、污渍等情况还需要补交修箱费）。

（8）一般征税货物在报完关后，海关审核舱单等资料无误后，打印付汇联，由报关公司负责领取后交给收货人，至此，所有口岸清关工作完毕。

### (二)出口的相关流程及规定(见图2-1-6)

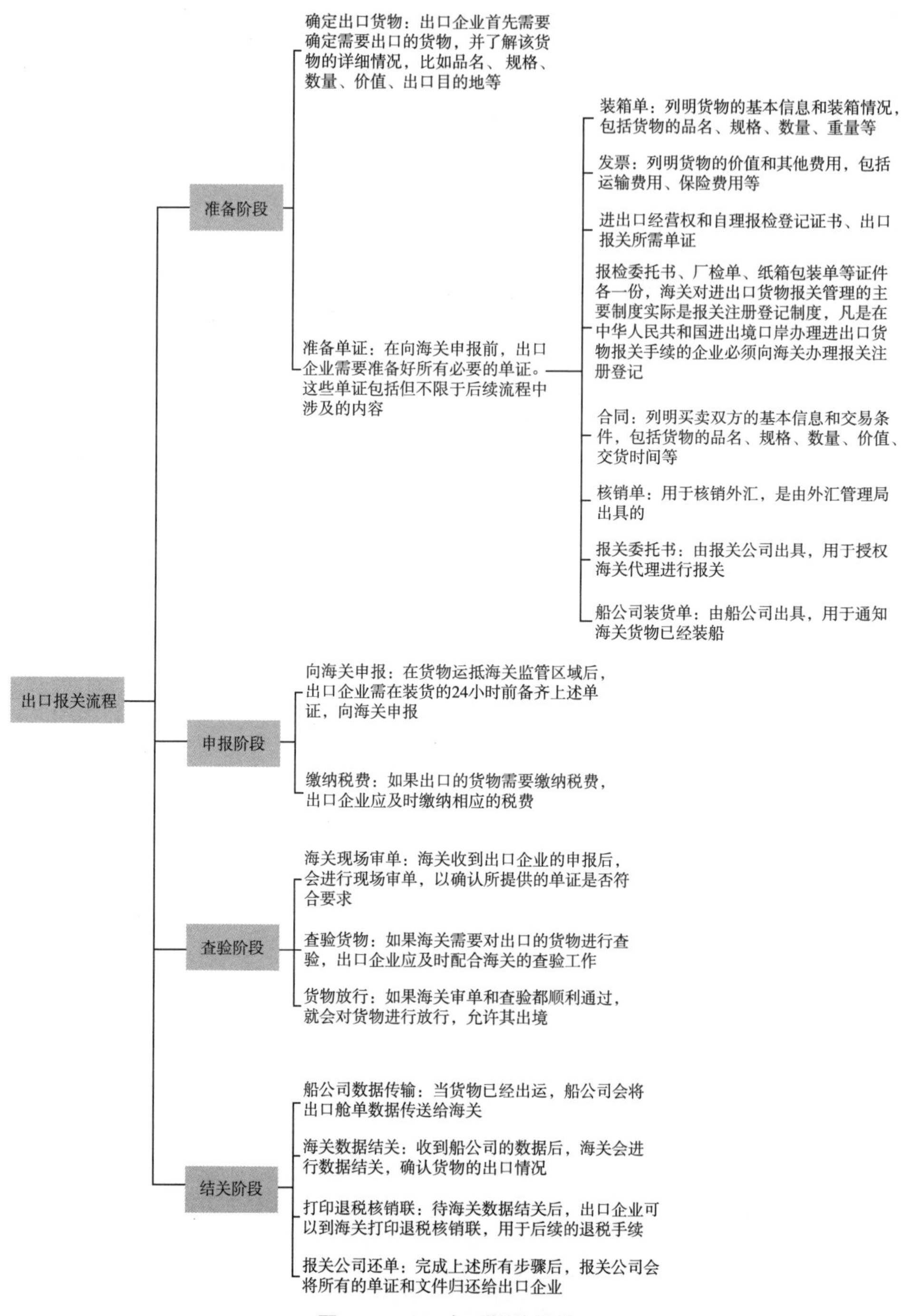


**图2-1-6　出口报关流程**

## 五、合规建议

从侵害的法益来看,走私普通货物、物品罪侵害的法益是违反国家海关监管秩序、偷逃海关关税,本质上其实是一种特殊领域的逃税罪。伴随着我国市场经济的日益繁荣以及对外贸易需求的日益增长,该罪的刑事处罚也逐渐发生了改变,从近年不起诉案例数量的增长情况来看,刑事司法也结合实务,考虑到该罪背后复杂多样的社会性和经济性,逐渐向缓和化发展。而合规建设思维的出现,为该罪的处理开辟了新的空间,也契合"源头治理"的主题定位。

同时,海关总署于2021年9月13日公布了《海关注册登记和备案企业信用管理办法》(海关总署令第251号,以下简称新《办法》),对2018年公布的《海关企业信用管理办法》(已失效)进行了更新,也体现了国家信用体系建设的不断深入。同时,新《办法》也是对于企业合规的重大激励,主要表现在优化信用等级分类、落实守信激励原则、规范完善管理链条三个方面,进一步提升守信、守法企业的获得感,进一步增加高级认证企业便利措施,同时也依法依规实施失信惩戒,程序性规定更细致更精确,并且建立信用修复制度。

企业在进行涉案企业合规建设中,可以有效参照新《办法》中的标准和规定,结合企业自身的经营模式和特点,不断细化合规手册,形成具有企业特色的合规管理体系。

笔者从检索到的检察院针对涉嫌走私普通货物、物品罪企业的不起诉决定书中发现,涉案企业最常见的行为方式有以下几种:(1)提供虚假单证;(2)低报价格和伪报贸易性质。针对上述情形及团队的办案经验,特就以下几点风险作出合规提示。

### (一)需要了解国家的禁止性规定

为了保护国家利益,保护人民的健康和安全,保护环境,依据《对外贸易法》《货物进出口管理条例》等法律规定,我国出台了《禁止进口货物目录》和《禁止出口货物目录》[①]。对于从事进出口贸易的企业而言,必须全面了解上述法律规定,并对企业的员工进行培训,要求其熟知上述内容,同时,基于权责分离的规则,严格要求审核部门的人员对此内容进行重点审查,否则会构成走私国家禁止进出口的货物、物品罪。

### (二)加强对供应商、合作商的筛选

对于即将合作的域外企业要做充分的尽职调查,包括:第一,企业的经营的范围,签约企业是否是直接的合作商,如果不是,其出售的货物源于哪里,是否存在风险,其购买的货物又将去向哪里,是否存在风险,笔者之前接到一起事前合规,主要是国内的一家企业代加工德国的机密仪器配件,而德国是明令禁止该货品出口俄罗斯的,但是俄罗斯的某企业找到国内的企业想让其通过贴标的方式或者是销毁原有标识的方法进行出售,该行为就存在很大风险;第二,合作的企业是否因为国际贸易被给予过刑事或者行政处罚;第三,国内的企业应当向合作的第三方企业公示其合规制度,并将其签入合同中,观察合作的域外企业的态度。综上,国内的企业应当通过多元化的方式进行尽职调查,并建立第三方名单库,原则上合作时应从名单库中选取合作商,将企业自身的风险降至最低。

### (三)企业应当严格遵循"如实申报"原则

关于报关的费用,不能完全按照"报关风险指导价"进行申报,很多企业认为

---

① 截至目前具体禁止目录汇总情况如下:

1.《禁止进口货物目录》(第一批)和《禁止出口货物目录》(第一批)

2.《禁止进口货物目录》(第二批)(已废止)

3.《禁止进口的旧机电产品目录》[2019年1月1日执行,废止原《禁止进口货物目录》(第二批)]

4.《禁止进口货物目录》(第三批)(已失效)

5.《禁止进口货物目录》(第三批)调整表(已失效)

6.《禁止进口货物目录》(第四批、第五批)(已废止)

7.《禁止出口货物目录》(第二批)2003年第27号(已废止)

8.《禁止出口货物目录》2004年第40号(第二批)

9.《禁止进口货物目录》(第六批)和《禁止出口货物目录》(第三批)

10.《禁止出口货物目录》(第四批)

11.《禁止出口货物目录》(第五批)

12.《禁止进口货物目录》(第七批)和《禁止出口货物目录》(第六批)

13.《禁止进口货物目录》(第八批)和《禁止出口货物目录》(第七批)

14.《禁止进口货物目录》(第九批)和《禁止出口货物目录》(第八批)

只要报关的价格位于海关内部存在对特定货物的报关风险价格区间即是合法的，然而实践中很多企业因此涉嫌刑事犯罪，《海关审定进出口货物完税价格办法》第五条规定："进口货物的完税价格，由海关以该货物的成交价格为基础审查确定，并且应当包括货物运抵中华人民共和国境内输入地点起卸前的运输及其相关费用、保险费。"第六条第一款规定："进口货物的成交价格不符合本章第二节规定的，或者成交价格不能确定的，海关经了解有关情况，并且与纳税义务人进行价格磋商后，依次以下列方法审查确定该货物的完税价格：(一)相同货物成交价格估价方法；(二)类似货物成交价格估价方法；(三)倒扣价格估价方法；(四)计算价格估价方法；(五)合理方法。"申报企业必须根据进出口货物的实际情况如实申报，除如实报价外，也要如实申报贸易方式，不得将高税率的贸易方式伪报为低税率的贸易方式，同时要如实申报货物的种类，不得将高税率货物伪报为低税率货物，要如实申报货物的原产地，不得将禁止进口的原产地伪报为可以进口的原产地，要如实申报货物数量不得低保、瞒报等。

### (四)加强对报关主体的审查

很多从事对外贸易的企业习惯将报关行为委托给报关公司进行，但是从笔者的办案经验来看，如果企业疏于监管，也会发生走私类的犯罪。而企业对报关主体的监督首先应当关注其是亲自从事上述行为还是出现了转包的情况，实践中确实存在大量转包，并且是多层级的转包，导致代报关主体利润空间被压缩，代报关主体为了赚取利润，通常会采用弄虚作假的方式进行申报而构成走私犯罪。其次，在很多对外贸易中是由报关主体直接接收合作方的报关资料，这就需要企业对合作商提供的报关资料进行审核，不可以当"甩手掌柜"，企业需要审核申报的货物种类、数量、价格、具体税费等，并形成文字记录方便复核，发现问题应当及时反馈。

### (五)遇到问题积极配合调查

当海关部门在监管中发现可能存在走私情况，要求企业通过相关材料说明情况时，企业应当积极的配合，主动披露，协助海关部门查清问题症结所在，不得弄虚作假、隐瞒情况、毁灭证据。因而企业本身除设置合规部门或合规专员及时跟进外,还需要设置风险识别机制、风险举报机制及风险跟踪处理机制。同时,企业应当形成台账制度,让所有的合规行为都有迹可查。

## 第九节 ESG与融资领域风险防控及合规思路分析

### 一、融资与ESG投资

ESG评级不仅关乎企业的社会形象和声誉,更直接影响其融资成本和市场竞争力。MSCI ESG Research的综合研究表明,ESG评级较高的公司在股票和债券市场的融资成本通常较低。这一发现不仅验证了ESG因素在金融市场中的重要性,也揭示了ESG评级与融资成本之间的内在联系。良好的企业ESG表现有助于企业走出融资约束困境,获得更好的投融资。从理论上讲,ESG评级较高的企业往往具备更强的可持续发展能力,能够更有效地管理ESG风险。这种优势使得企业在面对市场波动时更具韧性,从而降低了投资者的风险感知和资本要求回报率。因此,ESG评级较高的企业能够以更低的成本筹集资金。即使在考虑国内市场、行业和信贷质量等各种因素的情况下,ESG评级与融资成本之间的负相关关系仍然成立。具体而言,评级最低的公司融资成本最高(研究期内平均为7.9%),而评级最高的公司在研究期内平均融资成本最低(6.8%)。

### 二、融资领域涉嫌的风险及法律分析

企业在完善日常运营管理体系的同时,也要关注投融资的安全问题,因为**这不仅涉及企业本身是否能够吸引到投融资,而且该领域特别容易涉及刑事风险,该风险会对整个企业的生死存亡造成影响。因而笔者对该领域会涉及的刑事风险作了整体的归纳总结。**

#### (一)个人可能涉嫌的罪名及量刑标准

在我国现行法律框架下,个人在融资领域可能涉嫌的罪名见表2-1-26:

表2-1-26 个人在融资领域可能涉嫌的罪名

| 序号 | 罪名 | 对个人的主刑范围 | 对个人的附加刑范围 | 主要对应法条 |
| --- | --- | --- | --- | --- |
| 1 | 高利转贷罪 | 1.数额较大的:处3年以下有期徒刑或者拘役<br>2.数额巨大的:处3年以上7年以下有期徒刑 | 1.数额较大的:并处违法所得1倍以上5倍以下罚金<br>2.数额巨大的:并处违法所得1倍以上5倍以下罚金 | 《刑法》第一百七十五条第一款 |
| 2 | 骗取贷款、票据承兑、金融票证罪 | 1.造成重大损失的:处3年以下有期徒刑或者拘役<br>2.造成特别重大损失或者有其他特别严重情节的:处3年以上7年以下有期徒刑 | 1.造成重大损失的:并处或者单处罚金<br>2.造成特别重大损失或者有其他特别严重情节的:并处罚金 | 《刑法》第一百七十五条之一第一款 |
| 3 | 非法吸收公众存款罪 | 1.一般情况:处3年以下有期徒刑或者拘役<br>2.数额巨大或者有其他严重情节的:处3年以上10年以下有期徒刑<br>3.数额特别巨大或者有其他特别严重情节的:处10年以上有期徒刑 | 1.一般情况:并处或者单处罚金<br>2.数额巨大或者有其他严重情节的:并处罚金<br>3.数额特别巨大或者有其他特别严重情节的:并处罚金 | 《刑法》第一百七十六条第一款 |
| 4 | 集资诈骗罪 | 1.数额较大的:处3年以上7年以下有期徒刑<br>2.数额巨大或者有其他严重情节的:处7年以上有期徒刑或者无期徒刑 | 1.数额较大的:并处罚金<br>2.数额巨大或者有其他严重情节的:并处罚金或者没收财产 | 《刑法》第一百九十二条第一款 |

## (二)单位可能涉嫌的罪名及量刑标准

在我国现行法律框架下,单位在融资领域可能涉嫌的罪名见表2-1-27:

表2-1-27 单位在融资领域可能涉嫌的罪名

| 序号 | 罪名 | 对单位的刑罚范围 | 对其直接负责的主管人员和其他直接责任人员的刑罚范围 | 主要对应法条 |
| --- | --- | --- | --- | --- |
| 1 | 高利转贷罪 | 罚金 | 处3年以下有期徒刑或者拘役 | 《刑法》第一百七十五条 |

续表

| 序号 | 罪名 | 对单位的刑罚范围 | 对其直接负责的主管人员和其他直接责任人员的刑罚范围 | 主要对应法条 |
| --- | --- | --- | --- | --- |
| 2 | 骗取贷款、票据承兑、金融票证罪 | 罚金 | 1. 造成重大损失的:处3年以下有期徒刑或者拘役,并处或者单处罚金<br>2. 造成特别重大损失或者有其他特别严重情节的:处3年以上7年以下有期徒刑,并处罚金 | 《刑法》第一百七十五条之一 |
| 3 | 非法吸收公众存款罪 | 罚金 | 1. 一般情况:处3年以下有期徒刑或者拘役,并处或者单处罚金<br>2. 数额巨大或者有其他严重情节的:处3年以上10年以下有期徒刑,并处罚金<br>3. 数额特别巨大或者有其他特别严重情节的:处10年以上有期徒刑,并处罚金 | 《刑法》第一百七十六条第一款、第二款 |
| 4 | 集资诈骗罪 | 罚金 | 1. 数额较大的:处3年以上7年以下有期徒刑,并处罚金<br>2. 数额巨大或者有其他严重情节的:处7年以上有期徒刑或者无期徒刑,并处罚金或者没收财产 | 《刑法》第一百九十二条 |

## 三、典型案例

### 案例1:陈某先非法吸收公众存款案

——最高人民法院入库案例

#### 基本案情

2010年1月,被告人陈某先担任某担保公司实际控制人,经营银行贷款担保等业务。2011年至2013年,被告人陈某先在未经有关部门依法许可的情况下,以月息1分5厘至2分5厘的高额回报为诱饵,通过口口相传的方式进行宣传,共向46名社会不特定对象吸收存款1823万元,尚未归还893.037004万元。二审期间陈某先自行退还集资参与人共计203.1598万元。

## 裁判结果

山东省滨州市滨城区人民法院于2022年11月2日作出(2022)鲁1602刑初439号刑事判决:(1)被告人陈某先犯非法吸收公众存款罪,判处有期徒刑3年8个月,并处罚金人民币30万元;(2)责令被告人陈某先退赔集资参与人895.957004万元。宣判后,被告人陈某先提出上诉。山东省滨州市中级人民法院于2023年4月10日作出(2023)鲁16刑终6号刑事判决,以非法吸收公众存款罪改判陈某先有期徒刑2年10个月,并处罚金25万元;责令陈某先退赔集资参与人689.877204万元。

## 案例2:丁某忠等非法吸收公众存款案

——最高人民法院入库案例

## 基本案情

1.非法吸收公众存款事实

2018年2月13日,被告人丁某忠等注册成立某云数字商品公司,并相继成立某富商品公司等关联公司,为某云数字商品公司提供服务支持。丁某忠等开发了数字电商购物平台App,采取"以老带新人拉人"、分等级激励方式公开向社会宣传发展数字商城消费会员,故意拉高商品销售价格产生高额价差,向消费会员进行所谓的"消费返利",后以虚拟货币投资为噱头,通过人为操控、虚假宣传包装打造出价格只升不跌的虚拟货币"云元"(并非基于算法产生的数字虚拟货币),诱使消费会员将"消费返利"投资购买"云元",变相向社会公众公开吸收资金。经审计,2020年5月1日至2021年6月8日,某云数字App平台吸引全国477,720名消费会员购买"云元"113,933,646枚,销售金额共计人民币300,850,885.6元。前述消费会员在某云数字App平台上购买商品及投资"云元"支付的款项全部进入某富商品公司等由丁某忠等实际控制的关联公司账户。

另查明,2021年2月23日,湖北省云梦县公安局对本案立案调查。2021年

11月16日G市某区市场监督管理局作出行政处罚决定书，认定某云数字商品公司、某富商品公司违反《禁止传销条例》第七条第一项、第二项之规定，属于组织策划传销的违法行为，对某云数字商品公司罚款200万元，对某富商品公司罚款200万元，并对某云数字商品公司、某富商品公司违法所得299,995,918.97元予以没收。

2.涉案资金追查情况

(1)2021年12月9日至12月20日，湖北省云梦县公安局依法对某富数字商品公司账户内涉案资金235,294,387.29元依法予以冻结。

(2)2022年5月24日、27日、31日，G市某区法院根据G市某区市场监督管理局行政处罚决定书强制执行了云梦县公安局冻结的某富商品公司账户内共计235,294,387.29元涉案资金。2022年5月30日，G市某区法院将前述强制执行资金中141,284,069.23元转入国家金库某市中心支库。2022年6月9日G市某区法院将前述强制执行资金中93,650,174.97元转入G市某区财政局账户，2022年7月8日云梦县公安局对前述账户内93,650,174.97元涉案资金依法予以冻结。

## 裁判结果

**湖北省云梦县人民法院于2022年8月19日以(2022)鄂0923刑初153号刑事判决，认定被告人丁某忠犯非法吸收公众存款罪，判处有期徒刑13年，并处罚金100万元；被告人任某宏犯非法吸收公众存款罪，判处有期徒刑11年6个月，并处罚金80万元；被告人徐某艳犯非法吸收公众存款罪，判处有期徒刑11年6个月，并处罚金80万元；被告人宋某领犯非法吸收公众存款罪，判处有期徒刑11年6个月，并处罚金80万元；被告人康某玮犯非法吸收公众存款罪，判处有期徒刑7年，并处罚金60万元；被告人王某廷犯非法吸收公众存款罪，判处有期徒刑9年，并处罚金60万元。被告人非法吸收的资金及孳息将依法被予以追缴。公安机关因该案查扣、冻结的财产由公安机关依法追缴后按比例发还给集资参与人，不足部分继续追缴，追缴财产返还集资参与人后剩余的部分上缴国库。**

宣判后,被告人丁某忠等人不服,提出上诉。湖北省孝感市中级人民法院于2022年10月28日作出二审法院(2022)鄂09刑终175号刑事裁定,驳回上诉,维持原判。

## 四、普适性的合规建议

实务中,非法吸收公众存款罪是目前企业家犯罪第一高频的罪名,同时目前企业为解决资金周转问题,各类融资方式层出不穷,在当前的司法案例中,很多企业家因为法律意识淡薄,没有正确区分普通民间借贷和非法吸收公众存款这两个行为的区别和界限,一不小心跨入雷池而被追究刑事责任。

笔者认为,企业应当以"控"促"防",推动事前合规体系的构建,制定专项合规计划,用预防来代替整改,避免企业涉嫌该类犯罪。具体而言,对于融资类的案件,构建合规体系时除了遵循基本的准则,还需要特别注意以下几个层面。

### (一)明确融资政策、杜绝法律禁止事项

首先,企业在解决企业融资问题上,应当在充分了解各种融资方式和手段的基础上,严格按照法律法规的相关规定,选择适合公司经营的融资方式,从源头降低违法犯罪风险。特别是一些经常有融资需求的企业,建议专门针对该类罪名进行系统的专项合规建设,通过定期组织企业员工参加相关合规问题的法律培训,并做好员工的合规风险提示,通过合规手册严格限定员工涉及合规事项的行为,合法合规开展融资业务。从融资范围及主体层面必须在手册中明确的是,向不特定社会公众吸收存款是商业银行专属金融业务,未经国务院银行业监督管理机构批准,任何单位和个人不得从事吸收公众存款等商业银行业务;以发行私募基金的形式进行融资,需要完成公告及登记备案后,方可进行,募集的过程要严格依法依规进行。而且必须将以下法律规定予以明确并且组织专业人员进行讲解培训,核心规定是2022年修正的最高人民法院《关于审理非法集资刑事案件具体应用法律若干问题的解释》的相关内容:为依法惩治非法吸收公众存款、集资诈骗等非法集资犯罪活动,根据《中华人民共和国刑法》的规定,现就审理此类刑事案件具体应用法律的若干问题解释如下:

**【第一条非法吸收公众存款罪的构成要件】**违反国家金融管理法律规定，向社会公众（包括单位和个人）吸收资金的行为，同时具备下列四个条件的，除刑法另有规定的以外，应当认定为刑法第一百七十六条规定的"非法吸收公众存款或者变相吸收公众存款"：（一）未经有关部门依法许可或者借用合法经营的形式吸收资金；（二）通过网络、媒体、推介会、传单、手机信息等途径向社会公开宣传；（三）承诺在一定期限内以货币、实物、股权等方式还本付息或者给付回报；（四）向社会公众即社会不特定对象吸收资金。

未向社会公开宣传，在亲友或者单位内部针对特定对象吸收资金的，不属于非法吸收或者变相吸收公众存款。

**【第二条非法吸收公众存款罪的典型样态】**实施下列行为之一，符合本解释第一条第一款规定的条件的，应当依照刑法第一百七十六条的规定，以非法吸收公众存款罪定罪处罚：（一）不具有房产销售的真实内容或者不以房产销售为主要目的，以返本销售、售后包租、约定回购、销售房产份额等方式非法吸收资金的；（二）以转让林权并代为管护等方式非法吸收资金的；（三）以代种植（养殖）、租种植（养殖）、联合种植（养殖）等方式非法吸收资金的；（四）不具有销售商品、提供服务的真实内容或者不以销售商品、提供服务为主要目的，以商品回购、寄存代售等方式非法吸收资金的；（五）不具有发行股票、债券的真实内容，以虚假转让股权、发售虚构债券等方式非法吸收资金的；（六）不具有募集基金的真实内容，以假借境外基金、发售虚构基金等方式非法吸收资金的；（七）不具有销售保险的真实内容，以假冒保险公司、伪造保险单据等方式非法吸收资金的；（八）以网络借贷、投资入股、虚拟币交易等方式非法吸收资金的；（九）以委托理财、融资租赁等方式非法吸收资金的；（十）以提供"养老服务"、投资"养老项目"、销售"老年产品"等方式非法吸收资金的；（十一）利用民间"会""社"等组织非法吸收资金的；（十二）其他非法吸收资金的行为。

**【第三条非法吸收公众存款罪之定罪量刑标准】**非法吸收或者变相吸收公众存款，具有下列情形之一的，应当依法追究刑事责任：（一）非法吸收或者变相吸收公众存款数额在100万元以上的；（二）非法吸收或者变相吸收公众存款对象150

人以上的;(三)非法吸收或者变相吸收公众存款,给存款人造成直接经济损失数额在50万元以上的。

非法吸收或者变相吸收公众存款数额在50万元以上或者给存款人造成直接经济损失数额在25万元以上,同时具有下列情节之一的,应当依法追究刑事责任:(一)曾因非法集资受过刑事追究的;(二)二年内曾因非法集资受过行政处罚的;(三)造成恶劣社会影响或者其他严重后果的。

**【第四条非法吸收公众存款罪之情节严重之认定】**非法吸收或者变相吸收公众存款,具有下列情形之一的,应当认定为刑法第一百七十六条规定的"数额巨大或者有其他严重情节":(一)非法吸收或者变相吸收公众存款数额在500万元以上的;(二)非法吸收或者变相吸收公众存款对象500人以上的;(三)非法吸收或者变相吸收公众存款,给存款人造成直接经济损失数额在250万元以上的。

非法吸收或者变相吸收公众存款数额在250万元以上或者给存款人造成直接经济损失数额在150万元以上,同时具有本解释第三条第二款第三项情节的,应当认定为"其他严重情节"。

**【第五条非法吸收公众存款罪之情节特别严重之认定】**非法吸收或者变相吸收公众存款,具有下列情形之一的,应当认定为刑法第一百七十六条规定的"数额特别巨大或者有其他特别严重情节":(一)非法吸收或者变相吸收公众存款数额在5000万元以上的;(二)非法吸收或者变相吸收公众存款对象5000人以上的;(三)非法吸收或者变相吸收公众存款,给存款人造成直接经济损失数额在2500万元以上的。

非法吸收或者变相吸收公众存款数额在2500万元以上或者给存款人造成直接经济损失数额在1500万元以上,同时具有本解释第三条第二款第三项情节的,应当认定为"其他特别严重情节"。

**【第六条非法吸收公众存款罪之从宽处罚之情节】**非法吸收或者变相吸收公众存款的数额,以行为人所吸收的资金全额计算。在提起公诉前积极退赃退赔,减少损害结果发生的,可以从轻或者减轻处罚;在提起公诉后退赃退赔的,可以作为量刑情节酌情考虑。

非法吸收或者变相吸收公众存款,主要用于正常的生产经营活动,能够在提起公诉前清退所吸收资金,可以免予刑事处罚;情节显著轻微危害不大的,不作为犯罪处理。

对依法不需要追究刑事责任或者免予刑事处罚的,应当依法将案件移送有关行政机关。

**【第七条集资诈骗罪的认定】**以非法占有为目的,使用诈骗方法实施本解释第二条规定所列行为的,应当依照刑法第一百九十二条的规定,以集资诈骗罪定罪处罚。

使用诈骗方法非法集资,具有下列情形之一的,可以认定为“以非法占有为目的”:(一)集资后不用于生产经营活动或者用于生产经营活动与筹集资金规模明显不成比例,致使集资款不能返还的;(二)肆意挥霍集资款,致使集资款不能返还的;(三)携带集资款逃匿的;(四)将集资款用于违法犯罪活动的;(五)抽逃、转移资金、隐匿财产,逃避返还资金的;(六)隐匿、销毁账目,或者搞假破产、假倒闭,逃避返还资金的;(七)拒不交代资金去向,逃避返还资金的;(八)其他可以认定非法占有目的的情形。

集资诈骗罪中的非法占有目的,应当区分情形进行具体认定。行为人部分非法集资行为具有非法占有目的的,对该部分非法集资行为所涉集资款以集资诈骗罪定罪处罚;非法集资共同犯罪中部分行为人具有非法占有目的,其他行为人没有非法占有集资款的共同故意和行为的,对具有非法占有目的的行为人以集资诈骗罪定罪处罚。

**【第八条集资诈骗罪之量刑】**集资诈骗数额在10万元以上的,应当认定为“数额较大”;数额在100万元以上的,应当认定为“数额巨大”。

集资诈骗数额在50万元以上,同时具有本解释第三条第二款第三项情节的,应当认定为刑法第一百九十二条规定的“其他严重情节”。

集资诈骗的数额以行为人实际骗取的数额计算,在案发前已归还的数额应予扣除。行为人为实施集资诈骗活动而支付的广告费、中介费、手续费、回扣,或者用于行贿、赠与等费用,不予扣除。行为人为实施集资诈骗活动而支付的利息,除本金未归还可予折抵本金以外,应当计入诈骗数额。

**【第九条】**犯非法吸收公众存款罪,判处三年以下有期徒刑或者拘役,并处或者单处罚金的,处五万元以上一百万元以下罚金;判处三年以上十年以下有期徒刑的,并处十万元以上五百万元以下罚金;判处十年以上有期徒刑的,并处五十万元以上罚金。

犯集资诈骗罪,判处三年以上七年以下有期徒刑的,并处十万元以上五百万元以下罚金;判处七年以上有期徒刑或者无期徒刑的,并处五十万元以上罚金或者没收财产。

涉互联网金融活动在未经有关部门依法批准的情形下,公开宣传并向不特定公众吸收资金,承诺在一定期限内还本付息的,会被依法追究刑事责任。互联网金融的本质是金融,判断其是否属于"未经有关部门依法批准",即行为是否具有非法性的主要法律依据,如《商业银行法》、《非法金融机构和非法金融业务活动取缔办法》(国务院令第247号)(已失效)等现行有效的金融管理法律规定。实践中关于"非法性"之认定,应当以国家金融管理法律法规作为依据。对于国家金融管理法律法规仅作原则性规定的,可以根据法律规定的精神并参考中国人民银行、原银保监会、中国证监会等行政主管部门依照国家金融管理法律法规制定的部门规章或者国家有关金融管理的规定、办法、实施细则等规范性文件的规定予以认定。目前,符合规定的企业正常吸收资金的方式主要有两种:一是向特定的亲友募集,即对象具有较强的特定性;二是向专业的投资机构募集资金。此两类行为不会扰乱金融秩序尤其是投资机构本身就以资金拆借为主营业务,具备较强的风险判断能力。

### (二)规范融资行为的经营程序

互联网金融涉及互联网金融点对点借贷平台(P2P)网络借贷、股权众筹、第三方支付、互联网保险以及通过互联网开展资产管理及跨界从事金融业务等多个金融领域,行为方式多样,所涉法律关系复杂。违法犯罪行为隐蔽性、迷惑性强,波及面广,社会影响大。所以对于融资类的企业起码应当具备以下三个权责部门即业务洽谈部门、审查部门、监督部门,各部门做到权责分明,彼此配合、彼此监督,将违法犯罪风险降低至最低。根据企业的融资手册有洽谈部门寻找核实的投资者,并及时告知投资者募集资金的用途、具体数额、回报的方式及时间等核心要素,不得隐瞒重要事实;初步洽谈后报请审查部门批准,审查重点审查对象是否特定、募集是否公开、合同是否如公司的实际用途及相关标准一致;监督部门除了进行特定的监督抽查,还应当跟踪资金用途,严格把关后续行为,防止构成集资诈骗等犯罪行为。因为在实践中,对于融资类案件,司法机关会重点审查互联网金融活动相关主体是否存在归集资金,沉淀资金,致使投资人资金存在被挪用、侵占等重大风险之情形;是否具有非法占有目的,这是区分非法吸收公众存款罪和集资诈骗罪的关键要件,对此司法机关也会重点围绕融资项目真实性、资金去向、归还能力等事实进行综合判断。

### (三)对于企业的资金往来及监督审查情况应当及时记录、形成台账

为了保证企业合法合规运营,企业必须对重点事项形成台账记录,以保证企业涉嫌犯罪时能够及时自证清白,有效实现"出罪"目的。有效的台账应当包括:第一,宣传环节,投资合同、宣传资料、培训内容等;第二,资金环节,资金往来记录、会计账簿和会计凭证、资金使用成本(包括利息和佣金等)、资金决策使用过程、资金主要用途、吸收资金所投资项目内容、投资实际经营情况、盈利能力、归还本息资金的主要来源、负债情况等;第三,日常监督情况、是否发现问题、发现问题后的处理等情况。

### (四)企业对外投资也应当谨慎

当企业有对外进行投资需求时,也应当遵守专项合规的规则依法依规开展,必要时也可以委托律师事务所、会计师事务所等专业机构,充分调查被投资方的企业背景,通过合规调查有效地识别被投资方企业的融资行为是否有违法的可能,确保投资工作顺利开展,最大限度地降低投资风险。因为《刑法》第一百八十六条规定以下行为构成违法发放贷款罪:银行或者其他金融机构的工作人员违反国家规定发放贷款,数额巨大或者造成重大损失的,处五年以下有期徒刑或者拘役,并处一万元以上十万元以下罚金;数额特别巨大或者造成特别重大损失的,处五年以上有期徒刑,并处二万元以上二十万元以下罚金。

银行或者其他金融机构的工作人员违法国家规定,向关系人发放贷款的,依照前款的规定从重处罚。

单位犯前两款罪的,对单位判处罚金,并对其直接负责的主管人员和其他直接责任人员,依照前两款的规定处罚。

关系人的范围,依照《中华人民共和国商业银行法》和有关金融法规确定。

## 第十节　ESG 诚信类风险防控及合规思路分析

### 一、企业诚信与 ESG

随着 ESG 议题日益受到重视,企业面临着越来越多的监管要求和社会期待。从 ESG 的角度来看可以将企业的诚信分为两个层面:第一是披露的信息要符合诚信的规则;第二是企业的运营本身也要遵循诚信的规则。这两个层面都非常重要,尤其是第二个层面,其相当于实质层面的诚信,对于 ESG 的评级本身会造成较大影响。企业应将 ESG 视为长期战略,用心应对,例如,通过制定清晰的 ESG 目标,加强内部管理,并且企业也需要在 ESG 合规与创新之间找到平衡,既满足监管要求,又能发挥自身优势,创造可持续价值。

### 二、诚信类风险及法律分析

企业违反诚信规则不仅会影响企业的评价,降低企业商誉,还会带来一些直接的法律风险,其中包括:第一,民事赔偿风险,例如企业对外合作提供的产品质量或服务不达标,会面临着合作商的赔偿诉讼。第二,行政处罚风险,根据《产品质量法》等相关法律法规,生产、销售不符合保障人体健康和人身、财产安全的国家标准、行业标准的产品的,将面临以下行政处罚:(1)没收违法生产、销售的产品;(2)处以罚款,罚款金额根据违法情节严重程度而定;(3)责令停止违法生产、销售行为;(4)情节严重的,可能被吊销营业执照。第三,刑事风险,即涉嫌犯罪被处以定罪量刑的风险,而该风险也是最为严重的风险。笔者将其涉及的具体罪名进行了以下提炼。

## (一)个人可能涉嫌的罪名及量刑标准

在我国现行法律框架下,个人在诚信领域可能涉及的罪名见表 2 -1 -28:

**表 2 -1 -28 个人在诚信领域可能涉及的罪名**

| 序号 | 罪名 | 对个人的主刑范围 | 对个人的附加刑范围 | 主要对应法条 |
| --- | --- | --- | --- | --- |
| 1 | 诈骗罪 | 1. 数额较大的:处 3 年以下有期徒刑、拘役或者管制<br>2. 数额巨大或者有其他严重情节的:处 3 年以上 10 年以下有期徒刑<br>3. 数额特别巨大或者有其他特别严重情节的:处 10 年以上有期徒刑或者无期徒刑 | 1. 数额较大的:并处或者单处罚金<br>2. 数额巨大或者有其他严重情节的:并处罚金<br>3. 数额特别巨大或者有其他特别严重情节的:并处罚金或者没收财产 | 《刑法》第二百六十六条 |
| 2 | 生产、销售伪劣产品罪 | 1. 销售金额 5 万元以上不满 20 万元的:处 2 年以下有期徒刑或者拘役<br>2. 销售金额 20 万元以上不满 50 万元的:处 2 年以上 7 年以下有期徒刑<br>3. 销售金额 50 万元以上不满 200 万元的:处 7 年以上有期徒刑<br>4. 销售金额 200 万元以上的:处 15 年有期徒刑或者无期徒刑 | 1. 销售金额 5 万元以上不满 20 万元的:并处或者单处销售金额 50% 以上 2 倍以下罚金<br>2. 销售金额 20 万元以上不满 50 万元的:并处销售金额 50% 以上 2 倍以下罚金<br>3. 销售金额 50 万元以上不满 200 万元的:并处销售金额 50% 以上 2 倍以下罚金<br>4. 销售金额 200 万元以上的:并处销售金额 50% 以上 2 倍以下罚金或者没收财产 | 《刑法》第一百四十条 |
| 3 | 生产、销售、提供假药罪 | 1. 一般情况:处 3 年以下有期徒刑或者拘役<br>2. 对人体健康造成严重危害或者有其他严重情节的:处 3 年以上 10 年以下有期徒刑<br>3. 致人死亡或者有其他特别严重情节的:处 10 年以上有期徒刑、无期徒刑或者死刑<br>药品使用单位的人员明知是假药而提供给他人使用的,依照前款的规定处罚 | 1. 一般情况:并处罚金<br>2. 对人体健康造成严重危害或者有其他严重情节的:并处罚金<br>3. 致人死亡或者有其他特别严重情节的:并处罚金或者没收财产 | 《刑法》第一百四十一条 |

续表

| 序号 | 罪名 | 对个人的主刑范围 | 对个人的附加刑范围 | 主要对应法条 |
| --- | --- | --- | --- | --- |
| 4 | 生产、销售、提供劣药罪 | 1. 造成严重危害的:处 3 年以上 10 年以下有期徒刑<br>2. 后果特别严重的:处 10 年以上有期徒刑或者无期徒刑 | 1. 造成严重危害的:并处罚金<br>2. 后果特别严重的:并处罚金或者没收财产 | 《刑法》第一百四十二条第一款 |
| 5 | 串通投标罪 | 情节严重的,处 3 年以下有期徒刑或者拘役 | 并处或者单处罚金 | 《刑法》第二百二十三条第一款 |
| 6 | 集资诈骗罪 | 1. 数额较大的:处 3 年以上 7 年以下有期徒刑<br>2. 数额巨大或者有其他严重情节的:处 7 年以上有期徒刑或者无期徒刑 | 1. 数额较大的:并处罚金<br>2. 数额巨大或者有其他严重情节的:并处罚金或者没收财产 | 《刑法》第一百九十二条第一款 |
| 7 | 招摇撞骗罪 | 1. 一般情况:处 3 年以下有期徒刑、拘役、管制或者剥夺政治权利<br>2. 情节严重的:处 3 年以上 10 年以下有期徒刑<br>冒充人民警察招摇撞骗的,依照前款的规定从重处罚 | — | 《刑法》第二百七十九条 |
| 8 | 伪造、变造、买卖国家机关公文、证件、印章罪;盗窃、抢夺、毁灭国家机关公文、证件、印章罪 | 1. 一般情况:处 3 年以下有期徒刑、拘役、管制或者剥夺政治权利<br>2. 情节严重的:处 3 年以上 10 年以下有期徒刑 | 并处罚金 | 《刑法》第二百八十条第一款 |
| 9 | 伪造公司、企业、事业单位、人民团体印章罪 | 处 3 年以下有期徒刑、拘役、管制或者剥夺政治权利 | 并处罚金 | 《刑法》第二百八十条第二款 |

续表

| 序号 | 罪名 | 对个人的主刑范围 | 对个人的附加刑范围 | 主要对应法条 |
|---|---|---|---|---|
| 10 | 伪造、变造、买卖身份证件罪 | 1.一般情况:处3年以下有期徒刑、拘役、管制或者剥夺政治权利<br>2.情节严重的:处3年以上7年以下有期徒刑 | 并处罚金 | 《刑法》第二百八十条第三款 |
| 11 | 使用虚假身份证件、盗用身份证件罪 | 情节严重的,处拘役或者管制<br>有前款行为,同时构成其他犯罪的,依照处罚较重的规定定罪处罚 | 并处或者单处罚金 | 《刑法》第二百八十条之一 |
| 12 | 冒名顶替罪 | 处3年以下有期徒刑、拘役或者管制<br>组织、指使他人实施前款行为的,依照前款的规定从重处罚<br>国家工作人员有前两款行为,又构成其他犯罪的,依照数罪并罚的规定处罚 | 并处罚金 | 《刑法》第二百八十条之二 |

## (二)单位可能涉嫌的罪名及量刑标准

在我国现行法律框架下,单位在诚信领域可能涉嫌的罪名见表2-1-29:

**表2-1-29 单位在诚信领域可能涉嫌的罪名**

| 序号 | 罪名 | 对单位的刑罚范围 | 对其直接负责的主管人员和其他直接责任人员的刑罚范围 | 主要对应法条 |
|---|---|---|---|---|
| 1 | 生产、销售伪劣产品罪 | 罚金 | 1.销售金额5万元以上不满20万元的:处2年以下有期徒刑或者拘役,并处或者单处销售金额50%以上2倍以下罚金<br>2.销售金额20万元以上不满50万元的:处2年以上7年以下有期徒刑,并处销售金额50%以上2倍以下罚金<br>3.销售金额50万元以上不满200万元的:处7年以上有期徒刑,并处销售金额50%以上2倍以下罚金<br>4.销售金额200万元以上的:处15年有期徒刑或者无期徒刑,并处销售金额50%以上2倍以下罚金或者没收财产 | 《刑法》第一百四十条、第一百五十条 |

续表

| 序号 | 罪名 | 对单位的刑罚范围 | 对其直接负责的主管人员和其他直接责任人员的刑罚范围 | 主要对应法条 |
| --- | --- | --- | --- | --- |
| 2 | 生产、销售、提供假药罪 | 罚金 | 1. 一般情况:处3年以下有期徒刑或者拘役,并处罚金<br>2. 对人体健康造成严重危害或者有其他严重情节的:处3年以上10年以下有期徒刑,并处罚金<br>3. 致人死亡或者有其他特别严重情节的:处10年以上有期徒刑、无期徒刑或者死刑,并处罚金或者没收财产 | 《刑法》第一百四十一条第一款、第一百五十条 |
| 3 | 生产、销售、提供劣药罪 | 罚金 | 1. 造成严重危害的:处3年以上10年以下有期徒刑,并处罚金<br>2. 后果特别严重的:处10年以上有期徒刑或者无期徒刑,并处罚金或者没收财产 | 《刑法》第一百四十二条第一款、第一百五十条 |
| 4 | 串通投标罪 | 罚金 | 情节严重的,处3年以下有期徒刑或者拘役,并处或者单处罚金 | 《刑法》第二百二十三条第一款、第二百三十一条 |
| 5 | 集资诈骗罪 | 罚金 | 1. 数额较大的:处3年以上7年以下有期徒刑,并处罚金<br>2. 数额巨大或者有其他严重情节的:处7年以上有期徒刑或者无期徒刑,并处罚金或者没收财 | 《刑法》第一百九十二条 |

## 三、典型案例

### (一)产品质量问题典型案例

#### 案例1:赵某甲生产、销售伪劣产品案

——最高人民法院入库案例

**基本案情**

朱某礼(另案处理)系河北省邯郸市绿某食品有限公司实际控制人,其为牟取

非法利益，在 2017 年 9 月 13 日至 2018 年 2 月 12 日，与袁某远、赵某乙（均另案处理）达成口头协议，以每头猪支付 8 元至 10 元的价格，由袁某远、赵某乙组织被告人赵某甲及王某等人（另案处理）在该公司屠宰点内给待宰生猪注入含有肾上腺素、阿托品等物质的药水和生水，用以增加猪肉重量。朱某礼组织他人将注药注水的猪肉产品销往多地农贸市场。经鉴定，邯郸市绿某食品有限公司在此期间生产、销售注药注水猪肉产品金额共计 1.3 亿余元。

元某印、赵某丙及陈某山（均另案处理）作为河北省沙河市某肉联有限公司股东，共同商议给待宰生猪注入含有肾上腺素、阿托品等物质的药水和生水，用以增加猪肉重量，借此牟取非法利益。2017 年 10 月 4 日至 2018 年 3 月 31 日，元某印与袁某远达成口头协议，以每头猪支付 9 元的价格，由袁某远组织被告人赵某甲以及张某等人在该公司屠宰点内对待宰生猪注药注水。元某印同时组织人员将注药注水的生猪屠宰后对外销售。经鉴定，涉及袁某远在沙河市某肉联有限公司生产、销售的注药注水猪肉产品价值共计 2600 余万元。

### 裁判结果

河北省邯郸市永年区人民法院于 2022 年 6 月 15 日作出（2020）冀 0408 刑初 205 号刑事判决：被告人赵某甲犯生产、销售伪劣产品罪，判处有期徒刑 10 年，并处罚金人民币 330 万元。宣判后，赵某甲提出上诉。在上诉期满后，赵某甲要求撤回上诉。河北省邯郸市中级人民法院于 2022 年 7 月 12 日作出（2022）冀 04 刑终 486 号刑事裁定，准许撤回上诉。

## 案例 2：林某某、廖某某等生产、销售伪劣产品案

——上海市第三中级人民法院与上海市消费者权益保护委员会联合发布涉消费者权益保护审判典型案例（2023.1－2024.2）之五

### 基本案情

2018 年 8 月至 2022 年 9 月，被告人林某某为牟取非法利益，从他人处购得大

量掺有铜、铝等物质的金银箔，通过网店以“金银箔”名义对外销售，其中部分供他人生产、销售食品所用。其间，被告人林某某指使廖某某通过网店定制标贴、玻璃瓶等包材，并进行灌装、贴标、打包、发货，销售金额达662,217.9元。案发后，侦查机关扣押金银箔成品119瓶、金箔片8包，货值金额2857.2元。

#### 裁判结果

上海市第三中级人民法院（上海知识产权法院、上海铁路运输中级法院）经审理认为，被告人林某某、廖某某为牟取非法利益，共同生产、销售掺杂、掺假的金银箔，销售金额达66万余元，尚未销售的金银箔货值金额达2000余元，其行为已构成生产、销售伪劣产品罪。综合考虑犯罪事实、性质、情节及对社会的危害程度等，以生产、销售伪劣产品罪判处被告人林某某有期徒刑4年6个月，罚金24万元；被告人廖某某有期徒刑3年，缓刑5年，罚金10万元；禁止被告人廖某某在缓刑考验期限内从事金银箔生产、销售及相关活动；违法所得予以追缴，供犯罪所用的本人财物予以没收。

### （二）诈骗罪类典型案例

### 案例1：刘甲等诈骗案

——最高人民法院入库案例

#### 基本案情

2020年至2023年，被告人刘甲、吴某勇为牟取非法利益，在河南省信阳市光山县、潢川县租赁房屋，购买手机、电脑等作案工具，先后招揽被告人刘乙、肖某君、郑某君等人，利用聊天工具，使用统一话术剧本，发布虚假广告，以冒充专家、PS虚假图片等方式，销售所谓“杞草黄精植物饮品、植物蛋白固体饮料”男性保健用品，骗取他人财物。刘甲、吴某勇从他人处大量购买含有姓名、手机号、家庭住址等信息的个人信息共计11,517条。

上述具体作案方式包括：(1)“约单”，由业务员专门针对前期购买过男性药品或者保健品的人员进行联系，谎称公司有专业男科指导老师可以治愈男性生理疾病，初步取得客户信任；(2)“打单”，由其他话务员按照“话术”冒充专业男科指导老师等虚假身份与客户联系，诱骗受害人订购冒充具有功效的产品；(3)“跟单”，在骗取客户信任后使用二维码收款、快递货到付款等方式收取受害人钱款，同时进行售后“服务”，在客户提出异议时进行处理。

2020年1月1日至2023年7月31日，刘甲团伙诈骗金额为6,370,564.46元。被告人刘甲、吴某勇在实施诈骗的过程中，雇用员工支付工资等费用2,844,833.89元。其中，被告人肖某君负责联系被害人实施诈骗，非法获利109,650元；被告人郑某君负责联系被害人实施诈骗，非法获利79,535元。在审理过程中，肖某君、郑某君全部退出违法所得。

### 裁判结果

河南省信阳市光山县人民法院于2023年12月28日作出(2023)豫1522刑初449号刑事判决，以诈骗罪、侵犯公民个人信息罪分别判处被告人刘甲有期徒刑9年6个月，并处罚金人民币15万元，有期徒刑1年，并处罚金人民币5万元，决定执行有期徒刑9年10个月，并处罚金人民币20万元；以诈骗罪、侵犯公民个人信息罪分别判处被告人吴某勇有期徒刑9年6个月，并处罚金人民币15万元，有期徒刑1年，并处罚金人民币5万元，决定执行有期徒刑9年10个月，并处罚金人民币20万元；以诈骗罪分别判处被告人薛某、刘乙有期徒刑4年6个月，并处罚金人民币8万元、7万元；以诈骗罪分别判处被告人肖某君、郑某君有期徒刑3年，缓刑4年，并处罚金人民币6万元。宣判后，刘甲、吴某勇、薛某、刘乙分别提出上诉。河南省信阳市中级人民法院于2024年4月22日作出(2024)豫15刑终24号刑事裁定：驳回上诉，维持原判。

## 案例2：孙某、张某等诈骗案

——最高人民法院入库案例

### 基本案情

“绿通”全称是“鲜活农产品运输绿色通道”。国家相关部门对于合法运输与居民生活息息相关的鲜活蔬菜、水果等产品的车辆，给予减免高速通行费用的政策优惠，但对运输普通货物无此项优惠。

2021年11月至2022年6月，被告人孙某、刘某弟、张某以偷逃高速公路过路费为目的，采取互换车牌、冒用装载鲜活农产品的绿色免高速通行费车辆的方式，使用不同车牌多辆货车载普通货物从广东省进入高速公路，在威青高速即墨服务区内将车牌与具备载水果、蔬菜等免通行费用的“绿通”鲁Q××××车牌互换，偷逃高速过路费。被告人孙某多次偷逃高速路费40.132万元，被告人刘某弟多次偷逃高速路费7.95万元，被告人张某多次偷逃高速路费1.9873万元。案发后，刘某弟、张某已全额退赔偷逃的高速费用。

被告人孙某被抓获归案，刘某弟自动投案后应侦查人员的要求通过电话方式劝说被告人张某投案自首，后张某投案。

## 裁判结果

山东省青岛市即墨区人民法院于2023年5月23日作出(2022)鲁0215刑初864号刑事判决：被告人孙某犯诈骗罪，判处有期徒刑7年，并处罚金人民币10万元；被告人刘某弟犯诈骗罪，判处有期徒刑2年2个月，并处罚金人民币15,000元；被告人张某犯诈骗罪，判处有期徒刑6个月，缓刑1年，并处罚金人民币4000元。责令被告人孙某退赔被害单位山东高速青岛某有限公司经济损失共计人民币40.132万元。宣判后，被告人刘某弟不服，提出上诉。山东省青岛市中级人民法院于2023年11月27日作出(2023)鲁02刑终414号刑事判决：刘某弟构成一般立功，遂以诈骗罪改判有期徒刑2年，并处罚金人民币15,000元；维持对孙某、张某的定罪量刑。

## 案例3：陈某某合同诈骗案

——最高人民法院入库案例

## 基本案情

2021年8月至9月，被告人陈某某因欠债较多无力偿还，遂产生非法占有的目的，并通过虚构单位需要用酒的方式骗得被害人董某等人的大量白酒，合计价值人民币1,961,760元。案发前，被告人陈某某已归还人民币61万元。具体如下：

1.2021年8月15日，被告人陈某某谎称西环水泥构件有限公司需要采购招待用酒，采用高买低卖的方式从被害人孙某处以人民币1080元/瓶的单价、总价人民币45.36万元的价格骗得青花郎白酒70箱（每箱6瓶），并以低于1080元/瓶的价格出售给程某1。经鉴定，上述白酒合计价值人民币42万元。案发前，因被害人孙某多次催款、报警，被告人陈某某先后支付被害人孙某货款计人民币31万元。

2.2021年9月1日，被告人陈某某冒用江苏新凯预涂膜科技有限公司采购人员的身份，使用假名"陈军"，谎称需购买一批白酒用于中秋节送礼，采用高买低卖的方式从被害人董某经营的梦之蓝专卖店以人民币1380元/瓶的单价、总价人民币93.84万元的价格骗得洋河梦之蓝手工班白酒170箱（每箱4瓶），并以低于1380元/瓶的价格出售给程某1。上述白酒合计价值人民币81.6万元。案发前，被告人陈某某先后支付被害人董某货款计人民币15万元。

3.2021年9月7日，被告人陈某某谎称江苏新凯预涂膜科技有限公司需要一批酒，采用高买低卖的方式从被害人徐某处以人民币850元/瓶的单价、总价人民币91.8万元的价格骗得水井坊典藏大师白酒180箱（每箱6瓶），并以低于850元/瓶的价格出售给程某1。经水井坊牌白酒江苏总代理证实，上述白酒合计至少价值人民币725,760元。案发前，被告人陈某某先后支付被害人徐某货款计人民币15万元。

## 裁判结果

江苏省盐城市亭湖区人民法院于2022年6月15日作出（2022）苏0902刑初137号刑事判决：（1）被告人陈某某犯合同诈骗罪，判处有期徒刑7年，并处罚金人民币20万元。（2）责令被告人陈某某退赔人民币135.176万元返还给相关被害人。

## 四、诚信类风险防控合规建议

笔者从办理过的生产、销售伪劣产品系列案件出发,系统地梳理了一下对于该案的合规处理思路,供各位读者参考。

### (一)探知公司存在的风险

需要对企业进行充分的尽职调查,包括实地走访企业的各个生产线及检测室、访谈企业的各职能部门负责人及主要岗位的职员等方法,探知公司存在的法律风险,以其中一家已经涉嫌犯罪被刑事处罚的X公司为例为各位读者展示尽职调查查明的内容,团队对上述想要调整企业治理模式,提高合规经营能力进行调查后发现,其风险存在以下方面:

1. 单位的奖惩制度不合理

X公司设置的奖惩制度为"以铜的剩余量判断优劣",即作为车间的工作人员,对于自己负责的电缆产品,最终作为原材料的铜如果有剩余则可申请领取奖励,奖金与剩余量成正比,剩余越多奖励则越多,反之如果原料不够要扣除奖金。此政策的出发点原本是为了鼓励员工节约用量,控制生产成本,但是该政策在实际落实中带来了许多潜在危害,如发生工人为了赚取奖金,故意偷工减料的事件。

2. 企业员工法律意识淡薄

目前来看,企业涉嫌犯罪最主要的犯罪原因就是企业的车间主任为了赚取企业奖金故意指使操作工人偷工减料,并指使质检人员漏检、错检,最终导致电缆品质不达标却流入市场。而质检人员也没有思考法律风险,只是听取车间主任的意思放任风险的存在,最终导致其触犯法律规定,发生刑事法律风险,造成了企业利益的较大损失,也对社会的安全构成了较大的威胁。

3. 企业内部缺乏有力的监管制度

车间主任权利过大,缺乏相应的监督制约机制,车间主任能自行通过降低产品质量,决定以放低检测标准的方式生产电缆产品,企业对质量把控要求不够,该岗位负责人受到的实际制约有限,缺乏有效监管。

4. 组织架构不完整

公司的组织架构比较简单，主要经营决策权掌握在总经理的手中，其他的职能部门统一受总经理的领导，缺乏专业的合规部门，导致企业无法及时地识别、跟踪、处理生产经营者面临的法律风险，对法律风险持放任态度。

5. 运营方面存在诸多风险

笔者通过走访企业，从原材料—生产—检测—仓储—销售—物流—产品召回进行了全流程的风险排查，形成了具体的风险诊断清单，并对风险的高低进行了标注。

6. 缺乏风险防范报告机制

整个企业在运营的过程中，并未设立刑事风险防范报告机制，因而员工即便发现可能发生的刑事法律风险，也是听之任之，主观上缺乏报告的意识，客观上缺乏报告的途径，导致法律风险无限扩大，未能及时有效的拦截。究其原因，除了企业内部缺乏合规氛围，员工本身缺乏合规意识，更重要的原因就是未设立清晰且行之有效的风险报告机制。

7. 欠缺企业文化引领

通过尽职调查发现企业文化建设仍有欠缺，企业内部的章程中没有体现合规的要求，未设立合规部门，缺乏合规的规范性文件，也未形成定期的合规培训，员工合规意识较为淡薄。

**（二）具体风险防控措施的构建**

1. 职能部门负责人签署合规承诺书

首先，为了表明企业的合规意愿，在合规团队的建议下，企业的管理层向所有员工发出了一封合规信，充分表达了企业合规的重要性，也彰显了管理层对于企业合规管理的决心和信心；其次，在了解合规内容的基础上该公司的职能部门负责人都自愿签署了合规承诺书，自上而下支持企业的合规管理。

2. 修改公司章程

合规章程在企业内部具有统领性，也是企业内部具有最高效力的文件，因而要想合规制度在企业内部生根发芽，得到良好运行，应该在章程中予以明示，体现上层的合规意识及全员合规的理念。而目前企业公布的章程中未体现合规意识，未见合规相关的条款。

企业合规是公司所有员工的共同责任，公司全体员工都应参与合规管理。公司高层应当在整个公司中做出表率，设定鼓励合规、坚持合规的基调。“合规从高层做起”是有效的合规管理体制得以建立的基础。只有如此才能形成一种由内而外、自上而下的合规文化。因而建议该企业调整企业的章程。

3. 设置负责风险防控的合规部门

要想让合规机制融入企业的日常运行中，企业应当构建有效的合规组织体系，针对企业目前的具体情况，建议在总经理之下设置专业的合规部，合规部门直接受总经理领导，为了防止利益冲突，合规部门工作人员在工作职责上不得由生产、质检等有直接利害关系的主体担任，应当具有相对独立性，并按照双线分离、多线制衡的模式进行推进。

合规负责人在合规体系中应当承担以下职责：(1)拟定合规管理的基本制度和其他合规管理制度；(2)参与企业重大决策并提出合规意见；(3)领导合规管理牵头部门开展工作；(4)对企业内部规章制度、重大决策、新产品和新业务方案等进行合规审查，并出具书面合规审查意见；(5)向总经理汇报合规管理重大事项；(6)组织起草合规管理年度报告；(7)为公司决策层、管理层、各部门及各分支机构提供合规咨询、组织合规培训，协助公司经营管理层培育合规文化；(8)将出具的合规审查意见、提供的合规咨询意见、签署的公司文件、合规检查工作底稿等与履行职责有关的文件、资料存档备查，并对履行职责的情况作出记录；(9)畅通风险报告机制，接受刑事风险举报；(10)跟踪刑事风险，及时进行处置；(11)跟踪违规人员的处罚；(12)公司章程规定的其他合规管理职责。

4. 完善相关业务管理流程

第一，建议企业采取多元化的检测模式。首先，从检测手段上而言，应当以精准度较高的机器为主，而非简单的直尺和手摇器等误差较大的设备；其次，从人员配置上而言，应当由多主体交替进行，互相制约，例如第一道工序由甲专员完成、第二道则由乙专员、第三道由丙专员，成品则由专员共同检测完成，共同承担风险，成品也可以施行抽检送第三方检测。第二,从形式层面而言,必须逢检必签。第三,规范化管理车间。第四,向后保持可溯源。仓库管理要对产品编号进行详细检查和监管,确保每一批所销售的产品都有与质检、出库、入库等单据所一一对应的编号可溯源,保障后续管理工作顺利进行。第五,产品交付时,重点核实产品两端是否全部用封帽高温加热固定在两端,保障交付产品质量完好无损。切断交付后可能带来的影响。

目前,企业已经按照合规团队的建议对相关业务管理流程作出了相应的调整(见图 2－1－7)。

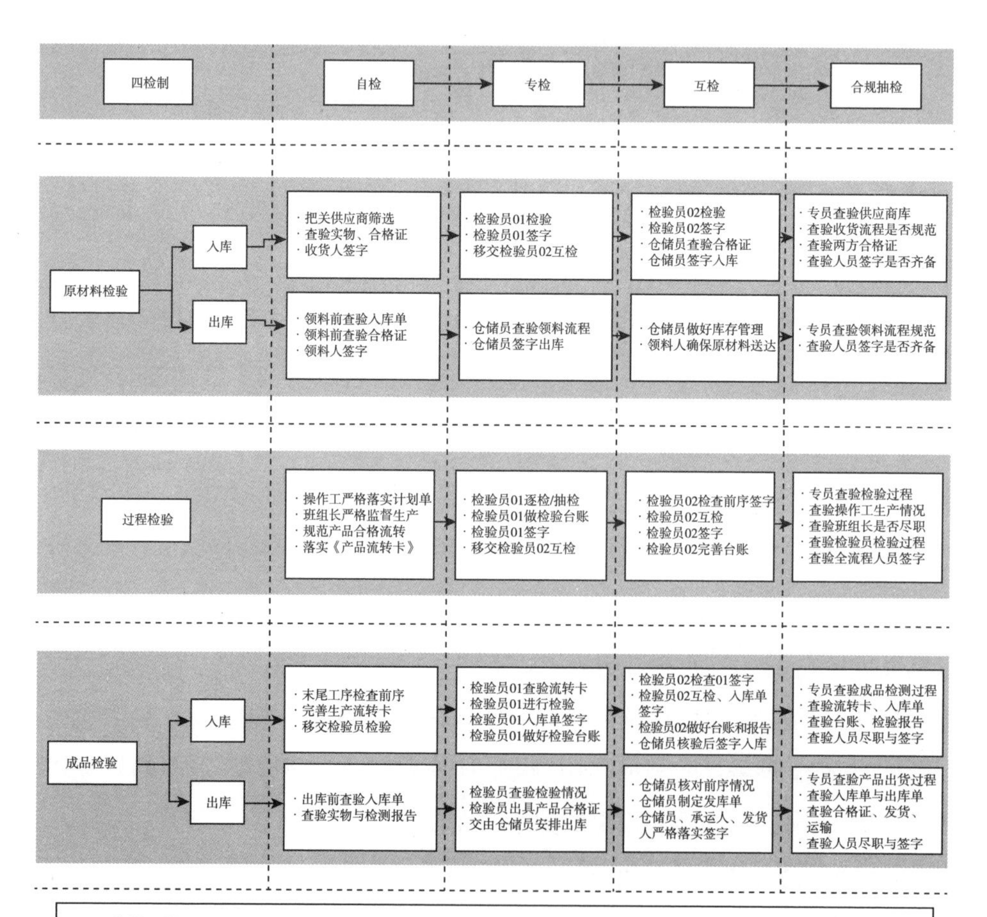


一、四检制主要指的是:“员工自检”“检测员专检”“检测员交叉互检”“合规专员抽检”。
二、“自检”制度贯穿了产品的始终,是“四检制”中的核心项,是每个班组每个人不可推卸的责任,每道工序的负责人都需要对半成品自检后交付下一环节生产。
三、检测员严格遵守公司检验规范,形成台账,严格“谁检验谁负责”,各道工序的加工质量,除工序操作自检外,必须接受检验员检验,检验员根据各个工序的检验规定设定检测检验具体办法,检验合格并经相应检验员签字确认后方能流入下道工序,任何部门或其余人员无权决定。
四、对于原材料环节、工序环节、成品环节严格施行抽检制度,形成相互监督、制约机制,全面保证产品质量经得起检验。
五、合规专员按照规范严格实施抽检,监督原材料的质量、制约巡检人员漏检、核实半成品及产品的质量。
六、自检、专检、互检、抽检时,要本着实事求是的精神,麻痹大意、弄虚作假造成产品质量事故需要承担相应的责任。

**图 2－1－7　合规检测检验全流程**

5. 严格规范成品仓储

首先,针对目前企业的现有状况,企业应当设置专业的仓储库,仓储库应当是封闭的,能够有效避免风吹日晒,防止电缆出现老化现象。对于成品原则上应当一律入库。对于跟单产品允许临时放置于室外的储存场地,但是时间不宜超过3个月,否则应当入库。

其次,需要规范产品入库流程,产品入库应当由专人接受,接受时必须核查是否附有检测合格证,没有不得入库。遇有超过时限的成品应当及时上报,做出相应的处理。

在合规团队的建议下,**企业目前制定了新的成品入库单(见附录1)、出库单(见附录2),拟实现落实具体责任人,并表示将来会进一步加强责任人员的产品质量意识,真正的落实合规管理制度,实现"谁检验谁负责"的追责机制**。

**附录1**

**成品入库单**

| 序号 | 客户 | 规格型号 | 数量 | 盘具 | 盘号 | 生产完成日期 | 生产完成车间 |
|---|---|---|---|---|---|---|---|
| 1 | | | | | | | |
| 2 | | | | | | | |
| 3 | | | | | | | |
| 4 | | | | | | | |

备注:
制单人:　　　　　　　　　　　　　　检验员:
日期:　　　　　　　　　　　　　　　日期:

## 附录2

### 出　库　单

收货单位：

开票日期：　　年　　月　　日　　　　电话：0510－87231325　　　　批次：

| 型号规格 | 单位 | 数量 | 单价 | 金额 | 盘具 | 备注 |
| --- | --- | --- | --- | --- | --- | --- |
|  | 米 |  |  |  |  |  |
|  | 米 |  |  |  |  |  |
|  | 米 |  |  |  |  |  |
|  | 米 |  |  |  |  |  |
| 合计 | （大写金额） |  |  | （小写金额） |  |  |

一、需方所需货物应提前电告，实提数量、价格以合同或约定为准。

二、货物由供方承运，需方提货后如发现品种、规格、型号及内在的质量问题，应在到货后3日内提出，并不得使用，双方另行处理。

供方在处理质量问题上，应出具法定代表人的书面授权委托书。除此之外任何书面意见一律无效。

三、需方未付清约定的货款，供方可停止供货。

四、原双方协商的条款一律以本合同为准，如发生争议，双方应友好协商，协商不成由供方所在地的法院解决。

五、本合同所载的合同条款为双方协商确定。金额是提货后的结算依据。

开票：　　　　发货：　　　　承运：

检验员：　　　　合规员：　　　　收货人：

6.健全合规风险防范报告机制

企业对于此次涉及的刑事案件，在生产运营的过程中，有多次机会可以识别并处置风险，但是最终因没有发现而走上了违法犯罪的道路，给企业的声誉、经济都造成了较为严重的影响。究其原因，在很大程度上是因为企业未设立有效的防范报告机制。合规团队建议企业设置多元的风险举报机制，**采取匿名与实名举报并行、线上与线下共存的举报模式。**首先，企业的员工发现可能存在的刑事风险时可以向总经理、合规部门直接反映，此为显名的线下举报，也可以通过发邮件、打电话的方式进行线上匿名举报；其次，企业也鼓励企业外部人员的监督，如果发现可能存在的风险，可以通过企业对外公布的电话、邮箱等方式进行举报。同时结合企业目前的工人文化水平，企业还设置了专门的实体举报箱，且每3天由2名合规专员共同开箱核查举报情况，并予以跟踪，及时将处理情况予以公示。

同时建立对举报线索的调查机制、保密和保护机制、奖励机制。企业必须明确一个态度,不得报复举报人,且为了鼓励举报,对于核实确实存在举报情形的状况,企业应当给予奖励。

目前企业合规团队的联系方式、举报方式已经随着书面文件传达到企业每一个职能部门员工的手里。

7.设置风险跟踪处置机制

一个有效的风险应对系统,除了能快速、准确地识别风险,同时应具备及时有效应对风险的处理机制。发生重大合规风险时,应当由合规管理部门牵头组织应对,其他相关部门协同配合,及时进行内部调查明确责任,尽快处理违规员工、尽快发现合规漏洞并进行整改、积极配合调查,必要时进行报告披露,争取获取可能的合作奖励,尽量获得宽大的行政处理或刑事处理,将惩戒、损失和不利影响降到最低。

目前已经落实责任到人,有合规部的合规专员专门跟进合规风险的处置,并由合规责任人直接向单位的负责人总经理汇报处理。

8.健全内部奖惩机制、设立有效的考核机制

有效的奖惩机制,除了能激发员工的动力,还应当对员工起到足够的警示作用,能够明确可为与不可为的边界。企业应当改变目前单一的以"铜的剩余量多少"作为评价标准,应当设置明晰且多元的奖惩模式。首先,可以以年或季度为单位设置**"质量评价体系"**,如果员工在单位时间内生产的产品合格率为100%则奖励相应的人民币,而如果出现不合格的情况则按比例处以罚款,后果较为严重的明确开除并承担民事赔偿责任;其次,奖金的高低需要在产品合格的情况下,**结合原材料的使用情况**,对于综合结果较好的员工,设置相对较高的奖励。

企业全体员工都应当接受合规绩效考核,并将考核结果作为员工考核、干部任用、评先选优的依据。

目前企业采取将"合格率"作为月绩效评价标准,合格率100%的予以具体数额的奖励,出现不合格的则结合具体情况给予罚款、调岗、辞退处理。

9.健全合规管理培训机制

首先,**企业内部的培训要做到全员的常规培训**;其次,**对于重点领域的重点人**

员如生产工序中的操作工、质检专员、成品检测专员等要提供专项的点对点培训。培训的方式可以采取线上、线下相结合的方式进行。使不同主体都能认知到自己领域范围内的风险可能性,发生具体风险时也能积极地进行应对。

10. 建立缺陷产品召回管理制度

合规部门应会同生产计划部门、销售部门、技质部门建立完善的《缺陷产品召回管理制度》,具体应当包括以下几个方面:

(1)明确当前法律依据

结合《产品质量法》,制定企业内部具体而明确的质量控制规范,结合企业现状明确召回对象、范围主体等,使召回行为有据可依。

(2)明确责任承担

根据业务管理流程中各个责任部门的职责划分以及责任承担,明确在产品召回中的责任部门,并进行记录作为相关考核标准,以便出现问题时予以追责(见附录3)。

(3)明确规范合理的召回程序

对于缺陷产品指派专员或聘请第三方进行调查,形成相应分析报告(见附录4),有必要时,组织专题讨论会,相关部门积极配合进行调查。同时,做好客户沟通工作,不拖延、不敷衍。

(4)明确召回产品的处理

配合仓库管理,对召回产品详细登记,详细记录处理过程,保证所有经过处理并重新检验合格的产品均具有良好的可溯源性。

(5)明确纠正和预防措施

相关部门应对每一次召回事故进行详细记录,报总经理以及合规部门进行商议,结合企业对应的奖惩机制以及企业管理办法进行处理。

## 附录3

# 产品召回通知书

序号：

<table>
<tr><td>召回产品型号</td><td></td><td>批次/生产日期</td><td colspan="2"></td></tr>
<tr><td>召回原因</td><td colspan="2"></td><td>预计召回截止时间</td><td></td></tr>
<tr><td>召回方式</td><td></td><td>召回产品数量</td><td colspan="2"></td></tr>
<tr><td colspan="5">召回产品的条形码或其他情况描述：</td></tr>
<tr><td colspan="5">其他：</td></tr>
<tr><td>申请人</td><td></td><td>批准人</td><td colspan="2"></td></tr>
</table>

## 附录4

# 召回产品分析报告

序号：

<table>
<tr><td>召回产品型号</td><td></td><td>批次/生产日期</td><td></td></tr>
<tr><td>召回产品数量</td><td></td><td>召回日期</td><td></td></tr>
<tr><td colspan="4">技质部对召回产品重新进行测试、确认结果：<br>测试人：　　　　批准人：</td></tr>
<tr><td colspan="4">召回产品的原因及其确认：<br>签批：</td></tr>
<tr><td colspan="4">对召回产品的处理：<br>签批：</td></tr>
<tr><td colspan="4">其他情况记录：<br>签名：</td></tr>
</table>

11. 构建合规文化墙

为了能够将合规理念传达至每一个员工的内心,形成全员合规的文化氛围,除构建长效的培训机制外,企业还设置了合规文化角,以合规专栏(见图2-1-8)和合规墙等多元的方式展示了合规的必要性及具体内容。

图2-1-8 奖惩公示栏

# 第十一节 从ESG视角看证券类风险防控及合规思路

## 一、证券类企业与ESG的强制性要求

为了提升企业声誉、增强投资者信心、满足监管要求、促进内部管理提升、应对气候变化等挑战、加强利益相关者沟通,《上市公司可持续发展报告指引(试行)》明确了中国证券市场对上市公司的ESG报告的强制性要求为,对上证180、科创50、深证100、创业板指数等重要市场指数的样本公司以及境内外同时上市的公司的可持续发展报告披露做出了强制要求,要求这些公司应当最晚在2026年首次披露2025年度《可持续发展报告》。报告内容包括:第一,环境方面:包括温室气体排放、能源使用和管理、水资源管理、废弃物处理和生物多样性影响等。第二,社会方面:涵盖员工权益与福利、多元化与包容性、社区关系与参与、供应链管理中的社会责任等。第三,治理方面:公司治理结构,如董事会构成、职责等;风险

管理体系;反腐败和廉政建设措施;商业道德与合规经营;股东权益保护;信息披露透明度与及时性。因而证券类的企业面临的合规治理是更为迫切的。

## 二、证券领域可能涉及的法律风险及防控

近年来,随着国家持续推动金融市场秩序规范化发展,证监会及各区域监管局不断加大监管处罚力度,国内证券公司面临的合规风险正在急剧升高。证券市场的法律风险也具有行政和刑事的双重性,笔者在此先将刑事风险进行揭示,在下方的风险防范中再一并对行政风险点进行梳理。

### (一)个人可能涉嫌的罪名及量刑标准

在我国现行法律框架下,个人在证券领域可能涉及的罪名见表2-1-30:

**表2-1-30 个人在证券领域可能涉及的罪名**

| 序号 | 罪名 | 对个人的主刑范围 | 对个人的附加刑范围 | 主要对应法条 |
|---|---|---|---|---|
| 1 | 欺诈发行证券罪 | 1. 数额巨大、后果严重或者有其他严重情节的:处5年以下有期徒刑或者拘役<br>2. 数额特别巨大、后果特别严重或者有其他特别严重情节的:处5年以上有期徒刑 | 1. 数额巨大、后果严重或者有其他严重情节的:并处或者单处罚金<br>2. 数额特别巨大、后果特别严重或者有其他特别严重情节的:并处罚金 | 《刑法》第一百六十条第一款 |
| 2 | 违规披露、不披露重要信息罪 | 1. 严重损害股东或者其他人利益,或者有其他严重情节的:对其直接负责的主管人员和其他直接责任人员,处5年以下有期徒刑或者拘役<br>2. 情节特别严重的:处5年以上10年以下有期徒刑 | 1. 严重损害股东或者其他人利益,或者有其他严重情节的:并处或者单处罚金<br>2. 情节特别严重的:并处罚金 | 《刑法》第一百六十一条 |
| 3 | 伪造、变造国家有价证券罪 | 1. 数额较大的:处3年以下有期徒刑或者拘役<br>2. 数额巨大的:处3年以上10年以下有期徒刑<br>3. 数额特别巨大的:处10年以上有期徒刑或者无期徒刑 | 1. 数额较大的:并处或者单处2万元以上20万元以下罚金<br>2. 数额巨大的:并处5万元以上50万元以下罚金<br>3. 数额特别巨大的:并处5万元以上50万元以下罚金或者没收财产 | 《刑法》第一百七十八条第一款 |

续表

| 序号 | 罪名 | 对个人的主刑范围 | 对个人的附加刑范围 | 主要对应法条 |
|---|---|---|---|---|
| 4 | 伪造、变造股票、公司、企业债券罪 | 1. 数额较大的:处3年以下有期徒刑或者拘役<br>2. 数额巨大的:处3年以上10年以下有期徒刑 | 1. 数额较大的:并处或者单处1万元以上10万元以下罚金<br>2. 数额巨大的:并处2万元以上20万元以下罚金 | 《刑法》第一百七十八条第二款 |
| 5 | 擅自发行股票、公司、企业债券罪 | 数额巨大、后果严重或者有其他严重情节的,处5年以下有期徒刑或者拘役 | 并处或者单处非法募集资金金额1%以上5%以下罚金 | 《刑法》第一百七十九条第一款 |
| 6 | 内幕交易、泄露内部信息罪 | 1. 情节严重的:处5年以下有期徒刑或者拘役<br>2. 情节特别严重的:处5年以上10年以下有期徒刑 | 1. 情节严重的:并处或者单处违法所得1倍以上5倍以下罚金<br>2. 情节特别严重的:并处违法所得1倍以上5倍以下罚金 | 《刑法》第一百八十条第一款 |
| 7 | 利用未公开信息交易罪 | 情节严重的,依照《刑法》第一百八十条第一款的规定处罚 | 情节严重的,依照《刑法》第一百八十条第一款的规定处罚 | 《刑法》第一百八十条第四款 |
| 8 | 编造并传播证券、期货交易虚假信息罪 | 造成严重后果的:处5年以下有期徒刑或者拘役 | 并处或者单处1万元以上10万元以下罚金 | 《刑法》第一百八十一条第一款 |
| 9 | 诱骗投资者买卖证券、期货合约罪 | 1. 造成严重后果的:处5年以下有期徒刑或者拘役<br>2. 情节特别恶劣的:处5年以上10年以下有期徒刑 | 1. 造成严重后果的:并处或者单处1万元以上10万元以下罚金<br>2. 情节特别恶劣的:并处2万元以上20万元以下罚金 | 《刑法》第一百八十一条第二款 |
| 10 | 操作证券、期货市场罪 | 1. 情节严重的:处5年以下有期徒刑或者拘役<br>2. 情节特别严重的:处5年以上10年以下有期徒刑 | 1. 情节严重的:并处或者单处罚金<br>2. 情节特别严重的:并处罚金 | 《刑法》第一百八十二条第一款 |

续表

| 序号 | 罪名 | 对个人的主刑范围 | 对个人的附加刑范围 | 主要对应法条 |
| --- | --- | --- | --- | --- |
| 11 | 提供虚假证明文件罪 | 1.情节严重的:处5年以下有期徒刑或者拘役<br>2.有下列情形之一的,处5年以上10年以下有期徒刑:<br>(1)提供与证券发行相关的虚假的资产评估、会计、审计、法律服务、保荐等证明文件,情节特别严重的;<br>(2)提供与重大资产交易相关的虚假的资产评估、会计、审计等证明文件,情节特别严重的;<br>(3)在涉及公共安全的重大工程、项目中提供虚假的安全评价、环境影响评价等证明文件,致使公共财产、国家和人民利益遭受特别重大损失的 | 并处罚金 | 《刑法》第二百二十九条第一款 |
| 12 | 出具证明文件重大失实罪 | 造成严重后果的:处3年以下有期徒刑或者拘役 | 并处或者单处罚金 | 《刑法》第二百二十九条第三款 |

### (二)单位可能涉嫌的罪名及量刑标准

在我国现行法律框架下,单位在证券领域可能涉嫌的罪名见表2-1-31:

**表2-1-31 单位在证券领域可能涉嫌的罪名**

| 序号 | 罪名 | 对单位的刑罚范围 | 对其直接负责的主管人员和其他直接责任人员的刑罚范围 | 主要对应法条 |
| --- | --- | --- | --- | --- |
| 1 | 欺诈发行证券罪 | 对单位判处非法募集资金金额20%以上1倍以下罚金 | 1.数额巨大、后果严重或者有其他严重情节的:处5年以下有期徒刑或者拘役,并处或者单处罚金<br>2.数额特别巨大、后果特别严重或者有其他特别严重情节的:处5年以上有期徒刑,并处罚金 | 《刑法》第一百六十条第一款、第三款 |

续表

| 序号 | 罪名 | 对单位的刑罚范围 | 对其直接负责的主管人员和其他直接责任人员的刑罚范围 | 主要对应法条 |
| --- | --- | --- | --- | --- |
| 2 | 违规披露、不披露重要信息罪 | 罚金 | 1. 严重损害股东或者其他人利益,或者有其他严重情节的:处5年以下有期徒刑或者拘役,并处或者单处罚金<br>2. 情节特别严重的:处5年以上10年以下有期徒刑,并处罚金 | 《刑法》第一百六十一条第一款、第三款 |
| 3 | 伪造、变造国家有价证券罪 | 罚金 | 1. 数额较大的:处3年以下有期徒刑或者拘役,并处或者单处2万元以上20万元以下罚金<br>2. 数额巨大的:处3年以上10年以下有期徒刑,并处5万元以上50万元以下罚金<br>3. 数额特别巨大的:处10年以上有期徒刑或者无期徒刑,并处5万元以上50万元以下罚金或者没收财产 | 《刑法》第一百七十八条第一款、第三款 |
| 4 | 伪造、变造股票、公司、企业债券罪 | 罚金 | 1. 数额较大的:处3年以下有期徒刑或者拘役,并处或者单处1万元以上10万元以下罚金<br>2. 数额巨大的:处3年以上10年以下有期徒刑,并处2万元以上20万元以下罚金 | 《刑法》第一百七十八条第二款、第三款 |
| 5 | 擅自发行股票、公司、企业债券罪 | 罚金 | 处5年以下有期徒刑或者拘役 | 《刑法》第一百七十九条第二款 |
| 6 | 内幕交易、泄露内部信息罪 | 罚金 | 处5年以下有期徒刑或者拘役 | 《刑法》第一百八十条第二款 |
| 7 | 编造并传播证券、期货交易虚假信息罪 | 罚金 | 处5年以下有期徒刑或者拘役 | 《刑法》第一百八十一条第一款、第三款 |

续表

| 序号 | 罪名 | 对单位的刑罚范围 | 对其直接负责的主管人员和其他直接责任人员的刑罚范围 | 主要对应法条 |
| --- | --- | --- | --- | --- |
| 8 | 诱骗投资者买卖证券、期货合约罪 | 罚金 | 处5年以下有期徒刑或者拘役 | 《刑法》第一百八十一条第二款、第三款 |
| 9 | 操作证券、期货市场罪 | 罚金 | 1. 情节严重的:处5年以下有期徒刑或者拘役,并处或者单处罚金<br>2. 情节特别严重的:处5年以上10年以下有期徒刑,并处罚金 | 《刑法》第一百八十二条 |

## 三、典型案例

### 案例1:王某泄露内幕信息、蔡某内幕交易案

——最高人民法院入库案例

#### 基本案情

被告人王某于2012年1月进入国某证券股份有限公司(以下简称国某证券)投资银行事业部并购业务部,于2014年8月至2015年1月主要负责或参与山东某桥集团股份有限公司(以下简称山东某桥公司)股权收购项目,于2015年5月担任国某证券投资银行事业部业务总监。王某与被告人蔡某系上海某大学研究生同学。涉案人马某系蔡某母亲姜某的学生,于2013年4月在某证券有限责任公司上海某证券营业部开设户名为马某的证券账户,涉案人冯某、姜某、姜某某、徐某分别系蔡某的前妻、母亲、舅舅和表哥,分别开设下列证券账户:申万宏源上海黄浦区某证券营业部冯某账户、中信证券股份有限公司上海某证券营业部姜某账户、大通证券股份有限公司上海某证券营业部姜某某账户、申万宏源上海浦东新区某证券营业部徐某账户。上述5个证券账户连同蔡某在中信证券股份有限公司上海某证券营业部开设的蔡某账户统称为涉案证券账户。

山东某桥公司系在深圳证券交易所上市的主营为路桥工程施工与养护的上市公司,实际控制人为山东省国资委,法定代表人、总经理和董事会秘书分别为于某、王某某和管某。

2014 年 8 月 1 日起,山东某桥公司开始筹备收购山东某先进材料科技有限公司(以下简称山东材料公司)。被告人王某受国某证券委派参与上述并购项目。9 月初至 17 日,山东材料公司、山东某桥公司就并购价格事宜进行协商。同月 25 日,山东材料公司董事长宗某在北京市约见王某等人,明确表示同意降价。9 月 29 日,王某等人向山东某桥公司汇报上述事宜,并提议公司停牌。10 月 8 日,山东某桥公司停牌,并与山东材料公司进行谈判,后于 10 月 10 日签署谅解备忘录。10 月 13 日,山东某桥公司发布《重大资产重组停牌公告》。12 月 9 日,山东材料公司发函山东某桥公司建议中止项目。2015 年 1 月 13 日,山东某桥公司发布《关于终止筹划重大资产重组事项暨公司证券复牌的公告》。据此,山东某桥公司拟以非公开发行股票方式收购山东材料公司的信息属于内幕信息,敏感期为 2014 年 8 月 1 日至 2015 年 1 月 13 日。

2014 年 8 月 7 日至 9 月 14 日,被告人王某与被告人蔡某手机通话和短信联系共计 26 次。同年 9 月 15 日至 30 日,涉案证券账户共计买入山东某桥公司 366.5814 万股。其间,王某与蔡某于同年 9 月 21 日、22 日手机通话共计 7 次,涉案证券账户共计买入 16.9 万股;王某与蔡某于同月 24 日手机通话 3 次,涉案证券账户于次日共计买入 132.21 万股;王某与蔡某于同月 26 日 14 时 10 分手机通话,涉案证券账户中马某账户于 14 时 3 分至 32 分共计买入 16.3 万股,于同日共计买入 80.16 万余股;同月 29 日和 30 日,马某账户共计买入 92.3 万余股。此外,王某与蔡某在敏感期内多次见面。涉案证券账户中马某账户于 2013 年 4 月在本市开户后无任何证券交易,直至 2014 年 9 月 25 日和 26 日共计划入人民币 1410 万元(以下币种均同)后于 25 日至 29 日共计购买山东某桥公司股票 302.4 万余股。除马某账户外的其余涉案证券账户均存在敏感期内抛售其他原持仓股票转购山东某桥公司股票的情况。其中,蔡某本人证券账户于 2014 年 9 月 15 日、22 日抛售原持仓股票后全资买入山东某桥公司股票共计 4.9 万股。

2015年1月至4月，涉案证券账户所购入山东某桥公司股票全部抛售，共计获利1084万余元。

## 裁判结果

上海市第一中级人民法院于2018年7月30日作出(2018)沪01刑初14号刑事判决：(1)被告人王某犯泄露内幕信息罪，判处有期徒刑7年，并处罚金人民币100万元；(2)被告人蔡某犯内幕交易罪，判处有期徒刑6年6个月，并处罚金人民币1000万元；(3)追缴违法所得人民币1084万元，上缴国库；扣划某证券有限责任公司上海某证券营业部户名为马某的35813981资金账户、大通证券股份有限公司上海某证券营业部户名为姜某某的06023706资金账户、申万宏源上海黄浦区某证券营业部户名为冯某的1644034251账户、申万宏源上海浦东新区某证券营业部户名为徐某的1624027684账户、中信证券股份有限公司上海某证券营业部户名为蔡某的21280004152资金账户、中信证券股份有限公司上海某证券营业部户名为姜某的21280002059资金账户内的资金，不足部分查封、扣押、扣划其他等值财产，折抵上述违法所得。

一审宣判后，被告人王某、蔡某不服，提出上诉。上海市高级人民法院于2020年11月11日作出(2018)沪刑终75号刑事裁定：驳回上诉，维持原判。

# 案例2：北京嘉瀛德兴投资有限公司、李某等内幕交易、泄露内幕信息案

## 基本案情

2014年下半年，包头乙有限公司(以下简称乙公司)因预期经营业绩大幅下跌，乙公司的股东内蒙古甲集团有限公司(以下简称甲集团)拟将旗下部分资产及丁业务注入乙公司，通过资产重组方式扭转乙公司的亏损局面，并于2014年8月形成了初步资产重组方案。

因资产重组方案需经丙批准方可实施，甲集团遂安排时任乙公司董事会秘书

的被告人程某具体承办。2015 年 4 月初,程某到北京向丙汇报并参与研究资产重组方案。2015 年 4 月 10 日下午,经程某提议,丙和甲集团同意,乙公司向上海证券交易所申请停牌。

被告单位北京嘉瀛德兴投资有限公司(以下简称嘉瀛德兴公司)于 2013 年 6 月 20 日成立,经营范围包括项目投资、资产管理等。被告人程某在 2014 年 8 月至 2015 年 4 月 10 日乙公司资产重组的内幕信息敏感期内,多次与被告人李某接触,并将乙公司即将进行资产重组的内幕信息泄露给李某。2015 年 4 月 10 日上午,程某来到北京市东城区李某嘉瀛德兴公司的实际营业地,随后李某安排其嘉瀛德兴公司员工王某 1、秦某操作贺某、宋某等 6 人的 8 个证券账户,卖出账户内其他股票并融资筹款,当日集中买入乙公司股票 1431. 1755 万股,成交金额 23, 200. 495072 万元,乙公司当日股价大幅上涨。次日,乙公司发布《重大事项停牌公告》,公司股票于同月 13 日起正式停牌。同月 25 日,乙公司发布了《重大资产重组的停牌公告》。从 2015 年 11 月 19 日起,李某安排王某 1 将上述乙公司股票陆续卖出。经上海证券交易所计算,上述股票交易违法所得共计 3646. 897611 万元。

2016 年 9 月 30 日,证监会认定:乙公司 2015 年 4 月 25 日发布重大资产重组的停牌公告所涉重大资产重组事项属于内幕信息,该案内幕信息敏感期为 2014 年 8 月 12 日至 2015 年 4 月 25 日。被告人程某为内幕信息知情人。

## 裁判结果

重庆市第一中级人民法院于 2018 年 8 月 9 日作出(2018)渝 01 刑初 31 号刑事判决:(1)被告单位嘉瀛德兴公司犯内幕交易罪,判处罚金人民币 5000 万元(已缴纳 2800 万元)。(2)被告人李某犯内幕交易罪,判处有期徒刑 3 年,缓刑 4 年。(3)被告人程某犯泄露内幕信息罪,判处有期徒刑 5 年 6 个月,并处罚金人民币 3650 万元。(4)对扣押的电脑以及被告单位嘉瀛德兴公司退出的违法所得 3646. 897611 万元予以没收,上缴国库。

## 四、证券领域的重要风险及合规建议

证券市场是资本市场,也是市场经济的重要阵地,相关企业是否能够提升依法治企的能力,不仅关系到整个经济秩序的稳定,也直接关系到众多投资者的经济利益。在证券领域目前从违法犯罪被处罚的数量及危害性综合来看,主要涉及以下几个罪名。

### (一)内幕交易、泄露内幕信息罪及合规建议

1. 内幕交易、泄露内幕信息罪之定罪量刑

《刑法》第一百八十条规定:证券、期货交易内幕信息的知情人员或者非法获取证券、期货交易内幕信息的人员,在涉及证券的发行,证券、期货交易或者其他对证券、期货交易价格有重大影响的信息尚未公开前,买入或者卖出该证券,或者从事与该内幕信息有关的期货交易,或者泄露该信息,或者明示、暗示他人从事上述交易活动,情节严重的,处五年以下有期徒刑或者拘役,并处或者单处违法所得一倍以上五倍以下罚金;情节特别严重的,处五年以上十年以下有期徒刑,并处违法所得一倍以上五倍以下罚金。单位犯前款罪的,对单位判处罚金,并对其直接负责的主管人员和其他直接责任人员,处五年以下有期徒刑或者拘役。内幕信息、知情人员的范围,依照法律、行政法规的规定确定(内幕交易、泄露内幕信息罪);证券交易所、期货交易所、证券公司、期货经纪公司、基金管理公司、商业银行、保险公司等金融机构的从业人员以及有关监管部门或者行业协会的工作人员,利用因职务便利获取的内幕信息以外的其他未公开的信息,违反规定,从事与该信息相关的证券、期货交易活动,或者明示、暗示他人从事相关交易活动,情节严重的,依照第一款的规定处罚(利用未公开信息交易罪)。

最高人民检察院、公安部《关于公安机关管辖的刑事案件立案追诉标准的规定(二)》第三十条规定:"证券、期货交易内幕信息的知情人员、单位或者非法获取证券、期货交易内幕信息的人员、单位,在涉及证券的发行,证券、期货交易或者其他对证券、期货交易价格有重大影响的信息尚未公开前,买入或者卖出该证券,或者从事与该内幕信息有关的期货交易,或者泄露该信息,或者明示、暗示他人从事

上述交易活动,涉嫌下列情形之一的,应予立案追诉:(一)获利或者避免损失数额在五十万元以上的;(二)证券交易成交额在二百万元以上的;(三)期货交易占用保证金数额在一百万元以上的;(四)二年内三次以上实施内幕交易、泄露内幕信息行为的;(五)明示、暗示三人以上从事与内幕信息相关的证券、期货交易活动的;(六)具有其他严重情节的。内幕交易获利或者避免损失数额在二十五万元以上,或者证券交易成交额在一百万元以上,或者期货交易占用保证金数额在五十万元以上,同时涉嫌下列情形之一的,应予立案追诉:(一)证券法规定的证券交易内幕信息的知情人实施或者与他人共同实施内幕交易行为的;(二)以出售或者变相出售内幕信息等方式,明示、暗示他人从事与该内幕信息相关的交易活动的;(三)因证券、期货犯罪行为受过刑事追究的;(四)二年内因证券、期货违法行为受过行政处罚的;(五)造成其他严重后果的。”第三十一条规定:“证券交易所、期货交易所、证券公司、期货公司、基金管理公司、商业银行、保险公司等金融机构的从业人员以及有关监管部门或者行业协会的工作人员,利用因职务便利获取的内幕信息以外的其他未公开的信息,违反规定,从事与该信息相关的证券、期货交易活动,或者明示、暗示他人从事相关交易活动,涉嫌下列情形之一的,应予立案追诉:(一)获利或者避免损失数额在一百万元以上的;(二)二年内三次以上利用未公开信息交易的;(三)明示、暗示三人以上从事相关交易活动的;(四)具有其他严重情节的。利用未公开信息交易,获利或者避免损失数额在五十万元以上,或者证券交易成交额在五百万元以上,或者期货交易占用保证金数额在一百万元以上,同时涉嫌下列情形之一的,应予立案追诉:(一)以出售或者变相出售未公开信息等方式,明示、暗示他人从事相关交易活动的;(二)因证券、期货犯罪行为受过刑事追究的;(三)二年内因证券、期货违法行为受过行政处罚的;(四)造成其他严重后果的。”

2. 合规建议

健全内幕信息保密合规管理,是提振投资信心的重要体现。但内幕交易案件暴露出,企业内幕信息保密管理缺失会引起内幕信息泄密风险,诱发内幕交易,在扰乱证券市场秩序的同时,侵害了广大投资者的合法权益。尤其是作为上市公司交易对方的非上市公司,在行政监管相对薄弱的情况下,更应该加强自身合规管理。对于相关企业而言,其应当从以下几个角度构建合规治理体系,提升依法治企能力,预防犯罪行为的发生,已经构成犯罪的应及时取得司法的从宽处罚。

(1)制定合规手册,将法律规定内化为公司制度

所谓的内部信息,主要指的是证券交易活动中,涉及发行人的经营、财务或者对该发行人证券的市场价格有重大影响的尚未公开的信息。在笔者办理的证券类案件中,有的案件是行为人明知法律禁止规定而为之,但是也存在很多不知道法律规定才导致违法犯罪行为发生最终被处罚的。因此作为企业,无论是上市公司还是其他相关公司、机构,都应当制定自己的合规手册,而重中之重就是应当首先明确法律的禁止性规定。

如上文所述,关于本案的定罪量刑不再赘述,但此处需要明确几个概念,否则容易出现员工无法理解制度的内涵,而行之无效。**其一,何为"证券、期货交易内幕信息的知情人员"**?《证券法》第五十一条规定:"证券交易内幕信息的知情人包括:(一)发行人及其董事、监事、高级管理人员;(二)持有公司百分之五以上股份的股东及其董事、监事、高级管理人员,公司的实际控制人及其董事、监事、高级管理人员;(三)发行**人控股或者实际控制的公司及其董事、监事、高级管理人员**;(四)由于所任公司职务或者因与公司业务往来可以获取公司有关内幕信息的人员;(五)上市公司收购人或者重大资产交易方及其控股股东、实际控制人、董事、监事和高级管理人员;(六)因职务、工作可以获取内幕信息的**证券交易场所、证券公司、证券登记结算机构、证券服务机构的有关人员**;(七)因职责、工作可以获取内幕信息的**证券监督管理机构工作人员**;(八)因法定职责对证券的发行、交易或者对上市公司及其收购、重大资产交易进行管理可以获取内幕信息的有关主管部门、监管机构的工作人员;(九)国务院证券监督管理机构规定的可以获取内幕信息的其他人员。"**其二,具体需要防范的行为有哪些?**根据最高人民法院、最高人民检察院《关于办理内幕交易、泄露内幕信息刑事案件具体应用法律若干问题的解释》(法释〔2012〕6号)第二条及第三条的规定可知,主要有以下几种:①利用窃取、骗取、套取、窃听、利诱、刺探或者私下交易等手段获取内幕信息的;②内幕信

息知情人员的近亲属或者其他与内幕信息知情人员关系密切的人员，在内幕信息敏感期内，从事或者明示、暗示他人从事，或者泄露内幕信息导致他人从事与该内幕信息有关的证券、期货交易，相关交易行为明显异常，且无正当理由或者正当信息来源的；③在内幕信息敏感期内，与内幕信息知情人员联络、接触，从事或者明示、暗示他人从事，或者泄露内幕信息导致他人从事与该内幕信息有关的证券、期货交易，相关交易行为明显异常，且无正当理由或者正当信息来源的。而对于“相关交易行为明显异常”，要结合时间吻合程度、交易背离程度和利益关联程度等方面综合加以认定，具体主要包括以下几种：①开户、销户、激活资金账户或者指定交易（托管）、撤销指定交易（转托管）的时间与该内幕信息形成、变化、公开时间基本一致的；②资金变化与该内幕信息形成、变化、公开时间基本一致的；③买入或者卖出与内幕信息有关的证券、期货合约时间与内幕信息的形成、变化和公开时间基本一致的；④买入或者卖出与内幕信息有关的证券、期货合约时间与获悉内幕信息的时间基本一致的；⑤买入或者卖出证券、期货合约行为明显与平时交易习惯不同的；⑥买入或者卖出证券、期货合约行为，或者集中持有证券、期货合约行为与该证券、期货公开信息反映的基本面明显背离的；⑦账户交易资金进出与该内幕信息知情人员或者非法获取人员有关联或者利害关系的；⑧其他交易行为明显异常情形。

（2）推行长效培训机制，将公司制度传达至关键部门、关键主体

在企业内部已经形成了相对完善的合规手册之背景下，如何让合规的意识及具体的规范性文件上通下达，形成企业的合规文化，保护企业的长远发展，笔者认为形成长效培训机制是最有效的手段。培训的方式可以是线上线下相结合；培训的主体可以是外部专业的合规、证券从业人员，也可以是企业内部的成员；培训的手段可以是直接讲授也可以采取背诵加考核的方式，考核的结果可以作为绩效的评价要素之一；培训的重点人员为影响内幕信息形成的动议、筹划、决策或者执行人员。

（3）健全企业内控机制，加强内部监督

首先，应当严格企业的内控，形成严格的信息保护机制。从内幕信息的动议、

筹划、决策直至执行全流程都需要设置严格的边界,防止信息外溢,同时每一个环节的衔接需要配合但是也应当相对独立,除了企业的核心人员,下一流程的部门人员严格遵守保密义务,不得将信息的变化及走向告知除接下来负责审核决策主体以外的成员。其次,完善内幕消息登记管理制度。所有了解内部消息的人应当作出登记,包括了解的途径、用途、消息范围等,明确内幕信息知情人和潜在知情人;消息的传递也必须通过企业允许的特定方式进行,保证内幕信息之传递留痕。最后,企业应当设置合规部门,对于企业的日常运营进行监督,保证内部消息的相关制度能够有效地运营。同时,企业应当设立严格的问责制度,对于违法企业规定的人员给予严厉的处罚,以小见大,防止违法犯罪行为的发生。

### (二)违规披露、不披露重要信息罪及合规建议

1. 该罪概述及可能产生的后果

上市公司信息披露制度,也称公示制度、公开披露制度,是上市公司为了确保各类投资者及社会公众的投资监督而必须作出的行为,依据国家相关法律法规将企业一定时段的财务状况、经营成果以及影响股票价格的相关临时性事宜进行公告,让投资者充分了解上市公司的经营现状、财务状况以作出投资决策。依法披露的信息,应当在证券交易场所的网站和符合国务院证券监督管理机构规定条件的媒体发布,同时将其置备于公司住所、证券交易场所,供社会公众查阅。信息披露是上市公司与投资者间沟通的重要桥梁,也是投资者投资决策的重要依据。有效的信息是提升投资者分析和预测能力的核心要素之一,也是完善上市企业依法治企能力的重要环节,能够提升上市公司本身的投资价值。2023 年违规信息披露构成了占比最高的证券类涉处罚的案件,而其典型的表现包括财务造假、关联交易、非经营性资金占用等未按规定披露的方式,其中占比最大的是财务造假。而从目前来看,违规信息披露不仅会面临较重的刑事责任,还会面临刑事责任及民事责任。具体责任展示如下:

**第一,行政责任。**《证券法》第一百九十七条规定:"信息披露义务人未按照本法规定报送有关报告或者履行信息披露义务的,责令改正,给予警告,并处以五十万元以上五百万元以下的罚款;对直接负责的主管人员和其他直接责任人员给予

警告,并处以二十万元以上二百万元以下的罚款。发行人的控股股东、实际控制人组织、指使从事上述违法行为,或者隐瞒相关事项导致发生上述情形的,处以五十万元以上五百万元以下的罚款;对直接负责的主管人员和其他直接责任人员,处以二十万元以上二百万元以下的罚款。信息披露义务人报送的报告或者披露的信息有虚假记载、误导性陈述或者重大遗漏的,责令改正,给予警告,并处以一百万元以上一千万元以下的罚款;对直接负责的主管人员和其他直接责任人员给予警告,并处以五十万元以上五百万元以下的罚款。发行人的控股股东、实际控制人组织、指使从事上述违法行为,或者隐瞒相关事项导致发生上述情形的,处以一百万元以上一千万元以下的罚款;对直接负责的主管人员和其他直接责任人员,处以五十万元以上五百万元以下的罚款。"

**第二,刑事责任。**《刑法》第一百六十一条规定:"依法负有信息披露义务的公司、企业向股东和社会公众提供虚假的或者隐瞒重要事实的财务会计报告,或者对依法应当披露的其他重要信息不按照规定披露,严重损害股东或者其他人利益,或者有其他严重情节的,对其直接负责的主管人员和其他直接责任人员,处五年以下有期徒刑或者拘役,并处或者单处罚金;情节特别严重的,处五年以上十年以下有期徒刑,并处罚金。前款规定的公司、企业的控股股东、实际控制人实施或者组织、指使实施前款行为的,或者隐瞒相关事项导致前款规定的情形发生的,依照前款的规定处罚。犯前款罪的控股股东、实际控制人是单位的,对单位判处罚金,并对其直接负责的主管人员和其他直接责任人员,依照第一款的规定处罚。"最高人民检察院、公安部《关于公安机关管辖的刑事案件立案追诉标准的规定(二)》第六条规定:"依法负有信息披露义务的公司、企业向股东和社会公众提供虚假的或者隐瞒重要事实的财务会计报告,或者对依法应当披露的其他重要信息不按照规定披露,涉嫌下列情形之一的,应予立案追诉:(一)造成股东、债权人或者其他人直接经济损失数额累计在一百万元以上的;(二)虚增或者虚减资产达到当期披露的资产总额百分之三十以上的;(三)虚增或者虚减营业收入达到当期披露的营业收入总额百分之三十以上的;(四)虚增或者虚减利润达到当期披露的利润总额百分之三十以上的;(五)未按照规定披露的重大诉讼、仲裁、担保、关联交易或者其他重大事项所涉及的数额或者连续十二个月的累计数额达到最近一期披露的净资产百分之五十以上的;(六)致使不符合发行条件的公司、企业骗取发行核准或者注册并且上市交易的;(七)致使公司、企业发行的股票或者公司、企业债券、存托凭证或者国务院依法认定的其他证券被终止上市交易的;(八)在公司财务会计报告中将亏损披露为盈利,或者将盈利披露为亏损的;(九)多次提供虚假的或者隐瞒重要事实的财务会计报告,或者多次对依法应当披露的其他重要信息不按照规定披露的;(十)其他严重损害股东、债权人或者其他人利益,或者有其他严重情节的情形。"《刑法》第二百二十九条规定:"承担资产评估、验资、验证、会计、审计、法律服务、保荐、安全评价、环境影响评价、环境监测等职责的中介组织的人员故意提供虚假证明文件,情节严重的,处五年以下有期徒刑或者拘役,并处罚金;有下列情形之一的,处五年以上十年以下有期徒刑,并处罚金:(一)提供与证券发行相关的虚假的资产评估、会计、审计、法律服务、保荐等证明文件,情节特别严重的;(二)提供与重大资产交易相关的虚假的资产评估、会计、审计等证明文件,情节特别严重的;(三)在涉及公共安全的重大工程、项目中提供虚假的安全评价、环境影响评价等证明文件,致使公共财产、国家和人民利益遭受特别重大损失的……第一款规定的人员,严重不负责任,出具的证明文件有重大失实,造成严重后果的,处三年以下有期徒刑或者拘役,并处或者单处罚金。"

第三,**民事责任。**《证券法》第八十五条规定:"信息披露义务人未按照规定披露信息,或者公告的证券发行文件、定期报告、临时报告及其他信息披露资料存在虚假记载、误导性陈述或者重大遗漏,致使投资者在证券交易中遭受损失的,信息披露义务人应当承担赔偿责任;发行人的控股股东、实际控制人、董事、监事、高级管理人员和其他直接责任人员以及保荐人、承销的证券公司及其直接责任人员,应当与发行人承担连带赔偿责任,但是能够证明自己没有过错的除外。"

时任中国证监会主席易会满于 2023 金融街论坛年会上表示,要突出重典治本,加强与公安司法机关的协作,推动完善行政、民事、刑事立体追责体系。可以预见,基于进一步强化的行刑衔接机制,违规信息披露案件移送刑事的概率将大幅增加,所涉刑事追责风险亦不可避免。因而该领域的合规具有较强的紧迫性。

2. 合规建议

(1)制定合规手册,明确企业态度及需要披露的具体信息

根据法律规定,信息披露既包括法律的强制性要求,又包括自愿性的要求,自愿性属于企业内部决策的范围,法律强制性要求属于必须纳入手册范围并且予以明确的。

强制性规定主要包括《证券法》第七十九条至第八十一条,第七十九条规定:**“上市公司、公司债券上市交易的公司、股票在国务院批准的其他全国性证券交易场所交易的公司**,应当按照国务院证券监督管理机构和证券交易场所规定的内容和格式编制定期报告,并按照以下规定报送和公告:(一)**在每一会计年度结束之日起四个月内**,报送并公告年度报告,其中的年度财务会计报告应当经符合本法规定的会计师事务所审计;(二)**在每一会计年度的上半年结束之日起二个月内**,报送并公告中期报告。”第八十条规定:“发生可能对上市公司、股票在国务院批准的其他全国性证券交易场所交易的公司的股票交易价格产生较大影响的重大事件,投资者尚未得知时,公司应当立即将有关该重大事件的情况向国务院证券监督管理机构和证券交易场所报送临时报告,并予公告,说明事件的起因、目前的状态和可能产生的法律后果。前款所称重大事件包括:(一)公司的**经营方针和经营范围**的重大变化;(二)公司的**重大投资**行为,公司在一年内购买、出售重大资产**超过公司资产总额百分之三十,或者公司营业用主要资产的抵押、质押、出售或者报废一次超过该资产的百分之三十**;(三)公司订立重要合同、提供重大担保或者从事关联交易,可能对公司的资产、负债、权益和经营成果产生重要影响;(四)公司发生**重大债务和未能清偿到期重大债务的违约情况**;(五)公司发生**重大亏损或者重大损失**;(六)公司生产经营的外部条件发生的重大变化;(七)公司的**董事、三分之一以上监事或者经理发生变动,董事长或者经理无法履行职责**;(八)持有公司**百分之五以上股份的股东或者实际控制人持有股份或者控制公司的情况发生较大变化**,公司的实际控制人及其控制的其他企业从事与公司相同或者相似业务的情况发生较大变化;(九)公司分配股利、增资的计划,公司股权结构的重要变化,公司减资、合并、分立、解散及申请破产的决定,或者依法进入破产程序、被责令关

闭;(十)涉及公司的重大诉讼、仲裁,股东大会、董事会决议被依法撤销或者宣告无效;(十一)公司涉嫌犯罪被依法立案调查,公司的控股股东、实际控制人、董事、监事、高级管理人员涉嫌犯罪被依法采取强制措施;(十二)国务院证券监督管理机构规定的其他事项。公司的控股股东或者实际控制人对重大事件的发生、进展产生较大影响的,应当及时将其知悉的有关情况书面告知公司,并配合公司履行信息披露义务。"第八十一条规定:"发生可能对上市交易公司债券的交易价格产生较大影响的重大事件,投资者尚未得知时,公司应当立即将有关该重大事件的情况向国务院证券监督管理机构和证券交易场所报送临时报告,并予公告,说明事件的起因、目前的状态和可能产生的法律后果。前款所称重大事件包括:(一)公司股权结构或者生产经营状况发生重大变化;(二)公司债券信用评级发生变化;(三)公司重大资产抵押、质押、出售、转让、报废;(四)公司发生未能清偿到期债务的情况;(五)公司新增借款或者对外提供担保超过上年末净资产的百分之二十;(六)公司放弃债权或者财产超过上年末净资产的百分之十;(七)公司发生超过上年末净资产百分之十的重大损失;(八)公司分配股利,作出减资、合并、分立、解散及申请破产的决定,或者依法进入破产程序、被责令关闭;(九)涉及公司的重大诉讼、仲裁;(十)公司涉嫌犯罪被依法立案调查,公司的控股股东、实际控制人、董事、监事、高级管理人员涉嫌犯罪被依法采取强制措施;(十一)国务院证券监督管理机构规定的其他事项。"

自愿性主要是《证券法》第八十四条的规定,根据第八十四条规定:"除依法需要披露的信息之外,信息披露义务人可以自愿披露与投资者作出价值判断和投资决策有关的信息,但不得与依法披露的信息相冲突,不得误导投资者。发行人及其控股股东、实际控制人、董事、监事、高级管理人员等作出公开承诺的,应当披露。不履行承诺给投资者造成损失的,应当依法承担赔偿责任。"

(2)加强培训,将相关制度内容及企业精神及时传递

(3)强化企业内控管理,严格落实相关制度

在全面实施注册制的形势下,信息披露显得尤为重要,监管机构也持续强化对违法行为之"零容忍",在此背景下企业应当将"外部监管驱动"转化为"内生驱

动”,建立以信息披露为核心的、与上市公司实际相适配的证券合规管理机制,严格落实信息披露制度。

首先,在履行具体披露义务时应当遵循以下原则:其一,简明清晰、通俗易懂。也就是说,信息披露义务人特别是上市公司要不断提高信息披露质量,便于投资者阅读和理解。其二,公平、谨慎、履诺。公平披露原则要求,不得提前向任何单位和个人泄露,任何单位和个人提前获知了前述信息,在依法披露前应当保密;谨慎原则要求,自愿披露的信息必须是与投资者作出价值判断和投资决策有关的信息,而非所有信息都可以不加筛选地全部披露,自愿披露的信息不能保证真实、准确、完整的,同样要承担法律责任,随意披露信息甚至是蹭热点的行为万万不可取;履诺原则要求,发行人及其控股股东、实际控制人、董事、监事、高管等作出公开承诺的,应当披露,不履行承诺给投资者造成损失的,应当依法承担赔偿责任。

其次,企业的高层必须作出合规承诺,并且调整组织架构,对高层进行监督。与其他犯罪不同的是,在该类犯罪中,企业的董事、监事、高管、实际控制人通常是直接的参与者,因为只有他们能够快速而精准地获得“重大事项”的一手信息,很多违法犯罪行为都源于他们的合规意识淡薄及缺乏监管。因而,为了形成自上而下的合规管理体系,高层的主管及核心成员必须主动作出合规承诺,杜绝违法犯罪行为的发生。同时,企业从组织结构上必须设置合规部门,为保障上市公司内部信息披露合规工作能够真正地有效开展,合规部门应当设置于董事会之下,其他部门之上,实现下沉式的合规管理,及时地监督其他部门及主体的行为,合规部门的负责人直接向董事长汇报工作。

同时,明确企业内部披露规则,定期开展证券合规风险评估与改进。企业内部的披露规则应当包括各主体的权责,披露的时间,流程、台账等细则。合规部门应当牵头,及时对信息披露作出审查评估,发现问题应当及时整改,并对合规体系进行再完善再升级。

最后,设置严格的奖惩机制。企业应当建立合规绩效考核制度,对于审查的结果作为员工考核的指标之一。例如,对于抽查发现未履职的主体,按照具体情节的轻重实施处罚,对于没有问题的给予奖励,包括物质层面的,也包括职位转换层面的。

### （三）操纵证券市场罪及合规建议

1. 该罪的定罪量刑

操纵证券、期货市场罪，是指以获取不正当利益或者转嫁风险为目的，集中资金优势、持股或者持仓优势或者利用信息优势联合或者连续买卖，与他人串通相互进行证券、期货交易，自买自卖期货合约，操纵证券、期货市场交易量、交易价格，制造证券、期货市场假象，诱导或者致使投资者在不了解事实真相的情况下作出准确投资决定，扰乱证券、期货市场秩序的行为。具体定罪量刑规则见表2－1－32：

**表2－1－32　操纵证券、期货市场罪量刑规则**

| 《刑法》 | 最高人民检察院、公安部《关于公安机关管辖的刑事案件立案追诉标准的规定（二）》 |
| --- | --- |
| 第一百八十二条【操纵证券、期货市场罪】有下列情形之一，**操纵证券、期货市场，影响证券、期货交易价格或者证券、期货交易量，情节严重的**，处五年以下有期徒刑或者拘役，并处或者单处罚金；情节特别严重的，处五年以上十年以下有期徒刑，并处罚金：（一）单独或者合谋，集中资金优势、持股或者持仓优势或者利用信息优势联合或者连续买卖的；<br>（二）与他人串通，以事先约定的时间、价格和方式相互进行证券、期货交易的；<br>（三）在自己实际控制的帐户之间进行证券交易，或者以自己为交易对象，自买自卖期货 | 第三十四条〔操纵证券、期货市场案（刑法第一百八十二条）〕操纵证券、期货市场，影响证券、期货交易价格或者证券、期货交易量，涉嫌下列情形之一的，应予立案追诉：<br>（一）持有或者实际控制证券的流通股份数量达到该证券的**实际流通股份总量百分之十以上**，实施刑法第一百八十二条第一款第一项操纵证券市场行为，**连续十个交易日的累计成交量达到同期该证券总成交量百分之二十以上的**；<br>（二）实施刑法第一百八十二条第一款第二项、第三项操纵证券市场行为，连续十个交易日的累计成交量达到同期该证券总成交量百分之二十以上的；<br>（三）利用虚假或者不确定的重大信息，诱导投资者进行证券交易，行为人进行相关证券交易的成交额在一千万元以上的；<br>（四）对证券、证券发行人公开作出评价、预测或者投资建议，同时进行反向证券交易，证券交易成交额在一千万元以上的；<br>（五）通过策划、实施资产收购或者重组、投资新业务、股权转让、上市公司收购等虚假重大事项，误导投资者作出投资决策，并进行相关交易或者谋取相关利益，证券交易成交额在一千万元以上的；<br>（六）通过控制发行人、上市公司信息的生成或者控制信息披露的内容、时点、节奏，误导投资者作出投资决策，并进行相关交易或者谋取相关利益，证券交易成交额在一千万元以上的；<br>（七）实施刑法第一百八十二条第一款第一项操纵期货市场行为，实际控制的帐户合并持仓连续十个交易日的最高值超过期货交易所限仓标准的二倍，累计成交量达到同期该期货合约总成交量百分之二十以上，且期货交易占用保证金数额在五百万元以上的； |

续表

| 《刑法》 | 最高人民检察院、公安部《关于公安机关管辖的刑事案件立案追诉标准的规定(二)》 |
| --- | --- |
| 合约的;<br>(四)不以成交为目的,频繁或者大量申报买入、卖出证券、期货合约并撤销申报的;<br>(五)利用虚假或者不确定的重大信息,诱导投资者进行证券、期货交易的;<br>(六)对证券、证券发行人、期货交易标的公开作出评价、预测或者投资建议,同时进行反向证券交易或者相关期货交易的;<br>(七)以其他方法操纵证券、期货市场的。<br>单位犯前款罪的,对单位判处罚金,并对其直接负责的主管人员和其他直接责任人员,依照前款的规定处罚。 | (八)通过囤积现货,影响特定期货品种市场行情,并进行相关期货交易,实际控制的帐户合并持仓连续十个交易日的最高值超过期货交易所限仓标准的二倍,累计成交量达到同期该期货合约总成交量百分之二十以上,且期货交易占用保证金数额在五百万元以上的;<br>(九)实施刑法第一百八十二条第一款第二项、第三项操纵期货市场行为,实际控制的帐户连续十个交易日的累计成交量达到同期该期货合约总成交量百分之二十以上,且期货交易占用保证金数额在五百万元以上的;<br>(十)利用虚假或者不确定的重大信息,诱导投资者进行期货交易,行为人进行相关期货交易,实际控制的帐户连续十个交易日的累计成交量达到同期该期货合约总成交量百分之二十以上,且期货交易占用保证金数额在五百万元以上的;<br>(十一)对期货交易标的公开作出评价、预测或者投资建议,同时进行相关期货交易,实际控制的帐户连续十个交易日的累计成交量达到同期该期货合约总成交量的百分之二十以上,且期货交易占用保证金数额在五百万元以上的;<br>(十二)不以成交为目的,频繁或者大量申报买入、卖出证券、期货合约并撤销申报,当日累计撤回申报量达到同期该证券、期货合约总申报量百分之五十以上,且证券撤回申报额在一千万元以上、撤回申报的期货合约占用保证金数额在五百万元以上的;<br>(十三)实施操纵证券、期货市场行为,获利或者避免损失数额在一百万元以上的。<br>操纵证券、期货市场,影响证券、期货交易价格或者证券、期货交易量,获利或者避免损失数额在五十万元以上,同时涉嫌下列情形之一的,应予立案追诉:<br>(一)发行人、上市公司及其董事、监事、高级管理人员、控股股东或者实际控制人实施操纵证券、期货市场行为的;<br>(二)收购人、重大资产重组的交易对方及其董事、监事、高级管理人员、控股股东或者实际控制人实施操纵证券、期货市场行为的;<br>(三)行为人明知操纵证券、期货市场行为被有关部门调查,仍继续实施的;<br>(四)因操纵证券、期货市场行为受过刑事追究的;<br>(五)二年内因操纵证券、期货市场行为受过行政处罚的;<br>(六)在市场出现重大异常波动等特定时段操纵证券、期货市场的;<br>(七)造成其他严重后果的。<br>对于在全国中小企业股份转让系统中实施操纵证券市场行为,社会危害性大,严重破坏公平公正的市场秩序的,比照本条的规定执行,但本条第一款第一项和第二项除外。 |

目前实践中的操作行为主要分为两类:一类为信息类的操作;另一类为交易类的操纵。根据相关法律法规的规定,主要的操作手段在上述法律规定中都有列明,但是何为其他手段此处需要明确,根据最高人民检察院官网《〈关于办理操纵证券、期货市场刑事案件适用法律若干问题的解释〉重点难点问题解读》,其他手段目前主要包括以下7种手段:**第一种是"蛊惑交易操纵"**。其行为特征是:行为人通过公开传播虚假、不确定的重大信息来影响投资者的交易行为,影响特定证券、期货的交易价格、交易量,从中谋取利益。**第二种是"抢帽子交易操纵"**,即利用"黑嘴"荐股操纵。其行为特征是:行为人通过对证券及其发行人、上市公司、期货交易标的公开作出评价、预测或者投资建议,影响特定证券、期货的交易价格、交易量,并进行反向证券交易或者相关期货交易。需要注意的是,《中国证券监督管理委员会证券市场操纵行为认定指引(试行)》(已失效),最高人民检察院、公安部《关于公安机关管辖的刑事案件立案追诉标准的规定(二)》中均将该类型操纵限定为特殊主体,即行为人必须是"证券公司、证券投资咨询机构、专业中介机构或者从业人员"。最高人民法院、最高人民检察院《关于办理操纵证券、期货市场刑事案件适用法律若干问题的解释》将其修改为一般主体,主要考虑是:随着互联网和自媒体的发展,很多网络大V、影视明星、公众人物借助各类媒体参与评价、推荐股票,他们甚至具有明显优于特殊主体的信息发布优势和影响力优势,原有规定限定为特殊主体不具有合理性,也不能满足当前司法实践的需要。**第三种是"重大事件操纵"**,即"编故事、画大饼"型操纵行为。其行为特征是:行为人通过策划、实施虚假重组、虚假投资、虚假股权转让、虚假收购等重大事项,影响特定证券的交易价格、交易量,从中谋取利益。**第四种是"利用信息优势操纵"**。其行为特征是:行为人通过控制发行人、上市公司信息的生成或者控制信息披露的内容、时点、节奏,影响特定证券的交易价格、交易量,从中谋取利益。需要注意的是,最高人民检察院、公安部《关于公安机关管辖的刑事案件立案追诉标准的规定(二)》中将该类型操纵限定为特殊主体,即行为人必须是"上市公司及其董事、监事、高级管理人员、控股股东、实际控制人或其他关联人员"。最高人民法院、最高人民检察院《关于办理操纵证券、期货市场刑事案件适用法律若干问题的解释》将其修改为一般主体,主要考虑是:从近年来查办的案件来看,大量出现的是其他人员与上述人员内外勾结,共同通过控制发行人、上市公司信息的生成与发布,误导投资者,进行市场操纵,参与的主体身份越来越广泛,限定为特殊主体不具有合理性。**第五种是“虚假申报操纵”(“恍骗交易操纵”)**。其行为特征是:行为人通过不以成交为目的的频繁申报、撤单或者大额申报、撤单,误导其他投资者交易或者不交易,影响特定证券、期货的交易价格、交易量,并进行反向交易或者谋取相关利益。**第六种是“跨期、现货市场操纵”**。其行为特征是:行为人超过自己实际需要大量囤积现货,影响特定期货品种市场行情,并进行相关期货交易。**第七种是兜底条款。**

2. 合规建议

该领域的主要合规措施可以参见上述违规信息披露和内部交易的处理,但是对于具体的运营规则及监督需要针对操作的行为特点,在日常运营的过程中必须注意发布信息的真实性及合法性,同时,在具体操作时必须注意对具体数量的把控,不得突破法律的禁止性规定,该履行的明示义务也应当严格遵守。

## 第十二节　从 ESG 视角看劳动用工风险防控及合规思路

### 一、劳动权益保障与 ESG

劳动权益保护在 ESG 中一直是非常重要的组成部分,虽然国内外各种 ESG 框架议题和评价指标并不统一,但是在“S”社会领域及“G”治理层面基本都包含了多个层次、多个方面的员工权益保护议题,其中既有底线要求,即保障职业健康和安全、禁止使用童工和强迫劳动等问题,又有权益保障之合规管理要求,即体现了在工资待遇、休息休假和社保缴纳等问题,也包括一些长远发展问题,即向员工提供专业培训促进其职业发展等。

因而对于企业而言,做好劳动权益保障及合规管理,能够较大的提升 ESG 的评级，有利于避免法律风险的发生、提升社会声誉、扩大融资渠道和降低融资成本，有利于企业的可持续发展。尤其是对于想“走出去”的企业，劳动领域的合规问题显得尤为重要，在国际社会中，我国的企业经常受到“劳工标准”问题的阻碍，例如之前用“强迫劳动”攻击我国棉纺产品的例子。目前，越来越多的自由贸易协议和国际投资条约中包含了劳工条款。由于ESG正是全球公认的可持续发展理念的价值表达，其中关于员工权益保护的议题基本能够覆盖国际通行的劳工标准，所以在经营活动中贯彻ESG的企业无疑将获得某种背书，能够更好地化解风险、参与竞争。另外，ESG投资也已经成为海外主流的分析方法和投资理念。ESG投资往往以ESG评级为指导，而ESG评价体系中的社会议题中有关员工权益保护的议题占比不低，以国际范围内应用最为广泛的GRI标准为例，其社会议题中共有19项议题，其中涉及员工权益保护的议题就有9项，员工权益保护不力导致的ESG低评级将直接影响国际投资者的投资决策。

## 二、劳动者权益的全流程保护及合规管理①

### （一）招聘环节

1. 招聘广告的性质

招聘广告是指企业承担费用，通过一定的媒介和形式直接将招聘劳动者的信息向不特定的多数人发布的行为。根据《劳动合同法》第七条的规定，劳动者与用人单位的劳动关系从用工之日起建立。而招聘广告产生于劳动者与用人单位建立劳动关系之前，尚属于两平等主体间的民事法律行为，故在此阶段适用于一般民法理论。

招聘广告在法律上的性质属于要约邀请，要约邀请是一种预备订立合同的行为，其不需要向特定的相对人发出，也不需要包含合同成立所必需的主要条件，只是一方当事人邀请不特定的对方当事人向自己发出要约的一种行为。

实践中经常出现的“用人单位在招聘广告中所声称的给员工提供住房补贴”

① 该章节特别感谢北京盈科（上海）律师事务所的徐琴律师提供的智力支持。

如何认定一直是很多劳动者关心的问题，如前文所述，招聘广告的法律性质是一种要约邀请，其发出后对发出人并不产生法律约束力，发出人并没有履行要约邀请的义务。当事人具体权利义务的确定，均以之后的经过要约、承诺的合同为准。但如果劳动者与用人单位将招聘广告中所涉及的优惠条件约定在了劳动合同中，那么用人单位就有必须履行的义务，但此时必须履行的并非招聘广告本身，而是因为劳动合同对双方当事人的约束力。

2. 招聘中的禁止性行为

（1）未履行告知义务

单位招聘时未告知或未如实告知劳动者有关工作内容、工作条件、工作地点、职业危害、安全生产状况、劳动报酬以及劳动者要求了解的其他情况，使劳动者获取涉及其自身权益的信息不全面，进而产生误解，致使劳动合同无效，劳动者可以此为由单方解除劳动合同，并有权要求单位给予经济补偿。

（2）不得泄露个人信息

单位应采取保密措施对应聘者的个人信息，包括姓名、身份证号码、通信通讯联系方式、住址、账号密码、财产状况、行踪轨迹等应予以保密，妥善保管，避免泄露或丢失；不得非法收集、使用、加工传输应聘者个人信息；不得非法买卖、提供或公开其个人信息。

（3）其他禁止性事项

在招聘的行为中收取押金、保证金、扣押身份证、学位证、服装费等以及就业歧视。

### （二）入职审查

1. 入职审查的重要性

由于就业市场供过于求，求职竞争异常激烈，不断增长的压力使得某些应聘者为获取向往的工作职位，可能在应聘时向用人单位提供一些虚假信息。此时，如果用人单位相应的招聘环节设置非常简单、整个招聘过程过于简单、流于形式，不注重应聘者入职审查工作的流程与操作，对应聘者所提供信息的真实性疏于审查，这必将给用人单位人力资源管理工作埋下巨大的用工隐患，带来极大的风险。

主要体现在：

(1)劳动者无法胜任工作。劳动者若向用人单位提供虚假能力证明，实际上其本人并不具备相应技能。一旦这样的员工被录用，不仅会浪费单位的招聘机会、人力资源管理的成本、福利待遇，而且还会影响公司的正常运作。

(2)可能产生的劳动合同无效以及责任的承担。如不进行入职审查，劳动者以欺诈手段入职的，可导致劳动合同无效；依据《劳动合同法》第二十六条、第八十六条相关规定，虽然法律规定对因劳动者的过错而导致劳动合同无效，给用人单位造成损失的，劳动者应当承担赔偿责任，赔偿因其过错而对用人单位的生产、经营和工作造成的直接经济损失。但企业可能还是需要重新招聘员工，面临重置成本以及陷入无谓的劳动纠纷中。

(3)连带责任的承担。《劳动合同法》第九十一条规定，用人单位招用与其他用人单位尚未解除或者终止劳动合同的劳动者，给其他用人单位造成损失的，应当承担连带赔偿责任。无论该用人单位是否存在过错，是否知道其所招用的劳动者与其他用人单位尚未解除或者终止劳动合同，只要该用人单位存在招用这样劳动者的行为，且因该行为对原用人单位造成损失，该用人单位就应当对相应的损失承担连带赔偿责任。

因此，用人单位必须切实重视、抓好、做好劳动者的入职审查这一相对系统的管理过程环节中的所有工作。建立好全面的职工入职管理制度、完善好各环节的入职审查操作流程、规范好相应的入职审查文件，必将对本单位防控用工风险、减少劳动纠纷、降低用工成本起到积极的作用。

2. 入职审查的范围

实践中发生过因故意隐瞒自己的婚姻状况，用人单位想要解除劳动合同的案件。我们认为张三不愿告知公司自己婚姻的具体状况，总有自己的理由，但这并不妨碍、影响其与公司劳动合同的履行。我国倡导就业平等，并在《劳动法》第十二条中规定："劳动者就业，不因民族、种族、性别、宗教信仰不同而受歧视。"《就业促进法》第三条中规定："劳动者依法享有平等就业和自主择业的权利。劳动者就业，不因民族、种族、性别、宗教信仰等不同而受歧视。"因此，无论劳动者个人婚姻状况如何,在择业过程中都不应该受到歧视。劳动者这一项权利在欧美等发达国家的劳动就业立法和司法实践中得到很好的保护;加之整个社会以及民众对他人的个人隐私都非常尊重,这种观念已经牢牢地渗透人们的文化、生活、工作中。因此,雇主在招聘过程中几乎不会主动询问应聘者的年龄、种族、信仰、婚姻、生育等私人信息,否则就有可能涉及"就业歧视"、惹上官司。

具体到该案,该公司如果仅因为张三真正的婚姻状况是已婚,就要与其解除劳动关系,这便违反了我国相关的劳动法律精神与规定,涉及就业歧视问题。因此,该公司所依据的理由是不合理的,依据此项原因与张三解除劳动合同的行为是不妥当的。如果张三对公司的解除决定不满,向公司所在地的劳动争议仲裁委员会申请仲裁,一定会得到劳动争议仲裁委员会的支持。

用人单位应该按照法律规定的范围,去寻找适合的平衡点,以便行使自己的知情权。但在该项权利的行使中,还有一个值得关注的问题,就是与此同时也应保护劳动者的隐私权。因此,建议用人单位应当对收集的涉及劳动者个人的资料予以保密。法律虽然赋予用人单位对劳动者的有关信息拥有知情的权利,但却没有赋予其披露的权利。用人单位在行使知情权的时候,应该进行正确的"公""私"划分,最好仅向劳动者收集与劳动合同履行、工作岗位、职责相关的信息,而对于劳动者的私人领域、个人问题尽量不去关注。同时,用人单位还应对在管理过程中收集到的涉及劳动者的相关信息予以妥善保管,既不能向无关的第三人透露,更不能未经劳动者的同意就擅自非法使用,需要尊重劳动者的隐私,保护劳动者的隐私权不受侵犯。

(1)年龄审查

年龄审查的目的主要涉及两个方面:

**第一,审查应聘者是否达到法定的就业年龄。**用人单位所聘用的劳动者年龄应该符合我国劳动法律的规定。《劳动法》第十五条第一款规定,禁止用人单位招用未满 16 周岁的未成年人。《禁止使用童工规定》第二条规定,也明确了法律禁止用人单位使用童工。而根据《未成年工特殊保护规定》第二条、第九条的有关规定,年满 16 周岁、未满 18 周岁的劳动者属于未成年工。用人单位需要针对未成年工处于生长发育期的特点以及接受义务教育的需要,采取特殊劳动保护措施。同时,国家规定对未成年人的使用和特殊保护实行登记制度。

**第二,审查应聘者是否开始享受基本养老保险待遇或达到退休年龄等。**按照《关于制止和纠正违反国家规定办理企业职工提前退休有关问题的通知》(劳社部发〔1999〕8号)第一条第一款规定:国家法定的企业职工退休年龄是男年满60周岁,女工人年满50周岁,女干部年满55周岁。从事井下、高空、高温、特别繁重体力劳动或其他有害身体健康工作的,退休年龄男年满55周岁,女年满45周岁,因病或非因工致残,由医院证明并经劳动鉴定委员会确认完全丧失劳动能力的,退休年龄为男年满50周岁,女年满45周岁。2015年,中共中央组织部、人力资源和社会保障部联合下发的《关于机关事业单位县处级女干部和具有高级职称的女性专业技术人员退休年龄问题的通知》第一条、第二条要求,党政机关、人民团体中的正、副县处级及相应职务层次的女干部,事业单位中担任党务、行政管理工作的相当于正、副处级的女干部和具有高级职称的女性专业技术人员,年满60周岁退休。不过上述女干部和具有高级职称的女性专业技术人员如本人申请,可以在年满55周岁时自愿退休。劳动者一旦达到退休年龄,其再与用人单位建立的就不是劳动关系,双方之间的权利义务也不受劳动合同法调整,应当遵循最高人民法院《关于审理劳动争议案件适用法律问题的解释(一)》的内容予以处理。

用人单位对应聘者的年龄审查,可以通过查验本人的身份证件或驾驶证,还可以登录公安部网站予以仔细核对以确认其真实年龄。

(2)身份审查

第一,员工不能提供有效身份证明的。员工若不能提供有效的身份证件,很可能是冒用他人姓名、身份证或持伪造的身份证件入职,此时由于用人单位无法确认其真实身份,将会导致单位的用工风险处于无法掌控的状态。因此,建议用人单位还是最好不要拟录不能提供有效身份证件的员工。

第二,单位聘用外国人。用人单位聘用不具有中国国籍的外国人时,根据《外国人在中国就业管理规定》第五条、第八条的有关规定,需要用人单位审查该外国人是否已经获准并取得《中华人民共和国外国人就业许可证书》,该外国人在中国就业是否持有Z字签证入境(有互免签证协议的,按协议办理),入境后是否取得《外国人就业证》和外国人居留证件。外国人的所有证件齐全,方可在中国境内就业并被用人单位聘用。若没有办理相关证件,双方间所建立的应属于劳务关系。

第三,特殊职位的特别审查。《公司法》第一百七十八条规定,当出现一定情形之一时不得担任公司的董事、监事、高管。因此,用人单位在聘用上述人员时,一定要核实。对于用人单位而言,最好的方法是请该人员写下承诺书并签字,以证明自己身份并不违反该岗位设置的强制性要求。

(3)身体健康审查

身体是革命的本钱,如果用人单位聘用的员工身体状况不适合工作,患有精神疾病或按国家法律法规规定应禁止工作的传染病。这不仅给公司的管理工作造成不必要的很多麻烦,还会给其他员工的身体健康带来不确定的风险。用人单位必须清楚哪些条件下,身体健康状况是任职的必备条件。主要表现在:

第一,该员工因身体原因无法完成工作。如果招录的员工身体不太健康,特别是针对一些特殊的岗位要求,劳动者本人就会感到力不从心,而这是无法适应工作需要的。对于一些特殊职位、特定岗位,身体健康状况确实是任职的必备条件,诸如患有高血压、低血压、心脏病、癫痫病、贫血等疾病的人员以及酒后情绪异常的人确实不适合从事高空等具有高处坠落危险作业的职位,又如具有传染性疾病等的劳动者一般也不应该从事医疗、食品行业。

第二,工伤工亡。但这里需要提醒注意的是,不是所有劳动者一旦患有任何疾病,就会影响其岗位的工作。即使身体有部分缺陷,但缺陷程度并非严重,劳动者本人具备正常的生活能力、工作能力以及社会活动能力,其所从事的工作岗位不是国家所规定的特殊岗位,具体履行的工作岗位与身体的缺陷无关的话,就应该认为该劳动者的身体状况适合此工作岗位的需要。如果用人单位过于苛刻地对员工的身体状况进行要求,还会涉嫌违反《就业促进法》,反而对其不利。

**第三,劳动者适用医疗期规定的风险。**首先,原劳动部发布的《企业职工患病或非因工负伤医疗期的规定》第三条、第五条规定,企业职工因患病或非因工负伤,需要停止工作医疗时,根据其实际参加工作年限和在本单位工作年限,可以享有最少为期3个月的医疗期。企业职工在医疗期内,其病假工资、疾病救济费和医疗待遇都需要按照有关规定执行。其次,根据《关于贯彻执行〈中华人民共和国劳动法〉若干问题的意见》第五十九条的规定,职工患病或非因工负伤治疗期间,在规定的医疗期内由企业按有关规定支付其病假工资或疾病救济费,病假工资或疾病救济费可以低于当地最低工资标准支付,但不能低于最低工资标准的80%。再次,用人单位与处于医疗期间的劳动者解除劳动关系也受到严格的限制。《劳动合同法》第四十二条第三项规定,劳动者患病或者非因工负伤,在规定的医疗期内,用人单位不得依照本法第四十条无过失辞退劳动者、第四十一条经济性裁员的规定解除劳动合同。最后,用人单位需要与该患病或者非因工负伤的劳动者解除合同,只能是因劳动者在规定的医疗期满后不能从事原工作,也不能从事由用人单位另行安排的工作;但还需要用人单位提前30日以书面形式通知劳动者本人或者额外支付劳动者1个月工资后,可以解除劳动合同。

**第四,劳动者适用职业病规定的风险。**我国《劳动合同法》第四十二条第一款第一项、第二项规定:从事接触职业病危害作业的劳动者未进行离岗前职业健康检查,或者疑似职业病病人在诊断或者医学观察期间的劳动者;在本单位患职业病或者因工负伤并被确认丧失或者部分丧失劳动能力的劳动者,用人单位不得依照无过失的辞退规定、经济性裁员的规定解除劳动合同。同时,《职业病防治法》第三十五条第二款规定用人单位不得安排未经上岗前职业健康检查的劳动者从事接触职业病危害的作业。第五十六条第一款、第二款、第三款规定:用人单位应当保障职业病病人依法享受国家规定的职业病待遇。用人单位应当按照国家有关规定,安排职业病病人进行治疗、康复和定期检查。用人单位对不适宜继续从事原工作的职业病病人,应当调离原岗位,并妥善安置。所以,如果应聘者原具体的工作岗位存在职业病风险时,一定要按规定要求劳动者做体检,以便分清责任。

关于应聘者身体状况的风险防范,最佳的措施就是建议用人单位对劳动者进行入职体检,可以由用人单位统一安排劳动者到具有相应资质的医院进行检查,或者要求劳动者在一周之内自行到单位指定资质的医院体检后提交医院出具的体检证明。

(4)简历真实性审查

**第一,提供虚假学历、资质证书。**有的应聘者虽然没有接受过正规教育、没有通过国家正规的岗位、技术等资质考试,但通过社会上一些不法渠道获取了学历、资质证书,这些证书的纸张、所盖公章、钢印等全都是假的。而有的应聘者虽然接受过真实的正规学历教育,或许也通过了相关考试,但由于种种原因涉及的证书原件丢失,在自己认为不得已情况下去伪造证书来证明。

**第二,提供的学历证明是不被官方认可的。**应聘者本人或许有过相应的学习经历,或许是花钱买来的。该证书虽是一些大学或学院等合法机构颁发的,但不被所在国社会的官方所认可,此类院校又被称为"文凭工厂"。相应地,这些机构颁发的证书或文凭也不能获得国家承认,俗称"野鸡大学"文凭。

**第三,提供假履历。**某些应聘者会杜撰自己的工作经历、夸大自己曾取得的成绩、单位的职位以及薪酬等。

(5)劳动关系状态审查

《劳动合同法》第九十一条明确了对于尚未解除或者终止劳动合同的劳动者,用人单位不能录用。一旦用人单位存在招用尚未解除劳动合同的劳动者,无论该单位是否有过错,事实上是否知晓员工未与前单位解约,只要对前单位造成了损失,就需要承担连带责任;而且,单位所招聘的人员含金量越大,这种风险就越大。

为此,用人单位可以采取一些方法去审查劳动者的入职背景以达到防控的目的。诸如,可以要求应聘者提供《终止解除劳动关系证明书》的原件,或者提供其与原工作单位解除或终止劳动合同的凭证,并由劳动者签署相应的承诺书,所有的资料存档备查;或者由劳动者提供原单位的联系信息,通过电话、传真或函件方式向原单位核实其离职信息的真实性;或者由双方另行写明协议,明确劳动者已经离职的事实,并约定一旦因此引发纠纷,与本企业无关,由劳动者承担全部赔偿责任。

**(三)录用**

1. 录用条件的重要性

录用条件是指用人单位针对不同岗位所要聘用的劳动者自行制定的需求标

准,一般包含了聘用的劳动者应该符合某个具体工作岗位所需要的全部条件,是用人单位考核劳动者在试用期内是否合格的标准,也是用人单位最终确定正式聘用应聘者的唯一条件,更是判断在试用期内能否与应聘者解除劳动合同的法律依据,意义重大。

首先,对劳动者而言,录用条件意味着用人单位已经决定对其予以聘用,是相关劳动者开始工作的行为准则。劳动者在今后的工作中,应该按照录用条件所列明的相应具体要求开展工作,以完成用人单位分配给的劳动任务。

其次,对用人单位而言,录用条件则可以充分体现其用工自主权和招聘要求,它一方面是选拔人才的标准,另一方面也是考核员工与职位以及与企业匹配度的杠杆;同时"不符合录用条件"更是《劳动合同法》规定的试用期内无补偿即时解除劳动合同的唯一要件。该法规定:试用期内,除劳动者有本法第三十九条规定的情形外,用人单位不得即时、无补偿地解除劳动合同。法律赋予用人单位试用期内随时解除劳动合同的权利,但是这项解除权利的行使不是任意的。用人单位在试用期解除劳动合同,应当向劳动者说明理由。一般单位设置的试用期时间较短,用人单位与劳动者之间的认知程度不深,交付的工作任务相对简单,故试用期内用人单位解除劳动合同最常选用的方式就是在试用期内劳动者被证明不符合录用条件。因此,用人单位可以通过本单位录用条件的规定,对新进人员在试用期的表现进行考核评价,以确定新进人员在试用期是否符合录用条件的标准;对不符合录用条件的人员,用人单位可以与其解除劳动关系。而一旦用人单位以劳动者"在试用期被证明不符合录用条件"为由解除劳动合同时,如果用人单位虽有试用期的规定,但没有制定录用条件,或者有试用期且制定了配套的录用条件,但却没有告知劳动者,或者无法证明劳动者在试用期的表现如何不符合录用条件,那么这很可能导致用人单位根本无法证明其所使用该条理由的合法性,从而要承担非法解除的不利后果。

同时,如果劳动者本人与用人单位对新聘用人员在试用期内是否符合录用条件存在争议,用人单位要与劳动者解除劳动关系,双方还可以申请劳动争议仲裁。这样对裁判机关而言,录用条件就是其裁判用人单位与劳动者解除劳动关系是否合法的主要依据。

由此可见,录用条件对用人单位在试用期内合法解除劳动合同具有非常重要的作用。因此,从完善用人单位人力资源管理的角度出发,用人单位相关工作人员应更加努力、谨慎、仔细,尽量结合岗位特征和行业特点,制定专门的、具体内容客观、准确、全面的录用条件并明确告知给劳动者,以避免产生不必要的劳动争议和损失。

2. 如何设置具体的录用条件

(1)入职资质条件。资质条件主要包括:劳动者的学历、学位是什么,本人是否能熟练运用一门甚至多门外语,是否掌握一定的计算机技能,是否具有相关的工作经验,是否具备相应的技术资格,是否获得一定的技术职称,是否获得一定的奖项等,当然这并不是全部要求,用人单位完全可以根据自己的实际需要去设定。

(2)入职手续条件。办理入职手续是新聘用员工进入用人单位必经的程序,更是其办理入职必须具备的前提条件。一般用人单位负责人力资源工作的人员都会依据单位的规定,对劳动者提供的相关信息进行仔细对照查看是否符合条件。

(3)身体健康条件。年龄多大、身体是否健康、是否患有精神疾病或禁止工作的传染病。

3. 工作表现条件设置

工作表现条件是指劳动者在试用期内完成工作任务的能力及其表现;用人单位可以从劳动者是否遵守单位规章制度、是否能胜任分配的具体工作以及最终完成绩效的成绩如何等多因素考虑,并结合"质和量"两个方面去着手设置。

一般情况下,用人单位往往会结合自己的企业文化去制定适合自身情况的规章制度,并贯穿在劳动者的整个工作期间,进而希望劳动者能认真遵守,以更好地服务于企业。故在具体的录用条件设置中就应该有明确劳动者应遵守用人单位规章制度的条款。劳动者在阅读、了解单位的规章制度后愿意在劳动合同履行的过程中受其约束,并在今后的工作中继续地及时查收、认真学习,不以不知晓为借口不遵守相关的规章制度。

岗位职责关系到用人单位能否最大化实现自己的用工自主权及选择权,更是确定劳动者能否胜任工作的关键条件。岗位不同,岗位职责设定的条件也会有所不同。在具体设定时,用人单位就不应该使用“需要思想品德高尚、工作能力比较强、工作积极性较高、有很强的表达能力、有较强的亲和力”等这样比较虚、没有可操作性、词义模糊的语言;而应该尽量使用明确、量化的数字或指标。诸如,某用人单位对销售人员要求其工作能力强、业绩良好、客户满意,就可以设置一定时间内需要完成的具体明确的销售数额,或者一定长的工作时间段内客户对其的投诉不超过几起。而特别是用人单位在制定试用期的录用条件时,更应该将具体、明确、量化、细化后的指标纳入录用条件,以备在试用期解除时,直接以“不符合录用条件”为由进行解除,可以降低用工成本,减少涉诉风险。若劳动者只是被证明不胜任工作,用人单位应该培训或调整该劳动者的工作岗位,待培训或调岗后,该劳动者仍然不能胜任工作的,用人单位才可以提前一个月通知或者以多支付一个月工资的方法与劳动者解除劳动合同。但是,若在试用期内,用人单位发现劳动者不胜任工作,还要经过相关的培训或调岗后再做出“不胜任工作”的解除决定,用人单位为此就要付出更长的时间成本、更多的金钱成本,况且这实在没有必要。

现代企业管理中,绩效考核不但是用人单位人力资源管理的重要内容,更是企业管理强有力的手段之一。用人单位通过设置绩效考核体系,可以考核劳动者业绩目标的具体完成情况、工作态度,评价劳动者的工作状况。为保证用人单位对劳动者考核的公平合理,需要设置一套较为规范、科学的绩效考核体系,并明确考核的标准。这在很大程度上涉及了考核的内容、考核的方式、考核的时间、考核的部门、考核的组织、考核的等级、考核的步骤等方面;所有的考核都一定要围绕事先设定的录用条件来进行。还有需要用人单位特别注意的是,用人单位必须明确劳动者在试用期内应当完成的具体业绩目标等,甚至可以细化到最终结果的具体计算方法、涉及的参考标准等内容,当然是越详细越好,这也是试用期员工管理的重点和关键工作。此外,现代企业越来越看重团队合作关系;因此,不少用人单位还会在试用期的录用条件中去考察该劳动者的待人接物、团队合作、学习能力、工作积极性、应变能力等情况。

4. 试用期考核

用人单位在设定比较规范的录用条件并告知给劳动者后，就需要注重对试用期员工的考核。试用期考核即对劳动者是否符合试用期录用条件的综合考评，该考核一般会结合员工在试用期的工作表现、对工作岗位的适应状况、绩效完成情况、规章制度遵守情况以及与团队的融合程度等方面做综合地考察。而这都需要用人单位在平日里就注重涉及考核结果的信息收集，包括业绩报表、工作日志、述职报告、客户的反馈意见、相关部门的评价等。在试用期内，如果用人单位能够证明劳动者不符合双方确认的录用条件，而与劳动者解除劳动关系，是无须支付经济补偿金的。对用人单位来讲，可谓是成本最低的解除劳动关系的方式之一。对此，用人单位可以采取以下措施来实施：

第一，用人单位须证明其已将相应的录用条件明确告知给劳动者。

第二，根据录用条件对劳动者进行了考核。试用期的考核也应该规范，切不可以出自用人单位主管的主观臆断，随意给试用期结束后的员工打一个大致的分数，继而作出延长转正或解除的决定，这往往会成为日后引发劳动争议的隐患。

第三，有相应证据证明劳动者不能达到录用条件。

第四，用人单位将考核结果告知给劳动者，请其签字确认。

第五，用人单位将“劳动者不符合录用条件并与其解除劳动合同”的决定送达给劳动者。

总之，只有企业人力资源管理部门能依法将涉及录用条件的工作做细，尽量做到用工合法、制度完善、程序公正、执行到位，即真正的“滴水不漏”，那么，用人单位涉及此环节的用工纠纷以及败诉风险都会大幅降低。

5. 订立劳动合同

(1)劳动合同订立时间

用工之日起 1 个月内签订书面劳动合同，这是法律给予的一个宽限期，对于法律所规定的宽限期的适用，用人单位应当采用书面方式通知劳动者要与其签订劳动合同，但要注意书面通知及签收回执的凭证和已支付劳动报酬凭证的保留；劳动者则应尽量在用工之前与用人单位签订书面劳动合同，并注意保留存在事实劳动关系的相关凭证以及用人单位曾对劳动报酬所作承诺的相关资料。

现实中,一些用人单位从降低用工成本的角度考虑,不愿意与劳动者签订劳动合同,认为不签订劳动合同,既可以不用为职工缴纳社会保险,所支付的工资也具有一定的不确定性,一旦发生工伤等事故还可以逃避责任。由于没有劳动合同的限制,作为强势一方的用人单位往往会侵犯劳动者的合法权益。因劳动者普遍面临巨大的就业竞争压力,其作为弱势一方,既缺乏维权意识和法律意识,不懂得用《劳动合同法》保护自己的合法权益,又害怕失业而放弃维权。

《劳动合同法》第八十二条以及第十四条第三款都对此进行了相应的规定,用人单位自用工之日起超过1个月不满1年未与劳动者订立书面劳动合同的,应当向劳动者每月支付2倍的工资。用人单位违反本法规定不与劳动者订立无固定期限劳动合同的,自应当订立无固定期限劳动合同之日起向劳动者每月支付2倍的工资。用人单位自用工之日起满1年不与劳动者订立书面劳动合同的,视为用人单位与劳动者已订立无固定期限劳动合同。也就是说,用人单位用人未满1年时,还未与劳动者订立书面劳动合同的,应当依照法律的规定自用工满1个月的次日起双倍向劳动者支付工资,至满1年之日终止;当然还要与劳动者补订书面劳动合同。那如果用人单位用工已经超过1年,但仍然没有和劳动者签订劳动合同又该如何处理呢?这时用人单位是否应继续支付双倍工资?依据《劳动合同法实施条例》第七条规定,用工超过1年未与劳动者签订劳动合同的,用人单位只需为自用工满1个月的次日起至满1年前一日的这个时间段支付工资,即11个月是支付2倍工资;超过1年之后就不用支付2倍工资,因为此时用人单位已经被法律推定视为与劳动者订立了无固定期限劳动合同,无须继续支付2倍工资,只需要立即补办无固定期限劳动合同即可,可是以这样的方式被迫订立无固定期限的劳动合同,对企业无疑非常不利。

除以上经济上的惩罚以及补签劳动合同的要求外,如果未能签订劳动合同,用人单位就不能以“试用期不符合录用条件”为由辞退职工。因为只有在劳动合同中约定了试用期和明确的录用条件,用人单位才能进行相应的证明,以便能随时辞退职工且不用支付经济补偿金。对劳动者而言,也可因此随时解除劳动关系而不必承担任何赔偿责任。这样一来,用人单位对劳动者的约束就很弱,况且,未签订劳动合同依然不能免除用人单位为劳动者缴纳各项社会保险费的义务;只要劳动关系存在,企业就应履行法律以及劳动合同所确定其应承担的各项义务,如不履行,劳动者还可向劳动监察部门投诉。

由此可见,用人单位和劳动者签订劳动合同必须订立书面劳动合同。对于订立劳动合同,双方可以选择三种方式进行:第一,用人单位在用工之前就和劳动者签订好劳动合同。对于这种情况,用人单位和劳动者之间的劳动关系从用工之日起建立。第二,用人单位可以选择在用工的同时和劳动者签订劳动合同。第三,用人单位也可运用好法律规定的宽限期,选择自用工之日起1个月内和劳动者签订劳动合同。

实践中,人们往往认为是由于用人单位的原因才不能得以顺利的签订书面劳动合同。对此,少数用人单位也表示无奈。因为自《劳动合同法》正式实施以后,很多企业在规范用工管理方面有了较大改善和进步,为了减少负担不必要的费用以及降低涉诉风险,单位是愿意与劳动者签订劳动协议的;可部分劳动者却出现不愿意签订的现象。对此问题进行分析,发现或是有不少劳动者太过于注重个人眼前利益,认为签订劳动合同后需要自己缴纳部分的社会保险费很不划算,加之在一些具有流动性、临时性、短期化的行业领域内的劳动者形成了用工不签订劳动合同的习惯,这部分劳动者还没有意识到签订劳动合同对自己的意义所在。或是有的劳动者对用人单位提供的劳动合同条款不满意,表现在劳动者若觉得自己工作单位的劳动环境条件差、时间长、待遇低、管理又苛刻甚至还会发生极端违法事件,签订劳动合同就会束缚其工作流动,不利于自己随时走人,以选择更好的单位去就业。再是故意不签订,也不排除有部分劳动者早已熟悉相关的劳动法律,就是有意不与用人单位签订劳动合同,想要借此让用人单位支付双倍工资。

当用人单位遇到诸如此类的情况时,该如何处理呢?对此,《劳动合同法实施条例》第五条至第七条的规定为用人单位解决此类问题提供了法律依据。与劳动者签订书面劳动合同本是用人单位的法定义务。自用工之日起1个月内,用人单位向劳动者发出签订劳动合同的书面通知并向劳动者提供劳动合同文本的,但出于劳动者个人原因不愿与用人单位订立书面劳动合同的,用人单位应当书面通知劳动者终止劳动关系,无须向劳动者支付经济补偿,但是应当依法向劳动者支付其实际工作时间的劳动报酬。

尽管是劳动者方的原因而未能签订劳动合同,但用人单位必须在实际操作中要注意保存相应证据。对此,用人单位需要注意:首先,在员工入职的时候,就明确要求员工签订书面劳动合同,但凡不愿意甚至拒签书面劳动合同的,一律不予录用;当然,也可以在录用条件中写明凡入职后1个月内无正当理由不签订书面劳动合同的劳动者视为不符合录用条件,甚至可以在规章制度中明确此种劳动者属于严重违纪;这样可以直接从源头上预防后期可能发生的争议。其次,自劳动者在本单位工作之日起30日内,单位要以书面形式向其发出签订劳动合同的通知,履行告知义务;对不愿签订劳动合同的劳动者,可以让其本人出具自己不愿意与企业订立书面合同的声明,以证明单位愿签、劳动者拒签的客观事实;并保存相关的各种签名材料(可以通过单位的公告通知或者通过照片取证都是可以的)。再次,劳动者拒签劳动合同的,用人单位可以直接书面通知其终止劳动关系,在通知中注明终止的理由和法律依据。最后,由用人单位向劳动者出具终止劳动合同的证明,其中写明原本的劳动合同期限、现终止劳动合同的日期、工作岗位以及在本单位的工作时间,并让劳动者签收。此外,若劳动者拒绝在以上任何资料上签字,用人单位可由其他知情的两名以上的员工书写情况并签字证明;特别是当通知劳动者有困难时,单位可以先通过中国邮政速递物流(EMS)或其他合法经营的快递公司向不愿与公司订立书面合同的职工发出书面通知,在通知书中说明终止合同的理由及依据,要记得在快递单据中注明,且保留好这些快递单据证明已履行书面告知义务。

(2)事实劳动关系

所谓事实劳动关系,是指劳动者与用人单位之间没有订立书面劳动合同,但用人单位和劳动者符合法律、法规规定的主体资格,双方存在事实上的用工劳动关系,并且实际履行了劳动权利义务而形成的一种法律关系。虽然劳动法律法规并没有对事实劳动关系作出明确的定义,但根据《劳动合同法》第七条、第十条第二款及第十一条及《关于贯彻执行〈中华人民共和国劳动法〉若干问题的意见》第十七条，事实劳动关系作为一种特殊的法律关系，也是受法律保护的。一般认为，要认定是事实劳动关系必须具备一定的条件：需要双方存在事实上的劳动关系，劳动者为用人单位提供的劳动属于用人单位业务的组成部分，劳动者因此有权获得用人单位支付的劳动报酬；需要劳动者与用人单位之间存在从属关系，劳动者接受用人单位的劳动管理，遵守用人单位依法制定的各项劳动规章制度，受到用人单位的劳动保护。

实践中，往往会因为存在某些行为而导致事实劳动关系的存在。或是因为用人单位自始就未与劳动者签订书面劳动合同；或是因为用人单位与劳动者订立了书面劳动合同，但期限届满后，双方以口头形式或者行为表示继续劳动关系，而没有续签书面劳动合同；再就是由于双方的书面劳动合同不符合法律规定的构成要件或者相关条款规定，致使其成为无效合同，而双方已依此确立了劳动关系。

对于劳动双方之间的关系是否可以被认定为事实劳动关系，可以依照原劳动和社会保障部《关于确立劳动关系有关事项的通知》（劳社部发〔2005〕12 号），在该通知第二条中明确了用人单位未与劳动者签订劳动合同，认定双方存在劳动关系时可参照以下凭证：①工资支付凭证或记录（职工工资发放花名册）、缴纳各项社会保险费的记录；②用人单位向劳动者发放的“工作证”“服务证”等能够证明身份的证件；③劳动者填写的用人单位招工招聘“登记表”“报名表”等招用记录；④考勤记录；⑤其他劳动者的证言等。在以上五类凭证中，第①、③、④项由用人单位承担举证责任。但是劳动者能够提供证据，也应积极进行举证。此外，劳动者还可以提供与单位负责人协商的录音录像，能够证明自己与单位存在劳动关系的工作文件、报表等。

既然劳动合同法律、法规是倡导和要求双方订立书面劳动合同的，与劳动者签订书面合同便是用人单位义不容辞的义务。虽然法律赋予事实劳动关系的合法地位，更多地在于维护劳动者的合法权益，进而维护社会稳定，但如果形成事实劳动关系，势必会给用人单位带来不小的风险与损失，具体可能会带来两个后果：一是支付双倍工资；二是视为订立了无固定期限合同。按照《劳动合同法》规定，职工一旦入职,用人单位若没有及时与职工签订书面劳动合同,时间超过1个月未满1年,应当依照《劳动合同法》第八十二条以及《劳动合同法实施条例》第七条规定操作,自应当订立无固定期限劳动合同之日起向劳动者每月支付两倍的工资。此外,如果是用人单位提出终止事实劳动关系,还应当按照职工在本单位工作年限去支付相应的经济补偿。因此,作为用人单位一定要严格遵守法律的规定,履行与劳动者签订书面合同的义务,并做好上文所介绍的各种防范措施,以免产生不必要的损失。

(3)工作内容和工作地点

所谓工作内容,是指劳动法律关系所指向的对象,即劳动者具体从事什么种类或者内容的劳动,是劳动合同确定劳动者应当履行劳动义务的具体规定,包括劳动者从事劳动的工种、岗位、工作范围、工作任务、工作职责、工作要求,如果实行考核,还会涉及劳动岗位的定额以及劳动的质量标准要求等。工作内容可以说是劳动合同内容的关键核心部分,其对于双方建立劳动关系极为重要、必不可少,更与用人单位的用工管理权以及劳动者是否愿意从事该工作密切相关。一方面,用人单位正是通过劳动者完成相应的工作任务达到自己使用劳动者的目的;另一方面,劳动者也正是通过自己的劳动去完成工作任务从而获取相应的劳动报酬。在劳动合同中约定明确的工作内容,对保障用人单位的用工权益,衡量劳动者是否符合用人单位的用工要求,是否能够获得报酬以及报酬的多少,是否能最大限度地发挥劳动者的特长都有非常积极的作用。当然,工作内容的明确设定更有利于保护劳动者的合法权益不受侵害,防止用人单位随意自由的支配劳动者,随意单方面的调整劳动者的工作岗位,如需变更,应当协商一致,且应采用书面形式。因此,用人单位与劳动者一定要建立在双方当事人协商一致的基础上,防止单方随意地对工作内容予以约定,坚决杜绝用人单位利用自己的强势地位在劳动合同中约定免除自己的法定责任而排除劳动者权利的条款。约定的内容应该是较为恰当、明确而具体的;既不要将工作内容设定的过于狭窄,否则就是用人单位自缚手脚、给自己设定麻烦,因为这会严重限制用人单位的用工管理权,不便于用人单位实现灵活调整岗位的目的,也不要将工作内容设定的过于宽泛而变得无效。故如何恰如其分地约定工作内容条款,确实是用人单位人力资源管理人员的工作难点之一。一般用人单位可以将劳动者的工作岗位、工种、工作职位、职称等在一段时间内细化,分成不同的级别,再就不同级别分别规定不同的要求,也即劳动者应该在本工作时间段就相应的工种、岗位、职称、职位应完成的任务,这更便于考核与评判。

“工作地点”是《劳动合同法》规定的劳动合同内容的必备条款之一,增加此条款是因为实践中劳动者的工作地点可能与用人单位住所地不一致,有必要在订立劳动合同时予以明确。工作地点具体是指劳动者从事劳动合同约定工作的具体地理位置,实质上就是所谓的劳动合同履行地,它的确定往往涉及以后劳动争议案件的诉讼管辖问题。工作地点的具体位置应当由用人单位在用工前就如实告知给劳动者,工作地点的位置与劳动者的切身利益息息相关,它直接关系到劳动者将来可能的工作环境、生活环境以及劳动者最终是否愿意选择并从事。特别是劳动者的具体工作地点可能与用人单位的住所地不一致,更有必要在劳动合同中予以明确。此外,还可以防止在劳动过程中用人单位单方的随意调整工作地点,甚至为了逼迫劳动者主动辞职而调动具体工作地址。当然,工作地点的约定也需要遵循“不宽不窄”的约定方法,既要考虑适应用人单位将来业务发展另行选址工作的需要,与此相应的就是劳动者适度合理的流动;也要考虑劳动者的利益,不要因标注的工作地点过于宽泛而使双方此条款的约定变得没有任何实际意义,诸如中国、全国、国内、西北片区、华东地区等。所以,一般认为工作地点至少要约定到市一级较为妥当。

(4)工作时间和休息休假

①工作时间。工作时间是指在法定限度内,劳动者在用人单位从事工作或者生产,履行劳动义务的时间,其长度由法律直接规定,或由集体合同或劳动合同直接规定。工作时间不并限于实际工作时间,其范围不仅包括作业时间,还包括准备工作时间、结束工作时间以及法定劳动消耗时间。工作时间有工作小时、工作日和工作周三种,而工作日是工作时间的基本形式。具体可以分为以下几种工作时间:

第一,标准工作时间。其是指国家法律规定的,在正常情况下普遍适用的,一般职工从事工作或者劳动的时间。我国实行劳动者每日时间不超过8小时,平均每周工作时间不超过44小时,每周至少休息一日的工时制度。这是一种按照正常作息办法安排工作日和工作周的工时制度。对于以完成一定劳动定额为标准的实行计件工作的劳动者,用人单位应当根据《劳动法》的有关规定(每日工作不超过8小时、每周工作不超过44小时的工时制度)合理地确立劳动定额和计件报酬标准。

第二,其他工作时间。其是指用人单位因自身特点不能实行标准工作时间的,经劳动行政部门批准,可以实行的其他工作时间。目前主要有在特殊情况下,对劳动者缩短工作时间,或采取每日设有固定工作时数的工时形式,或分别以周、月、季、年为周期综合计算工作时间长度等。其中缩短工作时间是指法律规定的在特殊情况下劳动者的每日工作少于8小时;缩短工作日适用于从事矿山井下、高温、有毒有害、特别繁重或过度紧张等作业的劳动者,从事夜班工作的劳动者,以及哺乳期内的女职工。不定时工作时间,是指无固定工作时数限制的工时制度,适用于工作性质和职责范围不受固定工作时间限制的劳动者。综合计算工作时间,是指以一定时间为周期,集中安排并综合计算工作时间和休息时间的工时制度,主要适用于交通、铁路、邮电、水运、航空、渔业等行业中因工作性质特殊需连续作业的职工,地质及资源勘探、建筑、制盐、制糖、旅游等受季节和自然条件限制的行业的部分职工,其他适合实行综合计算工时工作制的职工。此外,还有延长工作时间,即超过标准工作日的工作时间,其每日工作时间超过8小时,每周工作时间超过44小时,但必须符合法律、法规的规定。

②休息休假。其是指用人单位的劳动者按照规定可以自行支配而不必进行工作的时间。劳动者在参加一定时间的劳动、工作之后应该获得休息休假的权利。休息休假的权利是每个国家的劳动者都应该享受的权利。《劳动法》第三十八条就规定了用人单位应当保证劳动者每周至少休息1日。用人单位与劳动者应该在守法的前提下约定休息休假事项。

目前,我国除基本的休息日之外,针对不同人群,规定了不同的节假日。其中包括:全民放假的节日共计11天,涉及元旦1天,春节3天,清明、劳动节、端午节、中秋节各1天,国庆3天;部分公民放假的节日以及纪念日,涉及妇女节、青年节、儿童节、建军节,有关人员会放假半日;少数民族的节日,由各少数民族聚集地的地方人民政府规定,例如云南省西双版纳傣族自治州的傣历新年的泼水节就放假3天。

此外,针对劳动者的个人情况,各地政府还规定有相应的婚假、丧假、产假、看护假、探亲假、病假以及医疗期。例如《云南省人口与计划生育条例》(2022年修正)第十八条第一款规定,机关、企业事业单位、社会团体和其他组织的工作人员登记结婚的,在国家规定的婚假外增加婚假15天;符合法律、法规规定生育子女的,除按国务院《女职工劳动保护特别规定》休假外,女方延长生育假30天,男方给予护理假30天。

国家还考虑到与员工不住在一起,又不能在公休假日团聚的配偶或父母等多人的利益,设置了探亲假。国务院《关于职工探亲待遇的规定》第三条规定,第一,职工探望配偶的,每年给予一方探亲假一次,假期为30天。第二,未婚职工探望父母,原则上每年给假一次,假期为20天。如果因为工作需要,本单位当年不能给予假期,或者职工自愿两年探亲一次的,可以两年给假一次,假期为45天。第三,已婚职工探望父母的,每四年给假一次,假期为20天。

劳动者根据身体的具体状况,还可以申请一定短时间的病假进行休息;而如果身体状况较差,则可以根据《企业职工患病或非因工负伤医疗期规定》第三条的相关规定,企业职工因患病或非因工负伤,需要停止工作医疗时,根据本人实际参加工作年限和在本单位工作年限,给予3个月到24个月的医疗期。

另外,从更好地保护劳动者权利的角度出发,政府还专门制定了相关的带薪休假制度。职工累计工作已满1年不满10年的,年休假5天;已满10年不满20年的,年休假10天;已满20年的,年休假15天。国家法定休假日、休息日是不计入年休假的假期中计算的。但从企业的具体落实方面来看,该权利对劳动者更像是"睡在纸上的福利",没有真正地全面落实。

(5)劳动报酬

劳动报酬是指劳动者与用人单位约定的因建立劳动关系,劳动者提供劳动而取得用人单位发放的报酬,主要包括工资、奖金、津贴等。它作为满足劳动者及其家庭成员物质、文化、生活需要的主要来源,也是劳动者履行劳动义务后应当享受的劳动权利。劳动报酬对劳动者而言是非常重要的,甚至是某些劳动者考虑是否选择某项工作的首要因素,其绝对是劳动合同中必不可少的内容。劳动合同双方对劳动报酬条款的约定,必须符合国家法律、法规和政策的规定。

一般而言,劳动合同双方当事人会就如下问题进行协商,或在劳动合同中,或另行制定协议或规章制度以具体确立相关内容。

①工资分配制度、工资标准和工资分配形式。用人单位若能建立良好的工资分配机制,可以很大程度上提高工作积极性,使劳动者的工资收入水平随着企业效益的增长相应提高,诸如某些设置完善、科学、合理的绩效制度。工资标准则通常需要用人单位结合当地政府颁布的有关最新的最低工资标准,考虑整个社会的物价水平以及员工的岗位、职称、职位、工龄、业务能力等而有不同设定,以确定合理的报酬标准。同时,用人单位需从实际出发,按照生产经营发展的需要,设置相应的工资分配形式,可利用计时工资、计件工资、浮动工资、奖金、津贴等多种形式与基本工资制度有机结合,更为全面地对员工劳动的量与质进行客观的评估和监督,更准确地体现员工的实际劳动价值。

②工资支付办法以及支付周期。在我国原劳动部规定的《工资支付暂行规定》中,用人单位在支付工资时必须以法定货币支付,而不能用实物、有价证券替代,基于法规对工资每月有至少支付一次的强制性要求,需要双方在劳动合同中明确约定每次支付工资的具体时间。用人单位对工资支付需要遵循货币支付、直接支付、全额支付、定期支付、优先支付以及紧急支付等规则。《劳动合同法》第三十条第二款明确了支付令的使用,在法律角度上提供了一定的追讨工资的解决方法。

③加班、加点工资及津贴、补贴标准和奖金分配办法。应在《劳动法》第四十四条的基础上,双方确定有关加班加点等工资的发放,既可以保障劳动者的身体

健康、劳动积极性,又能保障用人单位顺利、及时完成工作任务。

④工资调整办法。明确工资调整涉及的范围、调整工资的具体办法等事项。因其涉及的员工人数较多,且多为单位的政策性规定,完全可由用人单位另行出台相关的规章制度详细说明。

⑤特殊时期的工资待遇。特殊时期会关系到劳动者的多个重要时期,涉及试用期、培训期、在外读书求学期间、参加社会政治公益等活动期间、婚丧假期、探亲假、年休假、病假、医疗期等多个期间。此外,在发生劳动者的辞职、辞退等特殊情况时其相关待遇标准问题。对这些事项,若已有法律、法规相关规定则须遵循该规定,如有强制性的标准,那在劳动合同中的约定是不得低于该标准的;若无强制性标准,只要是合法且经双方协商表示同意的即可。

⑥其他涉及工资薪酬的事项约定。作为兜底性的方式规定,需要在今后劳动合同的履行中去不断发现新问题,并进行细化和完善。

(6)社保

社会保险是国家通过立法建立的劳动者在年老、患病、生育、伤残、失业时可以从社会获得物质帮助和服务的制度。其具体通过政府立法强制加以实施,是一种由国家、劳动者以及劳动者所在的用人单位三方面共同筹资,为丧失劳动能力、暂时失去劳动岗位或因健康原因造成损失的劳动者及其亲属提供收入或补偿,防止收入的中断、减少和丧失,以保障其基本生活需求的社会保障制度。主要包括基本养老保险、医疗保险、失业保险、工伤保险和生育保险,对保障劳动者基本生活、维护社会安定和促进经济发展起到积极的作用,因此,其也成为劳动合同中不可缺少的内容。社会保险是国家强制实行的社会保障制度,用人单位以及劳动者都负有缴纳社会保险的法定义务,应该积极履行。

①基本养老保险。养老保险以保障离退休人员的基本生活为原则,实行社会统筹和个人账户相结合,由用人单位和劳动者个人共同承担养老保险费缴纳义务的保障制度。养老保险的缴费基数统一按员工上一年度月平均工资总额核定。目前各省市用人单位和个人缴纳基本养老保险的比例不同,且在不断调整。

②基本医疗保险。基本医疗保险同样在实行社会统筹和个人账户相结合原

则的基础上,为补偿劳动者因疾病风险造成的经济损失,使劳动者在患病时享受医疗保险待遇而建立的保障制度。国务院《关于建立城镇职工基本医疗保险制度的决定》中明确规定具体费用由实行用人单位承担职工工资总额的6%左右和员工个人承担本人工资收入2%的比例。此外,有的地区为提高员工遭遇重大疾病时医疗保险的支付上限,还开征了大病统筹保险,以更好地保障职工利益。

③失业保险。失业保险是国家给予失业人群最根本的社会保障,使失业人员在失业期间能保障其基本生活,并促进其再就业而制定的保险制度。只有符合条件的失业人员才能领取失业保险金,即按照规定参加失业保险,已按月足额履行缴费义务满1年的;非因本人意愿中断就业的;已依法定程序办理失业登记的;有求职要求,愿意接受职业培训、职业介绍的。例如《云南省失业保险条例》中明确了该省失业保险缴费比例为:用人单位承担参加失业保险职工的工资总额2%和员工个人承担当年本人工资的1%;员工个人应缴纳的失业保险费,由用人单位代为扣缴。

④工伤保险。工伤保险是为了保障因工作遭受事故伤害或者患职业病的职工获得医疗救治和经济补偿,促进工伤预防和职业康复,分散用人单位的工伤风险而制定的保险制度。工伤保险费的征缴按照《社会保险费征缴暂行条例》关于基本养老保险费、基本医疗保险费、失业保险费的征缴规定执行。用人单位应当按时缴纳工伤保险费,职工个人不缴纳工伤保险费;用人单位缴纳工伤保险费的数额为本单位职工工资总额乘以单位缴费费率之积。

⑤生育保险。生育保险是国家通过立法,对生育期间的职工给予必要的经济补偿和医疗保健的社会保险制度。该制度需要根据有关法律、法规,结合保险统筹地区实际情况而制定。生育保险费用完全由企业支付,员工个人不缴纳生育保险费;职工只有在生产期间才能享受该保险待遇。该项制度保障妇女因生育而暂时丧失劳动能力时的基本经济收入和医疗保健,帮助生育女职工恢复劳动能力,重返工作岗位,更体现国家和社会对妇女在这一特殊时期给予的特殊支持与关爱。

(7)劳动保护、劳动条件、职业病

①劳动保护。劳动保护是指为了给劳动者创造相对安全、卫生、舒适的劳动工作条件,避免受到有毒、有害物质的危害,预防和消除劳动者在劳动生产过程中可能发生的伤亡、职业病和职业中毒以及由此产生的财产损失,保障劳动者的生命安全和身体健康,使其能以健康的劳动状态参加工作生产,而由用人单位采取的各项保护措施。劳动者在生产和工作过程中理应得到生命安全和身体健康的基本保障。为此,用人单位应该遵循《劳动法》、《环境保护法》及其他相关法律、法规制定劳动安全技术规程、劳动卫生规程,根据自身的具体情况,规定相应的劳动保护制度,使各种生产设备达到安全标准,劳动卫生规程达到劳动卫生标准;保证劳动场所无危及劳动者生命安全的伤害事故发生,保证劳动场所无危及劳动者身体健康的慢性职业危害发生,真正做到能保护劳动者的劳动安全、身体健康。在实践中,用人单位应当加强对劳动保护的教育培训、日常管理与宣传,通过此举使用人单位和劳动者都能提高劳动安全工作的责任感和自觉性;更要加强劳动者安全技术知识的普及与提高,使劳动者真正掌握安全技术操作规范、增强自我保护意识。除此之外,用人单位也要切实做好女职工与未成年工的特殊保护工作。

②劳动条件。劳动条件,主要是指用人单位为劳动者提供必要的物质和技术工作条件(如工作场地、劳动工具、机械设备、生产原料、技术资料、人力条件等),以使劳动者能够顺利完成双方约定的劳动任务。劳动保护和职业危害防护是指,对于某些存在不安全因素的岗位,如建筑施工、矿井作业等,用人单位还必须采取必要的防护措施,配备必要的安全防护用品,进行必要的安全培训,消除安全隐患,为劳动者创造符合安全标准、卫生标准的工作环境和条件。

③职业危害。职业危害是指劳动者在从事职业活动中,因接触有害物质而对劳动者身体健康所造成的伤害。职业危害一旦产生会直接损害劳动者的身体健康甚至生命安全,对劳动者及其家庭造成无以弥补的灾难,不少劳动者为此失去劳动力甚至致残、死亡,给劳动者、用人单位和国家造成严重经济负担的同时严重影响劳动者的身心,成为严重影响社会安全、稳定的不利因素。自工业革命以来,无论是发达国家还是发展中国家,都曾经出现过不同程度的职业病,特别是随着

我国经济的不断发展,患病人数节节攀高,形势不容乐观。为此,我国专门制定了《职业病防治法》,以期将职业病防治推向制度化、法律化,预防、控制和消除职业危害、防治职业病,真正做到保护劳动者的健康。其中该法第三十三条就明确规定了用人单位如实告知义务。当然,用人单位还应该遵守相关的法律,履行自己应尽的职业危害防护义务。劳动者从保护自我的角度出发,也需要认真学习,努力掌握、遵守相关法律、规章规定以及操作流程,对不符合工作条件的用工单位予以拒绝。

(8)试用期

试用期又称为适应期,是劳动合同当事人为了彼此相互了解对方的情况而在劳动合同中特别约定的特定期限。试用期作为求职者与用人单位最初的一段磨合期,通过此期限,用人单位与新进员工可以在经过熟悉与考察后作出各自最终的决定。既能维护用人单位利益,用人单位可以通过试用期进一步考察劳动者的思想品德、身体情况、工作态度、实际工作能力、沟通协调能力等,判断劳动者是否胜任该岗位,为相应工作岗位找到合适的员工,避免不必要的损失;同时也能保护劳动者利益,劳动者可根据自己所了解的真实情况去决定自己是否继续在此工作。

①试用期的长度。《劳动合同法》第十九条第一款从平衡双方利益角度出发,结合签订劳动合同的时间长短规定:劳动合同期限3个月以上不满1年的,试用期不得超过1个月;劳动合同期限1年以上不满3年的,试用期不得超过2个月;3年以上固定期限和无固定期限的劳动合同,试用期不得超过6个月。用人单位规定的试用期与劳动者的合同期相挂钩,并进行最长时限的限制,最大限度地保护劳动者利益。此外,需特别注意并非所有的劳动合同都可约定试用期,以完成一定工作任务为期限的劳动合同或劳动合同期限不满3个月的都不得约定。

②试用期的次数。如果同一劳动者在同一单位不同的岗位工作时,是否可以再次约定呢? 答案显然是否定的。不论之前劳动者与用人单位的合同时间有多长,因何原因终止或解除劳动合同,也不论再次签订劳动合同与之前相隔了多长时间,只要是同一劳动者、同一用人单位,对试用期的约定有且仅有一次机会,绝

对不能重复约定。

(9)服务期

服务期作为劳动合同的协商条款之一,是指用人单位出于留住和培养人才,增强单位归属感,避免人力资本投资的损失,以期劳动者能更好的为单位服务,提升单位的竞争力而与劳动者在劳动合同条款或单独订立的培训协议或直接订立的服务期协议中特别约定:因用人单位对劳动者提供专项培训费用进行专业技术培训后,劳动者接受并承诺在用人单位提供劳动的时间期限;如果劳动者提前离职,则应当按照约定向用人单位支付相应的违约金。《劳动合同法》第二十二条第一款对此有所规定,服务期作为用人单位与劳动者意思自治的结果,对用人单位更多体现的是一种权利,但对劳动者而言,则更多地表现为一种义务。

但注意适用服务期条款应满足的条件为,用人单位为劳动者提供专项培训费用并对其进行专业技术培训;除此之外,都不能作为设定的理由。故实践中很多大城市企业利用解决劳动者城市户口、住房等条件来约定服务期等做法已不可取。

《劳动法》第六十八条要求用人单位建立职业培训制度,并按照国家规定提取和使用职业培训经费,以有计划地对劳动者进行职业培训。专业技术培训作为劳动合同法的专有名词,是用人单位的一种高层次投资行为,是对劳动者提高特定技能、履行特定岗位职责所需的专门性知识和专业性技能所做的培训,它是有别于对职工进行的入职培训、岗前培训、转岗培训、常规的安全教育培训的,这些培训即使用人单位支付了相应的费用,也不能作为依据予以约定。其实际上更关注劳动者的职业发展培养,是在劳动者已经满足本单位工作岗位的基本要求情况下,由用人单位为提高劳动者技术素质所提供的培训,它主要针对特殊岗位和专门岗位的员工,培训内容仅指专业技能及专业知识,是用人单位在提取国家规定的职工培训费用以外,专门花费一定数额的费用对劳动者进行定向专业培训,即用人单位如果使用法定的培训费用对劳动者进行职业培训,是不能作为约定服务期的条件的(当然,数额究竟需要有多大,法律对此也没有详细规定)。对此,用人单位应注重收集用于专业技术培训的记录以及费用发票等书面证据,也可要求员工填写培训记录、注明培训时间、提交培训报告、对于单位已支出的专项培训费用签字确认，并留存以作为“服务期承诺”有效的证据使用，否则用人单位很有可能会“人财两空”。

法律对双方就此可以约定多长时间的服务期并没有予以限制，可由劳动合同双方当事人协议确定，但服务期的年限设置还是应遵循公平、合理的原则，如果设置期限过长，很有可能被认定为权力滥用而最终使约定无效。

劳动者与用人单位一旦约定此条款就负有遵守的义务；劳动者违反服务期约定，出现劳动者严重违反用人单位的规章制度的；劳动者严重失职，营私舞弊，给用人单位造成重大损害的；劳动者同时与其他用人单位建立劳动关系，对完成本单位的工作任务造成严重影响，或者经用人单位提出，拒不改正的；劳动者以欺诈、胁迫的手段或者乘人之危，使用人单位在违背真实意思的情况下订立或者变更劳动合同的；劳动者被依法追究刑事责任的等情形；用人单位与劳动者解除约定服务期的劳动合同，劳动者应按照劳动合同的约定向用人单位支付违约金。违约金的数额不得超过用人单位提供的培训费用（包括用人单位为了对劳动者进行专业技术培训而支付的有凭证的培训费用、培训期间的差旅费用以及因培训产生的用于该劳动者的其他直接费用），用人单位要求劳动者支付的违约金不得超过服务期尚未履行部分所应分摊的培训费用。

（10）劳动合同期限

①固定期限

固定期限劳动合同，是指用人单位与劳动者约定合同终止时间的劳动合同。双方当事人协商一致，可以订立固定期限劳动合同，该合同的具体时间可长可短，既可以是半年、1年，也可以是5年、8年甚至10年以上的时间。但无论现实中双方当事人对劳动合同具体约定的时间如何，其起始和终止日期都是固定的。一旦劳动合同的存续期限届满，劳动合同就结束，劳动关系也即告终止。从目前的劳动用工实践来看，固定期限的劳动合同因其具有适用范围广、应变能力强等优势，已经成为劳动者与用人单位签订合同时期限运用最多的一种方式，它既可以保持双方劳动关系的相对稳定，又可以在一定程度上促进劳动力的合理流动，使整个劳动力资源的配置更趋于合理化、效益化。但劳动合同双方在具体期限的确定上还应结合工作岗位的实际需求、劳动者的实际状况以及相关法律的规定。一般认为,对于临时性、季节性、辅助性、职业危害性较大、用工较为灵活的工作岗位,劳动合同适宜选择的期限为短期,以便方便单位用工和劳动者再次选择;而对于需要保持连续性、工作技术含量较高的岗位则最好签订长期的劳动合同。当然,对于什么期限是长、什么期限是短,还要综合各种因素进行分析。

从有利于生产经营的角度出发,用人单位在与劳动者签订劳动合同时要考虑具体工作岗位的特点、岗位所需要专业技术的复杂程度、岗位是否涉及相关的商业秘密、劳动者的性别、年龄以及身体健康状况等多重因素合理确定工作期限。如果劳动者被安排的工作岗位属于关键性岗位、需要的技术操作较为复杂、对员工的专业化水平要求较高甚至还会涉及了解本单位的商业秘密,这就需要用人单位慎重对待;与这些岗位的员工约定劳动合同期限时最好选择时限较长的一种,如果可能也可以选择另外一种期限——无固定期限的劳动合同。因为这类岗位对保密性的要求强,需要保持员工一定的稳定性,以减少因频繁变动关键岗位工作人员而引发的不必要损失。

当然,即便是同样的工作岗位,员工有所不同,双方当事人所选择的劳动合同期限也会有所不同。对于单位所需的已经成为中高级技术人才、管理人才的员工在签订时最好将期限确定为5年甚至更长的中长期时间。这些工作人员可以说是一个单位得以长期稳定发展的决定性因素,他们身上所拥有的经验对用人单位而言更是宝贵资源,必须珍惜。而对于基层岗位的技术人员和管理人员,他们大多是刚刚学校毕业参加工作不久,本身的工作经验可能并不丰富,在劳动合同的初期更多是熟悉工作环境、及时更快地适应工作岗位的需要,不断地积累自己的经验。此外,由于考察技术人员与管理人员的方式方法以及时间上都有所不同,相比对管理人员考察需要的时间周期要少些。因此,一般对待这类技术人员,可以在期限上选择3~5年的中期时间,管理人员则可以选择2~3年的中短期时间,在加之安排合理的试用期进行考察,待第一次合同期满后,再根据当时具体情况选择更为合适的期限来进行续签。

以上所涉及的多半是有一定重要程度的岗位,选择合同期限也多为中长期。那对于用人单位一般的密集型工作岗位,是不是选择短期期限就是好,甚至最好一年一签呢?这其实是用人单位对劳动合同期限的误读。一家用人单位的行为会极大影响在职员工的具体行为,单位的短期化行为会造成劳动者的短期化行为,劳动者对这家单位根本不可能产生相应的归属感以及应有的信任度。单位为避免出现"培养一个、跳槽一个"的现象,也不会着力于人才的培养,整个人才队伍的稳定性极差。而且,一旦用人单位过分追求期限的短期化,按照《劳动合同法》中规定的经济补偿金以及无固定期限的劳动合同,用人单位会产生更为不利的后果。因为用人单位若极端强调人才的流动,极力选择一年期的劳动合同进行使用,待第一次合同期满后不是选择拒签就是选择续签。可是按照《劳动合同法》第四十六条第一款第五项除用人单位维持或者提高劳动合同约定条件续订劳动合同,劳动者不同意续订的情形外,依照该法第四十四条第一项终止固定期限劳动合同的规定,用人单位应当向劳动者支付经济补偿。这就意味着劳动者不同意签订合同的,用人单位需要按照劳动者在本单位工作的年限,每满1年支付1个月工资的标准向劳动者支付经济补偿,对用人单位没有什么利益可言。但若是双方当事人一旦选择续签,而且还是期限1年的劳动合同,那么在这1年期满后,根据《劳动合同法》第十四条连续订立二次固定期限劳动合同,且劳动者没有该法第三十九条和第四十条第一项、第二项规定的情形,续订劳动合同的,劳动者提出或者同意续订、订立劳动合同的,除劳动者提出订立固定期限劳动合同外,应当订立无固定期限劳动合同。也就是说,在两年以后,劳动者提出签订无固定期限的劳动合同,用人单位必须同意;今后如果没有出现法律所规定的情形,用人单位是不能与劳动者解除合同的。

因此,具体期限的选择应该结合双方的具体情况,既要适度规避那些对自己不利情形的法律规定,也要使用人单位劳动者的合同期限具有一定的复合并用模式,在期限中科学安排好相应的短期、中期、中长期、长期期限的劳动者的布局、人数等,切莫使用"一刀切"形式。这样既能保持人才适当合理流动,又能保证劳动力稳定。特别要避免因"一刀切"而导致的所有劳动者合同到期日相同,大量劳动者同时离职的现象出现。

②无固定期限劳动合同

无固定期限劳动合同,是指用人单位与劳动者约定无确定终止时间的劳动合同。这意味着劳动合同的期限长短不能具体确定,如果没有出现法律规定的条件或者双方约定的条件,用人单位与劳动者一般需继续履行劳动合同中的相关约定。《劳动合同法》对无固定期限劳动合同的适用、订立、法律后果等,都有较为详尽的规定。但由于很多用人单位对这种没有终止日期还不能轻易解除的无固定期限劳动合同缺乏应有的正确认识,因此造成错觉、恐慌,甚至将其视为洪水猛兽,曾引发《劳动合同法》实施前后一段时间内用人单位一系列的"反抗"行为,导致劳资关系一度紧张,他们迫切希望立刻建议完善《劳动合同法》,取消无固定期限劳动合同的法律规定。

其实从《劳动合同法》的立法宗旨进行探讨,就会发现国家一直是期望借助法律的方式架构起未来我国劳动合同领域的一个趋势,即长期或无固定期限劳动合同的用工制度,引导用人单位与劳动者订立长期甚至无固定期限劳动合同,推动长期以及无固定期限劳动合同在国内用工市场的广泛应用、促进就业,并最终为构建和谐的劳资关系奠定坚实基础。国家立法既然有此愿望并明确提出予以实践,一定是在借鉴当今国内国外立法以及实践的基础上得出的较为稳妥的结论,这就证明无固定期限劳动合同制度应该是个非常好的制度设计。虽然《劳动合同法》的立法使用了一定的倾斜技术,但该项无固定期限合同对于劳动者、对于用人单位有一定积极的价值,是一种较为双赢的方式选择。

很多劳动者期望能够与用人单位签订无固定期限劳动合同,这可给劳动者安全感,保障年纪偏大而又未达到退休年龄的劳动者不会在"黄金工作年龄"过后被用人单位扫地出门,且难以找到工作、继而失业。而用人单位也应有理性认识,与员工签订无固定期限劳动合同对单位也会产生诸多的有利因素:员工会情不自禁对单位产生比以往更为强烈的归属感、认同感、凝聚力,极大地增强对单位的忠诚度以及劳动积极性,很愿意为单位尽职尽责,会用心认真地钻研业务技术、管理方法;当然,用人单位也会从企业长远发展的规划角度出发,作出对员工相应的长期职业规划,更愿意投入相应的人力、物力、财力去培养适合的员工。这种期限的合同制度不仅对劳动者权益是一种保护,而且对用人单位长期利益也是一种保护,促进单位的长远发展。相应地,该制度对整个社会也会产生正面积极的影响,无固定期限合同在劳资市场上的广泛顺利运用,不仅有利于整个社会经济的发展,防止因社会老龄化进程的加速到来而导致无业人员不断增多;而且可以最大限度地减轻社会负担,为社会的稳定、和谐作出积极贡献。

根据《劳动合同法》第十四条规定,劳动者与用人单位订立劳动合同只要遵循平等自愿的原则,没有采取胁迫、欺诈、隐瞒事实等非法手段,符合法律的有关规定,就可以在双方协商一致的情形下将劳动合同的期限定为无固定期限;这与双方订立其他期限的合同要求并无两样。

③以完成一定工作任务为期限的劳动合同

以完成一定工作任务为期限的劳动合同,是指用人单位与劳动者约定以某项工作的完成为合同期限的劳动合同;用人单位与劳动者在签订此类合同时,一般无法预计该项工作何时能完成,这类期限的劳动合同其具体履行时间有着很强的不确定性,承担相应工作的最终完成时间一般会受到人为主观因素、环境客观因素等诸多因素的影响。最初也许会设有既定的工作时间段,但往往会发生一定变动;特别是完成所交任务需要某些特殊条件时,更是连开始的时间都无法确定,结束时间最多也只能是大概的估计时间;因此,该种合同并没有时间上的限制。作为与固定期限劳动合同、无固定期限劳动合同期限并列的另一种劳动合同形式,完全可以由用人单位与劳动者协商约定以某项工作的完成时间为合同期限,该项工作实际开始时间就是劳动合同的起始期限的起算时间;而劳动者实际完成该项工作任务的时间,即为劳动合同的期限终止时间。这极大地满足了多元劳动关系主体不同的需要。但查阅《劳动合同法》及《劳动合同法实施条例》的法条后会发现,法律法规并没有对以完成一定工作任务为期限的劳动合同进行详细的规定;究竟在什么情形下可以适用,该如何正确理解才能达到合理适用的目的?

从对该种合同的基本概念上看,该种合同紧紧围绕着“一定工作任务”,对“一定工作任务”能有正确认识就可以更好地理解运用该项制度。在整个合同期限种类中,从立法者的本意和引导方向上不难发现:为了构建和谐稳定的劳动关系,法律期望用人单位最好能与劳动者签订无固定期限的劳动合同,用人单位从自身角度出发也会适当地选择短期、中期、中长期甚至无固定期限的劳动合同。这说明法律虽然规定,三种期限的劳动合同,但从广泛的适用角度以及劳动合同相关法律对各种期限规定的详略角度讲,很显然固定期限劳动合同和无固定期限劳动合同构成劳动关系的主要形态;而以完成一定工作任务为期限的这种劳动合同在整个劳动关系构建中最多起到补充作用。因此,以完成一定工作任务为期限的劳动合同适用范围应因其自身特点受到严格限定。究竟哪些可以作为以完成一定工作任务为期限的劳动合同适用范围,应以所针对的工作为标准去予以确定。

一般认为,以完成一定工作任务为期限的劳动合同因其所具的独特优势使其能适应相应的工作范围。该劳动合同所针对的工作类型以非继续性为要件,具有临时性、季节性、特定性以及短期性等特征。所谓"临时性工作"不是指常态型的工作,而是多由于偶然性或突发性的原因产生的工作需要,一旦完成即告终结;因而,从事类似工作的人员可能因此不断更换,不具有稳定性。"季节性工作"则是指工作的开展以及完成在很大程度上受制于相应的时间段因素,比如只有在某个特定时间段才能提供相应的生产原材料、在某个时间段需要供应大量的产品,又或者在一定的时间段用人单位根本不需要投入生产;而产生这些现象的原因就在于材料的来源地、材料的供应季节、产品的市场销售、劳动力的供给关系等。"特定性工作"指用人单位与劳动者明确约定工作的固定内容以及特定标准是什么,一旦该事务完成后,用人单位就不存在对此劳动力的需求,是一次性而不是具有重复性的工作任务。"短期性工作"指劳动者的工作是可以预期的,一般用人单位安排的工作内容劳动者会在一个较为短暂的期限内完成。正是因为"短期性工作"所具有的非继续性特征,只要劳动者完成用人单位安排的工作任务,劳动关系即告终止。因此,该类劳动合同不会受到签订次数的限制;不论签订过多少次,都不可能达到《劳动合同法》所规定的连续签订两次劳动合同第三次就应当签订无固定期限劳动合同的要求。除非用人单位无视法律的要求,一再拖延、拒绝,用人单位自用工之日起超过1个月不满1年未与劳动者订立书面劳动合同的,就应当向劳动者支付双倍工资。一旦用人单位未与劳动者依法订立书面形式劳动合同达1年以上的,就视为双方已经形成无固定期限劳动关系;这种以完成一定工作任务为期限的用工形式,用人单位也应当与劳动者订立书面劳动合同;这是特别需要注意的地方。更为重要的是,这种不连续的用工方式在一定程度上切实迎合并解决了部分用人单位需要开展临时业务、短期业务的问题;而且,用人单位终止劳动合同的自主权也比较大、整个用工成本相对较低、用工过程又较为灵活,有利于用人单位在法律允许范围内谋求自身的最大利益;与此同时,也有利地促进了社会上劳动力的就业以及实体经济的发展,但该种期限的劳动合同所涉及的岗位不应是用人单位的关键性技术岗位、管理岗位以及日常的工作岗位。所列举的这些岗位对用人单位而言,都不具有连续性,更为重要的是能够保障一家单位的日常运营,这些岗位绝不会呈现出"此时需要、彼时不用"的现象;否则,就会对用人单位的正常生产经营管理甚至长远发展产生极大的不利影响。

考虑到该类期限合同自身特殊性,目前实践中,用人单位一般会在这些情形中操作适用:第一,以完成单项工作任务为期限的劳动合同,即这些工作具有一定的独立性,或是阶段性,或是季节性,或是项目性,可适用于单项工作(如具体进行科研工作、从事某项技术的开发等)。第二,以项目承包方式完成承包任务的劳动合同,一旦分配的承包任务完成即可结束(如某栋建筑的装修、承办拆迁、建设工作、一定区域内的房屋拆迁、垃圾清运工作)。第三,季节性、临时性用工的劳动合同,因季节原因需临时用工的工作和其他双方约定的以完成一定工作任务为期限的工作(如临时雇用劳动者增强销售等)。第四,其他双方约定的以完成一定工作任务为期限的劳动合同,主要涉及特殊领域的工种,诸如与铁路、桥梁、水利、石油勘探、建筑等工程项目相关联的任务安排。因此,此种期限劳动合同的使用还是具有较大的局限性。

除有相应的优势与适用范围限定外,以完成一定工作任务为期限的劳动合同内容中不能设定试用期条款。法律在设计时考虑到"一定工作任务"多属于短期、一次性、不重复的工作任务,因而在《劳动合同法》第十九条第三款规定,"以完成一定工作任务为期限的劳动合同或者劳动合同期限不满三个月的,不得约定试用期"。只要劳动者按照劳动合同的要求完成了工作任务,就已说明该劳动者能胜任这份工作;如果再允许约定试用期,对劳动者真无公平可言。

④法定无固定期限劳动合同的情形

但在某些情况下,只要符合法律规定的相应条件,只要劳动者主动提出续订劳动合同或者用人单位提出续订劳动合同劳动者表示同意的,用人单位就应当与劳动者签订无固定期限的劳动合同。此时,是否订立此种期限劳动合同的主动权掌握在劳动者手中,即无论用人单位是否同意签订,只要劳动者同意或主动提出的,都应满足其要求。因而,此时就带有一定的强制性。具体情形如下。

第一,劳动者在该用人单位连续工作满 10 年的。不论用人单位的性质是什么,也不论劳动者在单位具体从事的岗位工作是什么、是否有技术职称、职称是什么、对单位的贡献有多大、工资拿多少、是否与该单位签订过劳动合同、签订过什么样的劳动合同,只要是劳动者在同一用人单位已经连续工作满 10 年,劳动者就有权要求订立无固定期限劳动合同,一旦提出请求,用人单位则不得拒绝,必须订立。劳动者如果工作时间不满 10 年,即使提出订立无固定期限的劳动合同,用人单位也有权拒绝。因此,劳动者必须在同一单位连续工作了 10 年以上是此情形最基本要求。何谓"连续"? 主要是指工作期间不能间断。例如有的劳动者在这家用人单位工作 5 年后,离职又去了别家单位工作了 3 年,然后又回到了原用人单位工作 5 年。虽然,该劳动者在同一家用人单位的累计工作时间已达 10 年之久,但因劳动合同履行过程中发生过间断,就不再符合法律规定该情形的条件。法律之所以这样规定,主要希望通过适度引导构建劳资双方稳定的劳动关系。试想,一位员工在同一家用人单位工作了 10 年,肯定可以证明其能完成单位分配的工作任务、胜任相应工作岗位的需要;此外,其对长久工作的单位肯定是有感情的,否则也不会答应或要求继续与该单位签订劳动合同。用人单位的生产经营需要相对稳定、对单位熟悉的工作人员,这也可以降低单位用工成本、提高单位工作效率。

第二,用人单位初次实行劳动合同制度或者国有企业改制重新订立劳动合同时,劳动者在该用人单位连续工作满 10 年且距法定退休年龄不足 10 年的。此情形的法律规定主要针对当时相应的社会历史背景。劳动合同制是我国在用工体制立法与实践的改革、完善中需要不断普及并推行的重要新型用工制度;通过要求用人单位和劳动者签订劳动合同,在劳动合同中明确规定双方当事人的权利、义务与责任,使用工单位与劳动者双方各自承担的责任紧密结合,既调动劳动者的生产积极性,更促进企业经济效益,极大地适应市场经济飞速发展的社会需要。《劳动合同法》的颁布实施,使该项制度在我国的各类企业中广泛运用,劳动合同的签订率与普及率都创历史新高。虽然,该制度带来的相应积极效果很明显,但还是需要关注部分人群。因为毕竟我国正式的国有企业改革始于20世纪90年代,当时很多国企都通过改变企业形态、资产重组,使股权结构发生变化。相应的是这些企业的部分已经在本单位工作了很长时间的老职工在推行新的制度后,由于历史以及自身的原因(竞争力较弱、年龄的局限性较大)难以适应这种新型的劳动关系。考虑到这些历史遗留问题,劳动合同法在制定时就非常关注那些曾给国家和企业作出过很多贡献的老职工的利益,保障他们的利益,使其不再纠结尚未退休前能否与原单位签订劳动合同。在具体理解适用中需要注意:

首先,适用的场合仅有两种。一是用人单位初次实行劳动合同制度,二是国有企业改制重新订立劳动合同。前一种情况对企业的性质、行业、规模大小、地域、存续时间长短等均没有任何要求,只要是用人单位按照法律要求初次实行劳动合同制度就有适用的可能性。对于第二种可能适用的情形有严格限制,必须是在国有企业改制重新订立劳动合同时,不但对企业的性质有要求,而且还必须是出于改制的原因。

其次,在上述基础上还必须满足"双十"的条件,即劳动者在前面所述的两种场合时还必须具备:已经在该用人单位工作满10年;距法定退休年龄不足10年的条件;且这两个"十年"的相关要求能同时满足的,用人单位在劳动者提出了要求时就应当签订无固定期限劳动合同。

综上,《劳动合同法》第十四条第二款、第三款规定有下列情形之一的,劳动者提出或者同意续订、订立劳动合同的,除劳动者提出订立固定期限劳动合同外,用人单位应当与劳动者订立无固定期限劳动合同:第一,劳动者在该用人单位连续工作满 10 年的;第二,用人单位初次实行劳动合同制度或者国有企业改制重新订立劳动合同时,劳动者在该用人单位连续工作满 10 年且距法定退休年龄不足 10 年的;第三,连续订立二次固定期限劳动合同,且劳动者没有本法第三十九条和第四十条第一项、第二项规定的情形,续订劳动合同的。同时,自用工之日起满 1 年,若用人单位不与劳动者订立书面劳动合同的,视为用人单位与劳动者已订立无固定期限劳动合同。

需要注意的是,第一,已经连续签订过两次固定期限劳动合同的情形:这一项规定试图解决劳动力市场存在的合同短期化问题,仅以签订固定期限劳动合同的次数两次作为判断标准;没有对此前已经签订的两次固定期限合同有时间上的限制,即这两次合同 1 年也行,3 年也可,5 年、8 年甚至 10 年当然更好,相对的范围设置就非常宽泛。若用人单位与劳动者已经签订过一次固定期限劳动合同,只要再签订第二次固定期限劳动合同,就意味着第三次签订劳动合同时,劳动者如果提出订立无固定期限劳动合同的要求,用人单位就不能拒绝,应该与其签订无固定期限劳动合同。这就使得劳资双方在第一次劳动合同期满后用人单位欲与劳动者订立第二次固定期限劳动合同时,必须慎重考虑。也许某些用人单位为了规避法律的规定,避免与劳动者签订无固定期限的劳动合同,但又能保持相对稳定的用工,防止频繁变更劳动者而带来用工成本的加大,就不得不采用延长每一次固定期限劳动合同的期限方法,在一定程度上会有助于缓解社会劳动合同短期化的部分问题。

第二,相应的劳动者不应出现如下情形:概括起来即劳动者没有出现用人单位可以解除劳动合同及因非工伤或患病不能从事原工作,或者不能胜任原工作的情形。具体为:在试用期间被证明不符合录用条件的;严重违反用人单位的规章制度的;严重失职,营私舞弊,给用人单位造成重大损害的;劳动者同时与其他用人单位建立劳动关系,对完成本单位的工作任务造成严重影响,或者经用人单位提出,拒不改正的;因以欺诈、胁迫的手段或者乘人之危,使对方在违背真实意思的情况下订立或者变更劳动合同的情形致使劳动合同无效的;被依法追究刑事责任的;劳动者患病或者非因工负伤,在规定的医疗期满后不能从事原工作,也不能从事由用人单位另行安排的工作的；劳动者不能胜任工作，经过培训或者调整工作岗位，仍不能胜任工作；劳动合同订立时所依据的客观情况发生重大变化，致使劳动合同无法履行，经用人单位与劳动者协商，未能就变更劳动合同内容达成协议的；用人单位依照企业破产法规定进行重整的；用人单位生产经营发生严重困难的；企业转产、重大技术革新或者经营方式调整，经变更劳动合同后，仍需裁减人员的；其他因劳动合同订立时所依据的客观经济情况发生重大变化，致使劳动合同无法履行的。

⑤视为已经签订无固定期限劳动合同

《劳动合同法》一直倡导并严格要求劳资双方签订书面的劳动合同，对不按规定签订书面劳动合同还设置了相应的惩罚措施，以避免现实中劳动关系处于一种不确定的状态，在发生劳动争议时无据可查，很大程度上可以杜绝用人单位不为劳动者缴纳各种社会保险费用以及不承担其他劳动合同义务现象的出现。"用人单位自用工之日起满一年不与劳动者订立书面劳动合同的，视为用人单位与劳动者已订立无固定期限劳动合同"的规定就是对用人单位的一种惩罚方法，也即如果用人单位无视法律规定，或者故意规避法律，执意不与劳动者签订书面劳动合同的情况自用工之日起有 1 年时间，法律便视为双方已订立无固定期限劳动合同。也许用人单位根本无意与该劳动者订立无固定期限劳动合同，但其却无视法律的提醒与督促，在规定的宽限期内没有认真履行，在宽限期之后的一段时间内仍拒不改正，还不与劳动者及早订立书面合同，时间已经满 1 年的，就要承受对其不利的法律后果，即便非其本意也视为已订立无固定期限劳动合同。

当然，用人单位需要特别注意的是，签订书面劳动合同是其必须履行的义务之一；法律上视为双方已经签订无固定期限劳动合同不等于双方不再需要另行签订书面合同。如果还不签订，用人单位又要受到惩罚，需要给该劳动者每月支付两倍工资。现实中也会出现因劳动者的原因，故意不与用人单位签订固定期限劳动合同，导致双方自用工之日起满 1 年未订立书面劳动合同，以期能达到签订无固定期限劳动合同的目的。对于这种情况，用人单位在获取充足、合法证据的基础上能证明该劳动者的责任就不应受此条款的约束，否则，对用人单位就极不公平。

### （四）合同的有效性保证

无效劳动合同的确切定义是什么，相关的劳动法律甚至《民法典》都没有对此作出明确界定。一般认为，一个有效的劳动合同是建立在用人单位与劳动者遵守国家法律法规、双方平等自愿、协商一致的基础上，继而以书面的形式确定彼此间具体劳动权利与劳动义务的协议。显然，无效劳动合同是相对于有效合同而言的；这种劳动合同虽然已经成立，但却因其严重欠缺法定的有效要件，因而不发生当事人所预期的法律效力。无效劳动合同的制度规定是整个劳动合同法律制度的重要组成部分。我国劳动合同的无效制度最初是由《劳动法》确立的，在其第十八条中规定了违反法律、行政法规的劳动合同以及采取欺诈、威胁等手段订立的劳动合同是无效劳动合同。之后又通过相关的规定以及司法解释对该制度的规定进行解释，并在《关于贯彻执行〈中华人民共和国劳动法〉若干问题的意见》第二十七条中解释了何为无效劳动合同，具体指所订立的劳动合同不符合法定条件，不能发生当事人预期的法律后果，以便劳动法中无效劳动合同的法律规定可以得到更好的施行。《劳动合同法》与之前国家颁布实施的劳动法律法规、司法解释等共同构筑了我国目前的劳动合同的无效制度，其在《劳动法》原先所确立的无效劳动合同的基础上，经过反复酝酿与多次修改，在《劳动合同法》第二十六条至第二十八条中设置了无效劳动合同的相关规定。从总体上讲该法对此的规定虽是对之前《劳动法》相应内容很大程度的延续，但比较后就会发现《劳动合同法》的规定更细化，相应的内涵也更丰富。

相比《劳动法》的规定，《劳动合同法》更为细化，增加了“强制性”三个字，使得法律的适用也更为科学合理。法律法规是国家意志的体现，劳动合同双方当事人应该遵守调整劳动关系领域的有关法律法规。无效劳动合同的违法性表明此类合同不符合国家意志与立法目的。违法的表现主要涉及两种情况：一是订立劳动合同的主体不符合法律、法规的强制性规定；二是劳动合同的内容违反法律法规的强制性规定。

1. 订立劳动合同的主体违法

对于订立劳动合同的主体不合格，可以首先从劳动者这方面分析，产生问题主要表现在：其一，不符合法定劳动年龄，法定劳动年龄应年满16周岁，除非从事文艺、体育和特种工艺；其二，身体不够健康、不具有劳动行为能力，诸如患有精神病或其他精神失常以及因伤病完全丧失劳动能力的人；其三，缺少人身自由，可能因触犯法律或行政法规被人民法院判处刑罚或被公安机关拘留、逮捕而失去行动自由，不能正常享受劳动权利和履行劳动义务；其四，存在尚未解除的劳动合同或需要其遵守的竞业禁止约定。而另一方当事人用人单位是依法成立的、经有关部门批准的经济组织；用人单位若没有用工自主权而私自用工或用人单位的职能部门未经授权就与劳动者直接签订劳动合同，均属于无效劳动合同。

2. 订立劳动合同的内容违法

在我国宪法、劳动法以及劳动合同法等相关法律法规中规定了大量涉及劳动者基本权利、工资薪酬、工作时间、劳动保护等方面的强制性规定，劳动合同的内容不能违反这些强制性规定，否则，该劳动合同内容无效。因此，在实践中经常可以见到的"劳动者不得结婚""女性员工禁止生育""用人单位多付劳动者工资但不负责缴纳劳动者社会保险""劳动者每天工作时间超过8小时的部分不计算为加班时间""劳动者工资年终一次性发放，每月预支生活费"等约定均属于违反法律强制性规定，应认定为无效。当然，在现实劳动中直接从事违法活动的劳动生产，例如制造毒品、假币等劳动内容的约定，因其有悖法律、法规及善良风俗，损害国家及社会的公共利益，肯定也是无效的。

3. 无效的确认

劳动合同是否无效，究竟以谁的意见为准？这关系到无效劳动合同的确认权，即确认劳动合同为无效的权力。《劳动法》第十八条第三款以及《关于贯彻执行〈中华人民共和国劳动法〉若干问题的意见》第二十七条规定，对劳动合同无效的确认权力归属于国家规定的两个专门机构，即劳动争议仲裁委员会以及人民法院，其他任何组织和个人都无权确认，劳动合同是否无效当然也是不能由用人单位与劳动者来判断决定的。根据我国劳动法以及国务院有关劳动法规的规定，劳动争议的处理机制实行先裁后审制,劳动争议仲裁程序是劳动争议诉讼处理的前置程序,即对劳动合同的无效,应当首先由劳动争议仲裁委员会确认,在当事人不服劳动争议仲裁委员会作出的裁决,依法向人民法院起诉的,人民法院才能予以受理后确认。简单讲就是,经仲裁未引起诉讼的,由劳动争议仲裁委员会认定;经仲裁引起诉讼的,由人民法院认定。

4. 无效的处理

(1)区分劳动合同是全部无效还是部分无效。对于无效的劳动合同首先需要确认其是全部无效还是部分无效。如果是全部无效,它所确立的劳动关系应立即予以消灭;但如果是部分无效的劳动合同,它所确立的劳动关系可依法存续,只是部分合同条款无效;如果不影响其他部分效力,其余部分仍然有效。

(2)相关事项的具体处理方法。首先,劳动者报酬的支付。《劳动合同法》第二十八条规定:"劳动合同被确认无效,劳动者已付出劳动的,用人单位应当向劳动者支付劳动报酬。劳动报酬的数额,参照本单位相同或者相近岗位劳动者的劳动报酬确定。"因此,在劳动合同被确认为无效的情况下,劳动者按照之前劳动合同的约定已经付出自己的劳动力后,用人单位不是按照原劳动合同的约定,而是参照了本单位同类岗位劳动者的劳动报酬支付给劳动者报酬,并应按照国家的有关规定为劳动者缴纳社会保险等费用;原因就在于如果还按之前的劳动合同的约定操作就显得很矛盾,这个劳动合同已被确认无效,一旦无效就自始无效。

其次,赔偿损失。《劳动合同法》第八十六条明确规定了对造成劳动合同无效并给对方造成损害的有过错的一方应当承担赔偿责任。如果是劳动者原因造成的,用人单位可以解除劳动合同,无须履行事先告知劳动者的义务,无须向劳动者支付经济补偿金,劳动者给原单位造成损失的还要赔偿损失。而在《劳动法》第九十七条以及《违反〈劳动法〉有关劳动合同规定的赔偿办法》第二条和第三条中都明确了因用人单位的原因订立的无效合同,对劳动者造成损害的,应当承担赔偿责任,将比照违反和解除劳动合同经济补偿金的支付标准,赔偿劳动者因合同无效所造成的经济损失。造成劳动者工资收入损失的,按劳动者本人应得工资收入支付给劳动者,并加付应得工资收入25%的赔偿费用;造成劳动者劳动保护待遇损失的,应按国家规定补足劳动者的劳动保护津贴和用品;造成劳动者工伤、医疗待遇损失的,除按国家规定为劳动者提供工伤、医疗待遇外,还应支付劳动者相当于医疗费用25%的赔偿费用;造成女职工和未成年工身体健康损害的,除按国家规定提供治疗期间的医疗待遇外,还应支付相当于其医疗费用25%的赔偿费用。除此之外,根据《劳动合同法》第三十八条,劳动者可以随时解除劳动合同,无须事先告知用人单位,用人单位仍须依法向劳动者支付经济补偿金。特别是对用人单位未支付报酬或所支付的报酬低于劳动基准法及集体合同规定的最低标准时,应按相应的标准补足。

5. 预防措施

综上,劳动合同无效对用人单位而言有百害而无一利,特别是因为用人单位的过错而导致劳动合同无效时,不仅需要用人单位支付劳动者的劳动报酬,而且还会面临劳动行政部门的处罚以及赔偿劳动者损失的相应法律风险。因此,用人单位人力资源管理的工作人员更要有意识地采取某些措施,应该尽量避免劳动合同无效。

(1)了解劳动合同的特殊性,防止因此产生认识上的误区。劳动合同的签订虽然也是建立在双方当事人自愿、协商一致的基础上,但是,劳动合同因涉及劳动力这一具有特殊性的商品,国家在一定程度上会对劳动合同的相关事项进行干预,劳动合同当事人的意思自治会在很大程度上受到劳动基准法律法规以及国家政策的诸多限制,这其中涉及最多的就是劳动基准。劳动基准是国家为保障劳动者的最基本权利(如最低的劳动报酬、最起码的劳动条件等)而对用人单位需要承担最低标准的劳动义务设置的条件。作为用人单位,必须把握法律劳动基准制度相关的界限。劳动合同的有关内容,特别是涉及劳动者的工资、劳动条件、劳动时间、休息休假、劳动安全卫生、女职工特殊保护制度等都必须达到甚至高于国家规定的劳动基准的标准;但凡劳动合同所确定的内容没有达到基准条件的均被确认为无法律效力。一旦这样,不但不能产生劳动合同当事人所预期发生的法律效力,还会导致民事责任和行政责任的承担。故劳动合同的双方当事人需要充分认识到意思自治行使的有限性。

(2)认真了解并学习掌握涉及劳动合同的法律知识和政策,努力遵循合法原则、避免违法现象的出现。双方在协商确定具体的劳动合同内容条款时,必须严格遵守法律、行政法规的规定。切莫在劳动合同中约定“工伤概不负责”“不准结婚”“不得生育”“女职工可以适用所有岗位”等条款,这些条款已经违反《工伤保险条例》《民法典》《妇女权益保障法》等诸多法律规定。

(3)签订合同必须坚持平等自愿、协商一致原则。用人单位应当充分尊重劳动者的意愿,千万不得使用欺诈、胁迫、乘人之危的手段,不得使劳动者处于意思表达不真实的情况下被迫与用人单位签订劳动合同。

(4)善于借助外力帮助指导,将劳动合同无效的风险控制在签订合同之前。用人单位的劳动部门在签署合同前可以由人力资源管理部门与法规部门共同审核,只是各自的工作重点不同;如果单位规模小,也可以直接寻求专业的人力资源管理咨询机构或律师事务所等专业机构和专业人士的帮助,有效降低风险的发生,大幅降低用工的成本。

第二章

# ESG 与通行合规计划的制定与施行

构建有效的企业合规体系，不断匹配 ESG 的要求并提升 ESG 评级，应同时符合形式和实质要件。形式要件包括实践中公认的相关合规有效性标准，如成立合规部门、整理合规义务、开展合规培训、塑造合规文化等；实质要件则包括对企业而言合规建设相关实质要素，如开展合规风险排查、根据合规风险排查识别的风险制定具有防范、应对、监控、评价功能的企业内控、规范化业务流程的有效运营、合规部门的有效运营、合规举报、奖惩等机制的有效落地等。

根据上文分析可知，要想实现企业平稳快速的发展，必须制定科学有效的合规体系来规避企业可能发生的法律风险。合规管理本身虽然并不能直接为公司增加利润，但是系列的合规活动能够为公司争取到有利于未来发展和业务创新的外部政策环境；通过内部制度的持续修订，形成一整套可操作性强、具有清晰程序化的内部制度，将日积月累的各种良好做法沉淀下来，将大幅降低公司管理成本并增强企业风险控制能力，提高资本回报，最终为公司创造价值，实现企业的可持续发展。

合规的主要目标就是，通过建立健全合规管理机制，制定和执行合规管理制度，推动合规文化建设，实现对合规风险的有效识别和主动管理，增强自我约束能力，促进全面风险管理体系建设，保障公司的经营管理和所有员工的执业行为符合法律、法规和准则，切实防范合规风险，确保依法合规经营，促进公司的可持续发展，实现公司自身合规与外部监管的有效互动。

而一个较为完善的合规体系应当符合以下几个方面的要求。

## 一、设立科学的合规管理组织体系、明确主体之间的分工

从企业的组织体系出发,必须形成一个上通下达的合规管理组织体系,能够高效地处理合规问题。具体而言笔者认为,应该在董事会、监事会以外,设置专门的合规部门,并任命专门的合规负责人(如首席合规官),合规负责人应该具备较强的合规知识,且不得担任业务部门的直接领导即不得存在角色的冲突,在日常的工作中直接对董事会负责。而董事会、监事会、合规负责人应当遵循以下分工规则。

董事会在合规体系中应当承担以下职责:(1)审议批准公司合规管理的基本制度、合规管理组织机构设置;(2)审议批准合规负责人制作的年度合规报告;(3)任免合规负责人、确定其报酬及其激励方式;(4)评估合规管理有效性,督促解决合规管理中存在的问题;(5)为合规总监与董事会、经营管理层和各部门、分支机构有效沟通提供保障,确保合规总监的知情权和调查权;(6)监管机构要求的其他合规管理职责。

监事会在合规体系中应当承担以下职责:(1)监督董事会的决策与流程是否合规;(2)监督董事和高管合规管理职责履行情况;(3)对引发重大合规风险负有主要责任的董事、高管提出罢免建议;(4)向董事会提出撤换公司合规管理负责人的建议;(5)公司章程规定的其他合规管理职责。

合规负责人在合规体系中应当承担以下职责:(1)拟定合规管理的基本制度和其他合规管理制度;(2)参与企业重大决策并提出合规意见;(3)领导合规管理牵头部门开展工作;(4)对企业内部规章制度、重大决策、新产品和新业务方案等进行合规审查,并出具书面合规审查意见;(5)向董事会和总经理汇报合规管理重大事项;(6)组织起草合规管理年度报告;(7)为公司决策层、管理层、各部门及各分支机构提供合规咨询、组织合规培训,协助公司经营管理层培育合规文化;(8)将出具的合规审查意见、提供的合规咨询意见、签署的公司文件、合规检查工作底稿等与履行职责有关的文件、资料存档备查,并对履行职责的情况作出记录;(9)公司章程规定的其他合规管理职责。

具体的业务部门负责本领域的日常合规管理工作,按照合规要求完善业务管理制度和流程,主动开展合规风险识别和隐患排查,发布合规预警,组织合规审查,及时向合规管理牵头部门通报风险事项,妥善应对合规风险事件,做好本领域合规培训和商业伙伴合规调查等工作,组织或配合进行违规问题调查并及时整改。监察、审计、法律、内控、风险管理、安全生产、质量环保等相关部门,在职权范围内履行合规管理职责。

而除上述比较核心的三类主体及业务部门外,在企业的运营中,分支机构、分公司、子公司等面临的合规风险往往会直接影响企业本身,因而各部门、各分支机构应对设立专门的合规专员,合规专员承担的合规职责主要包括:(1)遵守法律法规,执行公司的合规管理制度,对本单位合规管理的有效性承担责任;(2)自行或根据合规部门的督导,评估、制定、修改和完善本单位内部管理制度和业务流程;(3)评估本单位合规管理制度和流程的合理性,并对合规管理执行情况进行监督、检查和评价,按规定向合规管理部门报告;(4)发现本单位有违规行为时,主动向合规负责人或合规管理部门报告,积极妥善处理,落实责任追究;(5)组织本部门员工的合规培训;(6)监管机构或公司规定的其他合规职责。

## 二、制定清晰的合规章程

合规章程在企业内部具有统领性,也是企业内部具有最高效力的文件,因而要想合规制度在企业内部生根发芽,得到良好运行,应该在章程中进行全面规定。

1. 应该树立全员合规的基本理念

合规是公司所有员工的共同责任,公司全体员工都应参与合规管理。公司高层应当在整个公司中做出表率,设定鼓励合规的基调。"合规从高层做起"是有效的合规管理体制得以建立的基础。只有如此才能形成一种由内而外的合规文化。

2. 应该明确公司的商业准则

也就是说,必须从本公司的经营状况出发,制定一套自己的内部商业行为准则,即参照企业可能面临的风险及相应的法律法规,明确规定哪些行为属于企业运营中禁止发生的行为,例如商业贿赂、串通投标等不正当竞争手段,并且规定如果违反这些行为应当承担哪些严重后果。以此规定企业的红线，制约违法违规行为的发生。

3. 确立合规施行中应当遵循的基本原则

通常企业在合规施行中应当遵循以下原则：(1)全面性原则。合规管理应覆盖所有业务、各个部门和分支机构以及全体工作人员，贯穿决策、执行、监督、反馈等各个环节，确保不存在合规管理的空白或漏洞。(2)独立性原则。合规管理部门应当独立于公司其他部门，合规总监和合规部门职员在工作职责上避免与其所承担的其他职责产生利益冲突，按照双线分离、多线制衡的模式进行推进。(3)有效性原则。合规管理应当符合有效性原则，应当制定符合监管要求及公司需要的合规管理制度，具体合规计划必须结合公司的业务板块、发展情况、公司文化理念等综合情况。(4)持续性原则。合规管理工作，应根据国家法律法规、政策制度等外部环境及公司经营战略、经营目标、经营条件等内部环境的变化，适时进行相应调整和完善，具有较强的灵活性与发展性。

## 三、有效合规应当包含的基本内容

### (一)一个要求

根据企业经营范围和所从事业务有针对性建立专项合规计划。

所谓"专项合规计划"，是指企业针对特定领域的合规风险，为避免企业因为违反相关法律法规而遭受行政处罚、刑事追究以及其他方面的损失，所建立起来的专门性的合规管理体系。

对于单纯从事国内业务的企业而言，常见的专项合规计划主要有反垄断、反不正当竞争、反商业贿赂、知识产权保护、反洗钱、大数据保护、税收、证券、环保等。

对于从事国际贸易或者进出口业务的企业而言，常见的专项合规计划主要有反商业贿赂、出口管制、反洗钱、数据保护等。

需要知道，企业合规的灵魂不在于大而全的管理体系，而在于针对企业的合规风险点所确立的专项合规计划。无论是在国际司法实务中还是我国涉案企业合规相关试行制度中，有效性是合规计划成功的重要考察标准。例如中兴公司所建立的出口管制合规计划以及反贿赂合规计划，都是针对公司经营中存在的痛点和风险进行的专项合规计划，不仅可以有效面对国际制裁，而且保证了公司未来运营的平稳有序。

### （二）两个目的

一是合规计划要建立一套确保企业依法依规经营的管理机制；二是合规计划保证企业在面临执法调查时获得监管激励或者刑法激励。

所以，合规计划的制定，不仅仅是企业的一个经营管理项目，而应当站在企业治理的战略高度，来帮助企业获得实实在在的利益，提供专业化和有效化的合规产品。

### （三）三项原则

一是避免大而全的综合合规计划，注重打造专项合规计划；二是抓住企业性质、经营业务和主要风险；三是注重合规计划的有效性。专项合规计划和抓住企业性质前面已经说过，此处不再赘述；至于有效性，应当认识到，企业仅有一套书面的合规管理体系，是没有任何意义的，合规计划的主要价值在于预防风险、监控违规行为、应对违规事件。而要实现该价值，合规计划至少要做到对违规行为的实时监控，在违规事件发生后及时有效加以应对，尤其是调查违规事件，处理相关责任人，发现合规管理漏洞，积极进行整改，主动进行自我披露。同时，还要开展合规培训，完善沟通、报告、举报、处理机制。

### （四）四个阶段

**第一阶段：尽职调查。**

主要是指通过访谈、问卷、资料收集等方式，查找合规风险点，形成《合规风险评估报告》，具体步骤包括：

1. 书面审查：结合客户的具体情况，出具详细的合规材料清单。合规材料清单一般包括公司基本信息、治理体系、组织结构、公司业务管理制度、实际运行情况等材料。

2. 现场访谈：基于企业可能涉及的法律风险，专项律师团队拟通过与企业高层、分管领导、重点部门负责人以及重点业务相关工作人员进行访谈，排查企业法律风险。

3. 现场考察：在现场访谈以后，专项律师团队对企业进行现场考察，深入了解客户企业的实际经营情况。

同时，尽职调查也可以针对企业的客户、第三方合作伙伴和被并购的企业，对其是否存在违法违规行为、有无法律风险进行专门调查。

**第二阶段：合规风险评估。**

该阶段的主要目的是：(1)根据《合规风险评估报告》，结合企业经营范围和所从事业务搭建合规义务库，包括企业应当遵循的法律法规、道德准则、行业标准以及党规党纪，能够让企业人员不用再去翻国家法律，只要学习合规政策和员工手册就可以清楚地知道行为的规范和边界。(2)结合《合规风险评估报告》和合规义务库，详尽清晰地列明企业专项合规风险信息，建立定期更新或者实时更新的动态风险信息库。

**第三阶段：打造企业合规手册。**

载明企业合规的基本理念、基本原则、基本框架，上至董事高管、下至各部门都要受到企业合规手册的约束。具体而言，企业合规手册主要包括专项合规的基本理念、合规义务库、风险信息库、管理体系和管理制度。

**第四阶段：搭建合规运作与管控机制。**

1. 建立组织体系

合规的组织体系建立是有效合规计划的重要组成部分，组织合规体系包括：(1)合规管理委员会，设立于董事会下，由公司高管担任委员，独立董事担任主席。(2)首席合规官，由公司总法律顾问或者法务总监担任。(3)合规部，根据不同的专项合规计划，合规部下设专门机构。(4)合规团队，在重要部门以及子公司、分公司设立合规团队或合规专员。总体来说，要建立自上而下、垂直领导的合规组织体系，保持组织体系的独立、权威和畅通，避免与其他部门产生利益冲突，做到上令下达，确保合规风险的及时应对和处理。同时，可以视企业规模设立具体的合规组织体系，对于规模小的企业，可以不设合规部，单设合规专员。

2. 建立严格的审核机制

合规部门要对企业内部规章制度、业务流程、业务行为、财务行为、资金运用行为、机构管理行为进行法律上的把关和审查。同时，要求企业开展的每一项业务，在产品制造、销售、服务的每一个环节，都需要经过合规把关，对违规行为实行一票否决制。

企业应当将合规审查作为必经程序嵌入经营管理流程，重大决策事项的合规审查意见应当由首席合规官签字，对决策事项的合规性提出明确意见。业务及职能部门、合规管理部门依据职责权限完善审查标准、流程、重点等，定期对审查情况开展评估。

3. 设立预警机制

企业应当建立合规风险识别评估预警机制，全面梳理经营管理活动中的合规风险，建立并定期更新合规风险数据库，对风险发生的可能性、影响程度、潜在后果等进行分析，对典型性、普遍性或者可能产生严重后果的风险及时预警。

4. 建立及时报告机制

各业务部门和分支机构如果发现合规管理风险就要报告给合规管理部门，合规负责人向总经理、董事会、监事会报告。具体而言，要进行定期报告和专项报告，在合规组织体系内自下而上地将合规计划的运营情况、合规风险和违规行为的发生报告给最高管理层。

5. 建立举报机制

建立举报投诉的机制，也就是"吹哨人"制度，开放多种举报途径，同时建立对举报线索的调查机制、保密和保护机制、奖励机制。具体而言，公司应当设立违规举报平台，公布举报电话、邮箱或者信箱，相关部门按照职责权限受理违规举报，并就举报问题进行调查和处理，对造成资产损失或者严重不良后果的，移交责任追究部门；对涉嫌违法犯罪的，及时按照规定移交相关部门或者机构。

同时，企业应当对举报人的身份和举报事项严格保密，对举报属实的举报人可以给予适当奖励。任何单位和个人不得以任何形式对举报人进行打击报复。

6. 设立及时处置机制

发生重大合规风险时，应当由合规管理部门牵头组织应对，其他相关部门协同配合，及时进行内部调查明确责任，尽快处理违规第三方和员工、尽快发现合规漏洞并进行整改、积极配合调查，必要时进行报告披露，争取获取可能的合作奖励，尽量获得宽大的行政处理或刑事处理，将惩戒、损失和不利影响降到最低。

7. 设立问责机制

严格对违规行为的责任认定和追究，明确违规的责任范围，细化惩处标准。同时，对在履职过程中因故意或者重大过失应当发现而未发现违规问题，或者发现违规问题存在失职渎职行为，给企业造成损失或者不良影响的单位和人员开展责任追究。

8. 设立有效的考核机制

企业全体员工都应当接受合规绩效考核，并将考核结果作为员工考核、干部任用、评先选优的依据。

9. 建立长效培训机制

建立完善可行的培训机制，具体包括以下几个方面：

(1)领导是企业合规文化建设的关键。企业管理者要关注培养合规文化，做好合规文化培训。结合法治宣传教育，建立制度化、常态化培训机制，确保员工理解、遵循企业合规目标和要求。具体而言可以通过制定发放合规手册、签订合规承诺书等方式，强化全员安全质量、诚信和廉洁等意识，树立依法合规、守法诚信的价值观，筑牢合规经营的思想基础，引导全体员工自觉践行合规理念。(2)关注员工心理、行为习惯，建立常态化合规培训机制，制订年度培训计划，将合规管理作为管理人员、重点岗位人员和新入职人员培训的必修内容。(3)企业合规文化建设要与合规制度相互联系与适应，做到合规制度与合规文化彼此一致；以合规文化为导向，合规工作要与多方面变化相适应。(4)企业从被动合规转变为主动合规，彻底改进“重经营业绩、轻合规管理”的绩效考核理念，平衡业务拓展与风险管理的关系。(5)将企业合规文化转化为企业生产力，将企业合规文化渗透到对外合作与品牌营销方案中，提高消费者的信赖度。

# 第三章

# 企业合规的个案定制

## 第一节　合规思路展示

从一个电子信息时代更容易被大众所接受的角度来看,笔者认为其实企业合规建设的过程就像是安装杀毒软件和杀毒的过程。一个企业正式启动合规程序应当遵循以下几个步骤。

### 一、安装杀毒软件

杀毒软件的安装,需要操作系统打开权限,方便后续无障碍的杀毒工作;企业合规也是如此,经典合规理论告诉我们,企业做好合规,一套运转有效的组织体系是关键,是合规体系的基本要素之一。完善的合规组织体系至少需要满足以下架构:

1. 董事会下设的合规委员会;
2. 设置首席合规官(合规负责人);
3. 建立合规部门或设置合规专员。

上述架构的特点在于高层重视、渗透性强,同时具备合规所必须的权威性和独立性,是有效合规的组织保障。

### 二、检查病毒

在成功安装后,杀毒软件开始执行必要的前置程序——查毒。通常来说,这个过程包括两种模式,一种是全盘检查,另一种是指定位置检查,二者在针对性和急迫性上都有所区别。

换成合规的语言,就是要在做好尽职调查的基础上确定风险并有针对性地设计合规范围,风险不同合规计划便不同,必须做到对症下药。合规的尽职调查主要通过访谈、问卷、资料收集等方式,查找合规风险点,形成《合规风险评估报告》。

合规可以针对企业的主营范围,结合企业日常经营活动、产品、服务、运营相关,综合考虑设计合规范围;也可以针对企业曾经受到过的行政处罚、刑事处罚或是国际制裁来设计合规范围,以免再犯。在实际操作中,企业可能会面临一通排查下来,发现处处是漏洞、处处是风险的情况,为了把稳,索性一股脑全部搞合规算了。想法虽然是好的,但是会陷入另一个合规的误区——合规的有效性。就像前文说了那么多合规的重要性,那么如何将这么重要的制度落实,就是重中之重了。合规并不是一项制度建设工作,而是一项文化建设工作,是一项持续的工作,就像我们用杀毒软件来比喻合规一样,如果只是为了清理眼下的病毒,那可选择的杀毒软件比比皆是,但是要做到持续更新、定期自查、运行稳定,那就不能随机挑选,必须慎重而行。

同时,在针对曾经受到过的行政处罚、刑事处罚或是国际制裁来设计合规范围的时候也需要进行合理考虑,要尽量避免把精力浪费在与经营活动无关、偶发性犯罪的非必要合规上。这也和目前主流的合规观点保持一致,主流的合规观点认为,企业合规的灵魂不在于大而全的管理体系,而在于针对企业的合规风险点所确立的小而精的专项合规计划。无论是在国际司法实务中还是我国涉案企业合规相关试行制度中,有效性是合规计划成功的重要考察标准。例如,中兴公司所建立的出口管制合规计划以及反贿赂合规计划,都是针对公司经营中存在的痛点和风险进行的专项合规计划,不仅可以有效面对国际制裁,而且保证了公司未来运营的平稳有序。

所谓"专项合规计划",是指根据企业经营范围和所从事业务所蕴含的合规风险,为避免企业因为违反相关法律法规而遭受行政处罚、刑事追究以及其他方面的损失，所建立起来的专门性的合规管理体系。正如对于单纯从事国内业务的企业而言，常见的专项合规计划主要有反垄断、反不正当竞争、反商业贿赂、知识产权保护、反洗钱、大数据保护、税收、环保等。而对于从事国际贸易或者进出口业务的企业而言，常见的专项合规计划主要有反商业贿赂、出口管制、反洗钱、数据保护等。

## 三、杀毒

在上一个步骤中，软件已经根据设定范围检查到了系统中存在的漏洞和病毒，接下来便是核心程序——杀毒。杀毒要求有一个病毒数据库，以便能根据系统病毒的种种"相貌特征"及时绞杀。

合规也一样，在做好《合规风险评估报告》后，需要根据该报告与合规范围，搭建合规义务库，义务库中应当包括企业必须遵循的法律法规、道德准则、行业标准以及党规党纪等，并且要确保其有效性。义务库需要按时更新，除对上述规范性文件进行监控外，还需要对与合规范围相关的主管单位的动态进行追踪。

在搭建好义务库后，最重要的工作就是如何具体管理企业的具体业务中的合规风险了。对此，可以参考中兴公司在反贿赂合规中针对礼品及款待的具体规定：

相关人员可以提供与其工作相关的恰当、合法的商务礼品和款待，但前提是该礼品和款待涉及的价值在正常范围内，而且不会被视为或有合理理由被怀疑为影响接受方的决策或者判断。在判断某种礼品或款待是否恰当时，应着重考虑是在什么场景下（是否为业务敏感期），基于什么目的（是否存在不当的诉求），提供给谁（是不是有利益冲突或政治敏感的人物），提供什么（是否为现金及现金等价物或奢侈的礼品或款待），怎么提供（是否需要非公开、频繁或区别地提供），同时，还需要考虑所处的商业环境（是否在风险很高的国家或地区），主动回避高风险的信号。如果在具体业务情形下存在任何疑惑，应当咨询您身边的合规联系人、合规经理、合规总监或业务直属领导，也可以通过电话、邮件等途径进行咨询。

对于多项利益冲突解决办法以及禁止性规定,中兴公司作出了如下规定:禁止赠送现金或现金等价物(如有价证券、会员卡、旅行支票、预付费借记卡等);禁止提供价值过高或过于奢侈的礼品(如房产、汽车、名贵珠宝首饰、奢侈品牌服饰或手提包、高价艺术品等)。

此外,中兴公司还有专门针对外部差旅、客户培训、采购交易、商业赞助、公益捐赠等事项制定的具体合规管理办法。这些管理办法总结起来就是两个字"指引",这就是前文中所提到的同时有利于员工和企业的管理规范,员工在实际操作中总会遇到很多问题,但是最为困难的是分不清哪些是合规问题,哪些是合法问题。对于合法问题,动动手指互联网都能查到,但是对于合规问题,必须要问企业,如果没有明确的指引,踩了红线而不自知,一旦发生合规风险,不仅影响企业,还有可能会引火上身。

当然除作为红线的合规指引外,企业还需要设置有相应的惩奖、举报等纪律规定。

## 四、形成日志

在成功查杀病毒、为系统打好补丁后,需要把前面的所有工作进行整理和汇总,以便按需检查,这样可以成为后续更新合规指引的重要依据。与合规一样,包括义务库、具体管理规定和办法在内的所有文件经过修订后也可以整合为企业合规手册。

为了实现企业合规手册的价值,必须要组织全体员工进行学习,有必要的可以设置学习考核办法,所以相应办法的制定除遵守法律法规外,还需要具备合理性,企业和员工之间必须互相尊重,手册的制定和执行必须让员工感受到这不仅可以让公司避免合规风险,也可以让自己在未来的工作中清楚地知道自己行为的规范和边界,更有安全感。同时,企业合规手册可以以白皮书的形式公开到企业的官网、公众号等宣传平台,这对提升企业形象也有着积极意义。

## 五、定期更新和复查

通常来说,杀毒软件对于系统来说并非一次性的工作,而是提供持久长效的保护,所以离不开定期的软件更新和复查。

任何管理制度想要在企业内完美运行都需要一定的磨合期,要尽量避免出现制度与实操分离的现象,一旦发现制度中存在不合理或者脱离实际的地方,一定要及时调整,在让员工有规可依的同时,更要执行得顺畅、舒服。同时,这个步骤也是小微企业在合规过程中必不可少的,只有定期复查合规制度的执行情况以及及时更新合规义务库,才能让老板切实看到企业在合规制度下所发生的改变,前面埋下的"种子"才有生根发芽的可能。

定期更新和复查可执行的手段多种多样,最为主要的就是根据实际情况制定复盘计划,复盘包括两个思路,一个是从成功的合规管理执行中萃取经验,另一个则是从失败的合规管理中找到教训、反思提升。

一次有效的合规复盘中应该包括以下几个关键要素:

1. 执行合规管理规定的情况

举个简单的例子,企业合规手册中对请客户吃饭作出了具体的规定,某位销售人员在实际执行中发现,企业合规手册中仅简单规定了禁止在某些高端场所宴客、金额范围、禁止黄赌毒、禁止变相支付财物,并没有对客户身份、宴客时间点进行规定,也没有设置突发情况的报告办法,那是否会存在招投标期间这样敏感的时间节点宴客会产生的法律风险?

正如上述例子一样,只要是在工作过程中依规执行合规管理规定的员工,都可以向企业反映他们的看法和遇到的问题,通过对这些执行情况的汇总,可以很好地了解和掌握合规制度设立以来的执行情况,也便于后续的结果分析。

2. 结果评估

结果评估的核心在于,将执行情况与企业合规目标之间进行关系对比。如果执行情况达成了合规目标,那么接下来的复盘就要紧密围绕"从成功的合规管理执行中萃取经验"来展开;如果执行情况未达到合规目标,则复盘的核心点就要围绕“找到教训、反思提升”来进行。

3. 原因分析

原因分析需要合理地将主客观因素相结合,不能孤立来看。例如,针对员工因未遵守企业合规管理规定而受到相应的处分,通过平等对话等合理形式究其原因,是因为自己工作上的疏忽,还是因为相关培训做得不到位,抑或规则本身制定得就不合理。只有在清楚了解各种因素之后,才能对症下药。并且要注意对于原因分析,千万不可“一刀切”地将“犯错”员工写的报告、检查作为分析的主要样本,若是如此,无论是员工还是老板都容易形成惰性思维,整个复盘工作将毫无意义。

4. 寻找规律

这是整个复盘中最为重要的一个步骤,是对合规管理规定进行调整的重要依据。合规工作放在实际操作中其实是一种重复发生的单点事件的组合,在进行规律寻找的时候可以考虑把它们总结为清单。例如针对采购交易的具体合规管理规定中,可以根据企业采购的具体操作流程,如对于费用申请、客户来源、合同订立、交付验收、付款审核等多个环节,有针对性地设置合规检查点,这些检查点的组合最终形成企业在采购方面的合规管理清单。

当然,针对不同的企业部门和不同的需求,可以通过不同的理论方法来寻找其合规管理的规律,只有精准把握这些规律,才能将合规管理工作科学化、简便化,实现其最优价值。

5. 迭代更新

当经历了上述四个步骤后,此次复盘的数据收集工作就算基本结束了,企业或者其合规团队需要坐下来,根据复盘数据进行新的合规设计。

但是,并不是对复盘数据中所反映出来的全部问题都要设计新的解决方案,解决这些问题的主要手段包括打补丁和升级。显然,打补丁的工作是针对确实存在的漏洞来进行的,同时在添加新规则、新办法的时候也要注意前后逻辑的统一;而升级的工作是针对现有制度中所存在的问题来进行的。无论是哪一种方案,经过迭代更新后的新的合规管理制度尽量征求全体员工的意见,尤其是提出问题的员工的意见。

企业合规管理制度义务库中的内容是不能改变的，但是具体管理制度是灵活的，这些制度与员工行为之间应该保持动态、和谐的关系，才能更好地将企业合规融入员工的日常工作中，才能更好地帮助企业建立合规文化，这就是复盘工作带来的好处。

## 第二节　已经涉嫌犯罪之企业合规建设

对于已经涉嫌犯罪之企业的合规管理体系构建，相较于一般企业的事前构建合规体系而言，最大的区别就是我们应当从企业的犯罪原因入手，以点带面地全面审查企业运营中面临的风险，既要解决已经出现的重点风险，又要注意排查隐藏式风险，在避免企业再犯罪的同时，还需要构建企业可持续发展的合规模式。下面展示的是笔者在某一起“生产、销售伪劣产品案”中关于犯罪原因及风险排查的报告：

### 犯罪成因分析及风险点诊断

**一、犯罪成因分析**

我所合规团队接到委托后，于2022年8月4日到××人民检察院进行阅卷，于8月5日进行内部会议讨论，针对阅卷中了解的情况及相似案件中提炼出的共性问题，有针对性地设计了后续对C公司的尽调方案，同时，为了尽快全面了解企业在此次案件中所涉及的重点环节，在保证质量的前提下提高尽调速度，合规团队在与企业初步联系后，制作了需要企业提供的材料清单（见表1）。合规团队于8月6日对企业进行了第一次实地走访尽调，根据尽调情况制作了初次尽调报告，于8月29日进行了第二次走访调研，进一步调整了初次尽调报告中的相关内容，于9月8日进行了第三次走访调研，进一步细化了合规整改方案。

**表1 事先需要企业提供的材料**

| 所属板块 | 序号 | 材料名称 |
| --- | --- | --- |
| 原材料环节 | 1 | 供应商入库要求、准则 |
| | 2 | 供应商企业名称 |
| | 3 | 供应商企业资质、证书 |
| | 4 | 原材料采购合同、单据 |
| | 5 | 原材料合格证单据(抽样3份) |
| | 6 | 原材料采购决策人员名单、职务 |
| | 7 | 原材料检验标准文件(国标、省标、厂标) |
| 生产环节 | 8 | 每道工序生产责任人名单、职务 |
| | 9 | 成品入库单(抽样3份) |
| | 10 | 过程检验标准文件(国标、省标、厂标) |
| | 11 | 成品检验标准文件(国标、省标、厂标) |
| 运输环节 | 12 | 物流公司名录 |
| | 13 | 物流服务合同 |
| | 14 | 物流交接单据(抽样3份) |
| | 15 | 成品出库单(抽样3份) |
| | 16 | 客户交接单(抽样3份) |
| 销售环节 | 17 | 客户订单初始单据(抽样3份) |
| | 18 | 销售合同、票据(抽样3份) |
| | 19 | 销售人员、主管人员名单、职务 |
| | 20 | 主要客户企业名称 |
| 公司环节 | 21 | 企业组织架构图 |
| | 22 | 生产经营资质,包括生产许可、3C证书以及标准化证书等 |
| | 23 | 各领导层职位人员名单(部门主管以上)、负责事项、部门 |
| | 24 | 员工劳动合同(抽样3份) |
| | 25 | 企业在册员工人数、名单、缴纳社保情况 |
| | 26 | 公司章程 |
| | 27 | 企业营收、成本情况说明 |

续表

| 所属板块 | 序号 | 材料名称 |
| --- | --- | --- |
| 公司环节 | 28 | 直接责任人员去向说明(加盖公章) |
| 财务部门 | 29 | 未售出产品处理去向 |
| | 30 | 未售出产品处理的费用结转情况、单据 |
| | 31 | 财务人员、领导名单、职务 |

通过查阅案卷、实地走访企业的各个生产线及检测室、访谈企业的各职能部门负责人及主要岗位的职员等调研工作查明C公司涉嫌“生产、销售伪劣产品罪”主要有以下几点原因:

(一)单位的奖惩制度不合理

C公司设置的奖惩制度为“以铜的剩余量判断优劣”,即作为车间的工作人员,对于自己负责的电缆产品,最终作为原材料的铜如果有剩余则可申请领取奖励,奖金与剩余量成正比,剩余越多奖励则越多,反之,如果原料不够要扣除奖金。此政策的出发点原本是为了鼓励员工节约用量,控制生产成本,但是该政策在实际落实中带来了许多潜在危害,如发生工人为了赚取奖金,故意偷工减料的事件。

(二)企业员工法律意识淡薄

目前来看,最主要的犯罪原因就是企业的车间主任为了赚取企业奖金故意指使操作工人偷工减料,并指使质检人员漏检、错检,最终导致电缆品质不达标却流入市场。而质检人员也没有思考法律风险,只是听取车间主任的意思放任风险的存在,最终导致其触犯法律规定,发生刑事法律风险,造成了企业利益的较大损失,也对社会的安全构成了较大的威胁。

(三)企业内部缺乏有力的监管制度

车间主任权利过大,缺乏相应的监督制约机制,车间主任能自行通过降低产品质量,决定以放低检测标准的方式生产电缆产品,企业对质量把控要求不够,该岗位负责人受到的实际制约有限,缺乏有效监管。

## 二、运营概况及刑事风险点诊断

通过查阅案卷、实地走访企业的各个生产线及检测室、访谈企业的各职能部门负责人及主要岗位的职员等调研工作，查明C公司目前已经存在及可能存在的风险点有以下几个层面（见表2）：

**表2　企业风险点概括性展示**

| 相应环节 | 列举 | 风险判断 | 备注 |
| --- | --- | --- | --- |
| **原材料环节** | 供应商遴选 | √ | 供应商名录清晰，试样合格采购 |
| | 原材料检验 | × | **存在问题**：未形成监督机制<br>**解决方案**：抽检、交叉检测 |
| | 原材料入库 | √ | 有合格证方能入库且存在抽检 |
| **销售环节** | 主要客户情况 | √ | 均来源于规范招投标程序 |
| | 销售合同 | √ | 对产品的要求较为清晰 |
| | 出库票据 | √ | 合格文件清晰、编号可溯源 |
| **生产环节** | 设备状态 | × | **存在问题**：设备检修周期较长<br>**解决方案**：建议定期检测更新 |
| | 工序责任人设置 | × | **存在问题**：权力过大，缺乏监督<br>**解决方案**：合规专员抽检，落实逢字必签，责任到人 |
| | 工序流转交接 | √ | 流转台账清晰、可溯源 |
| **检测环节** | 检测设备 | × | **存在问题**：设备检修周期较长<br>**解决方案**：建议定期检测更新 |
| | 检测标准 | × | **存在问题**：规范具有滞后性<br>**解决方案**：按照国家及行业标准修订 |
| | 过程检测、成品检测 | × | **存在问题**：质检人员之间缺乏有效的制约机制、巡检落实不到位<br>**解决方案**：加强交叉巡检、合规抽检 |
| | 产品召回制度 | × | **存在问题**：召回规范不明确<br>**解决方案**：制定明确的规章制度 |
| | 检验报告 | √ | 记载内容清晰、主体明确 |

续表

| 相应环节 | 列举 | 风险判断 | 备注 |
|---|---|---|---|
| **检测环节** | 合格证 | √ | 检测主体清晰、可实现溯源 |
| | 不合格产品处理 | × | **存在问题**:规范不清晰<br>**解决方案**:制定规范性文件、限制入库、判断报废或返厂处理 |
| **仓储环节** | 入库单接收 | √ | 检验员检验合格并经报关员审核入库 |
| | 原材料、成品仓库 | × | **存在问题**:未设置专门的仓库<br>**解决方案**:设置专门仓库,条件有限的划定功能区做好区分 |
| | 仓储情况 | × | **存在问题**:产品摆放较为混乱;存在产品未及时报废<br>**解决方案**:严格实施仓储制度,超3个月产品应当入库;待报废产品及时做好报废处理计划 |
| | 长期库存产品处理 | × | **存在问题**:界定年限不清晰,未设立复检制度<br>**解决方案**:超过1年的库存产品发货前严格实行二次检测 |
| **物流环节** | 物流公司情况 | √ | 分为自有车队和委托第三方公司运输 |
| | 出库产品交付过程 | √ | 出库时有专职人员检查并签字 |
| | 在途货物风险承担 | √ | 目前已签订运输协议约定风险承担 |
| **公司自身** | 公司组织架构 | × | **存在问题**:未设立合规职能部门<br>**解决方案**:建议设立合规部或合规专员 |
| | 公司章程 | × | **存在问题**:未体现合规精神<br>**解决方案**:修改公司章程并工商登记 |
| | 直接责任人去向 | √ | 目前已作罚款、辞退处理 |
| | 生产质量奖惩制度 | × | **存在问题**:奖惩制度不合理<br>**解决方案**:修改奖惩制度,以合格率作为评价标准 |
| | 合规文化传递 | × | **存在问题**:企业合规文化宣传不足<br>**解决方案**:加强培训;设置合规文化角 |

(一)原材料环节

合规服务人通过对原材料环节中的供应商遴选、供应商合同、原材料运输、原材料检验、原材料入库等步骤进行了尽职调查。据了解,C 公司的原材料全部都是向外采购的,C 公司设置了专门的**“采购商企业库清单”**,即在原材料采购之前,C 公司会从数个供应商里选任资质、规模等符合要求的企业,并与之签订采购合同,C 公司对于原材料的质量会经过双重筛查,首先,要求供应商提供检验合格证明;其次,收货时要根据相关的国家标准、行业标准等再进行自测,在检测之后才会确认收货。

整体来看,C 公司在原材料环节的风险较低,也可实现溯源。**目前,风险主要集中在原材料检验流程及主体层面,在对原材料检验过程中检测主体比较单一,无交叉巡检制度及抽检制度,缺乏一定的监督、制约机制。**

(二)生产环节

在 C 公司生产负责人的陪同下,合规团队走访、探查了低压车间电缆生产的整个流程,充分了解了正常生产流程中包括拉丝、绞丝、导体、绝缘、多芯成缆、内衬层、铠装、护套等多个步骤,发现存在以下几个问题:

1. 生产设备缺乏定期检修

合规团队还检查了上述步骤中使用到的机器设备,着重对设备老化、设备更新、设备维护进行了调查,发现 C 公司会对设备进行定期的更新淘汰,但是对设备的维护缺乏关注,**一般都是在设备出现故障后才会维修,缺乏事先的定期维护。**因而从维护层面而言,合规团队认为在员工规范操作的情况下,设备有出现隐蔽故障的可能,导致产品存在质量问题,存在一定的风险。

2. 车间责任人权利过大缺乏监督

在工序责任人的设置上,虽然 C 公司对每道工序都设置班组,但是仍由车间主任负责工序的人员安排及生产,**在此步骤上,合规团队认为车间主任权利过大,容易出现车间主任下达违规指令,诱发伪劣产品生产的刑事风险。**

（三）检测环节

1. 检测设备缺乏定期维护

通过对检验环节中的检测设备、检测标准、检测步骤（工序、半成品、成品）、检验报告、合格证等步骤的尽职调查，合规团队发现，C公司在检测设备的更新、维护上缺乏规范，基本是等到设备出现故障了才会进行维修，没有主动定期维护，存在一定的刑事风险。

2. 规范性文件缺乏时效性、可操作性

就检测标准而言，C公司制定并颁布了《过程检验规范》《成品检验规范》《验证/检验规程》，但均为2020年的版本，缺乏时效性，与现行的国家标准及行业要求存在一定的差距，规范性标准较低，可操作性较弱，风险较高。建议C公司**应当根据现在的国家标准、行业规范，结合企业实际情况修订、制作2022年的检验标准和设备维护规范。**

3. 检测流程和主体不够规范

在检测的步骤上我们调查了工序、半成品、成品的检测流程，合规团队发现：在工序检测中，C公司采取的是巡检，巡检时主要是通过肉眼目测、辅助千分尺、螺旋测微器等工具进行检测，辅助工具主要是用于测量半成品的直径，未形成书面的确认文件。**因而，工序的检测环节存在以下风险：第一，检测程序不够严谨；第二，检测标准较低，质量风险仍然存在；第三，检测主体比较单一，缺乏制约；第四，缺乏严格的巡检规范。**

同时，结合实地调研询问发现，C公司的巡检过程并无严格要求，检测完全由内部的同一检测专员完成，无他人监督，也无第三方检测机构检测，检测员工做较多的时候可能出现漏检，**此步骤中缺乏严格的巡检规范。**在半成品和成品的检测中，C公司主要有两种检测方式，一种为例行试验，另一种为抽检。第一次抽检不合格，第二次会采取双倍试样再次检验，仍不合格时则100%试验。但**检测主体较为单一，缺乏监督、制约机制，存在弄虚作假的风险。**

(四)仓储环节

在仓储环节的尽职调查过程中,我们着重走访仓储场所、调研了出入库流程、检查了出入库的文件、问询了产品库存时间和长期库存产品处理的情况。调查后发现,C公司在入库单接收上缺少规范的入库单,也没有规范的入库流程。C公司未设置专业的相对封闭的仓储库,而是划定的露天储存区域(见图1),虽然长期库存的产品超过一定的年限之后C公司会采取报废的做法,但露天储存无疑加剧了电缆的老化程度,尤其存储时间较长的产品会造成直接的质量风险。

图1 C公司露天储存状况

**对此,合规服务人员建议:首先,C公司应当设置专业的仓储库,仓储库应当是封闭的,能够有效避免风吹日晒,防止电缆老化。对存放在室外的产品进行二次检测,将合格的产品放入仓储库,对不合格的产品予以报废处理。目前,C公司在合规人员的建议下已经调整了原有厂房结构,设置了专业的仓储库,并对储存规范做了细化。**

**其次,C公司需要规范入库流程,产品入库应当由专人接收,接收时必须核查是否附有检测合格证,没有不得入库。**

(五)销售环节

结合对销售环节中的主要客户情况、招投标情况、销售合同、出库票据等步骤进行的尽职调查，其主要客户为中国铁路成都局集团有限公司、无锡融创城市建设有限公司、国电电力山东新能源开发有限公司、国网江苏省电力公司苏州供电公司、合肥东明电力有限责任公司等，上述公司均来源于规范招投标程序。销售合同的拟定、签订上也较为规范。合规团队查看了出库票据，整体比较规范。

整体来看，C公司的销售环节存在的**风险较低**。但是出库时C公司**一般不再检查封帽设备，容易发生交货后质量风险无法划分的情况，建议出库时，管理员加强对封帽设备的检查，由第三方确认签字后再行交付，以便划分交付后的风险责任。**

（六）物流环节

在物流环节中，我们对物流公司情况、物流合同、出库产品交付过程、在途货物风险承担等步骤进行了调查，调查后发现C公司主要有两类物流运输方式：一类为委托第三方公司物流运输团队进行货物运送；另一类为公司内部的自有车队进行运输。第三方物流公司主要为永川物流和联程物流，目前通过运输协议的约定“运输中由物流公司负责货物的安全质量”。出库产品的交付过程中也有出库员工的签字。**因此，物流环节存在的风险较低。**

（七）产品召回环节

对不合格产品的召回措施中，C公司没有相关的规范性管理制度。一般都是发生具体案件，质检部门要求企业召回，企业才会被动地召回。合规人员认为，生产中因为设备、人员、材料等因素的影响，存在一定概率的不合格产品，但是对不合格产品一定要树立相应的处理机制，该报废报废、该返工返工。**对于召回风险存在的规范不明确，落实不到位。**合规服务人员建议**建立不合格产品召回管理制度，形成规范性的文件，让职能部门的人有章可依，并且一定要将召回措施落到实处，具体到人员，并形成召回台账。**

（八）组织架构探析

合规团队介入之初，C公司的组织架构比较简单，主要经营决策权掌握在总经理的手中，其他的职能部门统一受总经理的领导。

合规团队对公司组织架构、公司资质情况、合规部门的设置、直接责任人的去向与合规文化的传递进行了调查。从企业的组织架构层面而言，主要的职能部门规划时重在销售、生产等层面，**缺乏专业的合规部门，导致企业无法及时地识别、跟踪、处理生产经营者面临的刑事犯罪风险，对刑事风险持放任状态。**

（九）缺乏风险防范报告机制

目前在整个C公司运营的过程中，其并未设立刑事风险防范报告机制，因而员工即便发现可能发生刑事法律风险，也是听之任之，主观上缺乏报告的意识，客观上缺乏报告的途径，导致刑事犯罪风险无限扩大，无法及时有效的拦截。究其原因，除了企业内部缺乏合规氛围，员工本身缺乏合规意识，更重要的原因就是未设立清晰且行之有效的风险报告机制。

（十）企业文化探析

通过尽职调查发现C公司企业文化建设仍有欠缺，企业内部的章程中没有体现合规的要求，未设立合规部门，缺乏合规的规范性文件，也未形成定期的合规培训，员工合规意识较为淡薄。在合规团队的指导下，目前该企业合规意愿强烈，合规条件良好，但是对于企业文化宣传上面欠缺经验，缺乏体系性及可操作性。因此合规团队建议在后续合规进程中，需要更注重企业合规文化的培养与营造，形成自上而下的全员合规意识。

在经过充分地合规风险排查后，可以针对相应的风险作出具有专项性特点的合规体系构建，具体而言如下述目录所示（页码为我团队办理案件报告之真实页码），完整的合规方案应当含有以下层面：

## 目　　录

根据目前笔者处理的合规案件经验来看,一个有效的合规管理体系应当包含以下三个层面(见图2-3-1)。

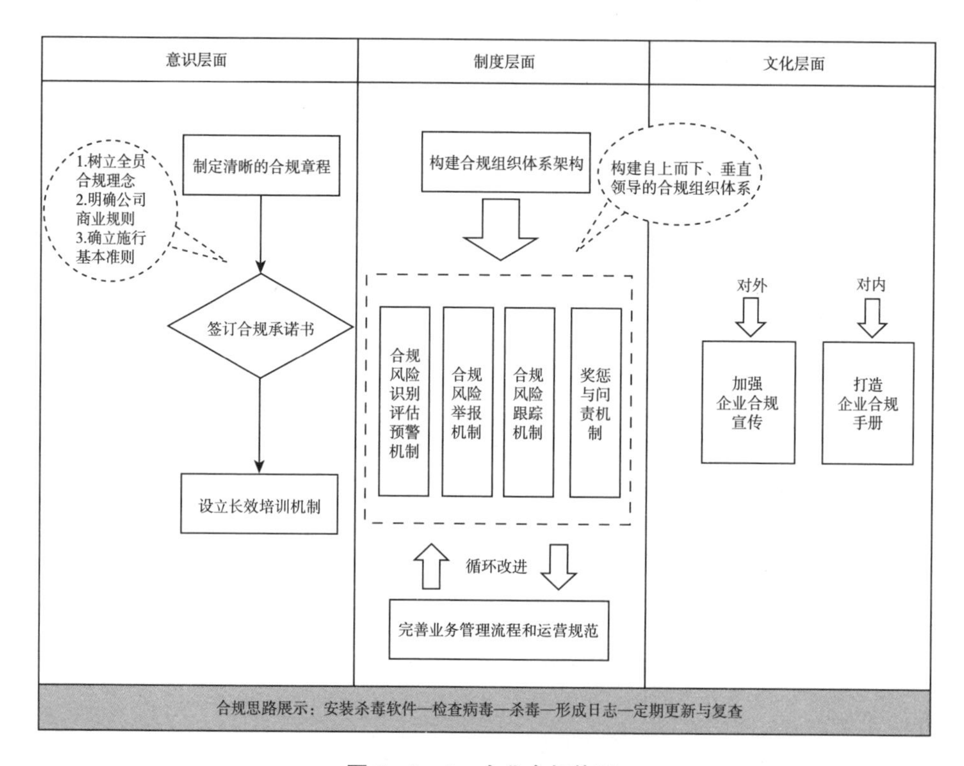


**图2-3-1 企业合规体系**

**首先,意识层面。**

目前从涉案企业的情况来看,犯罪成因分析中的共性问题都存在:员工的法律意识淡薄,而整个企业本身缺乏合规意识问题,为了全面提升企业内部的合规意识,涉案企业可以从以下层面进行整改:

1. 修改公司章程,在章程中明确设置合规的相关条款,表达公司自上而下的合规意愿。

2. 签署合规承诺书,如何有效地践行合规的意愿,应当坚持从高层做起的原则，企业的管理层应当签署合规承诺书，表明自己的合规意愿。

3. 坚持长效培训机制，培训方式可以是多元化的，包括线上、线下相结合的方式；培训的主体则应当是企业内部与外部相结合的途径；从培训的对象角度而言，应当包括全员培训、重点职能部门的重点人员培训、普通的员工培训。

**其次，制度层面。**

1. 调整公司的组织架构，结合企业的具体情况设置合规部或合规专员，并需要制定合规章程，让合规成员有据可依，针对合规专员的具体职责需要进行详细分工，沉入企业的运营当中，防止虚设。

2. 完善业务管理流程，完善运营规范。以产品质量案件为例，需要采取更为多元化的检验模式，同时更新和细化《过程检验规范》《成品检验规范》《验证/检验规程》的内容，确保紧跟或超越行业的步伐。严格规范成品仓库，设置专业的仓储库，并对储存规范作出细化，做到原则上成品都应当入库。

为了更为便捷有效的处理仓储事宜，公司可将合规制度及规则融入企业资源规划（ERP）系统，做到所有的原材料入库、车间取料、成品入库、出库销售等都存留有记录。实现问题产品可溯源。

3. 完善奖惩机制，结合企业实际情况制定具体有效之奖惩办法，启动合理高效的质量评价体系。

4. 设置风险举报及跟踪机制。公司承诺采取匿名与实名举报并行、线上与线下共存的举报模式。并在奖惩办法中有所体现，对于经核实的举报线索，给予相应数额的奖励。

一个有效的风险应对系统，除了能快速、准确的识别风险，同时应具备及时有效应对风险的处理机制。发生重大合规风险时，应当由合规管理部门牵头组织应对，其他相关部门协同配合，及时进行内部调查明确责任，尽快处理违规员工、尽快发现合规漏洞并进行整改、积极配合调查，必要时进行报告披露，争取获取可能的合作奖励，尽量获得宽大的行政处理或刑事处理，将惩戒、损失和不利影响降到最低。

**最后，文化层面。**

1. 公司在合规整改期间,公司可以在文化宣传栏中设置了企业合规的专属宣传板块,通过张贴管理层给全体员工、股东以及合作伙伴的信件内容,彰显企业坚定走企业合规之路的决心,通过定期更新合规风险提示,对全体员工日常工作行为进行指引。公司也应当根据各合规专员收到的反馈信息针对合规进化进行不断调整,逐步让合规思维和理念融入每一位员工的行为中。

2. 修改员工手册。在原有的员工手册中加入合规元素及关于合规的奖惩机制,以期让每一个员工都能感受到企业的合规意愿,并从被动合规转化为主动合规。最终达到全员合规的目的。

涉案企业合规的本质在于“一条主线,两个核心”。“一条主线”是指建立“构建现代化公司治理体系”,这条主线是贯彻企业合规整个过程的;“两个核心”是指,一是现有和预期合规风险的有效排查;二是围绕前期排查出的合规风险点制定具有防范、应对、监控、评价体系的内控机制。从概括性上看,“两个核心”因企业不同、涉案情况不同,难以有归纳同一性,但在“一条主线”,基于管理学的规律,可以有所归纳,形成合规建设、整改的总则。

(1)修改公司章程,企业高层作合规承诺。类比法律体系,公司章程是公司的宪法,企业开展合规建设、整改,需要在宪法中体现合规要素。企业合规是一个自上而下的过程,需要企业治理层和管理层的肯定和支持,企业管理层需要对本次合规改造作出郑重承诺。

(2)设立合规部门,制定企业内部合规章程。设立合规部门是开展企业合规的重要标志,也是企业合规可以运行的心脏。类比法律体系,合规章程是刑法总则(各项内控可以视为刑法分则),合规章程是合规部门最重要的内控,包括规定合规具体职责、资源能力配置、合规培训及文化、独立性和一票否决权、持续推进合规的方法,等等。

(3)企业全员参与合规。要实现企业合规的“一条主线,两个核心”,离不开企业全体员工的参与与努力,只有全体员工参与合规才是实质性的合规。

# 第三节 ESG与一般企业的事前合规体系建设

事前合规主要针对的是尚未涉案的企业,主动进行合规,希望通过构建有效的合规体系达到预先规避法律风险的目的,而对于目前事前合规的启动率比事后合规的启动率要低,究其原因在于企业利益追求与规范之间的价值权衡,目前愿意主动进行合规的企业一般都是规模较大的企业,例如一些上市企业、拟上市企业等,规模较小愿意合规的更多的是由企业的负责人对法律的认知程度决定的。对于ESG的披露目前也主要针对的是上市公司等较大型的企业,对于中小企业而言采取鼓励制。就事前合规而言,团队主要的服务的案例包括产品合规、建筑工程领域的合规、医疗行业的反商业贿赂合规、环境污染类合规、数据类合规、知识产权类合规等。而需要注意的是,事前合规通常是从刑事合规专项入手,但是在尽职调查的过程中通常也会排查出行政合规风险及民事合规风险。下面笔者将简单地列举一些团队办理的案例供读者参考。

## 一、产品合规

团队之前接到了一家在苏州经济实力较强的集团(以下简称B集团)邀请,为他们起草一份关于产品合规的计划。

接触之初,B集团只是给了一份"磷虾油"产品的宣传App,要我们在此基础上为他们的企业做一份产品的合规计划,了解之后才知道,B集团的董事长同时找了三家律所对合规团队的专业进行比较,让我们同时查阅集团提供的PPT提交具体方案,对比之下他们会选择其中的一家进行合作。与此前其他的合规案例不同,我们在此案中没有充分的时间作尽职调查,经过与团队商量后,我们主要利用网络平台收集资料进行尽职调查,再充分地研究其提交给我们的PPT,以提出问题的方式来解决问题,而提出问题的具体思路遵循**"生产环节—宣传环节—销售环节"**的基本思路对产品风险进行排查。

经过网络上的调查我们发现，**问题**一：从工商登记的信息来看，该企业的经营范围非常的广泛，既含有保健食品，又含有化妆品，还涉及衣服、鞋帽、食用油等，而除少有的几个产品外，其他都是由第三方代加工。那么第一个映入脑海的问题就是第三方是否有相应的资质，是否存在特定的风险，需要作更为详细的调查。**问题**二，调查中我们发现该企业因为跨地域直销被某省认定为传销进行过处罚。**问题**三，在PPT的宣传中存在大量的夸大性宣传用语，例如“国家级”“第一”“最强”等用语。结合上述存在的问题，我们首先为B集团制定了一个关于“磷虾油”的初步合规计划，具体如下：

## B集团南极磷虾油产品的合规问题框架书

### 一、产品定性及质量合规

1. 定性

根据国家卫生健康委于2013年发布的第16号公告，批准磷虾油成为新食品原料，以及相关质量要求。故将磷虾油作为食品原料进行产品生产是被允许的。但是，由于市场上“南极磷虾油保健品”被包装为“全能”食品的乱象横生，原国家食品药品监督管理总局在2015年11月19日发出消费提示，表示磷虾油不是保健食品，且原食品药品监督管理总局未批准过含磷虾油原料的保健食品。

所以宣传时不得出现“保健品”字样，以防止出现欺诈类型的案件。

2. 转型、升级

2016年国家食品药品监督管理总局发布了《保健食品注册与备案管理办法》，根据该办法第二章的相关规定，只要符合注册条件的，可以申请注册为保健食品。并且通过在国家市场监督管理总局官方平台查询获知，目前国内已经有4家企业获得了磷虾油相关保健食品的注册批文。具体如下：

(1)产品名称：道姆牌磷虾油软胶囊

申请人中文名称：山东科芮尔生物制品有限公司

◎批准文号：国食健注G20190364

(2)产品名称：倍奕磷虾油软胶囊

申请人中文名称：中卫国远(北京)生物技术有限公司

◎批准文号：国食健注 G20190450

(3)产品名称：培根牌磷虾油软胶囊

申请人中文名称：泰和泰来(北京)文化传播有限公司

◎批准文号：国食健注 G20190300

(4)产品名称：辽渔牌磷虾油紫苏籽油软胶囊

申请人中文名称：辽渔集团有限公司

◎批准文号：国食健注 G20200349

所以,B 集团可以根据相关文件转型升级,通过合法合规的方式将产品升级为保健食品。

3. 质量合规

需注意产品在生产时必须严格符合食品、保健品的安全标准,目前根据《关于发布保健食品中可能非法添加的物质名单(第一批)的通知》(食药监办保化〔2012〕33号)可知,在保健类的产品中,有一些成分属于明确禁止添加的,具体如下:

**保健食品中可能非法添加的物质名单(第一批)**

| 序号 | 保健功能 | 可能非法添加物质名称 | 检测依据 |
| --- | --- | --- | --- |
| 1 | 声称减肥功能产品 | 西布曲明、麻黄碱、芬氟拉明 | 国家食品药品监督管理局药品检验补充检验方法和检验项目批准件 2006004 |
| 2 | 声称辅助降血糖(调节血糖)功能产品 | 甲苯磺丁脲、格列苯脲、格列齐特、格列吡嗪、格列喹酮、格列美脲、马来酸罗格列酮、瑞格列奈、盐酸吡格列酮、盐酸二甲双胍、盐酸苯乙双胍 | 国家食品药品监督管理局药品检验补充检验方法和检验项目批准件 2009029 |
| 3 | 声称缓解体力疲劳(抗疲劳)功能产品 | 那红地那非、红地那非、伐地那非、羟基豪莫西地那非、西地那非、豪莫西地那非、氨基他打拉非、他达拉非、硫代艾地那非、伪伐地那非和那莫西地那非等 PDE5 型(磷酸二酯酶 5 型)抑制剂 | 国家食品药品监督管理局药品检验补充检验方法和检验项目批准件 2008016、2009030 |

| 序号 | 保健功能 | 可能非法添加物质名称 | 检测依据 |
| --- | --- | --- | --- |
| 4 | 声称增强免疫力(调节免疫)功能产品 | 那红地那非、红地那非、伐地那非、羟基豪莫西地那非、西地那非、豪莫西地那非、氨基他打拉非、他达拉非、硫代艾地那非、伪伐地那非和那莫西地那非等PDE5型(磷酸二酯酶5型)抑制剂 | 国家食品药品监督管理局药品检验补充检验方法和检验项目批准件2008016、2009030 |
| 5 | 声称改善睡眠功能产品 | 地西泮、硝西泮、氯硝西泮、氯氮卓、奥沙西泮、马来酸咪哒唑仑、劳拉西泮、艾司唑仑、阿普唑仑、三唑仑、巴比妥、苯巴比妥、异戊巴比妥、司可巴比妥、氯美扎酮 | 国家食品药品监督管理局药品检验补充检验方法和检验项目批准件2009024 |
| 6 | 声称辅助降血压(调节血脂)功能产品 | 阿替洛尔、盐酸可乐定、氢氯噻嗪、卡托普利、哌唑嗪、利血平、硝苯地平 | 国家食品药品监督管理局药品检验补充检验方法和检验项目批准件2009032 |

因而,产品质量本身把关非常严格,一旦失控极有可能触犯《刑法》第一百四十四条[**生产、销售有毒、有害食品罪**]:"在生产、销售的食品中掺入有毒、有害的非食品原料的,或者销售明知掺有有毒、有害的非食品原料的食品的,处五年以下有期徒刑,并处罚金;对人体健康造成严重危害或者有其他严重情节的,处五年以上十年以下有期徒刑,并处罚金;致人死亡或者有其他特别严重情节的,依照本法第一百四十一条的规定处罚。"

根据《最高人民法院、最高人民检察院关于办理危害食品安全刑事案件适用法律若干问题的解释》第九条:"在食品加工、销售、运输、贮存等过程中,掺入了有毒、有害的非食品原料,或者使用有毒、有害的非食品原料加工食品的,依照刑法第一百四十四条的规定以生产、销售有毒、有害食品罪定罪处罚。在食用农产品种植、养殖、销售、运输、贮存等过程中,使用禁用农药、兽药等禁用物质或者其他有毒、有害物质的,适用前款的规定定罪处罚。在保健食品或者其他食品中非法添加国家禁用药物等有毒、有害物质的,适用第一款的规定定罪处罚。"

4. 标识合规

因该产品配方含有磷虾油，磷虾油系新食品原料成分。原国家卫生和计划生育委员会《关于批准显齿蛇葡萄叶等3种新食品原料的公告》批准磷虾油为新食品原料，生产经营上述食品应当符合有关法律、法规、标准规定。磷虾油食用量≤3克/天；其他需要说明的情况：(1)婴幼儿、孕妇、哺乳期妇女及海鲜过敏者不宜食用，标签、说明书中应当标注不适宜人群。(2)卫生安全指标应当符合我国相关标准。

民事责任之案例检索：

[(2015)杨民一(民)初字第8755号]

首先，该案中，系争产品配料表中包含磷虾油，根据原国家卫生和计划生育委员会发布的2013年第10号公告规定，磷虾油为新食品原料，在标签说明中应当标注婴幼儿、孕妇、哺乳期妇女及海鲜过敏者这些不适宜人群，但原告购买的系争产品中并未进行相关标注，违反了食品安全标准的法律规定，属于不符合食品安全标准的产品。其次，关于被告是否“明知”。原国家卫生和计划生育委员会发布的2013年第10号公告已经于2013年12月向社会公布，被告应当知晓，被告作为经营者有义务注意商品的各项标识、标签，然而被告未尽到食品经营者应履行的注意义务，应视为销售明知是不符合食品安全标准的食品，故法院认定被告的销售行为系“明知”不可销售而为之。综上，该案符合适用10倍赔偿的条件。依据该案买卖合同关系及实际情况，原告要求将系争产品退还给被告并由被告退还原告相应货款，法院予以确认。

## 二、广告宣传合规

2019年富阳市场监管局查处了一处专门针对老年人的磷虾油保健食品经营部。该批南极磷虾油并没有获市场监管总局保健食品的批文，外观上也未标注“蓝帽子”和保健食品的批准文号，而销售人员在宣传时，大肆将其渲染成能治疗疾病的神药，声称其具有治疗心血管疾病、降血糖、明目、提高关节行动能力和提高身体免疫力等众多功效。因涉嫌违反《反不正当竞争法》第八条第一款规定“经营者不得对其商品的性能、功能、质量、销售状况、用户评价、曾获荣誉等作虚假或者引人误解的商业宣传,欺骗、误导消费者”,目前该保健食品经营部已被富阳市场监管局立案调查。

在获得保健食品注册批文的前提下,对磷虾油产品的宣传应该符合《反不正当竞争法》以及《广告法》的相关规定,避免陷入虚假宣传的法律风险。

**(一)商业广告**

商业广告是指商品经营者或者服务提供者通过一定媒介和形式直接或者间接地介绍自己所推销的商品或者服务的活动。

在实践中,企业自建网站发布的简介、朋友圈发布简介、微信公众号推广、广告植入等行为若符合以上的认定规则就可能被认定为商业广告,而受到商业广告的相关法律法规的规制。

**(二)对外宣传的基本合规要求**

企业开展对外宣传能够扩大公司的知名度,提升企业知名度及企业影响力并树立良好的企业外部形象。目前没有专门的法律法规对企业开展对外宣传进行专门的规范,但企业所开展的对外宣传可能会因为构成商业广告中的违规、不正当竞争的情形而导致违反相关的法律法规。因此公司在开展对外宣传中应当遵守如下要求:

1. 应当真实、合法。

2. 不侵犯他人合法权益,如未经权利人许可不得使用他人名义、肖像、字体、图片、假冒他人商标专利等。

3. 不贬低其他生产经营者的商品、服务。

4. 不进行虚假宣传。

5. 避免违规使用宣传用语。

6. 负责对外宣传的员工,作为对外宣传合规第一道防线的守卫者,应当认真学习相关的法律法规及公司的要求,做好对外宣传的相关工作。公司的合规人员,应当加强对外宣传的合规研究,进行相关合规风险监控并加强合规审核,提供专业的合规咨询及审核意见。

(三)法律规定和注意事项

1. 发布广告内容应当遵守的规定

《广告法》第八条:“广告中对商品的性能、功能、产地、用途、质量、成分、价格、生产者、有效期限、允诺等或者对服务的内容、提供者、形式、质量、价格、允诺等有表示的,应当准确、清楚、明白。广告中表明推销的商品或者服务附带赠送的,应当明示所附带赠送商品或者服务的品种、规格、数量、期限和方式。法律、行政法规规定广告中应当明示的内容,应当显著、清晰表示。”

2. 发布广告时不得存在的情形

《广告法》第九条:“广告不得有下列情形:(一)使用或者变相使用中华人民共和国的国旗、国歌、国徽,军旗、军歌、军徽;(二)使用或者变相使用国家机关、国家机关工作人员的名义或者形象;(三)使用‘国家级’、‘最高级’、‘最佳’等用语;(四)损害国家的尊严或者利益,泄露国家秘密;(五)妨碍社会安定,损害社会公共利益;(六)危害人身、财产安全,泄露个人隐私;(七)妨碍社会公共秩序或者违背社会良好风尚;(八)含有淫秽、色情、赌博、迷信、恐怖、暴力的内容;(九)含有民族、种族、宗教、性别歧视的内容;(十)妨碍环境、自然资源或者文化遗产保护;(十一)法律、行政法规规定禁止的其他情形。”

第十八条:“保健食品广告不得含有下列内容:(一)表示功效、安全性的断言或者保证;(二)涉及疾病预防、治疗功能;(三)声称或者暗示广告商品为保障健康所必需;(四)与药品、其他保健食品进行比较;(五)利用广告代言人作推荐、证明;(六)法律、行政法规规定禁止的其他内容。保健食品广告应当显著标明‘本品不能代替药物’。”

3. 不得发布虚假广告、虚假宣传

《广告法》第四条:“广告不得含有虚假或者引人误解的内容,不得欺骗、误导消费者。广告主应当对广告内容的真实性负责。”

《广告法》第二十八条:“广告以虚假或者引人误解的内容欺骗、误导消费者的,构成虚假广告。广告有下列情形之一的为虚假广告:(一)商品或者服务不存在的;(二)商品的性能、功能、产地、用途、质量、规格、成分、价格、生产者、有效期限、销售状况、曾获荣誉等信息,或者服务的内容、提供者、形式、质量、价格、销售状况、曾获荣誉等信息,以及与商品或者服务有关的允诺等信息与实际情况不符,对购买行为有实质性影响的;(三)使用虚构、伪造或者无法验证的科研成果、统计资料、调查结果、文摘、引用语等信息作证明材料的;(四)虚构使用商品或者接受服务的效果的;(五)以虚假或者引人误解的内容欺骗、误导消费者的其他情形。"

《反不正当竞争法》第八条:"经营者不得对其商品的性能、功能、质量、销售状况、用户评价、曾获荣誉等作虚假或者引人误解的商业宣传,欺骗、误导消费者。经营者不得通过组织虚假交易等方式,帮助其他经营者进行虚假或者引人误解的商业宣传。"

(四)法律责任

1. 行政责任

根据《广告法》第五十五条、第五十七条、第五十八条、第五十九条等和《反不正当竞争法》第二十条的规定,违反《广告法》的规定,发布虚假广告或者其他广告违法行为的,可能承担以下行政处罚责任:(1)责令停止发布广告;(2)责令广告主在相应范围内消除影响;(3)没收广告费用;(4)罚款;(5)吊销营业执照;(6)撤销广告审查批准文件、一年内不受理其广告审查申请;(7)暂停广告发布业务;(8)没收违法所得;(9)由市场监督管理部门记入信用档案,并依照有关法律、行政法规规定予以公示。

2. 民事责任

根据《广告法》第五十六条、第六十八条的规定,违反《广告法》规定,发布虚假广告,欺骗、误导消费者,使购买商品或者接受服务的消费者的合法权益受到损害的,或者有侵权行为的,依法承担民事责任。

3. 刑事责任

**根据《广告法》第五十五条、《刑法》第二百二十二条的规定,违反国家规**

**定,利用广告对商品或者服务作虚假宣传,情节严重的,处2年以下有期徒刑或者拘役,并处或者单处罚金。**

**《广告法》第五十五条第四款:"广告主、广告经营者、广告发布者有本条第一款、第三款规定行为,构成犯罪的,依法追究刑事责任。"**

《刑法》第二百二十二条【虚假广告罪】:"广告主、广告经营者、广告发布者违反国家规定,利用广告对商品或者服务作虚假宣传,情节严重的,处二年以下有期徒刑或者拘役,并处或者单处罚金。"

(五)合规建议

B集团目前的宣传语节选:

血管清道夫、心脑守护神;磷脂、欧米茄-3可帮助乳化、清理、运输血管中多余的脂肪,被誉为血管清道夫、预防心脑血管疾病,是生命守护神!

不老神话的缔造者;自然界唯一能穿透血脑屏障的类胡萝卜素,自然界最强的天然抗氧化剂,具有超强的消除自由基、抗衰老的功效。

美容养颜,永葆青春;虾青素则能够显著减弱紫外线对真皮层胶原蛋白、弹力蛋白的破坏,保证了皮肤的正常代谢,帮助快速修复皱纹。

营养丰富,生物利用高;南极磷虾油中含有丰富的人体必需脂肪酸、维生素A、维生素E、类黄酮等活性物质,被誉为:营养最全、最佳的保健食品。

广告语中多处违反《广告法》的相关规定。

因而对于宣传具体的合规建议如下:

1. 公司对外广告披露信息要真实、合法,数据有来源。

2. 公司业务人员应加强学习《广告法》及相关法律法规,在对外宣传(发布企业宣传、广告宣传)时对所发布的信息进行依法核查,严格遵守相关规定。

3. 公司在发布对外宣传广告时,应加强与法律合规部门的沟通,确保所发布广告合法合规,降低因发布广告用词不恰当等原因可能发生的行政责任、民事责任及刑事责任的风险。

**三、直销合规**

通过互联网进行搜索得知,2018年B集团在湖南省涉嫌传销被查,最终认定B集团涉嫌传销。在2019年《人民日报》曝光的企业风险名单中,B集团被曝以多级分销的销售模式,涉嫌传销,监管缺失的问题。

由于国内市场中,直销模式容易带来与传销边界交叉的问题,在出现问题后B集团也进行了"去直销化",但网络中仍有许多负面舆情。

直销合规的目的在于进一步将公司原有的直销模式进行单独、规范的管理,与其他业务进行分隔,建议在公司官网原本的"直销披露"的基础上,加入销售模式合规管理体系建设。

同时,值得关注的是,重庆在全国范围内率先出台《直销行业合规经营指引》,于2021年12月30日起施行。

该指引主要围绕直销行业招募、培训、计酬、宣传、销售、售后六个环节,对重庆市直销行业经营活动作出全链条系统性经营指引,并明确规定:直销企业在招募直销员时,不得招募未满18周岁的人员;不能招募全日制在校学生以及教师、医务人员、公务员和现役军人。此外,直销企业招募经销商和直销员时,不得背离产品消费导向,以经营模式或制度诱导经销商、直销员并对收益作出保证性承诺;也不能宣扬不劳而获、一夜暴富、快速致富等。

直销行业发展至今,尽管已经从最初的鱼龙混杂到现在已经有了一定的行业自律,整体上是有序和值得肯定的,但仍存在诸多乱象,最为典型的当属传销问题,引发了不少社会问题,一直是直销行业负重前行的"负担"所在。时至今日,一些非法传销组织依旧打着直销的招牌,明目张胆地到处招摇撞骗,使得很多无法鉴别"直销"和"传销"的群众上当受骗,这不仅伤害了正当的直销行业发展,也给非法传销留下了生存空间。

直销本来的含义就是生产厂家只通过一个环节就把产品直接卖给消费者,这才叫真正意义上的"直销"。从理论上讲,这种模式减少了流转环节,降低了营销成本,其商品价格肯定是最低的。特别是在信息时代高速发展并不断完善和升级的当今,其行业前景应该是非常广阔的。该指引的出台,对进一步规范直销行业规范经营、合法经营具有重要意义,可以作为B集团进一步将直销合规化的重要参考。上述四方面的合规建议是基于目前互联网渠道查询到的B集团相关风险问题而做出的,也参考了相关行业的合规管理办法和思路。对于B集团而言,是否还具有其他更为突出的风险问题需要对企业进行风险评估后才能进一步确认。

除对此产品作了合规规划外,我们团队还以附件的方式将其他几类产品也作出了相对的合规建议,在集团参考后决定采取我们的方案,目前集团也已经委托我们团队为该企业的反商业贿赂进行专项合规。

## 二、反商业贿赂合规

目前从实践运行状况来看,反商业贿赂合规体系的构建是非常必要的领域,对于法律工作者而言这也是一个值得细耕的领域。日前,有个规模较大的医疗企业找到我们团队,表达了他们希望构建反商业贿赂体系,但是目前管理层的意识并不统一,因而要求我们出一份说服企业管理者的文书,笔者从刑事风险的分析过渡到构建后的优势,提交了报告书,现将该报告书摘录如下,供大家参考:

### 医疗行业反商业贿赂必要性报告书

2021年医疗卫生行业连续发布了包括《2021年纠正医药购销领域和医疗服务中不正之风工作要点》《全国医疗机构及其工作人员廉洁从业行动计划(2021—2024年)》《医疗机构工作人员廉洁从业九项准则》在内的多项针对医疗行业和医药领域廉洁从业和工作作风的文件,表明了国家对医疗卫生行业加强管理的决心,并且各项新规的内容和措施相较以往更加详细和具有可操作性,随着各项文件和制度的落实,对医药行业企业与医疗卫生机构和医疗机构从业人员交往的规范性要求会更高。

在医药领域如果出现商业贿赂行为将会面临众多的风险,其中包括刑事风险、行政风险及商业信誉风险。

**一、刑事风险——定罪+量刑+罚金**

(一)法条链接

**《刑法》第一百六十四条第一款规定:"为谋取不正当利益,给予公司、企业或者其他单位的工作人员以财物,数额较大的,处三年以下有期徒刑或者拘役,并处罚金;数额巨大的,处三年以上十年以下有期徒刑,并处罚金。"**

**《刑法》第一百六十四条第三款、第四款规定:单位犯前款罪的,对单位判处罚金,并对其直接负责的主管人员和其他直接责任人员,依照前款的规定处罚。行贿人在被追诉前主动交待行贿行为的,可以减轻处罚或者免除处罚。**

(二)典型案例展示

### 案例1:个人犯罪

2010年至2016年,宜春市仁某医疗器械有限公司、宜春市致某医疗器械有限公司(均已注销)在向苏州市相城人民医院、苏州市吴江区第一人民医院、张家港市第一人民医院销售欣荣博尔特等品牌**骨科耗材**的过程中,为谋取竞争优势,由其实际控制人褚某长期通过给予现金、回扣的方式分别向时任苏州市相城人民医院骨科主任史某、骨科诊疗小组组长陶某、简某、孙某、欧某,时任苏州市吴江区第一人民医院骨科主任蒋某、骨科副主任鞠某、骨科诊疗小组组长徐某甲、徐某乙、朱某,时任张家港市第一人民医院骨科主任张某、骨科副主任王某行贿,数额合计人民币1000余万元。

### 处罚结果

被告人褚某构成对非国家工作人员行贿罪,**判处有期徒刑2年,并处罚金人民币100万元**。

该案是2017年的判决,对于非国家工作人员受贿罪,在2020年12月26日通过的《刑法修正案(十一)》中将非国家工作人员受贿罪的最高刑罚提高至处

10年以上有期徒刑或者无期徒刑,并处罚金,也就意味着今后医务人员利用开处方的便利收受巨额贿赂将面临更为严厉的刑事处罚。

## 案例2:单位行贿、双罚

——既罚直接责任人,也罚单位

2005年至2019年,樊某在担任苏州市某贸易有限公司、上海某贸易有限公司、南京某医疗科技有限公司、上海某商贸有限公司(已注销)、上海某贸易商行(已注销)、上海某医疗器械销售中心六家企业实际负责人期间,为使上述企业代理的美敦力等品牌医疗耗材在苏州大学附属第一医院(以下简称苏大附一院)心内科、苏州大学附属第二医院(以下简称苏大附二院)心血管科、昆山市第一人民医院心血管内科销售过程中获得竞争优势,多次代表上述单位通过支付现金、给予超市购物卡等多种方式给予相关国家工作人员财物,共计价值人民币773.15万元。

### 处罚结果

被告单位苏州市某贸易有限公司犯单位行贿罪,判处罚金人民币180万元;被告单位上海某贸易有限公司犯单位行贿罪,判处罚金人民币50万元;被告单位南京某医疗科技有限公司犯单位行贿罪,判处罚金人民币30万元。

被告人樊某犯单位行贿罪,判处有期徒刑2年9个月,缓刑3年,并处罚金人民币80万元。

(三)刑事责任之严重性

对于直接的责任人员而言,首先,面临的是丧失人身自由,身陷囹圄;其次,背负刑事犯罪记录,再就业的空间严重受限,受到整个社会歧视;最后,影响子女就业,子女无法参加公职!就企业而言,一旦涉刑企业商誉将严重受损,员工也会丧失安全感,从而面临经营困难甚至是倒闭的风险,严重的还会直接面临被责令停产停业,甚至是被吊销营业执照的行政处罚。

（四）对“财物”的认定

根据最高人民法院、最高人民检察院《关于办理商业贿赂刑事案件适用法律若干问题的意见》（法发〔2008〕33号）第七条的规定，商业贿赂中的“财物”，既包括**金钱和实物**，也包括可以用金钱计算数额的财产性利益，**如提供房屋装修、含有金额的会员卡、代币卡（券）、旅游费用**等。具体数额以实际支付的资费为准。收受银行卡的，不论受贿人是否实际取出或者消费，卡内的存款数额一般应全额认定为受贿数额。使用银行卡透支的，如果由给予银行卡的一方承担还款责任，透支数额也应当认定为受贿数额。

根据最高人民法院、最高人民检察院《关于办理贪污贿赂刑事案件适用法律若干问题的解释》（法释〔2016〕9号）第十二条的规定，贿赂犯罪中的“财物”，包括货币、物品和财产性利益。财产性利益包括可以折算为货币的物质利益如房屋装修、**债务免除等**，以及需要支付货币的其他利益如**会员服务**、旅游等。后者的犯罪数额，以实际支付或者应当支付的数额计算。

（五）现今面临的高压态势

随着2021年9月8日中央纪委国家监委等六部门联合发布《关于进一步推进受贿行贿一起查的意见》的落地，未来国家反腐的重心由重点查处受贿转向受贿、行贿一起查，**对查办案件中涉及的行贿人**，依法加大查处力度，该立案的坚决予以立案，该处理的坚决作出处理。从法院公布的商业贿赂刑事案件裁判文书中可以看出，被追究刑事责任的当事人大部分都具有**公司的高管或实际控制人的身份，例如公司法定代表人、总经理、董事长、实际经营者、实际负责人/实际控制人、法定代表人兼股东、执行事务合伙人、合伙人、项目经理等身份**。因此，未来在商业往来中，对行贿行为负有责任的企业高管被追究刑事责任的风险将增大。

## 二、行政风险——罚款

（一）法条链接

**《反不正当竞争法》第七条　经营者不得采用财物或者其他手段贿赂下列单位或者个人，以谋取交易机会或者竞争优势：**

**(一)交易相对方的工作人员;**

**(二)受交易相对方委托办理相关事务的单位或者个人;**

**(三)利用职权或者影响力影响交易的单位或者个人。**

**经营者在交易活动中,可以以明示方式向交易相对方支付折扣,或者向中间人支付佣金。经营者向交易相对方支付折扣、向中间人支付佣金的,应当如实入账。接受折扣、佣金的经营者也应当如实入账。**

**经营者的工作人员进行贿赂的,应当认定为经营者的行为;但是,经营者有证据证明该工作人员的行为与为经营者谋取交易机会或者竞争优势无关的除外。**

(二)典型案例展示

当事人于2018年12月31日将15万元现金送给时任上海市某机构办主任顾某,后按顾某要求转交给了某中心的护士长须某;2019年1月14日应顾某要求为某中心人员须某及张某购买了两张重庆到上海的机票,价值2500元;2019年3月按顾某要求接待顾某的特定关系人施某,其在北京旅游费用7936元均由当事人承担。

当事人向顾某赠送现金及为顾某的相关人报销费用是为了维护与顾某的关系,为当事人在某中心的业务获得及开展中提供帮助,使项目开展更为顺利。

当事人自2017年起在某中心一共开展了45个项目,合计业务收入4,992,000元,因当事人人员招募具体费用支出情况未做记录,致使成本支出无法统计,故违法所得无法计算。

当事人通过贿赂交易相对方工作人员以获得便利的行为违反了《反不正当竞争法》的规定,构成了商业贿赂的行为。

## 处罚结果

罚款人民币15万元。

(三)其他相关法规链接

1.《国家市场监管总局关于加强反不正当竞争执法　推动高质量发展的通知》

2021年5月6日国家市场监管总局发布《国家市场监管总局关于加强反不正当竞争执法　推动高质量发展的通知》。在该通知的附件《2021年重点领域反不正当竞争执法专项行动整治重点》中,明确将大力查处医药购销企业以及疫情防控物资领域的不正当营销行为列入整治重点,重点整治的商业贿赂行为包括:**(1)在医药购销过程中给付"回扣",捆绑推销药品耗材,借助科研合作、学术推广等名义,在设备采购、工程建设、科研经费等重点领域进行利益输送等商业贿赂行为;(2)疫情防控物资出口企业在获取相关生产资质、参加招投标及供应商审查、签订采购合同、组织生产销售、目的地货物通关、外方质量抽查等环节存在的商业贿赂等不正当竞争行为。**

2.《全国医疗机构及其工作人员廉洁从业行动计划(2021—2024年)》

2021年8月6日国家卫生健康委、国家中医药局印发《全国医疗机构及其工作人员廉洁从业行动计划(2021—2024年)》(以下简称《行动计划》)。按照《行动计划》的工作目标,自2021年至2024年,**将集中开展整治"红包"、回扣专项行动。**对涉嫌利益输送的各类机构,严肃惩处、移送线索、行业禁入。建立健全医疗机构内行风建设工作体系,完善院内管理制度、提升行风管理软硬件水平,构建打击"红包"、回扣等行风问题的长效机制。

同时,《行动计划》还提出,**严禁医疗机构及其工作人员参与或接受影响医疗行为公正性的宴请、礼品、旅游、学习、考察或其他休闲社交活动,不得参加以某医药产品的推荐、采购、供应或使用为交换条件的推广活动。**完善医药代表院内拜访医务人员的管理制度,参照"定时定点定人""有预约有流程有记录"("三定""三有")的方式,拟定细化可执行的院内制度,对违规出现在诊疗场所且与诊疗活动无关的人员要及时驱离,对核实的输送回扣行为要及时上报,对查实收受回扣的医务人员要根据金额从严处罚,涉嫌犯罪的要移送司法机关。

3.《医疗机构工作人员廉洁从业九项准则》

2021年11月12日国家卫生健康委、国家医保局、国家中医药局发布《医疗机构工作人员廉洁从业九项准则》(以下简称《九项准则》)。《九项准则》主要明确了在以下几个方面的禁止性规定:**一是明确禁止接受商业提成、开单提成、以商业目的进行统方、严禁安排患者到其他指定地点购买医药耗材等产品、严禁向患者推销商品或服务并从中谋取私利、严禁接受互联网企业与开处方配药有关的费用。二是规范行医,不实施过度诊疗。三是不违规接受捐赠。严禁医疗机构工作人员以个人名义,或者假借单位名义接受利益相关者的捐赠资助,并据此区别对待患者。四是不收受企业回扣。严禁接受药品、医疗设备、医疗器械、医用卫生材料等医疗产品生产、经营企业或者经销人员以任何名义、形式给予的回扣;严禁参加其安排、组织或者支付费用的宴请或者旅游、健身、娱乐等活动安排。**

同时,《九项准则》的适用范围更加明确和宽泛,医疗机构内工作人员包括但不限于卫生专业技术人员、管理人员、后勤人员以及在医疗机构内提供服务、接受医疗机构管理的其他社会从业人员。并且对违规行为的处罚措施更加明确,包括行政处罚、劳动人事处罚、人事管理处罚、党纪政纪处罚、刑事处罚、领导问责。

值得注意的是,商业贿赂行为通常是既触犯了行政法领域的相关规定,同时也触犯了刑事法律的规定,而一旦触及刑事法律规定,如何界定员工个人责任与企业责任会成为一个比较重要的问题。因为如果只是销售人员个人责任那么只有其个人面临刑事处罚,但是一旦企业无法证明此行为与自己无关,那么企业就会面临犯罪,而企业一旦涉罪我国基本采取的都是双罚制,除了企业自己面临罚金以外,单位的法定代表人、实际控制人、高管等往往也会面临刑事风险。

## 三、商业风险——列入商业贿赂不良记录

### (一)法条链接

原卫生部《关于建立医药购销领域商业贿赂不良记录的规定》第四条

**药品、医用设备和医用耗材生产、经营企业或者其代理机构及个人(以下简称医药生产经营企业及其代理人)给予采购与使用其药品、医用设备和医用耗材的医疗卫生机构工作人员以财物或者其他利益,有下列情形之一的,应当列入商业贿赂不良记录:**

**(一)经人民法院判决认定构成行贿犯罪,或者犯罪情节轻微,不需要判处刑罚,人民法院依照刑法判处免予刑事处罚的;**

**(二)行贿犯罪情节轻微,人民检察院作出不起诉决定的;**

**(三)由纪检监察机关以贿赂立案调查,并依法作出相关处理的;**

**(四)因行贿行为被财政、工商行政管理、食品药品监管等部门作出行政处罚的;**

**(五)法律、法规、规章规定的其他情形。**

(二)面临的法律后果

1. 限期内资格剥夺

(1)时间——2 年

《江苏省医药购销领域商业贿赂不良记录管理办法》第十一条规定:**“商业贿赂不良记录应用期限为 2 年,自公布之日起计算,到期自动消除,但 2 年内发现另有行贿行为的除外。”**

(2)内容——停止购销

《江苏省医药购销领域商业贿赂不良记录管理办法》第十二条规定:**“对一次列入我省商业贿赂不良记录或者 5 年内两次及以上列入其他省(自治区、直辖市)商业贿赂不良记录的医药生产流通企业及其代理人,全省公立医疗卫生机构在商业贿赂不良记录名单公布后 2 年内不得以任何名义、任何形式购入其药品、医用耗材和医用设备,原签订的购销合同即时终止。对一次列入其他省(自治区、直辖市)商业贿赂不良记录的医药生产流通企业及其代理人,在不良记录名单公布后 2 年内在我省疫苗和医用设备招标、采购评分时,对该企业产品作减分处理。”**

2. 解除合同要件——对方可直接解除合同且无须承担责任

《江苏省医药购销领域商业贿赂不良记录管理办法》第十五条规定：**“医疗卫生机构在与医药生产流通企业及其代理人签署药品、医用耗材和医用设备等采购合同时，应当同时签署廉洁购销合同，列明企业指定销售代表姓名、不得实施商业贿赂行为、如企业被列入商业贿赂不良记录将解除购销合同和承担违约责任等条款。”**

**四、反商业贿赂体系构建后的优势所在**

自2021年以来，医疗卫生行业连续发布了包括《2021年纠正医药购销领域和医疗服务中不正之风工作要点》《全国医疗机构及其工作人员廉洁从业行动计划（2021—2024年）》《医疗机构工作人员廉洁从业九项准则》等多项针对医疗行业和医药领域廉洁从业和工作作风的文件，也表明了国家对医疗卫生行业加强管理的决心，并且各项新规的内容和措施相较以往更加详细和具有可操作性，随着各项文件和制度的落实，对医药行业企业与医疗卫生机构和医疗机构从业人员交往的规范性要求更高。

并且，作为监管的重点，国家针对药械行业商业贿赂的执法也日益严格，各类执法活动逐渐形成长效机制。在面对即将到来的反商业贿赂执法高潮中，企业更应该建立有效的机制进行自查自纠，或许某些“旧观念”“潜规则”一直是企业建设反商业贿赂合规体系的障碍，但随着行业相关配套法律法规的日益完善，信用制度的日趋规范，曾经处于灰色地带的商业思维需要改变，对于反商业贿赂合规建设来说，是一次需要勇气的革新，是以限制商业自由为代价，来换取企业长久、平稳发展的一次革新。

有效的反商业贿赂合规，能真正帮助企业及时纠正经营过程中的违法行为，优化、改进商业模式，完善合规管理制度体系，能主动适配相关合规制度的落实，杜绝违法违规操作，最大程度上避免出现因违法违规行为而导致的资格剥夺、高额罚款、信用惩戒、丧失商业机会等诸多风险。具体而言体现在以下几个层面：

(一)可以有效的划分企业和个人的责任,保护企业只惩罚直接行为人

责任剥离典型案例

2011 年至 2013 年 9 月,被告人郑某、杨某分别担任雀巢(中国)有限公司西北区婴儿营养部市务经理、兰州分公司婴儿营养部甘肃区域经理期间,为了抢占市场份额,推销雀巢奶粉,授意该公司兰州分公司婴儿营养部员工被告人杨某某、李某某、杜某某、孙某通过拉关系、支付好处费等手段,多次从兰州大学第一附属医院、兰州军区总医院、兰州兰石医院等多家医院医务人员手中非法获取公民个人信息。其间,被告人王某某利用担任兰州大学第一附属医院妇产科护师的便利,将在工作中收集的 2074 条公民个人信息非法提供给被告人杨某某、孙某,收取好处费 13,610 元;被告人丁某某利用担任兰州军区总医院妇产科护师的便利,将在工作中收集的 996 条公民个人信息非法提供给被告人李某某,收取好处费 4250 元;被告人杨某甲利用担任兰州兰石医院妇产科护师的便利,将在工作中收集的 724 条公民个人信息非法提供给被告人杜某某,收取好处费 6995 元。

在庭审中几名被告人企图辩称此行为是单位行为来逃避自己的刑事追究,而该案正是因为事前合规使得企业成功保护自己。根据当庭经过质证的雀巢公司指示(收录于雀巢公司员工培训教材)、雀巢(中国)有限公司情况说明,雀巢公司不允许员工以推销婴儿配方奶粉为目的,直接或间接地与孕妇、哺乳妈妈或公众进行接触,不允许员工未经正当程序或未经公司批准而主动收集公民个人信息。为完成采访调研,需要用到消费者自愿提供的部分个人信息,雀巢公司不允许为此向医务人员支付任何资金或者其他利益,也从不为此向员工、医务人员提供奖金。雀巢公司在《雀巢指示》以及《关于与保健系统关系的图文指引》等文件中明确规定,“对医务专业人员不得进行金钱、物质引诱”。对于这些规定,雀巢公司要求所有营养专员都需接受培训,并签署承诺函。

## 裁判结果

单位犯罪是为本单位谋取非法利益之目的,在客观上实施了由本单位集体决定或者由负责人决定的行为。雀巢公司手册、员工行为规范等证据证实,雀巢公司禁止员工从事侵犯公民个人信息的违法犯罪行为,各上诉人违反公司管理规定,为提升个人业绩而实施的犯罪为个人行为。

**(二)可以有效规避商业信誉降低,提升企业商业信誉价值,促进商业合作**

目前得益于大数据网络的信息交流,大多数人在与企业进行合作之前,都会依托类似于企查查这样的网络软件对意向合作企业进行信息背调。若当其在调查中看到意向合作企业的法律诉讼与经营风险的板块中具有多个诉讼事务缠身或者是多个行政处罚傍身,那么很有可能会对意向合作企业产生先入为主的不良印象,容易引起对方产生“该企业商业信誉平平”以及“合作可能会有较大风险”诸如此类的一些担忧,这对于后续与企业的深入交流合作会产生极为不利的影响,很有可能使得合作方因为在背调中认为企业有过多的不良记录而直接拒绝之后的合作,影响企业的长远发展,例如笔者在写报告时对**“××公司”**(提出要求的企业)进行查询,可以查到**“××号”**处罚,其显示企业曾经因为**“广告内容管理”被处以“责令停止违法行为”**,也就是说,只要企业被处罚过就像自然人的犯罪记录一样,无法掩盖,会直接影响企业的长远发展。

如若企业在先前便完善好自身的反商业贿赂体系,那么就能够有效避免相关的诉讼纠纷和行政处罚风险,对于企业商业信誉的构建大有裨益,不仅是企业提升自身商业信誉的金字招牌,也是企业不断优化经营、巩固行业地位的金字招牌,对于有意向与企业合作的一方也是合作加分项。医药行业也是如此,如果意向合作医院在背调中发现该医药企业具有良好的商业信誉,没有刑事风险,那么意向合作医院也会优先考虑与该企业合作。

（三）在某些重大或者国际项目招标中，反商业贿赂体系会成为参与投标的必备条件或加分项之一

反商业贿赂体系的建立的优势，在当前时代及政策背景下不仅体现在医药企业内部的体制机制优化上，更体现在企业参与各大招投标项目中。目前已有近15家医院招标时将合规体系构建作为评分标准之一。随着合规制度的推进，会有越来越多的企业将其纳入评分体系，因而抓住合规先机会成为以后企业发展的核心竞争力。

（四）可以减少甚至规避上市公司年报审查工作风险

年报审查工作一直是交易所履行一线监管职责的“重头戏”，通过年报审核对上市公司质量进行“体检”，以此推动上市公司质量提升。而交易所重点关注、聚焦的风险主要在于：(1)业绩真实性；(2)资金占用与违规担保；(3)公司治理规范性；(4)资金减值准备记提；(5)重组标的资产整合与业绩承诺履行情况；等等。建立反商业贿赂体系亦能够有效地实现上述风险的防范与控制。

（五）有利于构建上行下效的企业良性运作机制

在企业构建反商业贿赂体系后，随着企业高层传达出的对于反商业贿赂“零容忍”的态度，企业其他的员工必定也会对商业贿赂等不当行为有所认识与识别。再加上企业今后定期对员工进行反商业贿赂的制度培训，由企业管理层带头，敦促员工们认识到商业贿赂的形式与危害，必能在企业内部构建完善的反商业贿赂体系，培养企业员工的专业敏感度和责任感，营造企业内部由上到下、由内到外的良好合规环境，有效避免今后商业活动中的商业贿赂风险。

医药行业的企业中，很多都是需要企业中的医药代表进行推广才能将企业的产品打入市场，由于医药代表人员繁杂，如果没有在销售人员的脑海中树立企业合规的道德理念与行为标准，那么很多医药代表往往会在与合作方的磋商中踏入法律雷区，最终影响到企业。

**五、反商业贿赂合规体系构建**

我们将从以下几个层面进行合规体系构建（本报告只简述其中部分要领）。

（一）设立科学的合规管理组织体系、明确主体之间的分工

从企业的组织体系出发，必须形成一个上通下达的合规管理组织体系，能够高效地处理合规问题。具体而言在董事会、监事会以外，设置专门的合规部门，并任命专门的合规负责人（国外习惯称为“首席合规官”）。

（二）制定清晰的合规章程

合规章程在企业内部具有统领性，也是企业内部具有最高效力的文件，因而要想合规制度在企业内部生根发芽，得到良好运行，应该在章程中进行全面规定。

（三）制定有效的合规计划

根据企业经营范围和所从事业务有针对性地建立专项反商业贿赂合规计划。在对目标企业充分尽职调查后，针对具体面临的风险如给回扣、送卡等行为制定专门的合规方案，避免企业因为违反相关法律法规而遭受行政处罚、刑事追究以及其他方面的损失。

1. 设立明确的禁止规则

在员工手册中明确何为贿赂，让集团所有员工对此行为都有清晰的认知，并在手册中对具体情形作出明确禁止，强调这是企业不可触碰的红线。具体而言，贿赂从抽象层面指的是：“直接或者间接地向公共部门或者私营企业的任何人员提议、承诺、给予、授权给予金钱或其他任何有价值物，不当地影响收受方的正当职责或行为，获取或保持业务或商业行为中的其他不当利益。”从具体层面而言，在手册中以具体案例的方式列明常见贿赂行为之界定，例如礼品及款待、提供外部差旅、客户培训、采购交易、商业赞助、公益捐赠等方面。从礼品及款待方面而言，提供适当的礼品及必要的款待是可以的，但是不得是为了对某项决策施加影响或为了谋求不当利益而赠送礼品或进行款待。对于超过特定数值的礼品及款待需要在企业的“反贿赂合规”系统中进行审判和备案。

2. 建立有效的风险评估体系

合规部门必须每年定期开展对有关地区和特定领域的风险评估，持续刷新

公司的风险库,根据最新风险情况调整合规的管理策略及措施,坚持以风险为导向的合规管理原则。对风险的评估一定要做到全面,具体而言需要结合业务规模、商业模式、营业地、交易主体、交易类型、对商业伙伴的使用、政府关系、当地习俗等相关因素。

3. 建立独立的反馈系统

除特定主体的定期调查外,笔者认为不特定的主体发现风险、上报风险也是非常重要的风险揭露方式,企业应该积极地鼓励并保护这种监督方式。

4. 充分的培训沟通

首先,企业内部的培训要做到全员的常规培训;其次,对于重点领域的重点人员例如财务、采购、HR等,要提供专项培训。培训的方式可以采取线上、线下相结合的方式进行。使不同主体都能认识到自己领域范围内的风险可能性,发生具体风险时也能积极地应对。

通过专业反商业贿赂体系的构建,能够有效地避免刑事犯罪给企业带来的风险,也可以防止行政机关的不利处罚,同时还可提升企业的核心竞争力,事后合规只能换取从宽处理,而事前合规则可以避免被处罚,更符合企业的长久效益。

## 三、反洗钱合规方案的特别制定

洗钱就是把非法所得通过各种手段掩饰,隐瞒其来源和性质,使其在形式上合法化。根据《刑法》第一百九十一条之规定,洗钱已经构成了刑事犯罪,需要追究刑事责任,因为洗钱行为助长了走私、毒品、黑社会、金融诈骗等严重的犯罪行为,扰乱了社会经济秩序,破坏了公平竞争,也在国际社会上对国家的声誉造成了不良的影响。所以早在2006年,我国便专门出台了《反洗钱法》,并在2024年11月进行了修订。据《中国反洗钱报告》(2020),全国检察机关共批准逮捕涉嫌洗钱犯罪案件6647起14,630人,提起公诉12,719起23,838人。其中,批准逮捕涉嫌《刑法》第一百九十一条“洗钱罪”的案件140起221人,提起公诉494起707人;

批准逮捕涉嫌《刑法》第三百一十二条“掩饰、隐瞒犯罪所得、犯罪所得收益罪”的案件6496起14,355人,提起公诉12,204起23,037人;批准逮捕涉嫌《刑法》第三百四十九条“窝藏、转移、隐瞒毒品、毒赃罪”的案件11起54人,提起公诉21起94人。

所以对于一些金融机构而言,洗钱的风险是致命性的,必须树立科学、有效的反洗钱合规计划。本书提到的金融机构具体包括以下机构:(1)政策性银行、商业银行、农村合作银行、农村信用社、村镇银行。(2)证券公司、期货公司、基金管理公司。(3)保险公司、保险资产管理公司、保险专业代理公司、保险经纪公司。(4)信托公司、金融资产管理公司、企业集团财务公司、金融租赁公司、汽车金融公司、消费金融公司、货币经纪公司、贷款公司。(5)中国人民银行确定并公布的应当履行反洗钱义务的从事金融业务的其他机构。

具体而言,其合规计划应当包含以下层面。

### (一)设立规范的合规管理组织体系

金融机构应当设立专门的反洗钱机构或者指定内设机构负责反洗钱工作,根据经营规模和洗钱风险状况配备相应的人力资源,反洗钱机构的人员组成一定要包含经验丰富的法律人员、会计人员、审计人员,以及金融方面的人员。金融机构应当通过内部审计或者独立审计等方式,监督检查反洗钱内部控制制度的有效实施,金融机构的负责人对反洗钱内部控制制度的有效实施负责。

### (二)严格建立客户身份识别体系

客户身份识别又称“了解你的客户”(KYC),是反洗钱工作的基础和核心,是指在与客户建立业务关系或者提供金融服务时,根据客户的风险等级,制定相应的风险措施确认客户的真实身份、经营目的、资金来源和资金用途等。防止为身份不明的客户提供金融服务与交易。

而识别客户的身份,有可能是企业自己进行识别,也可能是通过第三方来进行识别。但是请注意,金融机构通过第三方识别客户身份的,应当评估第三方的风险状况及其履行反洗钱义务的能力,并确保第三方已经采取符合《反洗钱法》要求的客户尽职调查措施;第三方具有较高风险情形或者不具备履行反洗钱义务能力的，金融机构不得通过第三方识别客户身份；第三方未采取符合《反洗钱法》要求的客户尽职调查措施的，由该金融机构承担未履行客户尽职调查义务的责任。

第三方应当向委托方提供其履行反洗钱义务的信息，并在客户尽职调查中向委托方提供必要的客户身份信息；金融机构对客户身份信息的真实性、准确性或者完整性有疑问的，或者怀疑客户涉嫌洗钱或恐怖主义融资的，第三方应当配合金融机构开展客户尽职调查。

就识别的具体内容而言，主要包括以下几个层面。

1. 初次识别

金融机构在与客户建立业务关系或者为客户提供规定金额以上的现金汇款、现钞兑换、票据兑付等一次性金融服务时，应当识别并核实客户身份，了解客户建立业务关系和交易的目的和性质、资金的来源和用途，识别并采取合理措施核实客户和交易的受益所有人。就自然人而言，识别的内容主要包括：姓名，性别，国籍，住址，电话号码，身份证件或者身份证明文件的种类、号码和有效期限。客户户籍地与经常居住地不一致，以经常居住地为准。就非自然人而言，识别的主要内容包括：客户具体的注册信息、住所、经营范围、统一社会信用代码；控股股东或者实际控制人，受益所有人，法定代表人，负责人和授权办理业务人员的姓名、国籍、身份证件或者身份证明文件的种类、号码、有效期限、联系方式、地址及在公司的持股情况等。

金融机构应当及时获取国家关于反洗钱特别预防措施名单，对所有客户及其交易对手开展实时审查，按照要求立即采取措施，并及时向国务院反洗钱行政主管部门报告。

2. 持续识别

在与客户业务关系存续期间，金融机构应当持续关注并审查客户状况及交易情况，了解客户的洗钱风险，并根据风险状况及时采取相适应的尽职调查和风险管理措施。

金融机构对先前获得的客户身份资料的真实性、有效性或者完整性有疑问的，或者怀疑客户涉嫌洗钱或恐怖主义融资的，应当重新识别客户身份。

3. 揭开面纱式的识别

(1)客户由他人代理办理业务的,金融机构应当同时对代理人和被代理人的身份证件或者其他身份证明文件进行核对并登记。

(2)与客户建立人身保险、信托等业务关系,合同的受益人不是客户本人的,金融机构还应当对受益人的身份证件或者其他身份证明文件进行核对并登记。

金融机构不得为身份不明的客户提供服务或者与其进行交易,不得为客户开立匿名账户或者假名账户。

**(三)合理的保存客户信息**

金融机构应当按照规定建立客户身份资料和交易记录保存制度。在业务关系存续期间,客户身份资料发生变更的,应当及时更新客户身份资料。客户身份资料在业务关系结束后、客户交易信息在交易结束后,应当至少保存5年。金融机构破产和解散时,应当将客户身份资料和客户交易信息以及包含上述信息的电子载体移交国务院有关部门指定的机构。

**(四)设立及时报告义务**

1. 设立大额交易及时报告制度

金融机构办理的单笔交易或者在规定期限内的累计交易超过规定金额的,应当在大额交易发生之日起5个工作日内以电子方式提交大额交易报告及时向国家反洗钱监测分析中心报告。金融机构根据现行的《金融机构大额交易和可疑交易报告管理办法》第五条第一款、第二款规定可知大额交易主要指以下情形:(1)当日单笔或者累计交易人民币5万元以上(含5万元)、外币等值1万美元以上(含1万美元)的现金缴存、现金支取、现金结售汇、现钞兑换、现金汇款、现金票据解付及其他形式的现金收支。(2)非自然人客户银行账户与其他的银行账户发生当日单笔或者累计交易人民币200万元以上(含200万元)、外币等值20万美元以上(含20万美元)的款项划转。(3)自然人客户银行账户与其他的银行账户发生当日单笔或者累计交易人民币50万元以上(含50万元)、外币等值10万美元以上(含10万美元)的境内款项划转。(4)自然人客户银行账户与其他的银行账户发生当日单笔或者累计交易人民币20万元以上(含20万元)、外币等值1万美元以上(含 1 万美元)的跨境款项划转。累计交易金额以客户为单位,按资金收入或者支出单边累计计算并报告。

2. 设立可疑交易报告制度

金融机构发现或者有合理理由怀疑客户、客户的资金或者其他资产、客户的交易或者试图进行的交易与洗钱、恐怖融资等犯罪活动相关的,不论所涉资金金额或者资产价值大小,应当提交可疑交易报告。可疑交易符合下列情形之一的,金融机构应当在向中国反洗钱监测分析中心提交可疑交易报告的同时,以电子形式或书面形式向所在地中国人民银行或者其分支机构报告,并配合反洗钱调查:(1)明显涉嫌洗钱、恐怖融资等犯罪活动的;(2)严重危害国家安全或者影响社会稳定的;(3)其他情节严重或者情况紧急的情形。

# 后　记

企业的发展不仅涉及经营者个人，而且对整个社会的发展都具有长远的意义，企业要想获得长期的可持续发展，首先是不违反 ESG 评级的扣分项，即不违反法律法规相关政策的强制性规定；其次才是如何最大限度地达到 ESG 的内在要求。所以合规是首先的要求，在企业发展的过程中企业必须要将合规理念融入日常的运营中，包括坚持依法经营诚实守信、加强资源节约和环境保护、保障生产安全、维护职工合法权益等，积极履行社会责任，以遵循法律和道德的透明行为，在运营全过程对利益相关方、社会和环境负责，最大限度地创造经济、社会和环境的综合价值，促进可持续发展。同时要加强国际的交流与合作，为企业“走出去”打好基础。

## 李　华

盈科律师事务所创始合伙人、副主任、盈科全国业务指导委员会主任。

李华律师作为盈科全国业务指导委员会主任，负责盈科体系内的专业化建设，带领盈科律师，构建出完整的专业化法律服务体系，包括研究院、律师学院、专业委员会及专业化建设法律中心，推动盈科律师专业化的法律服务，以适应法律服务市场不断细分的需要。在此基础上，通过集成各专业委员会纵深化的法律服务能力为客户提供综合性的法律服务。

全国律师行业优秀党员律师、北京市优秀律师、北京市律师行业优秀党务工作者，最高人民检察院第六和第七检察厅民事行政检察专家咨询网专家，中国人民大学法学院法律硕士专业学位研究生实务导师，《钱伯斯大中华区指南2023/2024》TMT：数据保护&隐私领域上榜律师，2024 The Legal 500亚太地区中国法域榜单金融科技领域推荐律师。

**温云云**

法学博士，目前任职于苏州城市学院，北京市盈科（苏州）律师事务所顾问、ESG与企业合规法律事务部顾问，盈科江苏区域企业合规法律专业委员会副主任，江苏省法学会民事诉讼法学研究会第二届理事会理事。专注于刑事辩护、刑事控告申诉。出版专著包括《家事调查员制度研究》《企业合规精要：基础理论与制度设计》，发表文章包括《我国司法公开的实践探索与路径思考》《浅论我国刑事诉讼司法鉴定独立化》《我国家事案件调解前置的制度构建》。

本书为江苏高校青蓝工程（项目号：3110700122）、苏州城市学院预研课题“企业ESG管理体系构建与风险防控研究”（项目号：3111904023）阶段性成果。就本书承担了约十六万字的编纂工作。

**徐　琴**

苏州大学法学硕士研究生、香港大学EMBA。盈科深圳律师，拥有香港律师会注册海外律师执业资格，同时在香港和内地执业。担任多种类型公司法律顾问，为多家上市公司和大型跨国企业提供法律服务，拥有丰富的企业法律服务经验。精通民商事诉讼，婚姻家事案件的办理，具有丰富的实务经验，尤其擅长处理各类高端商事纠纷、婚姻家事和办理各类疑难复杂案件。获盈科律师事务所2023年度“优秀公益律师”称号。

**刘　萍**

中国政法大学硕士研究生，盈科上海律师，具有丰富的刑事办案经验，专注于经济犯罪辩护、职务犯罪辩护、经济犯罪控告及涉案企业合规顾问服务。

**范　嘉**

无锡市人民检察院四级检察官助理。

**苏　军**

盈科苏州监事会主任。

**王景霞**

灌南县社会事业综合行政执法大队执法人员。

**魏　磊**

盈科苏州监事会副主任、党委副书记。

**季轩樑**

盈科苏州律师，ESG与企业合规法律事务部成员。

**徐星星**

盈科江阴知识产权法律事务部主任，无锡市律师协会知识产权业务委员会委员，具有律师执业资格和专利代理师执业资格证。